生成式人工智能
（基于PyTorch实现）

learn
Generative AI
with Pytorch

［美］刘焕良（Mark Liu）著

刘晖 译

人民邮电出版社

北京

图书在版编目（CIP）数据

生成式人工智能：基于PyTorch实现 /（美）刘焕良著；刘晖译. -- 北京：人民邮电出版社，2025.
ISBN 978-7-115-66615-4

Ⅰ．TP18

中国国家版本馆CIP数据核字第2025XQ2300号

版权声明

Original English language edition, entitled *Learn Generative AI with PyTorch* by Mark Liu published by Manning Publications Co., 209 Bruce Park Avenue, Greenwich, CT 06830. Copyright ©2024 by Manning Publications Co.

Simplified Chinese-language edition copyright ©2025 by Posts & Telecom Press. All rights reserved.

本书中文简体字版由Manning Publications Co.授权人民邮电出版社有限公司独家出版。未经出版者书面许可，不得以任何方式复制或抄袭本书内容。

版权所有，侵权必究。

- ◆ 著　　　[美]刘焕良（Mark Liu）
  译　　　刘　晖
  责任编辑　吴晋瑜
  责任印制　王　郁　胡　南
- ◆ 人民邮电出版社出版发行　北京市丰台区成寿寺路11号
  邮编　100164　电子邮件　315@ptpress.com.cn
  网址　https://www.ptpress.com.cn
  涿州市般润文化传播有限公司印刷
- ◆ 开本：787×1092　1/16
  印张：20.25　　　　　　2025年5月第1版
  字数：439千字　　　　　2025年5月河北第1次印刷

著作权合同登记号　图字：01-2024-5454号

定价：99.80元

读者服务热线：(010)81055410　印装质量热线：(010)81055316
反盗版热线：(010)81055315

内容提要

  本书通过从零开始构建生成式人工智能模型来探讨生成式人工智能的底层机制,并使用PyTorch对生成式人工智能模型进行编程的实践指导,以期让读者在了解生成对抗网络(GAN)、变分自编码器(VAE)、循环神经网络(RNN)、Transformer、扩散模型、大语言模型(LLM)和LangChain等技术原理之后,能构建可生成形状、数字、图像、文本和音乐的生成式人工智能模型。

  本书适合各种商业领域中的人工智能技术工程师和数据科学家在实践生成式人工智能模型时随手查阅,也适合生成式人工智能的初学者作为入门指南。

推荐序

我第一次见到 Mark 是在肯塔基大学举办的 PNC 创新峰会上，当时我们都是演讲者，他的演讲主题是 How Machines Learn（机器如何学习）。初次见面，Mark 就给我留下了深刻印象，他能以引人入胜、通俗易懂的方式将复杂概念解释得一清二楚。此外，他还善于将复杂的想法分解为易懂、易理解的术语，这也令我印象深刻。而现在，他正在将自己的天赋通过这本书分享给读者。

在我担任 Native AI 公司联合创始人兼首席运营官期间，我们的任务是生成准确且用途多样的预测性合成数据。Mark 研究的温度和 top-K 采样等技术是控制人工智能生成文本精确率的前沿技术。这些方法对于根据特定用例定制自然语言处理输出至关重要，而这些技术的重要性和商业价值也还在继续扩大。

这是一本全面的指南，不仅向读者介绍了生成式人工智能的迷人世界，还帮助读者掌握自行构建和实现模型的实用技能。Mark 用 PyTorch 作为首选框架，也足见 PyTorch 在开发高级人工智能模型方面的灵活性和强大功能。本书从长短期记忆模型到变分自编码器，从生成对抗网络到 Transformer，涵盖的主题广泛而全面。

无论你是希望了解基础知识的初学者，还是希望扩展知识与技能的资深从业者，这本书都是深入学习生成式人工智能的不可多得的资源。Mark 善于将复杂主题变得通俗易懂、引人入胜，这确保了读者在阅读本书后会形成扎实的理解，更有信心学以致用。

能为本书作序，我深感荣幸，也非常期望众多读者能从本书介绍的专业知识中受益。相信这本书一定会给读者带来启发和教育，为生成式人工智能领域未来的创新铺平道路。

莎拉·桑德斯（Sarah Sanders）
Native AI 公司联合创始人兼首席运营官

序

我对生成式人工智能的痴迷始于几年前,当时我第一次看到将马的图像转换成斑马图像的模型,以及能生成生动的文本内容的 Transformer。这本书是我从零开始构建并理解这些模型的心路历程结晶,也是我之前在实验各种生成模型时希望手头能有的一本书。本书从简单的模型入手,帮助读者建立基础的深度学习技能,然后再向更复杂的挑战进发。在尝试了 TensorFlow 后,我最终选择了 PyTorch,因为它支持动态计算图并且语法更清晰。

本书中的所有生成模型都是深度神经网络。本书从 PyTorch 中一个综合的深度学习项目开始,非常适合该领域的新手。每一章都是在前一章的基础上精心编排的。首先,读者将学习使用架构简单的生成对抗网络创建形状、数字和图像等基本内容。随着学习的深入,复杂性会逐渐提高,最终我们将建立更先进的模型,如用于生成文本和音乐的 Transformer,以及用于生成高分辨率图像的扩散模型。

从表面上看,本书探索了各种生成式人工智能模型。但从更深层次来看,这一次的技术旅程反映了我们大脑的工作原理,也反映了人类的本质。深度神经网络在这些生成模型中的突出表现,证明了我们对理解和复现人类复杂学习过程这一目标的不懈追求。生成式人工智能模型从塑造我们大脑的生物进化过程中汲取灵感,从自己所遇到的大量数据中学习,这一过程就和我们人类从周围的刺激中学习一样。

生成式人工智能的影响远远超出了它的实际应用。站在这场技术革命的前沿,我们不得不重新评估自己对意识、生命和人类存在本质的理解。机器学习与人类学习之间的相似之处非常明显。正如生成式人工智能通过受人脑启发所构建的神经网络运行一样,人类的思想、情感和行为也是我们体内神经网络的输出。因此,对生成式人工智能的研究已经超越了技术界限,成为对人类自身和人类意识底层基础机制的探索。对生成式人工智能的研究不禁让我们深入思考一个深刻的问题:人类在本质上是不是复杂的生成式人工智能模型?

从这个意义上说,生成式人工智能不仅是一种工具,还是一面镜子,映射出我们最深层的"存在"问题。随着不断发展这些技术并与之互动,我们不仅在塑造人工智能的未来,也在加深自己对人类智慧的理解。归根结底,对生成式人工智能的探索也是对我们自身的探索,是一次探寻意识核心和生命本质的旅程,促使我们重新思考意识、生命和人类的意义。

致谢

本书的出版得到了许多人的帮助。Jonathan Gennick 是曼宁公司的策划编辑,他在确定读者希望学习的主题和安排章节结构方便读者理解方面发挥了重要作用。我要特别感谢内容编辑 Rebecca Johnson,她不懈追求完美的精神极大提升了本书的质量。正是她鼓励我以清晰、易懂的方式来解释复杂概念。

我还要感谢技术编辑 Emmanuel Maggiori,他是 *Smart Until It's Dumb*(Applied Maths Ltd., 2023)一书的作者。每当我在写人工智能的神奇潜力而变得忘乎所以时,Emmanuel 总是能很快指出其局限性。我最喜欢阿瑟·克拉克(Arthur C. Clarke)说过的一句话:"任何足够先进的技术都与魔法无异",而 Emmanuel 对人工智能的看法恰恰可以用他那本书的书名(*Smart Until It's Dumb*,即犯蠢之前始终显得很聪明)来概括。我相信,这种观点的碰撞会为我们的读者提供一个更平衡的视角。

感谢所有审稿人,他们是 Abhilash Babu、Ankit Virmani、Arpit Singh、Christopher Kottmyer、David Cronkite、Eduardo Rienzi、Erim Erturk、Francis Osei Annin、Georg Piwonka、Holger Voges、Ian Long、Japneet Singh、Karrtik Iyer、Kollin Trujillo、Michael Petrey、Mirerfan Gheibi、Nathan Crocker、Neeraj Gupta、Neha Shetty、Palak Mathur、Peter Henstock、Piergiorgio Faraglia、Rajat Kant Goel、Ramaa Vissa、Ravi Kiran Bamidi、Richard Tobias、Ruud Gijsen、Slavomir Furman、Sumit Pal、Thiago Britto Borges、Tony Holdroyd、Ursin Stauss、Vamsi Srinivas Parasa、Viju Kothuvatiparambil 和 Walter Alexander Mata López,你们的建议让本书变得更好。我还要感谢曼宁出版社的制作团队帮助我完成了本书的出版。

最后,向我的妻子 Ivey Zhang 和儿子 Andrew Liu 表达最深切的谢意,感谢他们一直以来给予我的坚定支持。

关于本书

本书旨在指导读者从零开始创建各种内容（形状、数字、图像、文本和音乐）。它从简单的模型入手，帮助读者建立基础的深度学习技能，然后再向更复杂的挑战进发。书中所有的生成模型都是深度神经网络。

本书从 PyTorch 中一个综合的深度学习项目开始，非常适合该领域的新手。每一章都是在前一章的基础上精心编排的。首先，读者将学习使用架构简单的生成对抗网络创建形状、数字和图像等基本内容。随着学习的深入，复杂性会逐渐提高，最终我们将建立更先进的模型，如 Transformer 和扩散模型。

目标读者

本书旨在介绍生成式人工智能技术，以及如何借此创建新颖、创新的内容，如图像、文本、图案、数字、形状和音频，从而提升企业的业务能力并促进从业者的职业生涯发展。虽然网上有许多涵盖了各个主题的免费学习材料，但这一本将所有内容整合成清晰且易于学做的新式格式，使其足以为任何有志成为生成式人工智能专家的人带来价值。

本书适合各种商业领域中的机器学习爱好者和数据科学家阅读。在阅读前，读者应对 Python 有扎实的掌握，具备一定的 Python 编程技能，要熟悉变量类型、函数和类，以及第三方 Python 库和包的安装。对于上述知识的学习，读者可以参考 W3Schools 提供的免费在线 Python 教程。

读者还应对机器学习，尤其是神经网络和深度学习有基本了解。如果需要，可参考《PyTorch 深度学习实战》(*Deep Learning with PyTorch*) 一书。附录 B 简要介绍了损失函数、激活函数和优化器等关键概念，这些概念对开发和训练深度神经网络至关重要，不过附录内容并非这些话题的完整教程。

组织结构：路线图

本书共 16 章，分四部分。第一部分主要介绍基于 PyTorch 的生成式人工智能和深度学习。
- 第 1 章解释什么是生成式人工智能，以及本书选择用 PyTorch 而非 TensorFlow 等其他人工智能框架来构建生成模型的理由。

- 第 2 章使用 PyTorch 创建能执行二分类和多类别分类的深度神经网络,从而帮读者掌握深度学习和分类任务。这一章是为后续章节做准备,在后续章节中,我们将使用 PyTorch 中的深度神经网络创建各种生成模型。
- 第 3 章介绍生成对抗网络(GAN)。读者将学习使用 GAN 生成具有特定模式的形状和数字序列。

第二部分主要介绍图像生成。

- 第 4 章讨论如何构建并训练能生成高分辨率彩色图像的 GAN。特别是,读者将学习使用卷积神经网络捕捉图像中的空间特征,此外,读者还将学习使用转置卷积层对图像进行上采样并生成高分辨率特征图。
- 第 5 章详细介绍在生成图像中选择特征的两种方法。第一种方法是在潜空间中选择特定向量,第二种方法使用条件 GAN,即使用带标签的数据构建和训练 GAN。
- 第 6 章介绍如何使用 CycleGAN 在两个域(如黑发图像和金发图像、马的图像和斑马图像)之间转换图像。
- 第 7 章介绍如何使用自编码器及其变体——变分自编码器生成高分辨率图像。

第三部分深入介绍自然语言处理和文本生成。

- 第 8 章讨论使用循环神经网络生成文本。在学习过程中,读者将了解词元化和词嵌入的工作原理,还将学习使用训练好的模型以自回归方式生成文本,以及如何使用温度和 top-K 采样控制所生成文本的创造性。
- 第 9 章根据论文 "Attention Is All You Need",从零开始构建一个用于在任意两种语言之间进行翻译的 Transformer。读者将逐行实现多头注意力机制和编码器 - 解码器 Transformer。
- 第 10 章使用 47000 多对英译法译文训练第 9 章构建的 Transformer。读者将学会用训练好的模型将常用英语句子翻译成法语。
- 第 11 章从零开始构建 GPT-2 的最大版本 GPT-2XL。之后,读者将学习如何从 Hugging Face 中提取预训练的模型权重,并将其加载到自己的 GPT-2 模型中进而生成文本。
- 第 12 章构建一个缩减版的 GPT 模型,其中包含约 500 万个参数,这样就可以在普通计算机上进行训练。读者将使用海明威的 3 部小说作为训练数据。训练好的模型可以生成海明威写作风格的文本。

第四部分讨论本书中介绍的生成模型的一些实际应用及生成式人工智能领域的最新进展。

- 第 13 章建立并训练能生成音乐的 MuseGAN。MuseGAN 将一段音乐视为一个类似于图像的多维对象。生成器生成一首完整音乐,并提交给批评者进行评估。然后,生成器会根据批评者的反馈修改音乐,直到它与训练数据集中的真实音乐非常相似。

- 第 14 章采用一种与 MuseGAN 不同的人工智能音乐创作方法。我们不再将一段音乐视为一个多维对象，而是将其视为一系列音乐事件。然后，应用文本生成技术来预测序列中的下一个元素。
- 第 15 章介绍扩散模型，它是所有流行的文生图 Transformer（如 DALL·E 2 或 Imagen）的基础。我们将建立并训练一个能生成高分辨率花朵图像的扩散模型。
- 第 16 章以一个项目结束本书。在这个项目中，我们会使用 LangChain 库将预训练的大语言模型与 Wolfram Alpha API 或 Wikipedia API 结合起来，创建一个"无所不知"的个人助理。

附录 A 介绍如何在具备或不具备计算统一设备体系结构（CUDA）GPU 的计算机上安装 PyTorch。附录 B 提供了与本书项目有关的一些背景信息，以及深度学习的一些基本概念，如损失函数、激活函数和优化器。

作者简介

刘焕良（Mark Liu）博士是美国肯塔基大学金融学终身副教授和金融学硕士项目（创始）负责人。他著有两本书：*Make Python Talk*（No Starch Press，2021）和 *Machine Learning, Animated*（CRC Press，2023）。

他拥有20多年的编程经验。他获得美国波士顿学院金融学博士学位，曾在 Journal of Financial Economics、Journal of Financial and Quantitative Analysis 和 Journal of Corporate Finance 等金融学顶级期刊上发表过研究论文。

封面主图简介

本书封面上的插图标题为"耶路撒冷街的代理人"（L'Agent de la rue de Jerusalem 或 The Jerusalem Street Agent）。该插图选自 Louis Curmer 于1841年出版的一本书，书中的每张插图都是手工精细绘制并着色的。

在19世纪那个年代，仅凭衣着就可以很容易辨别出一个人的居住地、职业或社会地位。曼宁出版社基于近几个世纪前丰富多彩的地域文化来设计图书封面，以此来赞扬计算机行业的创造性和主动性，正如本书的封面一样，这些图片把我们带回到过去的生活中。

资源与支持

资源获取

本书提供如下资源：
- 本书思维导图；
- 异步社区 7 天 VIP 会员。

要获得以上资源，你可以扫描右方二维码，根据指引领取。

提交勘误

作者和编辑尽最大努力来确保书中内容的准确性，但难免会存在疏漏。欢迎读者将发现的问题反馈给我们，帮助我们提升图书的质量。

当读者发现错误时，请登录异步社区（https://www.epubit.com），按书名搜索，进入本书页面，单击"发表勘误"，输入勘误信息，单击"提交勘误"按钮即可（见下图）。本书的作者和编辑会对读者提交的勘误进行审核，确认并接受后，将赠予读者异步社区 100 积分。积分可用于在异步社区兑换优惠券、样书或奖品。

与我们联系

我们的联系邮箱是 wujinyu@ptpress.com.cn。

如果读者对本书有任何疑问或建议，请你发邮件给我们，并请在邮件标题中注明本书书名，以便我们更高效地做出反馈。

如果读者有兴趣出版图书、录制教学视频，或者参与图书翻译、技术审校等工作，可以发邮件给我们。

如果读者所在的学校、培训机构或企业，想批量购买本书或异步社区出版的其他图书，也可以发邮件给我们。

如果读者在网上发现有针对异步社区出品图书的各种形式的盗版行为，包括对图书全部或部分内容的非授权传播，请将怀疑有侵权行为的链接发邮件给我们。这一举动是对作者权益的保护，也是我们持续为广大读者提供有价值的内容的动力之源。

关于异步社区和异步图书

"异步社区"（www.epubit.com）是由人民邮电出版社创办的IT专业图书社区，于2015年8月上线运营，致力于优质内容的出版和分享，为读者提供高品质的学习内容，为作译者提供专业的出版服务，实现作者与读者在线交流互动，以及传统出版与数字出版的融合发展。

"异步图书"是异步社区策划出版的精品IT图书的品牌，依托于人民邮电出版社在计算机图书领域多年来的发展与积淀。异步图书面向IT行业以及各行业使用IT技术的用户。

目录

第一部分 生成式人工智能简介

第1章 生成式人工智能和 PyTorch 2
- 1.1 生成式人工智能和 PyTorch 简介 3
  - 1.1.1 生成式人工智能 3
  - 1.1.2 Python 编程语言 5
  - 1.1.3 使用 PyTorch 作为人工智能框架 5
- 1.2 生成对抗网络（GAN） 6
  - 1.2.1 GAN 概述 6
  - 1.2.2 示例：生成动漫人脸 7
  - 1.2.3 为什么要关注 GAN 9
- 1.3 Transformer 9
  - 1.3.1 注意力机制简介 10
  - 1.3.2 Transformer 架构简介 10
  - 1.3.3 多模态 Transformer 和预训练 LLM 11
- 1.4 为什么要从零开始构建生成模型 13
- 1.5 小结 14

第2章 使用 PyTorch 进行深度学习 15
- 2.1 PyTorch 中的数据类型 16
  - 2.1.1 创建 PyTorch 张量 16
  - 2.1.2 对 PyTorch 张量进行索引和切片 18
  - 2.1.3 PyTorch 张量的形状 19
  - 2.1.4 PyTorch 张量的数学运算 20
- 2.2 使用 PyTorch 完成端到端深度学习项目 21
  - 2.2.1 PyTorch 深度学习：高层次概述 21
  - 2.2.2 数据预处理 22
- 2.3 二分类 25
  - 2.3.1 创建批次 25
  - 2.3.2 构建并训练二分类模型 25
  - 2.3.3 测试二分类模型 27
- 2.4 多类别分类 28
  - 2.4.1 验证集和早停止 28
  - 2.4.2 构建并训练多类别分类模型 29
- 2.5 小结 32

第3章 生成对抗网络：生成形状和数字 33
- 3.1 训练 GAN 的步骤 34
- 3.2 准备训练数据 35
  - 3.2.1 形成指数增长曲线的训练数据集 36
  - 3.2.2 准备训练数据集 37
- 3.3 构建 GAN 37
  - 3.3.1 判别器网络 37
  - 3.3.2 生成器网络 38
  - 3.3.3 损失函数、优化器和早停止 39
- 3.4 训练 GAN 并使用 GAN 生成形状 40
  - 3.4.1 GAN 的训练 40
  - 3.4.2 保存并使用训练好的生成器 44
- 3.5 用模式生成数字 45
  - 3.5.1 独热变量 45

3.5.2 使用 GAN 生成具备模式的数字 47
3.5.3 训练 GAN 生成具备模式的数字 48
3.5.4 保存并使用训练好的模型 49

3.6 小结 50

第二部分 图像生成

第 4 章 使用 GAN 生成图像 52

4.1 使用 GAN 生成服装灰度图像 53
  4.1.1 训练样本和判别器 53
  4.1.2 生成灰度图像的生成器 54
  4.1.3 训练 GAN 生成服装图像 55

4.2 卷积层 58
  4.2.1 卷积运算的工作原理 59
  4.2.2 步幅和填充对卷积运算的影响 61

4.3 转置卷积和批量归一化 62
  4.3.1 转置卷积层的工作原理 62
  4.3.2 批量归一化 64

4.4 彩色动漫人脸图像 65
  4.4.1 下载动漫人脸图像 65
  4.4.2 PyTorch 中的通道前置彩色图像 66

4.5 深度卷积 GAN（DCGAN） 67
  4.5.1 构建 DCGAN 68
  4.5.2 训练并使用 DCGAN 70

4.6 小结 72

第 5 章 在生成图像中选择特征 73

5.1 眼镜数据集 74
  5.1.1 下载眼镜数据集 74
  5.1.2 可视化眼镜数据集中的图像 75

5.2 cGAN 和沃瑟斯坦距离 76
  5.2.1 带有梯度惩罚的 WGAN 76
  5.2.2 cGAN 77

5.3 构建 cGAN 78
  5.3.1 cGAN 中的批评者 78
  5.3.2 cGAN 中的生成器 79
  5.3.3 权重初始化和梯度惩罚函数 80

5.4 训练 cGAN 82
  5.4.1 为输入添加标签 82
  5.4.2 训练模型 83

5.5 在生成图像中选择特征的方法 85

  5.5.1 选择生成戴眼镜或不戴眼镜的人脸图像 86
  5.5.2 潜空间中的向量运算 88
  5.5.3 同时选择两个特征 89

5.6 小结 92

第 6 章 CycleGAN：将金发转换为黑发 93

6.1 CycleGAN 和循环一致性损失 94
  6.1.1 CycleGAN 94
  6.1.2 循环一致性损失 95

6.2 名人人脸数据集 96
  6.2.1 下载名人人脸数据集 96
  6.2.2 处理黑发图像和金发图像的数据 97

6.3 构建 CycleGAN 模型 99
  6.3.1 创建两个判别器 99
  6.3.2 创建两个生成器 100

6.4 用 CycleGAN 在黑发和金发之间转换 103
  6.4.1 训练 CycleGAN 在黑发和金发之间转换 103
  6.4.2 黑发图像和金发图像的往返转换 105

6.5 小结 107

第 7 章 利用变分自编码器生成图像 108

7.1 自编码器概述 110
  7.1.1 自编码器 110
  7.1.2 构建并训练自编码器的步骤 110

7.2 构建并训练能生成数字的自编码器 111
  7.2.1 收集手写数字 111
  7.2.2 构建和训练自编码器 112
  7.2.3 保存并使用训练好的自编码器 114

7.3 变分自编码器 115
  7.3.1 AE 与 VAE 的区别 115
  7.3.2 训练可生成人脸图像的 VAE 所需的蓝图 116

7.4 生成人脸图像的变分自编码器 117
  7.4.1 构建变分自编码器 117
  7.4.2 训练变分自编码器 119
  7.4.3 使用训练好的 VAE 生成图像 120
  7.4.4 使用训练好的 VAE 进行编码运算 122

7.5 小结 126

第三部分 自然语言处理和 Transformer

第 8 章 利用循环神经网络生成文本 128
8.1 循环神经网络（RNN）简介 129
    8.1.1 文本生成过程中的挑战 130
    8.1.2 循环神经网络的工作原理 130
    8.1.3 训练长短期记忆（LSTM）模型的步骤 131
8.2 自然语言处理（NLP）的基本原理 132
    8.2.1 词元化方法 133
    8.2.2 词嵌入方法 134
8.3 准备数据以训练 LSTM 模型 135
    8.3.1 下载并清理文本 135
    8.3.2 创建多批训练数据 137
8.4 构建并训练 LSTM 模型 137
    8.4.1 构建 LSTM 模型 138
    8.4.2 训练 LSTM 模型 139
8.5 使用训练好的 LSTM 模型生成文本 140
    8.5.1 通过预测下一个词元来生成文本 140
    8.5.2 文本生成中的温度和 top-K 采样 142
8.6 小结 146

第 9 章 实现注意力机制和 Transformer 147
9.1 注意力机制和 Transformer 148
    9.1.1 注意力机制 148
    9.1.2 Transformer 架构 151
    9.1.3 Transformer 的类型 154
9.2 构建编码器 154
    9.2.1 实现注意力机制 155
    9.2.2 创建编码器层 157
9.3 构建编码器-解码器 Transformer 158
    9.3.1 创建解码器层 158
    9.3.2 创建编码器-解码器 Transformer 160
9.4 将所有部件组合在一起 161
    9.4.1 定义生成器 161
    9.4.2 创建能进行两种语言对译的模型 162

9.5 小结 163

第 10 章 训练能将英语翻译成法语的 Transformer 164
10.1 子词词元化 164
    10.1.1 英语句子和法语句子的词元化处理 165
    10.1.2 序列填充和批次创建 169
10.2 词嵌入和位置编码 171
    10.2.1 词嵌入 172
    10.2.2 位置编码 172
10.3 训练 Transformer 将英语翻译成法语 174
    10.3.1 损失函数和优化器 174
    10.3.2 训练循环 177
10.4 用训练好的模型将英语翻译成法语 177
10.5 小结 179

第 11 章 从零开始构建 GPT 180
11.1 GPT-2 的架构和因果自注意力 181
    11.1.1 GPT-2 的架构 181
    11.1.2 GPT-2 中的词嵌入和位置编码 182
    11.1.3 GPT-2 中的因果自注意力 183
11.2 从零开始构建 GPT-2XL 187
    11.2.1 字节对编码器（BPE）词元化 187
    11.2.2 GELU 激活函数 188
    11.2.3 因果自注意力 190
    11.2.4 构建 GPT-2XL 模型 191
11.3 载入预训练权重并生成文本 193
    11.3.1 载入 GPT-2XL 的预训练参数 194
    11.3.2 定义用于生成文本的 generate() 函数 195
    11.3.3 用 GPT-2XL 生成文本 197
11.4 小结 199

第 12 章 训练生成文本的 Transformer 200
12.1 从零开始构建并训练 GPT 201
    12.1.1 文本生成 GPT 的架构 202
    12.1.2 文本生成 GPT 模型的训练过程 203
12.2 海明威小说的文本词元化 204

12.2.1 对文本进行词元化 205
12.2.2 创建训练批次 208

12.3 构建用于生成文本的 GPT 209
12.3.1 模型超参数 209
12.3.2 构建因果自注意力机制模型 210
12.3.3 构建 GPT 模型 210

12.4 训练 GPT 模型以生成文本 212
12.4.1 训练 GPT 模型 212
12.4.2 生成文本的函数 213
12.4.3 使用不同版本的训练好的模型生成文本 215

12.5 小结 218

第四部分　实际应用和新进展

第 13 章　使用 MuseGAN 生成音乐 220

13.1 音乐的数字化表示 221
13.1.1 音符、八度音阶和音高 221
13.1.2 多轨音乐简介 222
13.1.3 音乐的数字化表示：钢琴卷谱 224

13.2 音乐生成所用的蓝图 226
13.2.1 用和弦、风格、旋律和节奏构建音乐 227
13.2.2 训练 MuseGAN 所用的蓝图 228

13.3 准备 MuseGAN 所需的训练数据 229
13.3.1 下载训练数据 230
13.3.2 将多维对象转换为音乐作品 230

13.4 构建 MuseGAN 231
13.4.1 MuseGAN 中的批评者 232
13.4.2 MuseGAN 中的生成器 233
13.4.3 优化器和损失函数 235

13.5 训练 MuseGAN 以生成音乐 236
13.5.1 训练 MuseGAN 237
13.5.2 使用训练好的 MuseGAN 生成音乐 238

13.6 小结 239

第 14 章　构建并训练音乐 Transformer 241

14.1 音乐 Transformer 简介 242
14.1.1 表示基于演奏的音乐 242
14.1.2 音乐 Transformer 的架构 245
14.1.3 训练音乐 Transformer 的过程 246

14.2 词元化音乐作品 248
14.2.1 下载训练数据 248
14.2.2 词元化 MIDI 文件 249
14.2.3 准备训练数据 251

14.3 构建用于生成音乐的 GPT 253
14.3.1 音乐 Transformer 中的超参数 253
14.3.2 构建音乐 Transformer 254

14.4 训练和使用音乐 Transformer 255
14.4.1 训练音乐 Transformer 255
14.4.2 使用训练好的 Transformer 生成音乐 256

14.5 小结 258

第 15 章　扩散模型和文生图 Transformer 259

15.1 去噪扩散模型简介 260
15.1.1 正向扩散过程 260
15.1.2 使用 U-Net 模型为图像去噪 261
15.1.3 去噪 U-Net 模型的训练蓝图 263

15.2 准备训练数据 264
15.2.1 作为训练数据的花朵图像 264
15.2.2 正向扩散过程的可视化 265

15.3 构建去噪 U-Net 模型 267
15.3.1 去噪 U-Net 模型中的注意力机制 267
15.3.2 去噪 U-Net 模型 268

15.4 训练和使用去噪 U-Net 模型 269
15.4.1 训练去噪 U-Net 模型 270
15.4.2 使用训练好的模型生成花朵图像 271

15.5 文生图 Transformer 274
15.5.1 CLIP：一种多模态 Transformer 274
15.5.2 用 DALL·E 2 进行文生图 276

15.6 小结 277

第 16 章　预训练 LLM 和 LangChain 库 279

16.1 使用 OpenAI API 生成内容 280
16.1.1 使用 OpenAI API 运行文本生成任务 280
16.1.2 使用 OpenAI API 生成代码 282
16.1.3 使用 OpenAI DALL·E 2 生成图像 283
16.1.4 使用 OpenAI API 进行语音生成 284

16.2 LangChain 简介 285

16.2.1　LangChain 库的必要性　285
16.2.2　在 LangChain 中使用 OpenAI API　286
16.2.3　零样本提示、单样本提示和少样本提示　286

16.3　用 LangChain 创建博学多才的零样本智能体　288
16.3.1　申请 Wolfram Alpha API 密钥　288
16.3.2　在 LangChain 中创建智能体　290
16.3.3　用 OpenAI GPT 添加工具　291
16.3.4　添加能生成代码和图像的工具　293

16.4　LLM 的局限性和伦理问题　295
16.4.1　LLM 的局限性　295
16.4.2　LLM 的伦理问题　296

16.5　小结　297

附录 A　安装 Python、Jupyter Notebook 和 PyTorch　298

A.1　安装 Python 并设置虚拟环境　298
A.1.1　安装 Anaconda　298
A.1.2　设置 Python 虚拟环境　299
A.1.3　安装 Jupyter Notebook　299

A.2　安装 PyTorch　300
A.2.1　安装不带 CUDA 的 PyTorch　300
A.2.2　安装带 CUDA 的 PyTorch　301

附录 B　阅读本书需要掌握的基础知识　303

B.1　深度学习和深度神经网络　303
B.1.1　神经网络简介　303
B.1.2　神经网络中不同类型的层　304
B.1.3　激活函数　304

B.2　训练深度神经网络　305
B.2.1　训练过程　305
B.2.2　损失函数　306
B.2.3　优化器　306

第一部分

生成式人工智能简介

什么是生成式人工智能？它与相应的非生成式模型（判别模型）有何不同？为什么我们选择用 PyTorch 作为本书的人工智能框架？

在这一部分，我们将解答上述问题。此外，本书中的所有生成式人工智能模型都是深度神经网络。因此，读者将学习如何使用 PyTorch 创建能执行二分类和多类别分类的深度神经网络，从而掌握深度学习和分类任务。这样做的目的是为后续章节做准备，在后续章节中，我们将使用 PyTorch 中的深度神经网络创建各种生成模型，还将使用 PyTorch 构建并训练能生成形状和数字序列的生成对抗网络。

第 1 章 生成式人工智能和 PyTorch

本章内容
- 生成式人工智能与非生成式人工智能
- PyTorch 适用于深度学习和生成式人工智能
- 生成对抗网络
- 注意力机制和 Transformer 的好处
- 从零开始构建生成模型的优势

自 2022 年 11 月 ChatGPT 问世以来,生成式人工智能(generative AI)已经对全球格局产生了重大影响,吸引了人们的广泛关注,业已成为大众焦点。这一技术进步彻底改变了人们日常生活的方方面面,标志着新技术时代的到来,并激发了众多初创企业探索各种生成模型(generative model)所蕴含的广泛潜力。

作为该领域的先驱,Midjourney 已能通过输入简短的文本内容创建出栩栩如生的高分辨率图像。类似地,软件公司 Freshworks 也通过 ChatGPT 大幅加快应用程序开发速度,将开发工作所需时间从原本的平均 10 周缩短到仅需数天。[①](英文原书中的)这段介绍也是经人工智能技术润色而来的,足以凸显人工智能技术的强大和不凡的吸引力。

> **注意**
> 还有什么能比让生成式人工智能自己来解释生成式人工智能更好的方式呢?在最终定稿前,我请 ChatGPT 用"更吸引人的方式"重写了(英文原书中的)这段介绍的初稿。

这一技术进步的影响远不止这几个例子。由于生成式人工智能的能力极为先进,各行各业都已开始经历变革。现在,这项技术已经可以撰写出与人类所写文章相媲美的文章,创作出类似古典音乐风格的乐曲,甚至快速生成复杂的法律文书……而这些任务以往都需要投入大量人力和时间。ChatGPT 发布后,教育平台 CheggMate 的股价大幅下跌。此外,美国编剧工会也在最近一次罢工中达成共识,为人工智能技术在剧本创作和修改工作中的应用施加了限制。[②]

---

① 参考 Bernard Barr 在《福布斯》(*Forbes*)杂志上发表的文章"10 Amazing Real-World Examples of How Companies Are Using ChatGPT in 2023"(2023)。
② 参考 Will Bedingfield 在《连线》(*WIRED*)杂志上发表的文章"Hollywood Writers Reached an AI Deal That Will Rewrite History"(2023)。

> 注意
>
> CheggMate 向大学生收费，为其提供人类专家的答疑服务。现在，许多此类工作都可以通过 ChatGPT 或类似工具来完成，而成本更低。

那么问题来了，生成式人工智能到底是什么？它与其他人工智能技术有何不同？为什么它会在各行各业造成如此广泛的影响？生成式人工智能的底层机制是什么，为什么理解它很重要？

本书深入探讨生成式人工智能。这是一项开创性的新技术，可以通过高效、快速的内容创建能力重塑众多行业。具体来说，我将介绍使用最先进的生成模型来创建各种形式的内容：形状、数字、图像、文本和音频。此外，本书还将从零开始创建模型（而不是把现成模型当黑盒子来使用），使读者深入理解生成式人工智能的内部原理。毕竟，用物理学家理查德·费曼（Richard Feynman）的话来说："凡是我不能创造的东西，我就不能真正理解。"

所有这些模型都基于深度神经网络。本书选择使用 Python 和 PyTorch 来构建这些模型，毕竟 Python 因简单易用的语法、跨平台兼容性和强大的社区支持而备受青睐。本书选择 PyTorch 而非 TensorFlow 等其他框架的原因则在于：PyTorch 更易用，且适用于不同架构的模型。Python 已成为一种广受认可的机器学习（machine learning，ML）的重要工具，而 PyTorch 在人工智能领域也越来越受欢迎。因此，使用 Python 和 PyTorch 使得我们可以紧跟生成式人工智能技术的新进展。由于 PyTorch 支持通过图形处理单元（graphics processing unit，GPU）为训练加速，我们可以在几分钟或几小时内训练出这些模型，并见证生成式人工智能的实际应用！

1.1 生成式人工智能和 PyTorch 简介

本节将介绍生成式人工智能的定义，以及它与判别模型（discriminative model）等非生成式人工智能模型的区别。生成式人工智能是一类技术，具备生成各种新内容的能力，例如生成文本、图像、音频、视频、源代码和其他复杂模式的内容。生成式人工智能可以创造出包含新颖和创新内容的全新世界，ChatGPT 就是一个很好的例子。相比之下，判别模型更侧重于已有内容的识别和分类。

1.1.1 生成式人工智能

生成式人工智能是一种通过从现有数据中学习数据所蕴含的模式，进而生成新的文本、图像、音乐等内容的人工智能技术。与生成模型不同，判别模型专门用于辨别不同数据实例之间的差异并学习不同类别之间的界限。图 1.1 对比了生成模型与判别模型之间的差异。例如，当面对一系列以狗和猫为主体的图像时，判别模型通过捕捉几个能够区分猫和狗的关键特征（如猫有小鼻子和尖耳朵）来确定每张图像描绘的到底是狗还是猫。如图 1.1 上半部分所示，判别模型将数据作为输入，得出不同标签的概率——这些标签的概率可以用 Prob(dog) 和 Prob(cat) 来表示，随后即可根据最高的预测概率对输入进行标注。

相比之下，生成模型具有生成新数据实例的独特能力。在我们的猫和狗的例子中，生成模型深入理解这些图像的定义特征，从而合成代表猫或狗的新图像。如图 1.1 下半部分所示，生成模型以任务描述（例如潜空间中不同的值，这些值会导致所生成的图像包含不同的特征，相关内容参见第 4～6 章）作为输入，生成了全新的猫和狗的图像。

从统计学角度来看，当数据示例具备描述输入的特征 X 和多种相应的标签 Y 时，判别模型就会承担预测条件概率的任务，具体来说就是计算概率 $\text{Prob}(Y \mid X)$。与此相反，生成模型则踏上了一条不同的路,生成模型会试图学习输入特征 X 和目标变量 Y 的联合概率分布,即 Prob(X,Y)。凭借这些知识,生成模型从分布中采样,从而生成 X 的新实例。

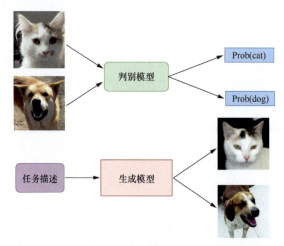

图 1.1　生成模型与判别模型的对比。判别模型将数据作为输入,得出不同标签的概率,用 Prob(dog) 和 Prob(cat) 表示。相比之下,生成模型深入理解这些图像的定义特征,从而合成代表猫或狗的新图像

生成模型有很多不同的类型,不同类型的模型是为生成特定类型的内容量身定制的。本书主要关注生成对抗网络(generative adversarial network,GAN)和 Transformer(尽管我们也会涵盖变分自编码器和扩散模型)。生成对抗网络中的"对抗"一词指的是两个神经网络在零和博弈框架下相互竞争:生成网络(generative network)试图创建与真实样本无异的数据实例,而判别网络(discriminative network)则试图从真实样本中识别出生成的样本。两个网络之间的竞争会促进两者的共同进步,最终使生成器能够创建出高度逼真的数据。Transformer 则是一种深度神经网络,可以高效解决序列到序列(sequence-to-sequence)预测任务,本章后半部分会对其进行更详细的介绍。

GAN 因易于实现和多功能性而闻名。即使对深度学习仅有初步了解的人,也能从零开始构建生成模型。这些多功能模型可以生成大量的创作内容,从几何形状和复杂图案(见第 3 章)到高质量的彩色图像(如人脸,见第 4 章)不一而足。此外,GAN 还能转换图像内容,例如将金发的人脸图像无缝转换为黑发的人脸图像(见第 6 章)。不仅如此,GAN 还将创作能力扩展到音乐领域,可以生成听起来非常接近指定音乐家风格的音乐作品(见第 13 章)。

与图形、数字或图像生成相比,文本生成面临着巨大挑战,这主要是因为文本信息有顺序,即各个字符或单词的顺序和排列都蕴含着重要意义。为应对这种复杂性,我们使用 Transformer,这是一种能够熟练处理序列到序列预测任务的深度神经网络。与循环神经网络(recurrent neural network,RNN)或卷积神经网络(convolutional neural network,CNN)等"前辈"不同,Transformer 更擅长在输入序列和输出序列中捕获固有的、错综复杂的长程依赖(long-range dependency)关系。另外,Transformer 还有一个重要特点,它的并行训练能力(一种分布式训练方法,能在多个设备上同时训练同一个模型)可以大幅缩短训练耗时,使得我们可以用海量数据来训练 Transformer。

Transformer 革命性的架构同时也是 ChatGPT、BERT、DALL·E 和 T5 等大语言模型(large language model,LLM,即具有大量参数并在大型数据集上训练获得的深度神经网络)诞生的基础。ChatGPT 和其他生成式预训练 Transformer(generative pretrained Transformer,GPT)模型的推出引发了最近的人工智能的迅猛进步,Transformer 这一变革性架构成为这种进步的基石。

在后续章节中,我将深入探讨这两项开创性技术的内部运作原理,包括它们的底层机制及其蕴含的无限潜力。

1.1.2 Python 编程语言

本书假设读者已经对 Python 有一定的了解。要学习本书内容，读者需要了解 Python 的基础知识，如函数、类、列表、词典等。如果尚不了解，网上有很多免费资源可以帮助读者入门。按照附录 A 中的说明安装 Python，然后为本书创建一个虚拟环境，并安装 Jupyter Notebook 作为本书项目的计算环境。

根据《经济学人》（*The Economist*）的报道，自 2018 年下半年以来，Python 已成为全球最受欢迎的编程语言。[①]Python 不仅免费供所有人使用，还允许其他用户创建和修改各种库。Python 拥有一个由社区驱动的庞大生态系统，我们可以很容易地从其他 Python 爱好者那里找到自己需要的资源和帮助。此外，Python 程序员喜欢分享他们的代码，因此我们无须重复"造轮子"，可以导入现成的库，也可以在 Python 社区分享自己的库。

无论我们使用的是 Windows、macOS 还是 Linux 系统，Python 都能满足我们的需求。它是一种跨平台语言，尽管安装软件和库的过程可能会因操作系统的不同而略有差异。但读者也不用担心，我会在附录 A 中给出安装方法。一旦设置好环境，同一段 Python 代码在不同系统中的运行表现会完全相同。

Python 是一种表达丰富的语言，适用于常规应用开发。它的语法简单易懂，人工智能爱好者可以轻松理解和使用。如果在使用本书提到的 Python 库时遇到任何问题，读者可以搜索 Python 论坛或访问 Stack Overflow 等网站寻求帮助。

最后，Python 提供了大量库，可以（相对于 C++ 或 R 语言）进一步简化生成模型的创建过程。本书将用 PyTorch 作为人工智能框架，接下来我将解释为什么选择它而非 TensorFlow 等竞争对手。

1.1.3 使用 PyTorch 作为人工智能框架

既然决定在本书中用 Python 作为编程语言，接下来还要为生成模型选择一个合适的人工智能框架。PyTorch 和 TensorFlow 是基于 Python 的两个最流行的人工智能框架。本书将选择 PyTorch 而非 TensorFlow，强烈建议读者都这样做，因为 PyTorch 更易用。

PyTorch 是 Meta 的人工智能研究实验室开发的开源机器学习库。它基于 Python 编程语言和 Torch 库构建，旨在为创建和训练深度学习模型提供一个灵活、直观的平台。作为 PyTorch 的前身，Torch 是一个用于在 C 语言中使用 Lua 封装器构建深度神经网络的机器学习库，但现已停止开发。打造 PyTorch 的目的是通过提供一种更易用、适应性更强的深度学习项目框架，满足研究人员和开发者的各类需求。

计算图（computational graph）是深度学习中的一个基本概念，它在高效计算复杂数学运算，尤其是涉及多维数组或张量（tensor）的运算中发挥着至关重要的作用。计算图是一种有向图（directed graph），其中的"节点"代表数学运算，"边"代表在这些运算之间流动的数据。计算图的一个主要用途是在实现反向传播和梯度下降算法时计算偏导数。利用图结构，我们可以在训练过程中高效计算更新模型参数所需的梯度。与 TensorFlow 等框架中的静态图不同，PyTorch 能够在运行过程中创建并修改图，这是一种动态计算图。这使得 PyTorch 更适应不同的模型架构，并简化调试。此外，与 TensorFlow 一样，PyTorch 可以通过 GPU 训练提供加速计算，与使用 CPU 训练相比，可以大幅缩短训练时间。

PyTorch 的设计与 Python 契合度很高。它的语法简洁易懂，无论新手或是有经验的开发者都

[①] 参考 Data Team 在《经济学人》（*The Economist*）杂志上发表的文章 "Python is becoming the world's most popular coding language"（2018）。

能轻松使用。研究人员和开发者都非常欣赏 PyTorch 的灵活性。PyTorch 的动态计算图和简单易用的界面使我们能够快速尝试新想法。在快速发展的生成式人工智能领域，这种灵活性不可或缺。PyTorch 还有一个快速成长的社区，社区成员积极为 PyTorch 的发展作出贡献。这就形成了一个由库、工具和资源组成的广泛的生态系统，供开发者使用。

PyTorch 也很适合用于迁移学习（transfer learning），这是一种针对一般任务设计，并围绕特定任务进行微调的预训练模型技术。研究人员和从业者可以轻松利用预训练模型，从而节省时间和计算资源。在预训练 LLM 时代，这一特性尤为重要，它允许我们将 LLM 用于分类、文本摘要和文本生成等下游任务。

PyTorch 也可以兼容 NumPy、Matplotlib 等 Python 库。这种互操作性使数据科学家和工程师能够将 PyTorch 无缝集成到自己现有的工作流程中，从而提高工作效率。PyTorch 还以致力于社区驱动的开发而著称。它发展迅速，可根据实际使用情况与用户反馈定期更新和增强，因此始终处于人工智能研究和开发的最前沿。

附录 A 提供了在计算机上安装 PyTorch 的详细说明。按照说明在虚拟环境中安装 PyTorch。如果读者所用的计算机未配备支持计算统一设备体系结构（compute unified device architecture，CUDA）的 GPU，本书中的所有程序也兼容 CPU 训练。此外，本书的 GitHub 代码库中提供训练好的模型，以便读者直接使用。第 2 章将深入介绍 PyTorch，首先介绍 PyTorch 中的数据结构张量，它用于保存数字和矩阵，并提供用于执行操作的函数。随后，我将介绍如何使用 PyTorch 执行端到端深度学习项目。具体来说，我们将在 PyTorch 中创建一个神经网络，并使用服装图像和相应的标签来训练网络。完成后，我们会用训练好的模型将服装分类为 10 种不同的标签。完成这个项目，可以为我们使用 PyTorch 构建和训练各种生成模型做好准备。

1.2 生成对抗网络（GAN）

本节首先从较高层次概括介绍生成对抗网络（GAN）的工作原理；然后以生成动漫人脸图像为例，向读者展示 GAN 的内部工作原理；最后，还将讨论 GAN 的实际应用。

1.2.1 GAN 概述

生成对抗网络是一种生成模型，最初由 Ian Goodfellow 等人于 2014 年提出。[①] 近年来 GAN 变得非常流行，因为它易于构建和训练，而且可以生成各种各样的内容。我们将在图 1.2 的示例中看到，GAN 采用了双网络架构，其中包括一个生成模型，负责捕捉生成内容时所需的底层数据分布，还包括一个判别模型，用于估算特定样本来自真实训练数据集（被视为"真实样本"）而非生成模型（被视为"虚假样本"）的可能性。该模型的主要目标是生成与训练数据集中的数据非常相似的新数据实例。GAN 生成数据的性质取决于训练数据集的组成。例如，如果训练数据由服装灰度图像组成，那么生成的图像也将与这些服装非常相似；同理，如果训练数据集由人脸彩色图像组成，那么生成的图像也将与人脸相似。

图 1.2 展示了 GAN 架构及其组成部分。为了训练模型，训练数据集中的真实样本和生成器创建的虚假样本都要输入判别器。生成器的主要目的是创建与训练数据集中的示例几乎没有区别的数据实例，而判别器则需要努力将生成器生成的虚假样本与真实样本区分开来。这两个网络进行着类似于猫鼠游戏的持续竞争，每个网络都会不断尝试超越对方。

---

① GOODFELLOW I. J, POUGET-ABADIE J, MIRZA M, et al. Generative adversarial nets[C]//Proceedings of the 27th International Conference on Neural Information Processing Systems, MIT Press, 2014:2672-2680.

GAN 模型的训练过程包括多次迭代。在每次迭代中，生成器都会获取某种形式的任务描述（步骤 1），并用它来创建虚假图像（步骤 2）。虚假图像与训练集中的真实图像一起被输入判别器（步骤 3）。判别器会尝试将每个样本分类为"真实"或"虚假"，然后将分类结果与实际标签 [真实数据（ground truth）] 进行比较（步骤 4）。判别器和生成器都会从分类结果中获得反馈（步骤 5），并据此提高自己的能力：判别器会调整自己识别虚假样本的能力；生成器则会学习如何增强其生成更加令判别器信服的样本的能力。随着训练的推进，当两个网络都无法进一步提升时，就会达到一个平衡点。此时，生成器即可生成与真实样本几乎没有区别的数据实例了。

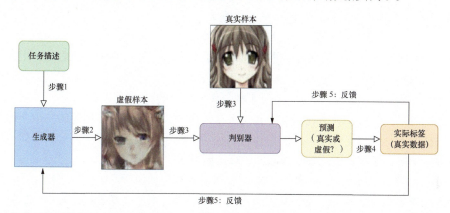

图 1.2　生成对抗网络架构及其组成部分。生成对抗网络采用双网络架构，包括一个生成模型（左）和一个判别模型（中），生成模型负责捕捉底层数据分布，判别模型负责估算特定样本来自真实训练数据集（被视为"真实样本"）而非生成模型（被视为"虚假样本"）的可能性

为了准确理解 GAN 的工作原理，我们看一个示例。

1.2.2　示例：生成动漫人脸

假设我们是充满激情的动漫爱好者，正在进行一项激动人心的探索，打算使用一种名为深度卷积 GAN（deep convolutional GAN，DCGAN，详见第 4 章）的强大工具创建自己的动漫脸谱。

回顾图 1.2 中间上方，有一张标有"真实样本"的图像。我们将使用 63632 张彩色动漫人脸图像作为训练数据集。图 1.3 展示了训练集中的 32 个示例图像。这些特殊图像起着至关重要的作用，它们将作为判别器网络的一半输入数据。

图 1.3　动漫人脸训练数据集中的示例

图 1.2 左侧是生成器网络。为了每次生成不同图像,生成器会从潜空间(latent space)获取一个向量 Z 作为输入。我们可以把这个向量看作"任务描述"。在训练过程中,我们从潜空间中提取不同的 Z 向量,因此网络每次都会生成不同图像。这些虚假图像是判别器网络的另一半输入数据。

> **注意**
>
> 通过改变向量 Z 的值,可以生成不同的输出。在第 5 章中,我们将学习如何选择向量 Z 来生成具有特定特征(如男性或女性特征)的图像。

但有一个问题需要注意,那就是在两个网络学会有关创作和检测的技能之前,生成器生成的图像都是乱七八糟的!此时的结果看起来完全不像图 1.3 中的动漫人脸。实际上,此时的结果看起来就像电视屏幕上显示的"雪花点"(第 4 章会展示此时的生成结果)。

我们需要对模型进行多次迭代训练。在每次迭代中,我们将生成器创建的一组图像连同从训练集中随机抽取的一组真实动漫人脸图像输入判别器,我们期望判别器预测每张图像是由生成器创建的(虚假图像)还是从训练集中抽取的(真实图像)。

有人可能会问:在每次迭代训练中,判别器和生成器是如何学习的?一旦做出了预测,判别器并不会就此作罢,而是从每张图像的预测错误中学习。有了这些新获得的知识,判别器将调整参数,使自己在下一轮判断中做出更好的预测。生成器也没闲着!它记录图像生成过程和预测结果。有了这些知识,生成器也将调整自己的网络参数,力争在下一次迭代中生成越来越逼真的图像,以降低判别器识别出虚假图像的概率。

随着不断迭代,我们将迎来显著变化。生成器网络不断进化,生成的动漫人脸越来越逼真,与训练集中的人脸非常相似。与此同时,判别器网络也通过磨炼自己的技能,成长为一名火眼金睛的识假侦探。创作者和检测者就这样联手"翩翩起舞。"

渐渐地,我们终于迎来了那个神奇时刻:模型达成了一种平衡,一种完美的平衡。此时,生成器创建的图像变得惊人地真实,以至于与训练集中的真实动漫人脸难以区分。此时,判别器已经无所适从了,它会对每张图像都赋予 50% 的真实性概率,无论图像是来自训练集,还是由生成器生成的。

最后,读者可以看看图 1.4 所示的一些生成器作品示例,它们看起来与训练集中的图像没有任何区别。

图 1.4 由 DCGAN 中训练好的生成器生成的动漫人脸图像

1.2.3 为什么要关注 GAN

GAN 易于实现且用途广泛。在本书中,我将介绍如何用 GAN 生成几何图形、复杂图案、高分辨率图像和风格显著的音乐。

GAN 的实际应用不仅限于生成逼真的数据。GAN 还可以将一个图像域(image domain)中的属性转换到另一个图像域中。正如第 6 章将要介绍的,我们可以训练 CycleGAN(GAN 家族中的一种生成模型)将人脸图像中的金发转换为黑发,同一模型还可以将黑发转换为金发。图 1.5 显示了 4 行图像。第一行是金发原始图像。经过训练的 CycleGAN 将其转换为黑发图像(第二行)。最后两行则分别是黑发原始图像和转换后的金发图像。

图 1.5 利用 CycleGAN 改变发色。如果将金发图像(第一行)输入训练好的 CycleGAN 模型,该模型会将这些图像中的金发转换为黑发(第二行)。这个模型还能将黑发(第三行)转换为金发(第四行)

想想看,我们能从 GAN 的训练中获得哪些神奇技能?这些技能不仅很酷,而且超级实用!假设我们经营了一家"按单定制"的在线服装店(在实际生产所订购的产品前,允许顾客对产品进行定制)。我们的网站展示了大量独特的设计供顾客挑选,但这会面临一个问题:只有当顾客下订单后,才会生产定制化的服装。那么如何在下单前让顾客看到这些定制化服装的照片?制作这些服装的高质量照片可能会非常昂贵,因为必须先生产出商品,然后才能拍摄它们。

GAN 可以大展拳脚了!我们再也不需要收集大量已生产服装的照片,而是可以用 CycleGAN 等工具将一组图像的特征转换为另一组图像的特征,从而创造出一系列全新款式。这只是 GAN 的一种有趣用法。由于这些模型具有超强的通用性,可以处理各种数据,因此在实际应用中具有无限的可能性。

1.3 Transformer

Transformer 是一种深度神经网络,擅长处理序列到序列预测问题,例如接收输入的句子并预测最有可能出现的下一个单词。本节将介绍 Transformer 的关键创新：自注意力机制（self-attention mechanism）。随后将讨论 Transformer 的架构及不同类型的 Transformer。最后，还将讨论 Transformer 的一些最新进展，如多模态模型（不仅可以输入文本，还可输入音频和图像等其他数据类型的 Transformer）和预训练 LLM（用大量文本数据训练的模型，可执行各种下游任务）。

在谷歌的一群研究员于 2017 年发明 Transformer 架构之前，[①] 自然语言处理（natural language processing，NLP）和其他类型的序列到序列预测任务主要由循环神经网络（recurrent neural network，RNN）处理。然而 RNN 是按顺序处理输入的，这意味着模型每次只能按顺序处理一个输入，不能同时处理整个序列。事实上，RNN 会沿着输入序列和输出序列的符号位置进行计算，因此无法并行训练，这使得训练速度非常缓慢。反过来，这也导致无法用庞大的数据集训练模型。此外，当循环模型处理序列时，模型会逐渐丢失序列中早期元素的信息，这些因素使得此类模型无法成功捕捉序列中的长程依赖关系。即使是长短期记忆（long short term memory，LSTM）网络这样的高级 RNN 变体可以处理更长程的依赖关系，在处理极长程的依赖关系时也存在不足。

自注意力机制是 Transformer 的一项重大创新，这种机制擅长捕捉序列中的长程依赖关系。此外，由于输入数据在模型中不是按顺序处理的，因此 Transformer 可以并行训练，这大幅缩短了训练时间。更重要的是，并行训练使得用大量数据训练 Transformer 成为可能，从而让 LLM（基于其处理和生成文本、理解上下文和执行各种语言任务的能力）变得智能和知识渊博。这一切引发了 ChatGPT 等 LLM 的兴起及当前的人工智能热潮。

1.3.1 注意力机制简介

注意力机制（attention mechanism）会根据一个元素与序列中所有元素（包括这个元素本身）的关系来分配权重。权重越高，两个元素间的关系就越密切。这些权重是在训练过程中从大量训练数据中学来的。因此，训练好的 LLM（如 ChatGPT）能够找出句子中任何两个词之间的关系，从而理解人类语言。

有人可能会问：注意力机制如何为序列中的元素分配分数，从而捕捉长程依赖关系？注意力权重的计算是通过将输入传递给 3 个神经网络层获得查询 Q、键 K 和值 V（见第 9 章）。使用查询、键和值来计算注意力的方法其实来自检索系统。例如，想在公共图书馆找一本书，可以先在图书馆的搜索引擎中输入一些内容，如"金融领域的机器学习"。此时，查询 Q 就是"金融领域的机器学习"，键 K 是书名和书籍描述等。图书馆的检索系统会根据查询和键之间的相似性为我们推荐图书列表（值 V）。当然，书名或描述中包含"机器学习""金融"，或同时包含这两个短语的书会排在最前面，而书名或描述中不包含这两个短语的书会排在列表的最后面，因为这些书的匹配分数较低。

在第 9 章和第 10 章中，我会进一步介绍有关注意力机制的更多细节。不仅如此，我们还将从零开始实现注意力机制，从而构建并训练一个能将英语翻译成法语的 Transformer。

1.3.2 Transformer 架构简介

Transformer 最初是在设计机器语言翻译（如英译德或英译法）模型时提出的，其架构如图 1.6 所示，左侧部分为编码器，右侧部分为解码器。

[①] VASWANI A, SHAZEER N, PARMAR N, et al. Attention is all you need[C]//Advances in Neural Information Processing Systems, 2017: 5998-6008.

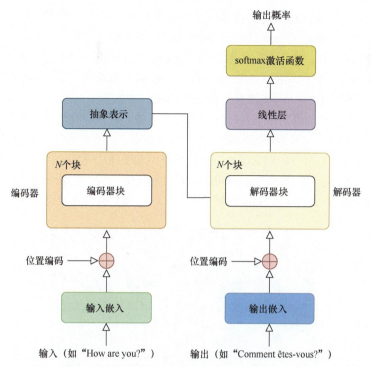

图 1.6 Transformer 架构。Transformer 的编码器"学习"输入序列的含义,并将其转换为表示该含义的抽象表示(向量),然后将这些向量传递给解码器。解码器根据序列中前一个单词和编码器输出的抽象表示(向量),每次预测一个单词,从而构建输出(如英语句子的法语译文)

Transformer 中的编码器"学习"输入序列(如英语句子"How are you?")的含义,并将其转换为表示该含义的抽象表示(向量),然后将这些向量传递给解码器。解码器根据序列中前一个单词和编码器输出的抽象表示(向量),每次预测一个单词,从而构建输出(如英语句子的法语译文)。在第 9 章和第 10 章中,我们将从零开始创建这样一个 Transformer,并训练它将英语翻译成法语。

Transformer 有 3 种类型:仅编码器 Transformer(encoder-only Transformer)、仅解码器 Transformer(decoder-only Transformer)和编码器-解码器 Transformer(encoder-decoder Transformer)。仅编码器 Transformer 没有解码器,能够将序列转换为抽象表示,随后用于各种下游任务,如情感分析、命名实体识别和文本生成。仅解码器 Transformer 只有解码器而没有编码器,非常适合文本生成、语言建模和创意写作。GPT-2(ChatGPT 的前身)和 ChatGPT 都是仅解码器 Transformer。在第 11 章中,我们将从零开始创建 GPT-2,然后从 Hugging Face(人工智能社区,围绕 ML 模型、数据集和应用提供托管和合作服务)中提取训练好的模型权重。我们将把权重加载到 GPT-2 模型中,然后开始生成文本。

编码器-解码器 Transformer 是复杂任务(如可以处理文生图任务或语音识别任务的多模态模型)所需要的。编码器-解码器 Transformer 结合了编码器和解码器的优点。编码器能有效处理和理解输入的数据,而解码器则擅长生成输出。这种组合使模型能高效地理解复杂的输入(如文本或语音),并生成复杂的输出(如图像或转录的文本)。

1.3.3 多模态 Transformer 和预训练 LLM

生成式人工智能的最新发展催生了各种多模态模型(multimodal model)。对于这种模型，Transformer 不仅可以使用文本，还可以使用音频和图像等其他类型的数据作为输入。文生图 Transformer（text-to-image Transformer）就是这样一个例子。DALL·E 2、Imagen 和 Stable Diffusion 都是文生图模型，由于它们能根据文本提示生成高分辨率图像，因此备受媒体关注。文生图 Transformer 采用了扩散模型（diffusion model）原理，即通过一系列转换来逐渐提高数据的复杂性。在讨论文生图 Transformer 之前，我们先了解扩散模型。

假设想使用基于扩散的模型生成高分辨率的花朵图像。首先，我们需要准备一组高质量的花朵图像训练集，然后，要求模型逐渐向花朵图像中添加噪声（所谓的扩散过程），直到花朵图像变成完全随机的噪声。最后，我们训练模型从充满噪声的图像中逐渐去除噪声，生成新的数据样本。扩散过程如图 1.7 所示。最左侧一列包含 4 张原始花朵图像。随着向右推进，在每一时间步中都会在图像中添加一些噪声，直到最右侧一列的 4 张图像变成纯随机噪声。

图 1.7　扩散模型会在图像中添加越来越多的噪声，并学习重建图像。最左侧一列包含 4 张原始花朵图像。随着向右推进，在每一时间步中都会在图像中添加一些噪声，直到最右侧一列的 4 张图像变成纯随机噪声。然后，利用这些图像训练一个基于扩散的模型，从充满噪声的图像中逐渐去除噪声，生成新的数据样本

有人可能会好奇：文生图 Transformer 与扩散模型有什么关系？文生图 Transformer 可将文本提示作为输入，生成与文本描述相符的图像。文本提示是一种条件，而模型会使用一系列神经网络层将文本描述转换为图像。与扩散模型一样，文生图 Transformer 也采用了多层分级架构，每一层都会逐步增加所生成图像的细节。在扩散模型和文生图 Transformer 中，对输出结果进行迭代改进的核心概念是相似的，我将在第 15 章中解释。

扩散模型能提供稳定的训练并生成高质量图像，因此越来越受欢迎，其性能也优于 GAN 和变分自编码器（variational autoencoder，VAE）等其他生成模型。第 15 章将使用 Oxford Flower 数据集训练一个简单的扩散模型，还将介绍多模态 Transformer 背后的基本思想，并编写一个 Python 程序，借此让 OpenAI 的 DALL·E 2 通过文本提示生成图像。例如，当输入 "an astronaut in a space suit riding a unicorn"（穿着宇航服的宇航员骑乘独角兽）作为提示词时，DALL·E 2 将生成如图 1.8 所示的图像。

图 1.8　使用 "an astronaut in a space suit riding a unicorn" 作为提示词用 DALL·E 2 生成的图像

在第 16 章中，我将介绍如何访问预训练 LLM（如 ChatGPT、GPT4 和 DALL·E 2）。这些模型是

在大量文本数据上训练出来的，它们从数据中学到了一般知识，可以执行各种下游任务（如文本生成、情感分析、问题解答和命名实体识别）。由于预训练 LLM 往往是根据几个月前的信息训练的，因此无法提供最近一两个月新出现的事件的相关信息，更不用说天气状况、航班状态或股票价格等实时信息了。我们将使用 LangChain 库（一个用于使用 LLM 构建应用的 Python 库，提供提示词管理、LLM 链接和输出解析等工具）将 LLM 与 Wolfram Alpha 和 Wikipedia API 链接，从而创建一个"全能"的个人助理。

1.4 为什么要从零开始构建生成模型

本书旨在向读者展示如何从零开始构建和训练生成模型。这样，我们就能全面了解这些模型的内部工作原理，从而更好地利用它们。从零开始创建一个东西是理解它的最佳途径。我们将围绕 GAN 实现这一目标：包括 DCGAN 和 CycleGAN 在内，所有模型都将从零开始构建，此外还会使用来自公有领域的精选数据来训练这些模型。

对于 Transformer，我们将从零开始构建和训练除 LLM 之外的所有模型。之所以排除 LLM，是因为 LLM 的训练需要大量数据和超级算力。不过，在这方面我们依然可以进行一些尝试。具体来说，第 9 章和第 10 章将以英语到法语的翻译为例，循序渐进地实现 2017 年的一篇开创性论文 "Attention is all you need" 所提出的模型（这个 Transformer 也可以用其他数据集训练，如汉译英或英译德）。我们还将构建一个小型的仅编码器 Transformer，并使用包括《老人与海》（*The Old Man and the Sea*）在内的几部海明威的作品对其进行训练。训练好的模型将能生成海明威写作风格的文本。ChatGPT 和 GPT-4 体量太大，无法从零开始构建和训练，但我们会以它们的前身 GPT-2 为目标，学习如何从零开始构建 GPT-2。除此之外，我们还会从 Hugging Face 中提取训练好的权重，并将其加载到我们构建的 GPT-2 模型中，随后就可以生成足以冒充人类作品的文本了。

从这个意义上说，本书采用了一种比大多数书更基础的方法。本书并不是把生成式人工智能模型当作一个黑匣子来介绍，而是让感兴趣的读者有机会深入了解这些模型的内部工作原理。这样做是为了让读者对生成模型有更深入的理解，这反过来也可以帮助读者构建更好、更负责任的生成式人工智能。原因如下。

首先，深入理解生成模型的架构有助于更好地实际使用这些模型。例如在第 5 章中，读者将学习如何在生成的图像中选择特征，如男性或女性、戴眼镜或不戴眼镜等。通过从零开始构建条件式 GAN，我们可以理解生成图像的某些特征是由潜空间中的随机噪声向量 Z 决定的。因此，我们可以选择不同的 Z 值作为训练模型的输入，以生成所需特征（如男性或女性）。在不理解模型设计的情况下，将很难进行这种属性选择。

对 Transformer 来说，了解其架构（以及编码器和解码器的作用）后，我们就有能力创建和训练 Transformer，以生成自己感兴趣的内容类型（例如简·奥斯汀写作风格的小说或莫扎特创作风格的音乐）。这种理解也有助于我们使用预训练 LLM。例如，GPT-2 有 15 亿个参数，很难从零开始训练，但我们可以为该模型添加一个附加层，并针对文本分类、情感分析和问题解答等其他下游任务对其进行微调。

其次，深入理解生成式人工智能，有助于读者对人工智能的危险性做出公正的评估。虽然生成式人工智能的非凡能力让我们在日常生活和工作中受益匪浅，但它也有可能造成巨大的伤害。埃隆·马斯克（Elon Musk）甚至说："它有可能出错并毁灭人类。"[1] 越来越多的学术

---

[1] 参考 Julia Mueller 在《国会山报》（*The Hill*）上发表的文章 "Musk: There's a chance AI 'goes wrong and destroys humanity'"（2023）。

界和科技界人士对人工智能，尤其是生成式人工智能带来的危险感到担忧。正如许多科技界先驱所告诫的那样，生成式人工智能（尤其是LLM）可能会导致意想不到的后果。[①] 也怪不得在ChatGPT发布仅5个月后，包括史蒂夫·沃兹尼亚克（Steve Wozniak）、特里斯坦·哈里斯（Tristan Harris）、约书亚·本吉奥（Yoshua Bengio）和山姆·阿尔特曼（Sam Altman）在内的许多科技界专家和企业家就签署了一封公开信，呼吁在至少6个月内暂停训练任何比GPT-4更强大的人工智能系统。[②] 透彻理解生成模型的架构，有助于我们对人工智能的益处和潜在危险进行深入而公正的评估。

1.5 小结

- 生成式人工智能是一种能够生成各种形式的新内容（包括文本、图像、代码、音乐、音频和视频）的技术。
- 判别模型专门分配标签，而生成模型负责生成新的数据实例。
- PyTorch具有动态计算图和GPU训练能力，非常适合深度学习和生成模型。
- GAN是一种生成式建模方法，由生成器和判别器这两个神经网络组成。生成器的目标是创建逼真的数据样本，最大限度提高判别器认为这些样本是真实样本的概率；而判别器的目标是正确识别虚假样本和真实样本。
- Transformer是一种深度神经网络，它利用注意力机制来识别序列中元素间的长程依赖关系。原始的Transformer有一个编码器和一个解码器。例如，当用于英语到法语的翻译时，编码器会将英语句子转换为抽象表示的向量，然后将其传递给解码器。解码器根据编码器的输出和之前生成的单词，每次生成一个单词的法语译文。

---

① 参考Stuart Russell的文章"How to stop runaway AI"（2023）。
② 参考Connie Loizos在TechCrunch上发表的文章"1,100+ notable signatories just signed an open letter asking 'all AI labs to immediately pause for at least 6 months'"（2023）。

第 2 章 使用 PyTorch 进行深度学习

本章内容
- PyTorch 张量及其基本运算
- 在 PyTorch 中准备深度学习使用的数据
- 使用 PyTorch 构建和训练深度神经网络
- 利用深度学习进行二分类和多类别分类
- 创建验证集以确定何时停止训练

在本书中，我们将使用深度神经网络生成各种内容，包括文本、图像、图形、音乐等。本书假设读者已经掌握机器学习的基础知识，尤其是人工神经网络的内部原理，也对人工神经网络有所了解。

本章将带领读者复习一些关键概念，如损失函数（loss function）、激活函数（activation function）、优化器（optimizer）和学习率（learning rate），它们是开发和训练深度神经网络不可或缺的要素。如果读者对这些概念还存在知识缺口，强烈建议读者在进一步学习本书内容之前弥补这些空白。附录 B 简要总结了需要掌握的基础技能和概念，以及与人工神经网络的架构和训练有关的信息。

> **注意**
> 有很多优秀的机器学习图书可供选择。《机器学习实战：基于 Scikit-Learn、Keras 和 TensorFlow（原书第 2 版）》（*Hands-on Machine Learning with Scikit-Learn, Keras and TensorFlow*）和 *Machine Learning, Animated*（CRC Press，2023）都使用 TensorFlow 创建神经网络。如果你更喜欢使用 PyTorch，则推荐阅读《PyTorch 深度学习实战》（*Deep Learning with PyTorch*）。

生成式人工智能模型经常面临二分类（binary classification）或多类别分类（multi-category classification）任务。例如在生成对抗网络中，判别器扮演着二分类器的重要角色，其目的是区分生成器创建的虚假样本和训练集中的真实样本。同样，在文本生成模型中，无论循环神经网络或是 Transformer，其首要目标都是从大量可能性中预测后续的字符或单词（本质上这也是一种多类别分类任务）。

本章将介绍如何使用 PyTorch 创建能执行二分类和多类别分类的深度神经网络，借此帮助读者掌握深度学习和分类任务。

具体来说，我们将在 PyTorch 中完成一个端到端深度学习项目，探索如何将服装的灰度图像分类为不同类别，如外套、包、运动鞋、衬衫等。这个项目为我们创建深度神经网络做好准备，借此我们将能利用 PyTorch 执行二分类和多类别分类任务。这也会让我们为本书后续章节做好准备，帮助我们在 PyTorch 中使用深度神经网络创建各种生成模型。

为了训练生成式人工智能模型，我们需要利用各种数据格式，如原始文本、音频文件、图像像素和数字数组。在 PyTorch 中创建的深度神经网络无法直接将这些形式的数据作为输入，因为我们必须先将其转换成神经网络能够理解和接受的格式。具体来说，需要把各种形式的原始数据转换成 PyTorch 张量（用于表示数据和操控数据的基本数据结构），然后再将它们输入生成式人工智能模型。因此，本章还将介绍数据类型的基础知识、创建各种形式的 PyTorch 张量的方法，以及在深度学习中使用这些张量的方法。

分类（classification）任务的执行在实践中有很多实际应用。分类被广泛应用于医疗诊断领域，例如判断患者是否患有某种疾病（如根据医学影像或检测结果确定是否患有某种癌症）。在很多商业任务（如股票推荐、信用卡欺诈检测等）中，分类也发挥着重要作用。分类任务还是我们日常使用的许多系统和服务不可或缺的一部分，如垃圾邮件检测和人脸识别。

2.1 PyTorch 中的数据类型

在本书中，我们会用到各种来源和格式的数据集，而深度学习的第一步就是将输入转换为数字数组。为此，我们会在本节中介绍 PyTorch 如何将不同格式的数据转换为张量（tensor）这种代数结构。张量可以表示为多维数字数组，它与 NumPy 数组较为相似，但也有几个重要区别，其中最主要的区别在于 GPU 加速训练的能力。根据其最终用途，张量可以分为多种类型，本节将介绍如何创建不同类型的张量，以及何时使用每种类型的张量，并以美国 46 任总统（截至 2023 年 12 月）的身高为例，讨论 PyTorch 中的数据结构。

按照附录 A 中的说明创建虚拟环境，并在计算机上安装 PyTorch 和 Jupyter Notebook。随后在虚拟环境中打开 Jupyter Notebook 应用，并在新单元格中运行如下代码：

```
!pip install matplotlib
```

上述命令会在计算机上安装 Matplotlib 库，随后就可以在 Python 中绘制图像了。

2.1.1 创建 PyTorch 张量

在训练深度神经网络时，我们需要将数字数组作为输入传给模型。根据生成模型要创建的内容类型，这些数字也分为不同类型。例如，在生成图像时，输入是以 0～255 的整数形式表示的原始像素，但我们会将它们转换成 -1～1 的浮点数；在生成文本时，有一个类似于词典的"词汇表"，输入是一串整数，模型告诉我们这个词对应了词典中的哪个条目。

假设要用 PyTorch 计算 46 任美国总统的平均身高。我们首先要收集他们的身高数据（以厘米为单位），并将数据存储在一个 Python 列表中：

```
heights = [189, 170, 189, 163, 183, 171, 185,
           168, 173, 183, 173, 173, 175, 178,
           183, 193, 178, 173, 174, 183, 183,
           180, 168, 180, 170, 178, 182, 180,
           183, 178, 182, 188, 175, 179, 183,
           193, 182, 183, 177, 185, 188, 188,
           182, 185, 191, 183]
```

这些数字按时间顺序排列，列表中的第一个值"189"代表美国第一任总统乔治·华盛顿身高189厘米；最后一个值代表约瑟夫·拜登身高183厘米。我们可以使用PyTorch中的tensor()方法将Python列表转换为PyTorch张量：

```
import torch
heights_tensor = torch.tensor(heights,          ❶
            dtype=torch.float64)     ❷
```

❶ # 将 Python 列表转换为 PyTorch 张量
❷ # 指定 PyTorch 张量中的数据类型

我们在tensor()方法中使用dtype参数来指定数据类型。PyTorch张量的默认数据类型是float32，即32位浮点数。上述代码示例已将数据类型转换为float64，即双精度浮点数。float64能提供比float32更精确的结果，但计算耗时更长。精度和计算成本需要权衡，使用哪种数据类型取决于具体任务。

表 2.1 列出了不同数据类型和相应的 PyTorch 张量类型，其中包括不同精度的整数和浮点数。整数也可以是有符号的或无符号的。

表 2.1 PyTorch 中的数据类型和张量类型

PyTorch 张量类型	`tensor()` 中的 `dtype` 参数	数据类型
FloatTensor	torch.float32 或 torch.float	32 位浮点数
HalfTensor	torch.float16 或 torch.half	16 位浮点数
DoubleTensor	torch.float64 或 torch.double	64 位浮点数
CharTensor	torch.int8	8 位整数（有符号）
ByteTensor	torch.uint8	8 位整数（无符号）
ShortTensor	torch.int16 或 torch.short	16 位整数（有符号）
IntTensor	torch.int32 或 torch.int	32 位整数（有符号）
LongTensor	torch.int64 或 torch.long	64 位整数（有符号）

要创建具有特定数据类型的张量，方法有两种。第一种是使用表 2.1 的第一列中指定的 PyTorch 类；第二种是使用 torch.tensor() 方法，并使用 dtype 参数指定数据类型（参数值见表 2.1 的第二列）。例如，要将 Python 列表 [1, 2, 3] 转换成一个包含 32 位整数的 PyTorch 张量，可以使用清单 2.1 中的两种方法。

清单 2.1 指定张量类型的两种方法

```
t1=torch.IntTensor([1, 2, 3])           ❶
t2=torch.tensor([1, 2, 3],
        dtype=torch.int)           ❷
print(t1)
print(t2)
```

❶ # 用 torch.IntTensor() 指定张量类型
❷ # 用 dtype=torch.int 指定张量类型

运行上述代码，得到如下输出：

```
tensor([1, 2, 3], dtype=torch.int32)
tensor([1, 2, 3], dtype=torch.int32)
```

> **练习2.1**
>
> 使用两种不同方法，将 Python 列表 [5, 8, 10] 转换为含有 64 位浮点数的 PyTorch 张量。本题可参考表 2.1 的第三行。

很多时候，可能需要创建一个所有值均为 0 的 PyTorch 张量。例如，在 GAN 中，我们创建一个 "0" 张量作为虚假样本的标签，具体实例可参考第 3 章使用 PyTorch 中的 `zeros()` 方法生成具有特定形状 "0" 张量的操作。在 PyTorch 中，张量是一个 n 维数组，它的形状是一个元组（tuple），表示其每一维的大小。下列代码会生成一个 2 行 3 列的 "0" 张量：

```
tensor1 = torch.zeros(2, 3)
print(tensor1)
```

输出如下：

```
tensor([[0., 0., 0.],
        [0., 0., 0.]])
```

该张量的形状为(2, 3)，这意味着它是一个二维数组，第一维有2个元素，第二维有3个元素。在这里，我们并没有指定数据类型，输出的默认数据类型是float32。

有时，我们需要创建一个所有值均为 1 的 PyTorch 张量。例如，在 GAN 中，我们创建一个 "1" 张量作为真实样本的标签。在下列代码中，我们使用 `ones()` 方法创建一个所有值均为 1 的三维张量：

```
tensor2 = torch.ones(1,4,5)
print(tensor2)
```

输出如下：

```
tensor([[[1., 1., 1., 1., 1.],
         [1., 1., 1., 1., 1.],
         [1., 1., 1., 1., 1.],
         [1., 1., 1., 1., 1.]]])
```

这样就生成了一个三维PyTorch张量，张量的形状为(1, 4, 5)。

> **练习2.2**
>
> 创建一个值为 0 的三维 PyTorch 张量，使张量的形状为 (2, 3, 4)。

我们还可以在张量构造函数中使用一个 NumPy 数组而非 Python 列表，如下所示：

```
import numpy as np

nparr=np.array(range(10))
pt_tensor=torch.tensor(nparr, dtype=torch.int)
print(pt_tensor)
```

输出如下：

```
tensor([0, 1, 2, 3, 4, 5, 6, 7, 8, 9], dtype=torch.int32)
```

2.1.2 对 PyTorch 张量进行索引和切片

我们可以像处理 Python 列表那样，使用方括号（[ ]）来索引和切片 PyTorch 张量。索引和切片允许我们对张量中的一个或多个元素（而非所有元素）执行操作。依然以 46 任美国总统的身高为例，如果我们想评估第三任总统托马斯·杰斐逊的身高，可以这样做：

```
height = heights_tensor[2]
print(height)
```

输出如下：

```
tensor(189., dtype=torch.float64)
```

输出显示，托马斯·杰斐逊的身高为189厘米。

我们还可以使用负索引从张量的末尾开始计数。例如，要找出倒数第二任总统唐纳德·特朗普的身高，即可使用"-2"这个索引，如下所示：

```
height = heights_tensor[-2]
print(height)
```

输出如下：

```
tensor(191., dtype=torch.float64)
```

输出显示，特朗普的身高为191厘米。

如果我们想知道张量 heights_tensor 中最近的 5 任总统的身高，该怎么办？可以这样获取张量的切片：

```
five_heights = heights_tensor[-5:]
print(five_heights)
```

冒号（:）用于分隔起始索引和结束索引。如果未提供起始索引，默认值为0；如果未提供结束索引，则可以直接涵盖到张量中的最后一个元素（就像我们在上述代码示例中所做的那样）。负索引表示从结尾处开始计数。输出如下：

```
tensor([188., 182., 185., 191., 183.], dtype=torch.float64)
```

输出显示，张量中最近的5任总统（克林顿、布什、奥巴马、特朗普和拜登）身高分别为188厘米、182厘米、185厘米、191厘米和183厘米。

练习2.3

使用切片在张量 heights_tensor 中查询最初的 5 任美国总统的身高。

2.1.3　PyTorch 张量的形状

PyTorch 张量有一个属性 shape，它告诉我们张量的维数。了解 PyTorch 张量的形状非常重要，因为在对张量执行操作时，不匹配的形状会导致错误。例如，如果想知道张量 heights_tensor 的形状，可以这样做：

```
print(heights_tensor.shape)
```

输出如下：

```
torch.Size([46])
```

这告诉我们，heights_tensor是一个包含46个值的一维张量。

我们还可以改变 PyTorch 张量的形状。首先，让我们把身高单位从厘米转换成英尺。由于 1 英尺约等于30.48厘米，因此可以将原本的张量数据除以30.48来实现这一转换：

```
heights_in_feet = heights_tensor / 30.48
print(heights_in_feet)
```

输出如下（为节省篇幅，这里省略了一些值；完整的输出见本书的配套资源）：

```
tensor([6.2008, 5.5774, 6.2008, 5.3478, 6.0039, 5.6102, 6.0696, …
        6.0039], dtype=torch.float64)
```

新张量heights_in_feet以英尺为单位存储了身高数据。例如，张量中的最后一个值表示约瑟夫·拜登身高6.0039英尺。

我们可以使用PyTorch中的cat()方法来连接两个张量：

```
heights_2_measures = torch.cat(
    [heights_tensor,heights_in_feet], dim=0)
print(heights_2_measures.shape)
```

在各种张量运算中，dim参数可用于指定执行运算的维度。在上述代码示例中，dim的值设置为0表示我们将沿第一维连接两个张量。其输出如下：

```
torch.Size([92])
```

最后获得的张量是一维的，有92个值，其中一些值以厘米为单位，另一些值以英尺为单位。因此我们需要将其重塑为两行46列，使第一行表示以厘米为单位的身高，第二行表示以英尺为单位的身高：

```
heights_reshaped = heights_2_measures.reshape(2, 46)
```

获得的新张量heights_reshaped是二维的，形状为(2, 46)。我们还可以使用方括号对多维张量进行索引和切片。例如，要以英尺为单位输出特朗普的身高，可以这样做：

```
print(heights_reshaped[1,-2])
```

结果如下：

```
tensor(6.2664, dtype=torch.float64)
```

命令heights_reshaped[1,-2]告诉Python查找第二行倒数第二列中的值，从而返回以英尺为单位的特朗普身高：6.2664。

 提示

引用张量中标量值所需的索引数量与张量的维数相同。这就是我们只使用一个索引来查找一维张量heights_tensor中的值，而使用两个索引来查找二维张量heights_reshaped中的值的原因。

练习2.4

使用索引获取张量heights_reshaped中以厘米为单位的约瑟夫·拜登的身高。

2.1.4　PyTorch张量的数学运算

我们可以使用不同方法对PyTorch张量进行数学运算，这些方法包括mean()、median()、

sum()、max()等。例如，要求得46任总统身高的中位数（以厘米为单位），可以这样做：

```
print(torch.median(heights_reshaped[0,:]))
```

代码片段heights_reshaped[0,:]返回张量heights_reshaped的第一行的所有列。上述代码返回第一行中的值的中位数，输出如下：

```
tensor(182., dtype=torch.float64)
```

这意味着美国总统的身高中位数为182厘米。

要找出两行数据的平均身高，可以在mean()方法中使用dim=1：

```
print(torch.mean(heights_reshaped,dim=1))
```

参数dim=1表示平均值是通过对列（索引为1的维度）进行折叠计算出来的，实际上等于是沿索引为0的维度（行）求平均值。输出如下：

```
tensor([180.0652,   5.9077], dtype=torch.float64)
```

结果显示，两行的平均值分别为180.0652厘米和5.9077英尺。

要找出身高最高的总统，可以这样做：

```
values, indices = torch.max(heights_reshaped, dim=1)
print(values)
print(indices)
```

输出如下：

```
tensor([193.0000,   6.3320], dtype=torch.float64)
tensor([15, 15])
```

torch.max()方法会返回两个张量：一个张量values包含总统的最高身高（以厘米和英尺为单位），另一个张量indices对应着身高最高的总统的索引。结果显示，第16任总统（林肯）身高最高，为193厘米，即6.332英尺。

> **练习2.5**
> 使用torch.min()方法找出身高最矮的美国总统对应的索引和身高数值。

2.2 使用 PyTorch 完成端到端深度学习项目

在接下来的几节中，我们将使用PyTorch完成一个示范性的深度学习项目，将服装的灰度图像分类到10种类别中的1种。

本节将先对涉及的步骤进行高层次概述，然后讨论如何获取该项目的训练数据，以及如何对数据进行预处理。

2.2.1 PyTorch 深度学习：高层次概述

在本项目中，我们的任务是在PyTorch中创建并训练一个深度神经网络，对服装的灰度图像进行分类。图 2.1 概括描述了涉及的相关步骤。

首先，我们需要准备一个服装灰度图像数据集，如图 2.1 左侧所示。图像均为原始像素形式，我们会把它们转换成浮点数形式的 PyTorch 张量（步骤 1）。每张图像都带有一个标签。

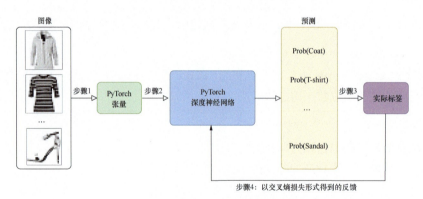

图 2.1 深度学习模型训练步骤

然后,我们在 PyTorch 中创建一个深度神经网络,如图 2.1 中心区域所示。本书中的一些神经网络涉及卷积神经网络(CNN)。对于这个简单的分类问题,我们暂时只使用密集(dense)层。

我们将为多类别分类选择一个损失函数,此类任务通常使用交叉熵损失(cross-entropy loss)。交叉熵损失衡量标签的预测概率分布与标签的真实分布之间的差异,训练过程将使用 Adam 优化器(梯度下降算法的一种变体)来更新网络权重。我们将学习率设置为 0.001。学习率控制了模型权重在训练过程中相较于损失梯度的调整程度。

> **机器学习所使用的优化器**
>
> 机器学习所使用的优化器是一种能根据梯度信息更新模型参数以最小化损失函数的算法。随机梯度下降(stochastic gradient descent,SGD)是最基本的优化器,它可以基于损失梯度进行直接更新。Adam 也是一种流行的优化器,它结合了自适应梯度算法(adaptive gradient algorithm,AdaGrad)和均方根传播(root mean square propagation,RMSProp)的优点,以高效和开箱即用的性能而著称。尽管存在差异,但所有优化器的目标都是迭代调整参数,以最小化损失函数,每个优化器都会通过独特的优化方式实现这一目标。

我们将训练数据分为训练集和验证集。在机器学习中,通常使用验证集对模型进行无偏评估,并选择最佳超参数,如学习率、训练的轮次(epoch)等。验证集还可用于避免模型过拟合,也就是避免模型在训练集上表现良好,但在未见过的数据上表现不佳。一个轮次是指使用所有训练数据训练模型一次且只训练一次。

在训练过程中,会遍历训练数据。在前向传递过程中,会将图像输入网络以获得预测(步骤2),并通过比较预测标签和实际标签来计算损失(步骤 3;见图 2.1 右侧)。然后通过网络反向传播梯度来更新权重,这才是真正的学习过程(步骤 4),如图 2.1 底部所示。

我们使用验证集来确定何时停止训练。为此需要计算验证集的损失。如果模型在固定数量的轮次后不再继续改进,即可认为模型已经训练好了。随后用测试集评估训练好的模型,以评估模型将图像分类为不同标签时的性能。

至此,读者已经对 PyTorch 中深度学习的工作原理有了一个整体了解,让我们深入探索端到端的项目吧!

2.2.2 数据预处理

本项目将使用 Fashion MNIST 数据集。在此过程中,我们将学习如何使用 Torchvision 库中

的 `datasets` 和 `transforms` 包,以及 PyTorch 中的 `Dataloader` 包,本书的后续内容也将用到它们,我们会用这些工具来预处理数据。Torchvision 库为深度学习应用提供了图像处理工具,包括流行的数据集、模型架构和常见的图像转换。

我们先导入所需的库,并实例化 `transforms` 包中的 `Compose()` 类,从而将原始图像转换为 PyTorch 张量,代码如清单 2.2 所示。

清单 2.2 将原始图像数据转换为 PyTorch 张量

```
import torch
import torch.nn as nn
import torchvision
import torchvision.transforms as T

torch.manual_seed(42)
transform=T.Compose([            ❶
    T.ToTensor(),                ❷
    T.Normalize([0.5],[0.5])])   ❸
```

❶ # 将多个转换操作组合在一起
❷ # 将图像像素转换为 PyTorch 张量
❸ # 将值归一化到 [-1, 1]

我们使用 PyTorch 中的 `manual_seed()` 方法来固定随机状态,从而使结果可复现。Torchvision 中的 `transforms` 包可以帮助我们创建一系列预处理图像所需的"转换"。`ToTensor()` 类可将图像数据(PIL 图像格式或 NumPy 数组)转换为 PyTorch 张量。具体来说,图像数据是 0～255 的整数,`ToTensor()` 类可将它们转换为 0.0～1.0 的浮点张量。

`Normalize()` 类用 n 个通道的均值和标准差对张量图像进行归一化(normalize)。Fashion MNIST 数据是服装的灰度图像,因此只有一个颜色通道。在本书的后续部分,我们将处理包含 3 个颜色通道(红、绿、蓝,即 R、G、B)的图像。在清单 2.2 中,`Normalize([0.5],[0.5])` 表示从数据中减去 0.5,然后将差值除以 0.5。这样得到的图像数据范围为 -1～1。将输入数据归一化到 [-1, 1],可以让梯度下降法在不同维度上维持更一致的步长,从而更高效地运行,这有助于在训练过程中更快地收敛。在本书中我们会经常这样做。

> **注意**
> 清单 2.2 中的代码仅定义了数据转换过程,并未执行实际转换。实际转换将在下一个代码示例中进行。

接下来,需要使用 Torchvision 中的 `datasets` 软件包将数据集下载到计算机上的一个文件夹中,然后执行转换:

```
train_set=torchvision.datasets.FashionMNIST(    ❶
    root=".",                ❷
    train=True,              ❸
    download=True,           ❹
    transform=transform)     ❺
test_set=torchvision.datasets.FashionMNIST(root=".",
    train=False,download=True,transform=transform)
```

❶ # 指定要下载的数据集
❷ # 指定数据的保存位置
❸ # 设置为训练数据集或测试数据集
❹ # 判断是否将数据下载到计算机上

❺ # 执行数据转换操作

我们可以输出训练集中的第一个样本：

```
print(train_set[0])
```

第一个样本由一个包含784个值和一个标签"9"的张量组成。这784个值代表了28像素×28像素灰度图像，标签9表示图像内容是"ankle boot"（踝靴）。读者可能会想：该怎么知道标签9代表踝靴呢？有10种不同类别的服装，它们在数据集中的标签编号从0到9（可在本书的GitHub上查找"Fashion-MNIST-PyTorch"）。下面的 text_labels 列表包含与数字标签0～9对应的10个文本标签。例如，数据集中某一项的数字标签为0，则对应的文本标签为"t-shirt"（T恤）。列表 text_labels 的定义如下：

```
text_labels=['t-shirt', 'trouser', 'pullover', 'dress', 'coat',
             'sandal', 'shirt', 'sneaker', 'bag', 'ankle boot']
```

我们可以绘制数据，以可视化的方式查看数据集中的服装，代码如清单 2.3 所示。

清单 2.3　服装可视化

```
!pip install matplotlib
import matplotlib.pyplot as plt

plt.figure(dpi=300,figsize=(8,4))
for i in range(24):
    ax=plt.subplot(3, 8, i + 1)        ❶
    img=train_set[i][0]                ❷
    img=img/2+0.5                      ❸
    img=img.reshape(28, 28)            ❹
    plt.imshow(img,
               cmap="binary")
    plt.axis('off')
    plt.title(text_labels[train_set[i][1]],   ❺
        fontsize=8)
plt.show()
```

❶ # 设置图像的保存位置
❷ # 获取训练数据集中的第 i 张图像
❸ # 将值从 [-1,1] 转换到 [0,1]
❹ # 将图像形状调整为 28 像素 ×28 像素
❺ # 为每张图像添加文本标签

图 2.2 显示了外套、套头衫、凉鞋等 24 种服装。

图 2.2　Fashion MNIST 数据集中服装的灰度图像

接下来的两节将介绍如何使用 PyTorch 创建深度神经网络，进而执行二分类和多类别分类。

2.3 二分类

本节将首先创建用于训练的数据的批次,然后在 PyTorch 中构建一个深度神经网络,并使用这些数据对模型进行训练。最后使用训练好的模型进行预测,并测试预测的准确性。二分类和多类别分类的步骤相似,但有几个值得注意的例外,详见下文介绍。

2.3.1 创建批次

我们将创建一个训练集和一个测试集,训练集和测试集只包含两种类别的服装:T恤和踝靴。在本章后面讨论多类别分类时,我们还将创建验证集,以确定何时停止训练。为此所用的代码如下所示:

```
binary_train_set=[x for x in train_set if x[1] in [0,9]]
binary_test_set=[x for x in test_set if x[1] in [0,9]]
```

只保留数字标签为 0 和 9 的样本,以创建一个具有平衡训练集的二分类问题。接下来,我们用清单 2.4 所示的代码创建用于训练深度神经网络的批次。

清单 2.4 创建用于训练和测试的批次

```
batch_size=64
binary_train_loader=torch.utils.data.DataLoader(
    binary_train_set,            ❶
    batch_size=batch_size,       ❷
    shuffle=True)                ❸
binary_test_loader=torch.utils.data.DataLoader(
    binary_test_set,             ❹
    batch_size=batch_size,shuffle=True)
```

❶ # 为二分类训练集创建批次
❷ # 设置每个批次中的样本数量
❸ # 在创建批次时对样本进行混洗
❹ # 为二分类测试集创建批次

PyTorch utils 包中的 DataLoader 类可以帮助我们创建成批的数据迭代器。我们将批次大小设置为 64,随后用清单 2.4 所示的代码创建了两个数据加载器:一个训练集和一个测试集,它们都将用于二分类。在创建批次时,我们对样本进行混洗(shuffle),这是为了避免原始数据集之间的相关性:如果不同标签在数据加载器中均匀分布,训练将会更加稳定。

2.3.2 构建并训练二分类模型

我们首先要构建一个二分类模型,然后使用 T 恤和踝靴的图像训练该模型。训练完成后,就可以测试看看该模型能否分辨出 T 恤和踝靴。我们在清单 2.5 中使用 PyTorch 的 nn.Sequential 类构建神经网络(后续章节还将使用 nn.Module 类构建 PyTorch 神经网络):

清单 2.5 构建二分类模型

```
import torch.nn as nn

device="cuda" if torch.cuda.is_available() else "cpu"        ❶

binary_model=nn.Sequential(
```

```
        nn.Linear(28*28,256),        ❸
        nn.ReLU(),                   ❹
        nn.Linear(256,128),
        nn.ReLU(),
        nn.Linear(128,32),
        nn.ReLU(),
        nn.Linear(32,1),
        nn.Dropout(p=0.25),
        nn.Sigmoid()).to(device)     ❺
```

❶ #PyTorch 自动检测是否有可用的启用了 CUDA 的 GPU
❷ # 在 PyTorch 中创建一个顺序神经网络
❸ # 一个线性层包含的输入神经元和输出神经元数量
❹ # 对层的输出应用 ReLU 激活函数
❺ # 应用 sigmoid 激活函数并在 GPU 可用时将模型移到 GPU 上

PyTorch 中的 `Linear()` 类对输入数据进行线性变换，这实际上会在神经网络中创建一个密集层。输入的形状是 784，因为我们稍后会将二维图像展平为包含 28×28=784 个值的一维向量。将二维图像展平为一维张量，是因为密集层只接收一维输入。在后续章节中，读者会发现使用卷积层时无须将图像展平。网络中有 3 个隐藏层，分别有 256、128 和 32 个神经元。256、128 和 32 这 3 个数字是任意选择的，将它们分别改为 300、200 和 50 也不会影响训练过程。

对这 3 个隐藏层应用线性整流单元（rectified linear unit，ReLU）激活函数。激活函数可根据加权和决定是否开启一个神经元，这样就可以为神经元的输出引入非线性的特征，从而让网络学习输入和输出之间的非线性关系。除了极少数例外情况，大部分情况下都将使用 ReLU 作为激活函数，不过在本书后续章节中也会遇到其他激活函数。

模型最后一层的输出包含一个单一值，使用 sigmoid 激活函数将其压缩到 [0, 1]，这样该数值就可以理解为物品是踝靴的概率；至于互补概率，则意味着物品是 T 恤的概率。

下面将设置学习率，并定义优化器和损失函数：

```
lr=0.001
optimizer=torch.optim.Adam(binary_model.parameters(),lr=lr)
loss_fn=nn.BCELoss()
```

学习率被设为 0.001。学习率的设置是一个经验问题，需要长期的经验积累，但也可以使用验证集进行超参数调优来确定。PyTorch 中的大多数优化器都使用 0.001 作为默认的学习率。Adam 优化器是梯度下降算法的一种变体，用于确定在每个训练步骤中调整模型参数的程度。Adam 优化器由 Diederik Kingma 和 Jimmy Ba 于 2014 年首次提出。[1] 传统梯度下降算法只考虑当前迭代中的梯度，相比之下，Adam 优化器还会考虑之前迭代中的梯度。

我们将使用 `nn.BCELoss()`，这是一种二元交叉熵损失函数。损失函数用于衡量机器学习模型的性能。模型的训练过程需要调整参数以最小化损失函数。二元交叉熵损失函数广泛应用于机器学习，尤其是二分类问题。它衡量的是分类模型的性能，而该分类模型的输出值是在 0 和 1 之间的概率值。交叉熵损失随预测概率与实际标签的偏差的增大而增大。

用清单 2.6 所示的代码可以训练上文构建的神经网络。

清单 2.6　训练二分类模型

```
for i in range(50):                          ❶
    tloss=0
    for imgs,labels in binary_train_loader:  ❷
```

---

[1] KINGMA D P, BA J. Adam: A method for stochastic optimization[C]//Proceedings of the 3rd International Conference on Learning Representations, 2015.

```
            imgs=imgs.reshape(-1,28*28)            ❸
            imgs=imgs.to(device)
            labels=torch.FloatTensor(\
               [x if x==0 else 1 for x in labels])    ❹
            labels=labels.reshape(-1,1).to(device)
            preds=binary_model(imgs)
            loss=loss_fn(preds,labels)            ❺
            optimizer.zero_grad()
            loss.backward()        ❻
            optimizer.step()
            tloss+=loss.detach()
        tloss=tloss/n
        print(f"at epoch {i}, loss is {tloss}")
```

❶ # 训练 50 个轮次
❷ # 针对所有批次进行迭代
❸ # 先将图像展平，然后将张量移到 GPU 上
❹ # 将标签转换为 0 和 1
❺ # 计算损失
❻ # 反向传播

在 PyTorch 中训练深度学习模型时，`loss.backward()` 计算损失相对于每个模型参数的梯度，从而实现反向传播；而 `optimizer.step()` 根据计算出的梯度更新模型参数，从而最小化损失。简化起见，我们对模型进行了 50 个轮次的训练（1 个轮次是指使用训练数据对模型进行 1 次训练）。我们将在 2.4.1 节中用验证集和早停止（early stopping）类来决定训练多少个轮次。在二分类中，我们会将目标标记为 0 或 1。由于只保留标签分别为 0 和 9 的 T 恤与踝靴，因此需要通过清单 2.6 的代码将标签转换为 0 和 1。也就是说，转换后，两类服装的标签分别为 0 和 1。

如果使用 GPU，上述训练只需几分钟。如果使用 CPU，则需要更长时间，但整体训练时间应至少不超过 1 小时。

2.3.3 测试二分类模型

训练好的二分类模型的预测是一个介于 0 和 1 之间的数字。我们使用 `torch.where()` 方法将预测转换为 0 和 1。如果预测概率小于 0.5，就将预测标记为 0；否则，就将预测标记为 1。然后将这些预测与实际标签进行比较，即可计算出预测的准确性。在清单 2.7 中，我们用训练好的模型对测试集进行预测，如下所示。

清单 2.7　计算预测的准确性

```
import numpy as np
results=[]
for imgs,labels in binary_test_loader:        ❶
    imgs=imgs.reshape(-1,28*28).to(device)
    labels=(labels/9).reshape(-1,1).to(device)
    preds=binary_model(imgs)
    pred10=torch.where(preds>0.5,1,0)        ❷
    correct=(pred10==labels)        ❸
    results.append(correct.detach().cpu()\
        .numpy().mean())        ❹
accuracy=np.array(results).mean()        ❺
print(f"the accuracy of the predictions is {accuracy}")
```

❶ # 对测试集中的所有批次进行迭代
❷ # 使用训练好的模型进行预测
❸ # 将预测与标签进行比较
❹ # 计算批次的准确性
❺ # 计算测试集的准确性

迭代测试集中的所有批次数据。训练好的模型会得出图像是踝靴的概率，然后使用 `torch.where()` 方法，根据 0.5 的临界值将概率转换为 0 或 1。转换后的预测要么是 0（T 恤），要么是 1（踝靴）。将预测与实际标签进行比较，看看模型有多少次是正确的。结果表明，在测试集中，预测的准确率为 87.84%。

2.4 多类别分类

本节将在 PyTorch 中构建一个深度神经网络，借此将服装归入 10 个类别之一。然后，我们将使用 Fashion MNIST 数据集训练模型。最后，使用训练好的模型进行预测，看看预测的准确性如何。首先创建一个验证集，并定义一个早停止类，以便确定何时停止训练。

2.4.1 验证集和早停止

在构建和训练深度神经网络时，有很多超参数可供选择（如学习率和训练轮次数）。这些超参数会影响模型性能。为了找到最佳超参数，我们可以创建一个验证集来测试模型在不同超参数下的性能。

举例来说，我们将在多类别分类中创建一个验证集，以确定最佳的训练轮次数。之所以在验证集而非训练集中进行该过程，是为了避免过拟合（overfitting），即模型在训练集中表现良好，但在样本外测试（未见过的数据）中表现不佳。

下面我们将 60000 个观测值拆分为训练集和验证集：

```
train_set,val_set=torch.utils.data.random_split(\
    train_set,[50000,10000])
```

原始训练集现在变成了两个数据集：包含 50000 个观测值的新训练集和包含剩余 10000 个观测值的验证集。

使用 PyTorch `utils` 包中的 `DataLoader` 类将训练集、验证集和测试集分批转换成 3 个数据迭代器，如下所示：

```
train_loader=torch.utils.data.DataLoader(
    train_set,
    batch_size=batch_size,
    shuffle=True)
val_loader=torch.utils.data.DataLoader(
    val_set,
    batch_size=batch_size,
    shuffle=True)
test_loader=torch.utils.data.DataLoader(
    test_set,
    batch_size=batch_size,
    shuffle=True)
```

接下来，定义 `EarlyStop()` 类并创建该类的实例，代码如清单 2.8 所示。

清单 2.8　用于确定何时停止训练的 `EarlyStop()` 类

```
class EarlyStop:
    def __init__(self, patience=10):        ❶
        self.patience = patience
        self.steps = 0
        self.min_loss = float('inf')
    def stop(self, val_loss):               ❷
```

```
            if val_loss < self.min_loss:          ❸
                self.min_loss = val_loss
                self.steps = 0
            elif val_loss >= self.min_loss:       ❹
                self.steps += 1
            if self.steps >= self.patience:
                return True
            else:
                return False
stopper=EarlyStop()
```

❶ # 将 patience 的默认值设置为 10
❷ # 定义 stop() 方法
❸ # 如果达到一个新的最小损失，则更新 min_loss 的值
❹ # 统计自上一次达到最小损失以来的轮次数

EarlyStop() 类确定验证集的损失是否在最后的 10 个（patience=10）轮次中不再改善。这里将 patience 参数的默认值设为 10，但读者可以在实例化该类时选择不同值。patience 值决定了自模型上一次达到最小损失后，我们希望训练多少个轮次。stop() 方法记录最小损失和自达到最小损失以来的轮次数，并将该数值与 patience 值进行比较。如果自达到最小损失以来的轮次数大于 patience 值，该方法返回 True。

2.4.2 构建并训练多类别分类模型

Fashion MNIST 数据集包含 10 个不同类别的服装，因此要构建一个多类别分类模型来对其进行分类。接下来，我们将构建并训练这样一个模型，还将使用训练好的模型进行预测，并评估预测的准确性。我们将使用 PyTorch 构建用于多类别分类的神经网络，代码如清单 2.9 所示。

清单 2.9　构建多类别分类模型

```
model=nn.Sequential(
    nn.Linear(28*28,256),
    nn.ReLU(),
    nn.Linear(256,128),
    nn.ReLU(),
    nn.Linear(128,64),
    nn.ReLU(),
    nn.Linear(64,10)          ❶
    ).to(device)              ❷
```

❶ # 输出层包含 10 个神经元
❷ # 对输出应用 softmax 激活函数

与在 2.3 节中构建的二分类模型相比，这里要进行一些改动。首先，输出现在包含 10 个值，表示数据集中 10 种不同类别的服装；其次，最后一个隐藏层的神经元数量从 32 个改为 64 个。构建深度神经网络的经验法则是：从上一层到下一层，逐渐增加或减少神经元数量。由于输出神经元的数量从 1（二分类）增加到 10（多类别分类），因此将第二层到最后一层的神经元数量从 32 改为 64，以匹配增加的数量。不过 "64" 这个数字也没什么特殊之处：如果在倒数第二层使用 100 个神经元，也会得到类似结果。

我们将使用 PyTorch 的 nn.CrossEntropyLoss() 类作为损失函数，它可以将 nn.LogSoftmax() 和 nn.NLLLoss() 合并到一个类中。PyTorch 官方文档特别指出："这一准则会计算输入 logits 与目标之间的交叉熵损失。" 这就解释了为什么接下来的清单中没有应用 softmax 激活函数。如果在模型中使用 nn.LogSoftmax() 并使用 nn.NLLLoss() 作为损失函数，将得到完全相同的结果。

因此，nn.CrossEntropyLoss()类会对输出应用softmax激活函数，在对数运算之前将10个数字压缩到[0, 1]。在二分类中，为输出应用的激活函数首选为sigmoid；但在多类别分类中，应首选使用softmax激活函数。此外，经过softmax激活函数得到的10个数字相加的总和应该为1，这可以解释为对应于10种服装的概率。我们将使用与2.3节中二分类相同的学习率和优化器。

```
lr=0.001
optimizer=torch.optim.Adam(model.parameters(),lr=lr)
loss_fn=nn.CrossEntropyLoss()
```

有关train_epoch()的定义如下所示：

```
def train_epoch():
    tloss=0
    for n,(imgs,labels) in enumerate(train_loader):
        imgs=imgs.reshape(-1,28*28).to(device)
        labels=labels.reshape(-1,).to(device)
        preds=model(imgs)
        loss=loss_fn(preds,labels)
        optimizer.zero_grad()
        loss.backward()
        optimizer.step()
        tloss+=loss.detach()
    return tloss/n
```

该函数对模型进行1个轮次的训练。相关代码与我们在二分类中看到的代码类似，只不过这一次标签共有10个（从0到9），而不再只有2个（0和1）。

我们还定义了一个val_epoch()函数，如下所示：

```
def val_epoch():
    vloss=0
    for n,(imgs,labels) in enumerate(val_loader):
        imgs=imgs.reshape(-1,28*28).to(device)
        labels=labels.reshape(-1,).to(device)
        preds=model(imgs)
        loss=loss_fn(preds,labels)
        vloss+=loss.detach()
    return vloss/n
```

该函数使用模型对验证集中的图像进行预测，并计算每批数据的平均损失。

接下来训练多类别分类器：

```
for i in range(1,101):
    tloss=train_epoch()
    vloss=val_epoch()
    print(f"at epoch {i}, tloss is {tloss}, vloss is {vloss}")
    if stopper.stop(vloss)==True:
        break
```

最多训练100个轮次。在每个轮次中，首先使用训练集训练模型，然后计算验证集中每批数据的平均损失。我们使用EarlyStop()类，通过观察验证集的损失来确定是否应停止训练。如果在过去的10个轮次内损失没有改进就停止训练。经过19个轮次后，训练停止。

如果使用GPU，训练耗时约5分钟，比二分类的训练过程略久些，因为现在的训练集中有更多的观测值（10种服装，而非2种）。

模型的输出是一个由10个数字组成的向量。我们可以使用torch.argmax()根据最高概率为每个观测值分配一个标签，然后将预测标签与实际标签进行比较。为了说明预测是如何工作的，我们可以看看测试集中前5张图像的预测，代码如清单2.10所示。

2.4 多类别分类

清单 2.10　在 5 张图像上测试训练好的模型

```
plt.figure(dpi=300,figsize=(5,1))
for i in range(5):                      ❶
    ax=plt.subplot(1,5, i + 1)
    img=test_set[i][0]
    label=test_set[i][1]
    img=img/2+0.5
    img=img.reshape(28, 28)
    plt.imshow(img, cmap="binary")
    plt.axis('off')
    plt.title(text_labels[label]+f"; {label}", fontsize=8)
plt.show()
for i in range(5):
    img,label = test_set[i]             ❷
    img=img.reshape(-1,28*28).to(device)
    pred=model(img)                     ❸
    index_pred=torch.argmax(pred,dim=1) ❹
    idx=index_pred.item()
    print(f"the label is {label}; the prediction is {idx}")   ❺
```

❶ # 绘制测试集中的前 5 张图像及其标签
❷ # 获取测试集中的第 *i* 张图像及其标签
❸ # 用训练好的模型进行预测
❹ # 用 torch.argmax() 方法获取预测标签
❺ # 输出实际标签和预测标签

将测试集中的前 5 件服装绘制成 1×5 的网格，然后用训练好的模型对每件服装进行预测。预测是一个包含 10 个值的张量。torch.argmax() 方法会返回张量中最高概率的位置，用它作为预测标签。最后，输出实际标签和预测标签，以比较预测是否正确。运行上述代码后，会看到如图 2.3 所示的图像。

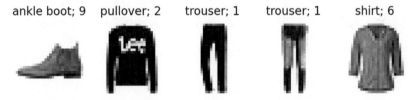

图 2.3　测试集中的前 5 件服装及其各自的标签。每件服装都有一个文本标签和一个 0 到 9 之间的数字标签

如图 2.3 所示，测试集中的前 5 件服装分别是踝靴、套头衫、长裤、长裤和衬衫，数字标签分别为 9、2、1、1 和 6。

运行清单 2.10 所示的代码，得到如下输出：

```
the label is 9; the prediction is 9
the label is 2; the prediction is 2
the label is 1; the prediction is 1
the label is 1; the prediction is 1
the label is 6; the prediction is 6
```

上述输出表明，模型对所有5件衣服的预测都是正确的。

固定PyTorch中的随机状态

torch.manual_seed() 方法可以固定随机状态，因此重新运行程序也能得到相同结果。然而即便使用相同的随机种子，可能依然会得到与这里完全不同的结果。这是因为不同硬件和不同版本的 PyTorch 处理浮点运算的方式略有不同。这种差异通常很小，就算遇到也不必奇怪。

接下来，要计算整个测试集的预测准确性。清单 2.11 的代码可用于测试训练好的多类别分类模型。

清单 2.11　测试训练好的多类别分类模型

```
results=[]

for imgs,labels in test_loader:         ❶
    imgs=imgs.reshape(-1,28*28).to(device)
    labels=labels.reshape(-1,).to(device)
    preds=model(imgs)                   ❷
    pred10=torch.argmax(preds,dim=1)    ❸
    correct=(pred10==labels)            ❹
    results.append(correct.detach().cpu().numpy().mean())

accuracy=np.array(results).mean()       ❺
print(f"the accuracy of the predictions is {accuracy}")
```

❶ # 对测试集中的所有批次进行迭代
❷ # 用训练好的模型进行预测
❸ # 将概率转换为预测标签
❹ # 将预测标签与实际标签进行比较
❺ # 计算测试集的准确性

输出如下：

```
the accuracy of the predictions is 0.8819665605095541
```

迭代测试集中的所有服装，并使用训练好的模型进行预测，然后将预测与实际标签进行比较。在样本外测试中，准确率约为 88%。鉴于随机猜测的准确率约为 10%，88% 的准确率已经相当高了。这表明我们在 PyTorch 中构建并训练了两个成功的深度学习模型！在本书后续内容中会经常用到这些技能，如在第 3 章所构建的判别器网络本质上也是一个二分类模型，与本章创建的模型类似。

2.5　小结

- 在 PyTorch 中，可以使用张量来保存各种形式的输入数据，以便将其输入深度学习模型。
- 可以对 PyTorch 张量进行索引、切片和重塑，并对它们进行数学运算。
- 深度学习是一种机器学习方法，使用深度人工神经网络来学习输入和输出数据之间的关系。
- ReLU 激活函数根据权重的总和来决定是否应该开启神经元，它为神经元的输出引入了非线性的特征。
- 损失函数用于衡量机器学习模型的性能。模型的训练可以调整参数以最小化损失。
- 二分类是一种机器学习模型，可用于将观测值分类到两类中的一类。
- 多类别分类是一种机器学习模型，可用于将观测值分类到多个类别中的一类。

第 3 章 生成对抗网络：生成形状和数字

本章内容

- 在 GAN 中从零开始构建生成器网络和判别器网络
- 使用 GAN 生成能形成形状（如指数增长曲线）的数据点
- 用 5 的倍数生成整数序列
- 训练、保存、加载和使用 GAN
- 评估 GAN 的性能并决定何时停止训练

本书所涉及的生成模型，有近一半属于生成对抗网络（GAN）。这种方法由伊恩·古德费洛（Ian Goodfellow）等人于 2014 年首次提出。[①]

GAN 因易于实现和具有通用性等特点而备受赞誉，即使对深度学习仅有粗浅了解的人也能借此从零开始构建自己的模型。GAN 这个名字中的"对抗"一词指的是两个神经网络在零和博弈框架下相互竞争。生成网络试图创建与真实样本无异的数据实例；与之相对的，判别网络则试图从真实样本中识别出生成的样本。从几何形状和数字序列到高分辨率彩色图像，甚至接近指定音乐家风格的音乐作品，这种多用途模型可以生成各种格式的内容。

本章将简要介绍生成对抗网络背后的理论，随后将展示如何在 PyTorch 中实现这些理论知识。读者将学习从零开始构建 GAN，这样所有的细节都会变得简单明了。为了让例子更贴近生活，可以想象把 1 美元存入一个年利率为 8% 的储蓄账户，然后根据投资年数计算账户余额。在这背后，真正的关系其实是指数增长曲线。我们将学习使用 GAN 生成数据样本，即形成这种指数增长曲线的一对值 (x, y)，其数学关系为 $y = 1.08^x$。掌握这项技能后，就可以生成能模仿任何形状的数据，如正弦曲线、余弦曲线、二次曲线等。

本章的第二个项目将使用 GAN 生成一串数字，并让这些数字都是 5 的倍数。但其实也可以将模式改为 2、3、7……的倍数或其他模式。在此过程中，我们将从零开始创建生成器网络和判别器网络，还将训练、保存和使用 GAN。此外，我们将通过对生成器网络生成的样本进行可视化呈现，或通过测量生成的样本分布与真实数据分布之间的差异来评估 GAN 的性能。

假设我们需要数据来训练一个机器学习（ML）模型，以预测 (x, y) 这对值之间的关系。然而，手工准备训练数据集既费钱又费时。在这种情况下，GAN 就非常适合用于生成数据：虽然生成的 x 和 y 值通常符合数学关系，但这些数据中也存在噪声。当生成的数据用于训练 ML 模型时，

[①] GOODFELLOW I. J, POUGET-ABADIE J, MIRZA M, et al. Generative adversarial nets[C]//Proceedings of the 27th International Conference on Neural Information Processing Systems, MIT Press, 2014:2672-2680.

噪声可以有效防止过拟合。

本章的主要目标并不一定是生成最实用的新颖内容。相反，我是想告诉读者如何训练和使用GAN，从零开始创建各种格式的内容。在这个过程中，读者将深入理解GAN的内部运作原理。以此为基础，后续章节生成高分辨率图像或接近指定音乐家风格的音乐等其他内容时，读者就可以专注于GAN的其他更高级的地方（例如卷积神经网络，或如何将一段音乐表示为一个多维对象）。

3.1 训练GAN的步骤

在第1章中，我们已经从较高层次介绍了GAN背后的理论。本节将总结训练GAN的一般性步骤，尤其是创建数据点以形成指数增长曲线的步骤。

继续思考之前列举的那个例子：计划投资一个年利率8%的储蓄账户。今天，我们往账户里存入1美元，想知道未来账户里有多少钱。

未来账户中的金额y取决于这个储蓄账户的投资年限。用x表示投资年数，它可以是一个数字，如0～50的任意数字。举例来说，如果投资1年，余额为1.08美元；如果投资2年，余额为$1.08^2 = 1.17$美元。概括地说，x和y之间的关系是$y = 1.08^x$。该函数描绘了一条指数增长曲线。注意，x可以是1或2这样的整数，也可以是1.14或2.35这样的小数，两种情况下公式都有效。

训练GAN生成符合特定数学关系的数据点（例如上面的例子），这个过程涉及多个步骤。本例我们希望生成的数据点(x, y)之间的关系是$y = 1.08^x$。图3.1展示了GAN的架构示意图和生成指数增长曲线所涉及的步骤。生成其他内容（如整数序列、图像或音乐）时同样要遵循类似步骤，我们将在本章第二个项目及本书后续其他GAN模型中看到这些步骤。

我们需要先获取训练过程所需的训练数据集。对于本例，我们会利用数学关系$y = 1.08^x$生成一个(x, y)数据集。我们会以储蓄账户作为例子，以便让数字更具关联性。本章所学的技巧还可用于其他形状：正弦、余弦、U形等。读者可以选择一个x的范围（如0～50），然后计算相应的y值。由于在深度学习中，通常会对模型进行批量数据训练，因此训练数据集中的观测值数量通常会设置为批次大小的倍数。图3.1顶部是一个真实样本，其形状为指数增长曲线。

准备好训练集后，需要在GAN中创建两个网络：一个生成器网络和一个判别器网络。生成器网络位于图3.1的左下方，将随机噪声向量Z作为输入并生成数据点（训练循环的步骤1）。生成器使用的随机噪声向量Z来自潜空间，潜空间表示GAN可能产生的输出范围，也是GAN生成各种数据样本能力的核心。我们将在第5章中进一步探索潜空间，以指定生成器所创建内容的属性。位于图3.1中心位置的判别器网络会评估给定数据点(x, y)是真实样本（来自训练数据集）还是虚假样本（由生成器创建）；这是我们训练循环的步骤2。

> **潜空间的含义**
>
> GAN中的潜空间是一个概念空间，其中的每个点都可被生成器转换为逼真的数据实例。该空间表示GAN可能产生的输出范围，是GAN生成各种复杂数据能力的核心。潜空间只有在与生成模型结合使用时才具有重要意义。在这种情况下，可以在潜空间中的点之间进行插值，进而影响输出的属性，我们将在第5章中讨论具体做法。

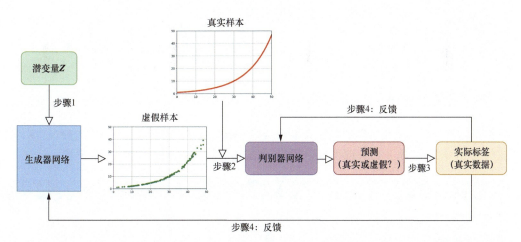

图 3.1　训练 GAN 生成指数增长曲线所涉及的步骤和 GAN 中的双网络架构示意。生成器从潜空间（左上角）获取随机噪声向量 **Z** 以创建一个虚假样本，并将其提交给判别器（中间）。判别器将样本分类为真实样本（来自训练集）和虚假样本（由生成器创建）。预测与实际标签（真实数据）进行比较，判别器和生成器都会根据预测进行学习。经过多次训练迭代后，生成器就能学会创建与真实样本无异的形状

要知道如何调整模型参数，必须选择正确的损失函数。我们需要为生成器和判别器定义损失函数。损失函数鼓励生成器生成与训练数据集中的数据点相似的数据点，从而使判别器将这些数据点分类为真实数据点；损失函数则鼓励判别器正确地将真实数据点和生成的数据点进行分类。

在训练循环的每次迭代中，我们交替训练判别器和生成器。在每次训练迭代中，我们从训练数据集中采样一批真实的 (x, y) 数据点，再采样一批由生成器生成的虚假数据点。在训练判别器时，将判别模型的预测（样本来训练集的概率）与实际标签真实（数据）进行比较，如果样本是真实的，则预测为 1；如果样本是虚假的，则预测为 0（见图 3.1 右侧所示）；这是训练循环中步骤 3 的一半。我们稍微调整判别器网络的权重，以便在下次迭代中，预测概率更接近真实数据（这是训练循环中步骤 4 的一半）。

在训练生成器时，需要向判别模型输入虚假样本，并获得样本为真实样本的概率（步骤 3 的另一半）。然后，我们稍微调整生成器网络的权重，以便在下次迭代中预测概率更接近 1（因为生成器想要创建样本来欺骗判别器，使其认为这些样本是真实的）；这是步骤 4 的另一半。多次重复上述过程，让生成器网络生成更多逼真的数据点。

这自然就引出了一个问题：何时停止训练。为此，我们需要生成一组合成数据点，并将其与训练数据集中的真实数据点进行比较，从而评估 GAN 的性能。在大多数情况下，可以使用可视化技术来评估生成的数据与所需关系的符合程度。不过在本例中，由于已经知道训练数据的分布，因此可以计算生成数据与真实数据分布间的均方误差（mean squared error，MSE）。当生成的样本在经过固定轮数的训练后质量不再提高时，就停止训练。

此时，模型即被视为训练好了。然后可以丢弃判别器，仅保留生成器。为了创建指数增长曲线，我们向训练好的生成器输入随机噪声向量 **Z**，并获得 (x, y) 对，以形成所需的形状。

3.2　准备训练数据

在本节中，我们将创建训练数据集，以便在后续操作中用它来训练 GAN 模型。具体来说，将创建符合指数增长形状的数据点 (x, y)。我们会分批放置这些数据，以便将它们输入深度神经网络。

> **注意**
> 关于本书涉及的代码,读者可登录异步社区图书详情页,下载相应的配套资源。

3.2.1 形成指数增长曲线的训练数据集

我们将创建一个数据集,其中包含大量 (x, y) 数据对,x 在区间 [0, 50] 内均匀分布,y 与 x 的关系式为 $y = 1.08^x$。清单 3.1 所示的代码可用于创建训练数据,以形成指数增长形状。

清单 3.1　创建训练数据,以形成指数增长形状

```
import torch
torch.manual_seed(0)                                  ❶
observations = 2048
train_data = torch.zeros((observations, 2))           ❷
train_data[:,0]=50*torch.rand(observations)           ❸
train_data[:,1]=1.08**train_data[:,0]                 ❹
```

❶ # 固定随机状态,以确保结果可复现
❷ # 创建一个 2048 行 2 列的张量
❸ # 生成在 0 和 50 之间的 x 值
❹ # 根据 $y=1.08^x$ 关系生成 y 值

首先使用 `torch.rand()` 方法创建 2048 个在 0 和 50 之间的 x 值。我们使用 PyTorch 中的 `manual_seed()` 方法来固定随机状态,以便让所有结果都能复现。首先创建一个 PyTorch 张量 `train_data`,它有 2048 行和 2 列。x 的值放在 `train_data` 张量的第一列。PyTorch 中的 `rand()` 方法会产生在 0.0 和 1.0 之间的随机值。将该值乘以 50,得到的 x 值在 0.0 和 50.0 之间。然后用 $y = 1.08^x$ 的值填充 `train_data` 张量第二列。

练习 3.1

> 用 `torch.sin()` 函数修改清单 3.1,使 x 和 y 之间的关系为 $y = \sin(x)$。用 `train_data[:,0]=10*(torch.rand(observations)-0.5)`,可以将 x 的值设置在 −5 和 5 之间。

接下来使用 Matplotlib 库绘制 x 和 y 之间的关系,代码如清单 3.2 所示。

清单 3.2　可视化 x 和 y 之间的关系

```
import matplotlib.pyplot as plt

fig=plt.figure(dpi=100,figsize=(8,6))
plt.plot(train_data[:,0],train_data[:,1],".",c="r")   ❶
plt.xlabel("values of x",fontsize=15)
plt.ylabel("values of $y=1.08^x$",fontsize=15)        ❷
plt.title("An exponential growth shape",fontsize=20)  ❸
plt.show()
```

❶ # 绘制 x 和 y 之间的关系
❷ # 为 y 轴添加标签
❸ # 为图创建标题

运行上述代码后，我们将看到一条指数增长曲线——与图 3.1 中上方的曲线相似。

练习3.2

根据练习 3.1 中的改动修改清单 3.2，绘制 x 与 $y = \sin(x)$ 之间的关系。别忘了修改图中的 y 轴标签和图的标题，以反映所做的更改。

3.2.2 准备训练数据集

将刚创建的数据样本放入批次中，以便输入判别器网络。我们可以使用 PyTorch 中的 `DataLoader()` 类将一个可迭代对象包裹在训练数据集周围，这样就可以在训练过程中方便地访问样本，示例如下：

```
from torch.utils.data import DataLoader
batch_size=128
train_loader=DataLoader(
    train_data,
    batch_size=batch_size,
    shuffle=True)
```

别忘了选择观测值总数和批次大小，这样所有批次中的样本数都相同。我们选择了2048个观测值，批次大小为128。因此就有2048/128 = 16个批次。`DataLoader()` 中的 `shuffle=True` 参数在将观测值分成不同批次之前对其进行随机混洗。

> **注意**
>
> 混洗可确保数据样本分布均匀，批次内的样本互不关联，从而让训练更稳定。具体到本例，混洗确保了 x 的值随机分布在 0 和 50 之间，而不是集中在某个范围，如在 0 和 5 之间。

我们可以使用 `next()` 和 `iter()` 方法访问一批数据，如下所示：

```
batch0=next(iter(train_loader))
print(batch0)
```

我们将看到128对数字 (x, y)，其中 x 的值随机分布在0和50之间。此外，每对数字中 x 和 y 的值都符合 $y = 1.08^x$ 的关系。

3.3 构建 GAN

至此，训练数据集已准备就绪，我们将构建一个判别器网络和一个生成器网络。判别器网络是一个二分类器，与第 2 章创建并训练的服装二分类器非常相似。在这里，判别器的任务是将样本分类为真实的或虚假的。生成器网络则尝试创建与训练集中的数据点 (x, y) 无异的数据点，以便让判别器将其分类为真实数据点。

3.3.1 判别器网络

我们使用 PyTorch 构建一个判别器神经网络。为此将使用具有 ReLU 激活函数的全连接（密集）层，还将使用丢弃层（dropout layer）来防止过拟合。我们先在 PyTorch 中构建一个表示判别器的顺序深度神经网络，代码如清单 3.3 所示。

清单 3.3 构建判别器网络

```
import torch.nn as nn

device="cuda" if torch.cuda.is_available() else "cpu"    ❶

D=nn.Sequential(
    nn.Linear(2,256),       ❷
    nn.ReLU(),
    nn.Dropout(0.3),        ❸
    nn.Linear(256,128),
    nn.ReLU(),
    nn.Dropout(0.3),
    nn.Linear(128,64),
    nn.ReLU(),
    nn.Dropout(0.3),
    nn.Linear(64,1),        ❹
    nn.Sigmoid()).to(device)
```

❶ # 自动检测是否有可用的启用了 CUDA 的 GPU
❷ # 第一层的输入特征数量为 2，与每个数据实例中元素数量相符，这些数据实例都有 x 和 y 两个值
❸ # 丢弃层可防止过拟合
❹ # 最后一层的输出特征数量为 1，这样即可将输出压缩到 [0,1]

确保第一层的输入形状为 2，因为在我们的样本中，每个数据实例都有 x 和 y 两个值。第一层的输入特征数量应始终与输入数据的大小相匹配。同时，确保最后一层的输出特征数量为 1，也就是说，判别器网络的输出是单一值。我们可以使用 sigmoid 激活函数将输出压缩到 [0, 1]，这样就可以将其解释为样本是真实样本的概率 p。对于互补概率 $1-p$，则可理解为样本是虚假样本的概率。这与我们在第 2 章中用二分类器识别一件服装是踝靴还是 T 恤时所做的工作非常相似。

隐藏层分别有 256、128 和 64 个神经元。这些数字并不特殊，只要在合理范围内，我们可以很容易地更改它们，并得到类似的结果。如果隐藏层的神经元数量过多，可能导致模型过拟合；如果数量过少，可能导致欠拟合。可以通过超参数调优，使用验证集单独优化神经元的数量。

丢弃层会随机停用（也就是"drop out"，即"丢弃"）所应用的层中一定比例的神经元。这意味着这些神经元在训练过程中不参与前向传递或后向传递。当模型不仅学习训练数据中的基本模式，还学习噪声和随机波动时，就会出现过拟合现象，从而导致在未见过的数据上表现不佳。丢弃层是防止过拟合的有效方法。[①]

3.3.2 生成器网络

生成器的工作是创建一对值 (x, y)，使其顺利通过判别器的筛选。也就是说，生成器会试图创建一对数字，使判别器认为这对数字来自训练数据集（符合 $y = 1.08^x$ 关系）的概率最大。我们将构建神经网络并用其表示生成器，代码如清单 3.4 所示。

清单 3.4 构建生成器网络

```
G=nn.Sequential(
    nn.Linear(2,16),        ❶
    nn.ReLU(),
    nn.Linear(16,32),
    nn.ReLU(),
    nn.Linear(32,2)).to(device)   ❷
```

❶ # 第一层的输入特征数量为 2，与来自潜空间的随机噪声向量的维度相同

---

① SRIVASTAVA N, HINTON G, KRIZHEVSKY A, et al. Dropout: a simple way to prevent neural networks from overfitting[J]. Journal of Machine Learning Research, 2014, 15 (56): 1929-1958.

❷ # 最后一层的输出特征数量为 2，与数据样本的维度相同，样本包含 x 和 y 两个值

我们将二维潜空间 (z_1, z_2) 中的一个随机噪声向量输入生成器。然后，生成器会根据潜空间的输入生成一对值 (x, y)。这里我们使用的是二维潜空间，但将维度改为其他数字（如 5 或 10）也不会影响结果。

3.3.3 损失函数、优化器和早停止

由于判别器网络本质上是在执行二分类任务（将数据样本识别为真实的或虚假的），因此我们在判别器网络中使用了二元交叉熵损失，这是判别器网络二分类的首选损失函数。判别器会尝试最大限度地提高二分类的准确性：将真实样本识别为真实样本，将虚假样本识别为虚假样本。判别器网络中的权重会根据损失函数相对于权重的梯度进行更新。

生成器则会尝试最大限度减小虚假样本被识别为虚假样本的概率。因此，我们也将对生成器网络使用二元交叉熵损失：生成器更新其网络权重，以便在二分类问题中，生成的样本能被判别器分类为真实样本。

与第 2 章一样，可以使用 Adam 优化器作为梯度下降算法，并将学习率设为 0.0005。接着将这些内容编写为 PyTorch 代码：

```
loss_fn=nn.BCELoss()
lr=0.0005
optimD=torch.optim.Adam(D.parameters(),lr=lr)
optimG=torch.optim.Adam(G.parameters(),lr=lr)
```

在实际训练前还有一个问题：这个 GAN 应该训练多少个轮次？如何才能知道模型已经训练好了，从而使生成器可以创建模仿指数增长曲线形状的样本？如果还记得第 2 章的内容，我们曾将训练集进一步拆分为训练集和验证集，然后利用验证集的损失来确定参数是否收敛，以便停止训练。不过与传统的监督学习模型（如第 2 章中的分类模型）相比，GAN 的训练方法有所不同。由于生成样本的质量在整个训练过程中都在提高，因此判别器的任务变得越来越困难（从某种程度上说，GAN 中的判别器是在对不断变化的目标进行预测）。判别网络的损失并不能很好地反映模型质量。

衡量 GAN 性能的一种常用方法是目测。人类可以通过简单的观察来评估生成的数据实例的质量和真实性。这是一种定性方法，但可以提供很多信息。具体到我们这个简单的例子，由于已知训练数据集的确切分布，我们可以查看生成样本相对于训练集中样本的均方误差（MSE），并将其作为生成器性能的衡量标准。相关代码如下：

```
mse=nn.MSELoss()        ❶
def performance(fake_samples):
    real=1.08**fake_samples[:,0]     ❷
    mseloss=mse(fake_samples[:,1],real)    ❸
    return mseloss
```

❶ # 使用均方误差（MSE）作为衡量性能的标准
❷ # 找出真实分布
❸ # 将生成的分布与真实分布进行比较，并计算 MSE

如果生成器的性能在 1000 个轮次内没有改进，就可以停止训练模型。因此，我们要像在第 2 章中那样定义一个早停止类，以明确何时停止训练模型，代码如清单 3.5 所示。

清单 3.5　用于决定何时停止训练的早停止类

```
class EarlyStop:
```

```
    def __init__(self, patience=1000):      ❶
        self.patience = patience
        self.steps = 0
        self.min_gdif = float('inf')
    def stop(self, gdif):      ❷
        if gdif < self.min_gdif:      ❸
            self.min_gdif = gdif
            self.steps = 0
        elif gdif >= self.min_gdif:
            self.steps += 1
        if self.steps >= self.patience:      ❹
            return True
        else:
            return False
stopper=EarlyStop()
```

❶ # 将 patience 的默认值设置为 1000
❷ # 定义 stop() 方法
❸ # 如果生成的分布与真实分布之间达到一个新的最小差值，则更新 min_gdif 的值
❹ # 如果模型在 1000 个轮次内均未改进，则停止训练

这样，我们就有了训练 GAN 所需的全部组件，可以开始训练了。

3.4 训练 GAN 并使用 GAN 生成形状

至此，我们已经有了训练数据和两个网络，可以开始训练模型了。训练完成后，即可丢弃判别器，使用生成器生成数据点，以形成指数增长曲线的形状。

3.4.1 GAN 的训练

我们分别为真实样本和虚假样本创建标签。具体来说，我们会将所有真实样本标记为 1，将所有虚假样本标记为 0。在训练过程中，判别器会将自己的预测与标签进行比较，以获得反馈，从而调整模型参数，并在下一次迭代中做出更好的预测。我们将定义两个张量，即 real_labels 和 fake_labels，如下所示：

```
real_labels=torch.ones((batch_size,1))
real_labels=real_labels.to(device)

fake_labels=torch.zeros((batch_size,1))
fake_labels=fake_labels.to(device)
```

张量 real_labels 是二维的，形状为 (batch_size, 1)，即 128 行 1 列。之所以使用 128 行，是因为我们将向判别器网络输入一批 128 个真实样本，以获得 128 个预测。同样，张量 fake_labels 也是二维的，形状为 (batch_size, 1)。我们将向判别器网络输入一批 128 个虚假样本，以获得 128 个预测，并将它们与真实数据（128 个 0 标签）进行比较。如果计算机有启用了 CUDA 的 GPU，还可以将两个张量移至 GPU，以加快训练速度。

为了训练 GAN，我们定义了几个函数，从而使训练循环看起来井井有条。第一个函数是 train_D_on_real()，它使用一批真实样本训练判别器网络。定义 train_D_on_real() 函数的代码如清单 3.6 所示。

清单 3.6　定义 train_D_on_real() 函数

```
def train_D_on_real(real_samples):
    real_samples=real_samples.to(device)
```

3.4 训练 GAN 并使用 GAN 生成形状

```
        optimD.zero_grad()
        out_D=D(real_samples)         ❶
        loss_D=loss_fn(out_D,real_labels)   ❷
        loss_D.backward()
        optimD.step()                 ❸
        return loss_D
```

❶ # 针对真实样本进行预测
❷ # 计算损失
❸ # 反向传播（更新判别器网络中的模型权重，以便使下一次迭代中的预测更准确）

如果计算机有启用了 CUDA 的 GPU，函数 train_D_on_real() 会先将真实样本移至 GPU。判别器网络 D 对这批样本进行预测。然后，模型会将判别器的预测 out_D 与真实数据 real_labels 进行比较，并计算相应的预测损失。backward() 方法计算损失函数相对于模型参数的梯度。step() 方法调整模型参数（反向传播）。zero_grad() 方法意味着我们在反向传播前明确地将梯度设为 0。否则，每次调用 backward() 时都会使用累积梯度，而不是增量梯度。

> **提示**
> 在训练每批数据时，会在更新模型权重前调用 zero_grad() 方法。我们在反向传播前明确将梯度设置为 0，以便在每次调用 backward() 时使用增量梯度而非累积梯度。

第二个函数是 train_D_on_fake()，它使用一批虚假样本训练判别器网络。定义 rain_D_on_fake() 函数的代码如清单 3.7 所示。

清单 3.7　定义 train_D_on_fake() 函数

```
def train_D_on_fake():
    noise=torch.randn((batch_size,2))
    noise=noise.to(device)
    fake_samples=G(noise)          ❶
    optimD.zero_grad()
    out_D=D(fake_samples)          ❷
    loss_D=loss_fn(out_D,fake_labels)   ❸
    loss_D.backward()
    optimD.step()                  ❹
    return loss_D
```

❶ # 生成一批虚假样本
❷ # 针对虚假样本进行预测
❸ # 计算损失
❹ # 反向传播

函数 train_D_on_fake() 首先从潜空间向生成器输入一批随机噪声向量，以获得一批虚假样本。然后，该函数将虚假样本提交给判别器以获得预测。该函数将判别器的预测 out_D 与真实数据 fake_labels 进行比较，并计算相应的预测损失。最后，它根据损失函数相对于模型权重的梯度来调整模型参数。

> **注意**
> 在此处的描述中，权重（weight）和参数（parameter）这两个术语是可互换的。严格来说，模型参数也包括偏差项，但我们使用"模型权重"这一术语是为了更宽泛地包括模型偏差。同样，也可以互换地使用调整权重（adjusting weight）、调整参数（adjusting parameter）和反向传播（backpropagation）这几个术语。

第三个函数是 train_G()，它使用一批虚假样本训练生成器网络。定义 train_G() 函数的代码如清单 3.8 所示。

清单 3.8　定义 train_G() 函数

```
def train_G():
    noise=torch.randn((batch_size,2))
    noise=noise.to(device)
    optimG.zero_grad()
    fake_samples=G(noise)              ❶
    out_G=D(fake_samples)              ❷
    loss_G=loss_fn(out_G,real_labels)  ❸
    loss_G.backward()
    optimG.step()                      ❹
    return loss_G, fake_samples
```

❶ # 创建一批虚假样本
❷ # 将虚假样本提交给判别器以获得预测
❸ # 根据生成器是否成功欺骗了判别器来计算损失
❹ # 反向传播（更新生成器网络中的权重，以便使下一次迭代中生成的样本更逼真）

为了训练生成器，我们首先从潜空间向生成器输入一批随机噪声向量，以获得一批虚假样本。然后，将虚假样本输入判别器网络，得到一批预测。将判别器的预测与真实数据 real_labels（"1" 张量）进行比较，并计算损失。重要的是，这里我们使用了 "1" 张量而非 "0" 张量作为标签。为什么？因为生成器的目的是让判别器误以为虚假样本是真实的。最后，我们根据损失函数相对于模型权重的梯度来调整模型参数，这样在下一次迭代时，生成器就能创建出更真实的样本。

> **注意**
> 在计算损失和评估生成器网络时，我们使用了张量 real_labels（"1" 张量）而非 fake_labels（"0" 张量），因为生成器希望判别器将虚假样本预测为真实样本。

最后，我们定义了一个函数 test_epoch()，它定期输出判别器的损失和生成器的损失。此外，它还绘制生成器生成的数据点，并将其与训练集中的数据点进行比较。定义 test_epoch() 函数的代码如清单 3.9 所示。

清单 3.9　定义 test_epoch() 函数

```
import os
os.makedirs("files", exist_ok=True)    ❶

def test_epoch(epoch,gloss,dloss,n,fake_samples):
    if epoch==0 or (epoch+1)%25==0:
        g=gloss.item()/n
        d=dloss.item()/n
        print(f"at epoch {epoch+1}, G loss: {g}, D loss {d}")   ❷
        fake=fake_samples.detach().cpu().numpy()
        plt.figure(dpi=200)
        plt.plot(fake[:,0],fake[:,1],"*",c="g",
            label="generated samples")     ❸
        plt.plot(train_data[:,0],train_data[:,1],".",c="r",
            alpha=0.1,label="real samples")    ❹
        plt.title(f"epoch {epoch+1}")
        plt.xlim(0,50)
        plt.ylim(0,50)
        plt.legend()
        plt.savefig(f"files/p{epoch+1}.png")
        plt.show()
```

❶ # 创建一个用于保存文件的文件夹
❷ # 定期输出损失
❸ # 将生成的数据点绘制为星号(*)
❹ # 将训练数据点绘制为点(.)

每隔 25 个轮次，该函数会输出当前轮次中生成器和判别器的平均损失。此外，这个函数还会绘制生成器生成的一批虚假数据点（以星号表示），并将其与训练集中的数据点（以点表示）进行比较。这个结果会以图像形式保存在本地文件夹 /files/ 中。

至此，我们已经准备好可以开始训练模型了。我们将迭代训练数据集中的所有批次。对于每批数据，先使用真实样本训练判别器。然后，生成器会创建一批虚假样本，我们再用这些虚假样本来训练判别器。最后，让生成器再次创建一批虚假样本，但这次用它们来训练生成器。我们持续地训练模型，直到满足早停止条件。训练 GAN 生成指数增长曲线的代码如清单 3.10 所示。

清单 3.10　训练 GAN 生成指数增长曲线

```
for epoch in range(10000):         ❶
    gloss=0
    dloss=0
    for n, real_samples in enumerate(train_loader):  ❷
        loss_D=train_D_on_real(real_samples)
        dloss+=loss_D
        loss_D=train_D_on_fake()
        dloss+=loss_D
        loss_G,fake_samples=train_G()
        gloss+=loss_G
    test_epoch(epoch,gloss,dloss,n,fake_samples)  ❸
    gdif=performance(fake_samples).item()
    if stopper.stop(gdif)==True:    ❹
        break
```

❶ # 开始训练循环
❷ # 对训练数据集中的所有批次进行迭代
❸ # 定期显示生成的样本
❹ # 判断是否可以停止训练

如果使用 GPU，训练只需几分钟，否则可能需要 20 ～ 30 分钟，这取决于计算机硬件配置。

经过 25 个训练轮次，生成的数据分散在点 (0, 0) 周围，未形成任何有意义的形状（一个轮次是指所有训练数据都被用于训练一次）。经过 200 个训练轮次，数据点开始形成指数增长曲线的形状，不过，很多点距离由训练集中的点所形成的虚线曲线还有很远的距离。经过 1025 个训练轮次，生成的点开始与指数增长曲线非常吻合。图 3.2 提供了 6 个不同轮次时的输出。我们的 GAN 效果非常好：生成器能生成数据点，这些数据点能形成所需的形状。

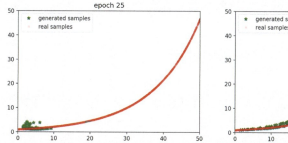 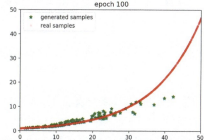

图 3.2　在训练过程的不同阶段，生成的形状（图中的星号）与真实指数增长曲线（图中的点）比较。经过 25 个轮次，生成的样本还无法形成任何有意义的形状。经过 200 个轮次，生成的样本开始看起来像指数增长曲线的形状。经过 1025 个轮次，生成的样本与指数增长曲线的形状已经非常接近了

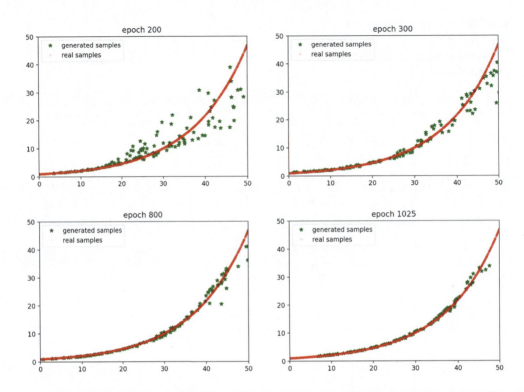

图 3.2 在训练过程的不同阶段,生成的形状(图中的星号)与真实指数增长曲线(图中的点)比较。经过 25 个轮次,生成的样本还无法形成任何有意义的形状。经过 200 个轮次,生成的样本开始看起来像指数增长曲线的形状。经过 1025 个轮次,生成的样本与指数增长曲线的形状已经非常接近了(续)

3.4.2 保存并使用训练好的生成器

至此,GAN 已经训练好了,我们将按照 GAN 的惯例丢弃判别器网络,并将训练好的生成器网络保存在本地文件夹中,如下所示:

```
import os
os.makedirs("files", exist_ok=True)
scripted = torch.jit.script(G)
scripted.save('files/exponential.pt')
```

`torch.jit.script()` 方法用 TorchScript 编译器将函数或 `nn.Module` 类编译成 TorchScript 代码。用该方法编写训练好的生成器网络,并将其保存成一个名为 exponential.pt 的文件。

要使用生成器,甚至无须定义模型,只要加载已保存文件,即可用它生成数据点,如下所示:

```
new_G=torch.jit.load('files/exponential.pt',
                    map_location=device)
new_G.eval()
```

训练好的生成器现已加载到设备上,具体是 CPU 还是 CUDA,取决于计算机上是否有启用了 CUDA 的 GPU。`torch.jit.load()` 中的 `map_location=device` 参数指定了加载生成器的位置。随后即可用训练好的生成器生成一批数据点,如下所示:

```
noise=torch.randn((batch_size,2)).to(device)
new_data=new_G(noise)
```

我们先从潜空间获取一批随机噪声向量，然后将其输入生成器，从而生成虚假数据。我们可以这样绘制生成的数据：

```
fig=plt.figure(dpi=100)
plt.plot(new_data.detach().cpu().numpy()[:,0],
    new_data.detach().cpu().numpy()[:,1],"*",c="g",
         label="generated samples")              ❶
plt.plot(train_data[:,0],train_data[:,1],".",c="r",
         alpha=0.1,label="real samples")         ❷
plt.title("Inverted-U Shape Generated by GANs")
plt.xlim(0,50)
plt.ylim(0,50)
plt.legend()
plt.show()
```

❶ # 将生成的数据样本绘制为星号
❷ # 将训练数据绘制为点

这样应该可以看到与图3.2中最后一个子图类似的曲线：生成的数据样本与指数增长曲线非常相似。

太棒了！我们已经构建并训练了第一个GAN！掌握了这一技能，就可以轻松修改代码，使生成的数据与其他形状（如正弦、余弦、U形等）相匹配。

> **练习3.3**
>
> 修改第一个项目中的程序，使生成器生成的数据样本在 $x = -5$ 和 $x = 5$ 之间形成正弦形状。绘制数据样本时，将 y 的值设置在 -1.2 和 1.2 之间。

3.5 用模式生成数字

在这个项目中，我们将构建并训练GAN，以生成一个由10个在0和99之间的整数构成的序列，并且所有整数都是5的倍数。其中涉及的主要步骤与生成指数增长曲线的步骤类似，不同之处在于训练集不是具有两个值的数据点 (x, y)，相反，训练集是由0和99之间的5的倍数构成的整数序列。

本节先将训练数据转换成神经网络能够理解的格式：独热变量（one-hot variable）。此外，我们还将把一个独热变量转换回0和99之间的整数，这样更便于人类理解。因此，这实际上是在人类可理解格式和模型可理解格式之间转换数据。之后，我们将创建一个判别器和一个生成器，并对GAN进行训练。我们还将使用早停止来决定训练何时结束。最后，丢弃判别器，使用训练好的生成器创建一个具备所需模式的整数序列。

3.5.1 独热变量

独热编码（one-hot encoding）是机器学习和数据预处理中使用的一种技术，用于将分类数据表示为二进制向量。分类数据由类别或标签组成，如颜色、动物类型或城市，这些数据本身并不是数字。机器学习算法通常使用数值数据，因此有必要将分类数据转换为数值格式。

假设我们正在处理一个分类特征——房子颜色可以取值为"红色""绿色"和"蓝色"。通过独热编码，每个类别都可以用一个二进制向量表示。我们将创建3个二进制列，每个列对应一个类别。"红色"的独热编码为 [1, 0, 0]，"绿色"的独热编码为 [0, 1, 0]，"蓝色"的独热编码为 [0, 0, 1]。这样做既保留了分类信息，又不会在类别之间引入任何顺序关系，每个类别都会被视为独立的。

下面我们定义一个 onehot_encoder() 函数,用于将整数转换为独热变量。代码如下:

```python
import torch
def onehot_encoder(position,depth):
    onehot=torch.zeros((depth,))
    onehot[position]=1
    return onehot
```

该函数需要两个参数:第一个参数 position 是对应值被开启为1的索引;第二个参数 depth 是独热变量的长度。例如,如果输出 onehot_encoder(1,5) 的值,如下所示:

```python
print(onehot_encoder(1,5))
```

结果如下:

```
tensor([0., 1., 0., 0., 0.])
```

结果显示了一个5值的张量,其中第二位(索引为1)开启为1,其余位关闭为0。

至此,我们已经了解了独热编码的工作原理,接着就可以将在 0 和 99 之间的任何整数转换为独热变量,如下所示:

```python
def int_to_onehot(number):
    onehot=onehot_encoder(number,100)
    return onehot
```

使用该函数将数字75转换为100值的张量:

```python
onehot75=int_to_onehot(75)
print(onehot75)
```

输出如下:

```
tensor([0., 0., 0., 0., 0., 0., 0., 0., 0., 0., 0., 0., 0., 0., 0., 0.,
        0., 0., 0., 0., 0., 0., 0., 0., 0., 0., 0., 0., 0., 0., 0., 0.,
        0., 0., 0., 0., 0., 0., 0., 0., 0., 0., 0., 0., 0., 0., 0., 0.,
        0., 0., 0., 0., 0., 0., 0., 0., 0., 0., 0., 0., 0., 0., 0., 0.,
        0., 0., 1., 0., 0., 0., 0., 0., 0., 0., 0., 0., 0., 0., 0., 0.,
        0., 0., 0., 0., 0., 0., 0., 0.])
```

结果是一个100值的张量,其中第76位(索引为75)开启为1,其余位关闭为0。

函数 int_to_onehot() 将整数转换为独热变量。从某种意义上说,也就是将人类可理解的语言翻译成模型可理解的语言。

接下来,要将模型可理解的语言翻译回人类可理解的语言。假设有个独热变量,如何将它转换成人类能理解的整数?下面的函数 onehot_to_int() 就能实现这一目标:

```python
def onehot_to_int(onehot):
    num=torch.argmax(onehot)
    return num.item()
```

函数 onehot_to_int() 接收参数 onehot,并根据哪个位置具有最大值将其转换为整数。

让我们测试一下该函数,看看如果使用刚刚创建的张量 onehot75 作为输入会发生什么:

```python
print(onehot_to_int(onehot75))
```

输出如下:

```
75
```

结果显示,函数将独热变量转换为整数75,完全正确。因此,我们知道函数的定义是正确的。

接下来将构建并训练一个 GAN 来生成 5 的倍数。

3.5.2 使用 GAN 生成具备模式的数字

我们的目标是构建并训练一个模型,使生成器能生成由 10 个整数构成的序列,且这些整数都是 5 的倍数。首先,准备好训练数据,然后,分批将其转换为模型可处理的数字。最后,使用训练好的生成器生成想要的模式。

简化起见,我们将生成一个由 10 个在 0 和 99 之间的整数构成的序列,然后将该序列转换为 10 个模型可处理的数字。

下列函数生成了一个 10 整数序列,并且所有整数都是 5 的倍数:

```
def gen_sequence():
    indices = torch.randint(0, 20, (10,))
    values = indices*5
    return values
```

首先使用 PyTorch 中的 randint() 方法生成 10 个在 0 和 19 之间的数字,然后将其乘以 5 并转换为 PyTorch 张量。这样就生成了 10 个整数,且都是 5 的倍数。

让我们尝试着生成如下的训练数据序列:

```
sequence=gen_sequence()
print(sequence)
```

输出如下:

```
tensor([60, 95, 50, 55, 25, 40, 70,  5,  0, 55])
```

上述输出中的值都是 5 的倍数。

接下来,将每个数字转换为独热变量,以便稍后将它们输入神经网络。

```
import numpy as np

def gen_batch():
    sequence=gen_sequence()                              ❶
    batch=[int_to_onehot(i).numpy() for i in sequence]   ❷
    batch=np.array(batch)
    return torch.tensor(batch)
batch=gen_batch()
```

❶ # 创建一个由 10 个数字构成的序列,每个数字都是 5 的倍数
❷ # 将每个整数转换为一个 100 值的独热变量

上述函数 gen_batch() 创建了一批数据,随后即可将数据输入神经网络进行训练。

我们还定义了一个函数 data_to_num(),用于将独热变量转换为整数序列,以便得到人类可理解的输出:

```
def data_to_num(data):
    num=torch.argmax(data,dim=-1)    ❶
    return num
numbers=data_to_num(batch)           ❷
```

❶ # 根据 100 值向量中的最大值,将向量转换回整数
❷ # 为示例应用该函数

函数 torch.argmax() 中的参数 dim 设置为 -1,表示我们试图找到最后一个维度中最大值的位置(索引),即在 100 值的独热向量中哪个位置的值最大。

接下来要做的是构建两个神经网络:一个用于判别器 D;另一个用于生成器 G。我们将构建 GAN 来生成所需的数字模式。与 3.3 节操作类似,需要构建一个判别器网络,它是一个可区分虚

假样本和真实样本的二分类器。此外还要构建一个生成器网络，用于生成由 10 个数字构成的序列。判别器神经网络如下：

```
from torch import nn
D=nn.Sequential(
    nn.Linear(100,1),
    nn.Sigmoid()).to(device)
```

由于要将整数转换为 100 值的独热变量，因此在模型的第一个 Linear 层中使用 100 作为输入大小。最后一个 Linear 层只有一个输出特征，因此使用 sigmoid 激活函数将输出压缩到 [0, 1]，这样即可将其解释为样本是真实样本的概率 p。对于互补概率 $1-p$，则可理解为样本是虚假样本的概率。

生成器的工作是创建一个数字序列，使它们被判别器 D 看作真实样本。也就是说，G 试图创建一个数字序列，以最大限度地提高 D 认为这些数字来自训练数据集的概率。

创建以下神经网络来表示生成器 G：

```
G=nn.Sequential(
    nn.Linear(100,100),
    nn.ReLU()).to(device)
```

我们将 100 维潜空间中的随机噪声向量输入生成器。然后，生成器会根据输入创建一个包含 100 个值的张量。注意，最后一层使用了 ReLU 激活函数，因此输出是非负的。由于要生成 100 个 0 或 1 值，因此非负值在这里是合适的。

与第一个项目一样，对判别器和生成器都使用 Adam 优化器，学习率为 0.0005：

```
loss_fn=nn.BCELoss()
lr=0.0005
optimD=torch.optim.Adam(D.parameters(),lr=lr)
optimG=torch.optim.Adam(G.parameters(),lr=lr)
```

这样就有了训练数据和两个网络，随后即可开始训练模型。之后，我们将丢弃判别器，使用生成器生成一个由 10 个整数组成的序列。

3.5.3 训练 GAN 生成具备模式的数字

本项目的训练过程与第一个项目中生成指数增长形状的过程非常相似。

先定义一个函数 train_D_G()，它是第一个项目中定义的 3 个函数 train_D_on_real()、train_D_on_fake() 和 train_G() 的组合。函数 train_D_G() 已包含在本书配套资源中本章对应的 Jupyter Notebook 中。查看函数 train_D_G() 的内容可知，与第一个项目中定义的 3 个函数相比，这里做了一些细微改动。

我们使用了与第一个项目相同的早停止类，这样就能知道何时停止训练。不过，我们修改了 patience 参数，在实例化该类时将其改为 800，如清单 3.11 所示。

清单 3.11 训练 GAN 生成 5 的倍数

```
stopper=EarlyStop(800)        ❶

mse=nn.MSELoss()
real_labels=torch.ones((10,1)).to(device)
fake_labels=torch.zeros((10,1)).to(device)
def distance(generated_data):     ❷
    nums=data_to_num(generated_data)
    remainders=nums%5
    ten_zeros=torch.zeros((10,1)).to(device)
```

3.5 用模式生成数字

```
        mseloss=mse(remainders,ten_zeros)
        return mseloss

for i in range(10000):
    gloss=0
    dloss=0
    generated_data=train_D_G(D,G,loss_fn,optimD,optimG)    ❸
    dis=distance(generated_data)
    if stopper.stop(dis)==True:
        break
    if i % 50 == 0:
        print(data_to_num(generated_data))    ❹
```

❶ # 创建早停止类的一个实例
❷ # 定义一个 distance() 函数，用它计算生成的数字的损失
❸ # 训练 GAN 一个轮次
❹ # 每 50 个轮次后输出生成的整数序列

我们还定义了一个 distance() 函数来测量训练集和生成的数据样本间的差异：该函数计算每个生成的数字除以 5 后的余数的均方误差。当所有生成的数字都是 5 的倍数时，测量值应为 0。

运行上述代码，可以看到如下的输出：

```
tensor([14, 34, 19, 89, 44,  5, 58,  6, 41, 87], device='cuda:0')
…
tensor([ 0, 80, 65,  0,  0, 10, 80, 75, 75, 75], device='cuda:0')
tensor([25, 30,  0,  0, 65, 20, 80, 20, 80, 20], device='cuda:0')
tensor([65, 95, 10, 65, 75, 20, 20, 20, 65, 75], device='cuda:0')
```

每次迭代生成一批10个数字。首先，使用真实样本训练判别器D，然后，生成器会生成一批虚假样本，再用虚假样本训练D。最后，让生成器再次生成一批虚假样本，但这次会用这些虚假样本训练生成器G。如果生成器网络在上一次达到最小损失后，经过800个轮次后仍没有有所改进，就停止训练。每训练50个轮次，都会输出生成器创建的10个数字的序列，这样就能知道它们是否都是5的倍数。

训练过程中的输出如上所示。在最初几百个轮次中，生成器生成的数字尚且不是 5 的倍数。但在经过 900 个轮次后，所有生成的数字就都是 5 的倍数了。如果使用 GPU，训练过程只需 1 分钟左右；如果使用 CPU，则能在 10 分钟内完成训练。

3.5.4 保存并使用训练好的模型

随后即可丢弃判别器，将训练好的生成器保存在本地文件夹中，如下所示：

```
import os
os.makedirs("files", exist_ok=True)
scripted = torch.jit.script(G)
scripted.save('files/num_gen.pt')
```

至此，我们已将生成器保存到本地文件夹。要使用生成器，只需加载模型并使用它生成一个整数序列，如下所示：

```
new_G=torch.jit.load('files/num_gen.pt',
                     map_location=device)    ❶
new_G.eval()
noise=torch.randn((10,100)).to(device)    ❷
new_data=new_G(noise)    ❸
print(data_to_num(new_data))
```

❶ # 加载保存的生成器

❷ # 获取随机噪声向量
❸ # 将随机噪声向量输入训练好的模型，以生成整数序列

输出如下：

    tensor([40, 25, 65, 25, 20, 25, 95, 10, 10, 65], device='cuda:0')

生成的数字都是5的倍数。

读者可以很容易地修改代码以生成其他模式，如奇数、偶数、3 的倍数等。

> 练习3.4
> 　　修改第二个项目中的程序，使生成器生成一个都是 3 的倍数的 10 个整数的序列。

在理解 GAN 的工作原理后，在本书的后续章节中，读者就可以将 GAN 背后的理念扩展到其他格式，包括高分辨率图像和接近指定音乐家风格的音乐。

3.6　小结

- GAN 由两个网络组成：一个是用于区分虚假样本和真实样本的判别器，另一个是用于创建与训练集中样本无异的样本的生成器。
- GAN 所涉及的步骤包括准备训练数据、构建判别器和生成器、训练模型并决定何时停止训练，最后丢弃判别器并使用训练好的生成器创建新样本。
- GAN 生成的内容取决于训练数据。当训练数据集中是形成指数增长曲线的数据对 (x, y) 时，生成的样本也将是模仿这种形状的数据对；当训练数据集中是由 5 的倍数组成的数字序列时，生成的样本也是由 5 的倍数组成的数字序列。
- GAN 用途广泛，能够生成多种不同格式的内容。

第二部分

图像生成

第二部分深入介绍图像生成。在第 4 章中，我将介绍如何构建并训练能生成高分辨率彩色图像的生成对抗网络。特别是，我将介绍使用卷积神经网络捕捉图像中的空间特征。这一章还将介绍如何使用转置卷积层对图像进行上采样并生成高分辨率特征图。在第 5 章中，我将介绍在生成图像中选择特征的两种方法。在第 6 章中，我将介绍如何构建并训练 CycleGAN，从而在两个域（如黑发图像和金发图像、马的图像和斑马图像）之间转换图像。在第 7 章中，我将介绍如何使用别的生成模型（如自编码器及其变体——变分自编码器）创建图像。

第 4 章　使用 GAN 生成图像

本章内容

- 镜像判别器网络中的步骤，从而设计一个生成器
- 如何针对图像执行二维卷积运算
- 二维转置卷积运算如何在输出值之间插入间隙并生成分辨率更高的特征图
- 构建并训练能生成灰度图像和彩色图像的 GAN

在第 3 章中，我们成功生成了一条指数增长曲线和一串由 5 的倍数组成的整数序列。在理解 GAN 的工作原理后，我们已经可以运用相同技能来生成许多其他形式的内容，如高分辨率彩色图像和接近指定音乐家风格的音乐。不过，这可能说易行难（俗话说得好，细节决定成败）。例如，究竟怎样才能让生成器凭空变出逼真的图像？这就是本章要解决的问题。

生成器从零开始创建图像的常用方法是镜像判别器网络中的步骤。在本章的第一个项目中，我们的目标是创建服装（如外套、衬衫、凉鞋等）的灰度图像。在设计生成器网络时，将镜像判别器网络中的层。在这个项目中，生成器网络和判别器网络都只使用密集层。密集层中的每个神经元都与上一层和下一层中的每个神经元相连。因此，密集层也称为全连接层。

本章第二个项目的目标是创建彩色的高分辨率动漫人脸图像。与第一个项目一样，生成器镜像判别器网络中的步骤，以生成图像。然而，与第一个项目中的低分辨率灰度图像相比，这个项目的高分辨率彩色图像包含更多像素。如果只使用密集层，模型中的参数数量将大幅增加，这反过来又会使学习过程变得缓慢低效。因此，我们转为使用卷积神经网络（CNN）。在 CNN 中，层中的每个神经元只与输入的一小块区域相连。这种局部连接减少了参数数量，使网络更高效。与类似规模的全连接网络相比，CNN 需要的参数更少，因此训练耗时更短，计算成本更低。CNN 通常还能更有效地捕捉图像数据中的空间层次，因为它们将图像视为多维对象而非一维向量。

为了让读者为第二个项目做好准备，我们将介绍卷积运算的工作原理，以及卷积运算如何对输入图像进行下采样（downsample）并提取其中的空间特征。读者还将学习过滤器（filter）大小、步幅（stride）和零填充（zero-padding）等概念，以及它们如何影响 CNN 的下采样程度。判别器网络使用卷积层，但生成器会通过使用转置卷积层［transposed convolutional layer，也称为反卷积层（deconvolution layer）或上采样层（upsampling layer）］来镜像这些卷积层。我们会介绍如何将转置卷积层用于上采样以生成高分辨率特征图（feature map）。

总之，在本章中，读者将学习如何镜像判别器网络中的步骤，进而从零开始创建图像。此

外，读者还将学习卷积层和转置卷积层的工作原理。学习完本章后，读者就可以在后续章节以其他方式使用卷积层和转置卷积层创建高分辨率图像（如在训练 CycleGAN 将金发转换为黑发时进行特征转移，或在变分自编码器中生成高分辨率人脸图像）。

4.1 使用 GAN 生成服装灰度图像

第一个项目的目标是训练一个模型来生成凉鞋、T 恤、外套和包等服装的灰度图像。

使用 GAN 生成图像时，首先要获取训练数据，然后从零开始创建一个判别器网络。在创建生成器网络时，我们将镜像判别器网络中的步骤。最后将训练 GAN，并使用训练好的模型生成图像。让我们通过一个创建服装灰度图像的简单项目来看看 GAN 是如何工作的。

4.1.1 训练样本和判别器

准备训练数据的步骤与第 2 章中所做的类似，但有几处例外，下文将重点介绍这些例外。为了节省时间，下文将跳过第 2 章中已涉及的步骤，详细内容可参阅本书的配套资源。按照本书配套资源中本章对应的 Jupyter Notebook 中列出的步骤创建一个带批次的数据迭代器。

训练集中有 60000 张图像。在第 2 章中，我们将训练集进一步拆分为训练集和验证集，并利用验证集的损失来确定参数是否收敛，以便停止训练。然而，与传统的监督学习模型（如第 2 章中的分类模型）相比，GAN 的训练方法有所不同。由于生成样本的质量在整个训练过程中都在提高，因此判别器的任务变得越来越困难。判别器网络的损失并不能很好地反映模型质量。衡量 GAN 性能的常规方法是通过目测来评估生成图像的质量和真实性。我们可以将生成样本的质量与训练样本进行比较，并使用初始分数（inception score）等方法来评估 GAN 的性能。[①] 然而，研究人员已经发现这些方法存在局限。[②] 本章我们将使用目测定期检查生成样本的质量，并确定何时停止训练。

判别器网络是一个二分类器，与我们在第 2 章中讨论的服装二分类器类似。在这里，判别器的任务是将样本分类为真实样本和虚假样本。

我们使用 PyTorch 构建下面的判别器神经网络 D：

```
import torch
import torch.nn as nn

device="cuda" if torch.cuda.is_available() else "cpu"
D=nn.Sequential(
    nn.Linear(784, 1024),        ❶
    nn.ReLU(),
    nn.Dropout(0.3),
    nn.Linear(1024, 512),
    nn.ReLU(),
    nn.Dropout(0.3),
    nn.Linear(512, 256),
    nn.ReLU(),
    nn.Dropout(0.3),
    nn.Linear(256, 1),           ❷
    nn.Sigmoid()).to(device)
```

[①] 关于各种 GAN 评估方法的调查，可参考 Ali Borji 的文章 "Pros and Cons of GAN Evaluation Measures"（2018）。
[②] Shane Barratt 和 Rishi Sharma 的文章 "A Note on the Inception Score" 表明，初始分数在比较模型时不能提供有用的指导。

❶ # 第一个全连接层有 784 个输入和 1024 个输出
❷ # 最后一个全连接层有 256 个输入和 1 个输出

输入大小为784，因为训练集中每张灰度图像的大小为28像素×28像素。由于密集层只接收一维输入，因此在将图像输入模型前需要先将其展平。输出层只有一个神经元：判别器D的输出是一个单一值。因此使用sigmoid激活函数将输出压缩到[0, 1]，这样就可以将其解释为样本是真实样本的概率p。对于互补概率$1-p$，则可理解为样本是虚假样本的概率。

练习4.1

修改判别器 D，使前 3 层的输出数量分别为 1000、500 和 200，而非 1024、512 和 256。确保一层的输出数量与下一层的输入数量一致。

4.1.2 生成灰度图像的生成器

虽然判别器网络很容易构建，但如何构建生成器从而生成逼真的图像就是另一回事了。此时，一种常见方法是镜像判别器网络中使用的层来构建生成器，如清单 4.1 所示。

清单 4.1 通过镜像判别器中的层来设计生成器

```
G=nn.Sequential(
    nn.Linear(100, 256),     ❶
    nn.ReLU(),
    nn.Linear(256, 512),     ❷
    nn.ReLU(),
    nn.Linear(512, 1024),    ❸
    nn.ReLU(),
    nn.Linear(1024, 784),    ❹
    nn.Tanh()).to(device)    ❺
```

❶ # 生成器的第一层与判别器的最后一层对称
❷ # 生成器的第二层与判别器的倒数第二层对称（输入和输出互换位置）
❸ # 生成器的第三层与判别器的倒数第三层对称
❹ # 生成器的最后一层与判别器的第一层对称
❺ # 用 Tanh() 激活函数让输出在 -1 和 1 之间，与图像中的值维持一致

图 4.1 展示了生成服装灰度图像的 GAN 中生成器网络和判别器网络的架构。如图 4.1 中的右上角所示，来自训练集的一张包含 28 像素 ×28 像素 = 784 像素的展平灰度图像依次经过判别器网络的 4 个密集层，输出即为图像是真实图像的概率。为了创建图像，生成器使用类似的 4 个密集层，但顺序相反：它从潜空间（图 4.1 中的左下角）获取一个 100 值的随机噪声向量，将该向量送入 4 个密集层。在每一层中，判别器中的输入数量和输出数量都被反转并用作生成器中的输出数量和输入数量。最后，生成器得到一个 784 值的张量，这个张量可重塑为一个 28 像素 ×28 像素的灰度图像（图 4.1 中的左上角）。

图 4.1 左侧是生成器网络，右侧是判别器网络。比较这两个网络就会发现生成器是如何镜像判别器中的层的。具体来说，生成器有 4 个类似的密集层，但顺序相反：生成器的第一层镜像了判别器的最后一层，生成器的第二层镜像了判别器的倒数第二层，以此类推。生成器的输出数量为 784 个，经过 Tanh() 激活函数后，输出值在 -1 和 1 之间，与判别器网络的输入相匹配。

4.1 使用 GAN 生成服装灰度图像

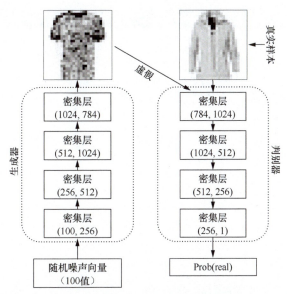

图 4.1 设计一个生成器网络，通过镜像判别器网络中的层来生成服装图像。右侧是判别器网络，其中包含 4 个密集层。为了设计一个能凭空变出衣服图像的生成器，我们镜像判别器网络中的层。具体来说，如图中左半部分所示，生成器有 4 个类似的密集层，但顺序相反：生成器的第一层镜像了判别器的最后一层，生成器的第二层镜像了判别器倒数第二层，以此类推。此外，在前 3 层的每一层中，判别器中的输入数量和输出数量都被反转并用作生成器中的输出数量和输入数量

练习 4.2

修改生成器 G，使前 3 层的输出数量分别为 1000、500 和 200，而非 1024、512 和 256。确保修改后的生成器镜像了练习 4.1 中修改后的判别器中使用的层。

正如在第 3 章中的 GAN 模型那样，由于判别器 D 执行的是二分类问题，因此损失函数是二元交叉熵损失。我们将对判别器和生成器使用 Adam 优化器，学习率为 0.0001，如下所示：

```
loss_fn=nn.BCELoss()
lr=0.0001
optimD=torch.optim.Adam(D.parameters(),lr=lr)
optimG=torch.optim.Adam(G.parameters(),lr=lr)
```

接下来将使用训练数据集中的服装图像来训练刚刚构建的 GAN。

4.1.3 训练 GAN 生成服装图像

此处的训练过程与第 3 章中训练 GAN 生成指数增长曲线或生成 5 的倍数的数字序列的过程类似。与第 3 章的不同之处在于，这次将只通过目测来判断模型是否训练好了。为此，我们定义了一个 see_output() 函数，用于定期可视化生成器生成的虚假图像，如清单 4.2 所示。

> **注意**
> 感兴趣的读者可以在 GitHub 上查找 "sbarratt/inception-score-PyTorch"，了解如何在 PyTorch 中实现初始分数，进而评估 GAN。不过，由于初始分数效果不佳，该代码库并不建议使用初始分数来评估生成的模型。

清单 4.2　定义一个可视化生成的服装图像的函数

```
import matplotlib.pyplot as plt

def see_output():
    noise=torch.randn(32,100).to(device=device)
    fake_samples=G(noise).cpu().detach()          ❶
    plt.figure(dpi=100,figsize=(20,10))
    for i in range(32):
        ax=plt.subplot(4, 8, i + 1)               ❷
        img=(fake_samples[i]/2+0.5).reshape(28, 28)
        plt.imshow(img)                           ❸
        plt.xticks([])
        plt.yticks([])
    plt.show()

see_output()                                      ❹
```

❶ # 生成 32 张虚假图像
❷ # 将这些图像绘制为 4×8 网格
❸ # 显示第 i 张图像
❹ # 在训练前调用 see_output() 函数可视化生成的图像

如图 4.2 所示，运行上述代码将看到 32 张类似电视机没信号时出现的雪花状图像。它们看起来根本不像服装，因为我们还没训练生成器。

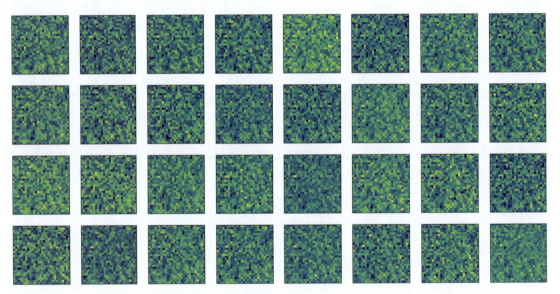

图 4.2　尚未经过训练的生成服装图像的 GAN 模型的输出。由于模型未经训练，此时生成的图像与训练集中的图像看起来完全不同

为了训练 GAN 模型，我们定义了几个函数：`train_D_on_real()`、`train_D_on_fake()` 和 `train_G()`。它们与第 3 章定义的函数类似。感兴趣的读者可以查看本书配套资源中本章对应的 Jupyter Notebook，看看我们对这几个函数做了哪些小改动。

至此，我们已经准备好可以开始训练模型了。我们将迭代训练数据集中的所有批次。对于每批数据，首先，使用真实样本训练判别器，然后，生成器会创建一批虚假样本，我们再用虚假样本来训练判别器。最后，让生成器再次创建一批虚假样本，但这次用它们来训练生成器。我们对模型进行 50 个轮次的训练。训练 GAN 生成服装图像的代码如清单 4.3 所示。

清单4.3 训练GAN生成服装图像

```
for i in range(50):
    gloss=0
    dloss=0
    for n, (real_samples,_) in enumerate(train_loader):
        loss_D=train_D_on_real(real_samples)    ❶
        dloss+=loss_D
        loss_D=train_D_on_fake()                ❷
        dloss+=loss_D
        loss_G=train_G()                        ❸
        gloss+=loss_G
    gloss=gloss/n
    dloss=dloss/n
    if i % 10 == 9:
        print(f"at epoch {i+1}, dloss: {dloss}, gloss {gloss}")
        see_output()                            ❹
```

❶ # 用真实样本训练判别器
❷ # 用虚假样本训练判别器
❸ # 训练生成器
❹ # 每10个轮次后可视化生成的样本

如果使用GPU，训练大约花费10分钟，否则可能需要1小时左右，这取决于计算机硬件配置。

每经过10个训练轮次就能可视化生成的服装图像。如图4.3所示，仅仅经过10个训练轮次，模型就已经可以生成明显能以假乱真的服装图像：至少可以分辨出它们是什么。例如，图4.3第一行的前3项显然是一件外套、一条裙子和一条裤子。随着训练进行，生成的图像质量将越来越好。

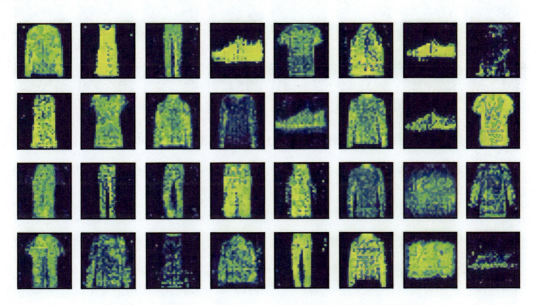

图4.3 图像GAN模型经过10个训练轮次生成的服装图像

正如对所有GAN所做的那样，接下来可以丢弃判别器，保存训练好的生成器，以便稍后生成更多样本，如下所示：

```
scripted = torch.jit.script(G)
scripted.save('files/fashion_gen.pt')
```

这样就将生成器保存在本地文件夹中了。要使用生成器时，可以这样加载模型：

```
new_G=torch.jit.load('files/fashion_gen.pt',
                    map_location=device)
new_G.eval()
```

生成器现已加载，可以用它来生成服装图像，如下所示：

```
noise=torch.randn(32,100).to(device=device)
fake_samples=new_G(noise).cpu().detach()
for i in range(32):
    ax = plt.subplot(4, 8, i + 1)
    plt.imshow((fake_samples[i]/2+0.5).reshape(28, 28))
    plt.xticks([])
    plt.yticks([])
plt.subplots_adjust(hspace=-0.6)
plt.show()
```

生成的服装图像如图 4.4 所示。可以看到，生成的服装图像与训练集中的图像相当接近。

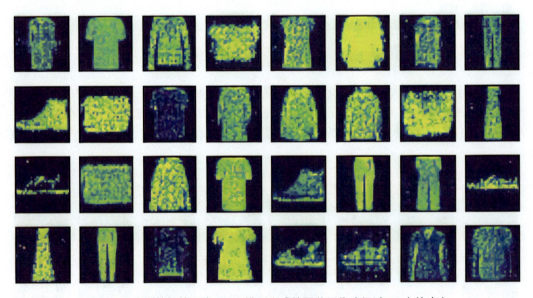

图 4.4　由训练好的图像 GAN 模型生成的服装图像（经过 50 个轮次）

至此，我们已经使用 GAN 生成了灰度图像。接下来将使用深度卷积 GAN（DCGAN）生成高分辨率彩色图像。

4.2　卷积层

要生成高分辨率彩色图像，需要用到比简单的全连接神经网络更复杂的技术。具体来说，我们将使用卷积神经网络（CNN），它对于处理具有网格拓扑结构的数据（如图像）特别有效。CNN 在多个方面与全连接（密集）层有所差异。首先，在 CNN 中，层中的每个神经元只与输入的一小块区域相连。这是基于这样一种认识：在图像数据中，局部像素更有可能相互关联。这种局部连接减少了参数数量，使网络更高效。其次，CNN 使用共享权重（shared weight）的概念，即在输入的不同区域使用相同权重。这类似于在整个输入空间中滑动过滤器。这种过滤器能检测到特定特征（如边缘或纹理），而不管这些特征在输入中的具体位置，从而产生了平移不变性（translation invariance）这一特性。

由于结构特点，CNN 在图像处理方面更高效。与类似规模的全连接网络相比，CNN 需要的参数更少，因此训练速度更快，计算成本更低。一般来说，CNN 还能更有效地捕捉图像数据中的空间层次。

卷积层和转置卷积层是 CNN 的两个基本构件，常用于图像处理和计算机视觉任务。它们具有不同的目的和特点：卷积层用于特征提取，能将一组可学习的过滤器（也称为"核"，即 kernel）应用于输入数据，以检测不同空间尺度上的模式和特征，这些层对于捕捉输入数据的层次表征至关重要；相比之下，转置卷积层则用于上采样或生成高分辨率特征图。

本节将介绍卷积运算的工作原理，以及核大小、步幅和零填充对卷积运算的影响。

4.2.1 卷积运算的工作原理

卷积层使用过滤器提取输入数据所蕴含的空间模式。卷积层能自动检测大量模式，并将其与目标标签关联。因此，卷积层常用于图像分类任务。

卷积运算包括对输入的图像应用过滤器来生成特征图。这一过程需要将过滤器与输入图像逐元素相乘，并对结果求和。当过滤器在输入图像上移动扫描不同区域时，其中的权重是相同的。图 4.5 展示了一个卷积运算的数值示例，其中第一列是输入图像，第二列是过滤器（2×2 矩阵）。卷积运算（第三列）会在输入图像上滑动过滤器，将相应元素相乘，然后求和（最后一列）。

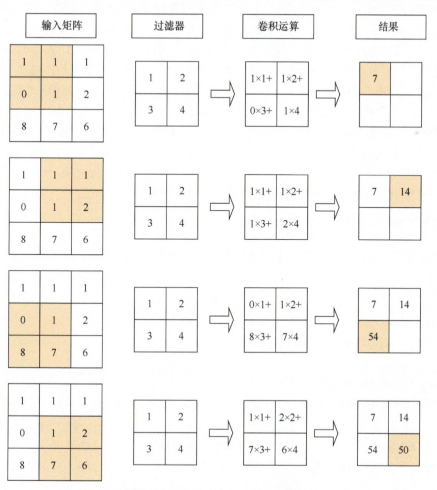

图 4.5　卷积运算工作原理的数值示例（步幅等于 1，无填充）

为了深入理解卷积运算的工作原理,让我们在 PyTorch 中并行地实现卷积运算,以便验证图 4.5 中所示的内容。首先,创建一个 PyTorch 张量来表示图 4.5 中的输入图像,如下所示:

```
img = torch.Tensor([[1,1,1],
                    [0,1,2],
                    [8,7,6]]).reshape(1,1,3,3)    ❶
```

❶ # 图像形状中的 4 个值 (1, 1, 3, 3) 分别表示批次中图像数量、颜色通道数量、图像高度和图像宽度

图像经过重塑,维数为(1, 1, 3, 3),这表明批次中只有一个观测值,图像只有一个颜色通道。图像的高度和宽度均为3像素。

让我们在 PyTorch 中创建一个二维卷积层来表示图 4.5 第二列所示的 2×2 过滤器,如下:

```
conv=nn.Conv2d(in_channels=1,
               out_channels=1,
               kernel_size=2,
               stride=1)          ❶
sd=conv.state_dict()               ❷
print(sd)
```

❶ # 初始化一个二维卷积层
❷ # 提取该层中随机初始化的权重和偏置

二维卷积层需要几个参数。`in_channels`参数是输入图像的通道数,对于灰度图像,该参数值为1;对于彩色图像,该参数值为3,因为彩色图像有3个颜色通道(RGB:红、绿、蓝)。`out_channels`是通过了卷积层之后的通道数,可根据要从图像中提取的特征数量任意取值。`kernel_size`参数控制了核的大小,例如`kernel_size=3`表示过滤器形状是3×3,`kernel_size=4`表示过滤器形状是4×4。我们在这里将核大小设为2,这样过滤器的形状就是2×2。

二维卷积层还有几个可选参数。`stride`参数指定每次过滤器沿输入图像向右或向下移动多少像素。`stride`参数的默认值为1,`stride`值越大,图像的下采样就越多。`padding`参数表示在输入图像的四周添加多少行零,默认值为0。`bias`参数决定了是否添加可学习的偏置(bias)作为参数,其默认值为`True`。

上述二维卷积层有一个输入通道和一个输出通道,核大小为 2×2,步幅为 1。在创建卷积层时,会随机初始化其中的权重和偏置。上述卷积层的权重和偏置输出如下:

```
OrderedDict([('weight', tensor([[[[ 0.3823,  0.4150],
        [-0.1171,  0.4593]]]])), ('bias', tensor([-0.1096]))])
```

为了让示例更容易理解,我们将权重和偏置替换为整数,如下所示:

```
weights={'weight':torch.tensor([[[[1,2],
    [3,4]]]]), 'bias':torch.tensor([0])}      ❶
for k in sd:
    with torch.no_grad():
        sd[k].copy_(weights[k])               ❷
print(conv.state_dict())                      ❸
```

❶ # 手工选择权重和偏置
❷ # 将卷积层中的权重和偏置替换为手工选择的值
❸ # 输出卷积层中新的权重和偏置

由于我们不在卷积层中学习参数,因此使用`torch.no_grad()`来禁止梯度计算,从而减少内存消耗并加快计算速度。这样,卷积层的权重和偏置就都是我们自己选择的了。它们也与图4.5中的数值一致。上述代码的输出如下:

```
OrderedDict([('weight', tensor([[[[1., 2.],
```

[3., 4.]]]])), ('bias', tensor([0.]))])

如果将上述卷积层应用于上述3像素×3像素图像,输出是什么?让我们来看看:

```
output = conv(img)
print(output)
```

输出如下:

```
tensor([[[[ 7., 14.],
         [54., 50.]]]], grad_fn=<ConvolutionBackward0>)
```

输出形状为(1, 1, 2, 2),其中有4个值:7、14、54和50。这些数值与图4.5中的数值一致。

但是卷积层究竟是如何通过过滤器产生上述输出的?接下来将详细说明。

输入图像是一个3×3矩阵,过滤器是一个2×2矩阵。当过滤器扫描图像时,首先会覆盖图像左上角的4个像素,其值为 [[1, 1], [0, 1]],如图4.5第一行所示。过滤器值为 [[1, 2], [3, 4]]。卷积运算是将两个张量(本例中一个张量是过滤器,另一个张量是覆盖区域)逐元素相乘,然后求和。换句话说,卷积运算对4个单元格中的每个单元格都执行逐元素相乘,然后将4个乘积相加。因此,扫描左上角之后的输出如下:

$$1 \times 1 + 1 \times 2 + 0 \times 3 + 1 \times 4 = 7$$

这就解释了为什么左上角的输出值是7。同样,当过滤器应用于图像右上角时,覆盖区域为[[1, 1], [1, 2]],因此,输出如下:

$$1 \times 1 + 1 \times 2 + 1 \times 3 + 2 \times 4 = 14$$

这就解释了为什么右上角的输出值是14。

练习4.3

当过滤器应用于图像右下角时,覆盖区域的值是多少?解释右下角输出值为 50 的原因。

4.2.2 步幅和填充对卷积运算的影响

步幅和零填充是卷积运算中的两个重要概念。它们在决定输出特征图的维度及过滤器与输入数据的交互方式方面起着至关重要的作用。

步幅是指过滤器在输入图像上移动的像素数。步幅为1时,过滤器每次移动1像素。步幅越大,意味着过滤器在图像上移动时跳过的像素越多。增大步幅可减少输出特征图的空间维度。

零填充是指应用卷积运算前,在输入图像的边界周围添加几层零。零填充可以控制输出特征图的空间维度。如果不填充,输出的维度将小于输入维度。通过添加填充,可以将输出的维度维持在输入的维度。

让我们通过一个例子来看看步幅和填充是如何工作的。下面的代码重新定义了一个二维卷积层:

```
conv=nn.Conv2d(in_channels=1,
        out_channels=1,
        kernel_size=2,
        stride=2,      ❶
        padding=1)     ❷
sd=conv.state_dict()
for k in sd:
    with torch.no_grad():
        sd[k].copy_(weights[k])
output = conv(img)
print(output)
```

❶ # 将 stride 从 1 改为 2
❷ # 将 padding 从 0 改为 1

输出如下：

```
tensor([[[[ 4.,  7.],
          [32., 50.]]]], grad_fn=<ConvolutionBackward0>)
```

参数padding=1可在输入图像四周添加一行"0"，因此填充后图像大小为5像素×5像素，不再是3像素×3像素。

当过滤器扫描填充后的图像时，首先会覆盖左上角，其值为[[0, 0], [0, 1]]。过滤器值为[[1, 2], [3, 4]]。因此，扫描左上角的输出如下：

$$0 \times 1 + 0 \times 2 + 0 \times 3 + 1 \times 4 = 4$$

这就解释了为什么左上角的输出值是4。同样，当过滤器向下移动2像素到达图像左下角时，覆盖区域为[[0, 0], [0, 8]]，因此，输出如下：

$$0 \times 1 + 0 \times 2 + 0 \times 3 + 8 \times 4 = 32$$

这就解释了为什么左下角的输出值是32。

4.3 转置卷积和批量归一化

转置卷积层也可以称为反卷积层或上采样层，可用于上采样或生成高分辨率特征图。转置卷积层通常会被用于生成模型，如 GAN 和 VAE。

转置卷积层对输入数据进行过滤，但与标准卷积不同，转置卷积层通过在输出值之间插入间隙来增加空间维度，从而有效"提升"特征图的分辨率。这一过程生成的特征图分辨率更高。转置卷积层有助于提高空间分辨率，这在图像生成中非常有用。

转置卷积层中可以使用步幅来控制上采样量。步幅越大，转置卷积层对输入数据的上采样就越多。

二维批量归一化（batch normalization）是一种用于神经网络，尤其是卷积神经网络中的技术，可用于稳定和加速训练过程。它可以解决深度学习中常见的饱和、梯度消失和梯度爆炸等诸多问题。本节将介绍一些示例，让读者对这种技术的工作原理有更深入的理解。在 4.3.1 节创建能生成高分辨率彩色图像的 GAN 时将会用到这项技术。

> **深度学习中的梯度消失和梯度爆炸**
>
> 当深度神经网络在反向传播过程中损失函数相对于网络参数的梯度变得非常小时，会出现梯度消失问题。这会导致参数更新非常缓慢，进而阻碍学习过程，尤其是在网络的早期层中。相反，当梯度变得过大时，则会出现梯度爆炸问题，导致更新不稳定，使模型参数振荡或发散为非常大的值。这两个问题都会妨碍深度神经网络的有效训练。

4.3.1 转置卷积层的工作原理

与卷积层相反，转置卷积层通过使用核（过滤器）对图像进行上采样和填充，以生成特征并提高分辨率。在转置卷积层中，输出通常大于输入。因此，转置卷积层是生成高分辨率图像的重要工具。为了准确说明二维转置卷积运算的工作原理，让我们用一个简单的例子和一张图来进行演示。假设有一张非常小的2像素×2像素输入图像，如图 4.6 中的左列所示。

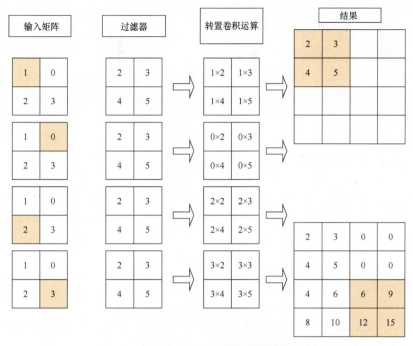

图 4.6 转置卷积运算工作原理的数值示例

输入图像包含以下值：

```
img = torch.Tensor([[1,0],
                    [2,3]]).reshape(1,1,2,2)
```

我们想对图像进行上采样，使其具有更高的分辨率。为此，可以在PyTorch中创建一个如下所示的二维转置卷积层：

```
transconv=nn.ConvTranspose2d(in_channels=1,
        out_channels=1,
        kernel_size=2,
        stride=2)                    ❶
sd=transconv.state_dict()
weights={'weight':torch.tensor([[[[2,3],
    [4,5]]]]), 'bias':torch.tensor([0])}
for k in sd:
    with torch.no_grad():
        sd[k].copy_(weights[k])      ❷
```

❶ # 一个具有一个输入通道、一个输出通道、核大小为2、步幅为2的转置卷积层
❷ # 将转置卷积层中的权重和偏置替换为手工选择的值

上述二维转置卷积层有一个输入通道和一个输出通道，核大小为2×2，步幅为2。图4.6的第二列显示了一个2×2过滤器。我们将该层中随机初始化的权重和偏置替换为手工选择的整数，这样就更易于理解计算过程了。上述代码中的state_dict()方法返回深度神经网络的参数。

将转置卷积层应用于上述2像素×2像素图像时，输出是什么？让我们来看看：

```
transoutput = transconv(img)
print(transoutput)
```

输出如下：

```
tensor([[[[ 2.,  3.,  0.,  0.],
          [ 4.,  5.,  0.,  0.],
          [ 4.,  6.,  6.,  9.],
```

```
          [ 8., 10., 12., 15.]]], grad_fn=<ConvolutionBackward0>)
```

输出形状为(1, 1, 4, 4)，这意味着我们已经将2像素×2像素图像上采样为4像素×4像素图像。那么转置卷积层又是如何通过过滤器产生上述输出的？接下来将详细说明。

图像是一个2×2矩阵，过滤器也是一个2×2矩阵。当过滤器应用于图像时，图像中的每个元素都会与过滤器相乘从而产生输出。如图4.6中右上角所示，图像中左上角的值是1，我们将其与过滤器中的值 [[2, 3], [4, 5]] 相乘，就得到了输出矩阵 `transoutput` 中左上角的4个值 [[2, 3], [4, 5]]。同样，图像左下角的值是2，我们将其与过滤器中的值 [[2, 3], [4, 5]] 相乘，就得到输出矩阵 `transoutput` 中左下角的4个值 [[4, 6], [8, 10]]。

练习4.4

如果图像中的值为 [[10, 10], [15, 20]]，对图像应用二维转置卷积层 `transconv` 后的输出是什么？假设 `transconv` 的值为 [[2, 3], [4, 5]]，核大小和步幅均为2。

4.3.2 批量归一化

二维批量归一化是现代深度学习框架中的一项标准技术，已成为有效训练深度神经网络的重要组成部分。本书后续内容会经常涉及这项技术。

二维批量归一化会通过调整和缩放通道中的值，使其均值为0，方差为1，从而对每个特征通道单独进行归一化。特征通道是指CNN多维张量中的一个维度，用于表示输入数据的不同方面或特征，例如，可以表示红、绿或蓝等颜色通道。归一化确保网络深层的输入分布在训练过程中更稳定。之所以会出现这种稳定性，是因为归一化过程减少了内部协变量偏移（covariate shift），即由于更新低层权重使网络激活分布变化。二维批量归一化还有助于解决梯度消失或梯度爆炸问题，通过将输入保持在适当范围内，防止了梯度变得过小（消失）或过大（爆炸）。[1]

二维批量归一化的工作原理是这样的：对于每个特征通道，首先计算通道内所有观测值的均值和方差，然后使用上述均值和方差对每个特征通道的值进行归一化处理（从每个观测值中减去均值，然后用差值除以标准差）。这样可以确保每个通道的值在归一化后均值为0，标准差为1，从而有助于稳定和加速训练。这种做法还有助于在反向传播过程中维持稳定的梯度，从而进一步帮助我们训练深度神经网络。

让我们用一个具体的例子来看看二维批量归一化的工作原理。

假设有一个大小为64×64的3通道输入，将输入通过一个具有3个输出通道的二维卷积层，如下所示：

```
torch.manual_seed(42)          ❶
img = torch.rand(1,3,64,64)    ❷
conv = nn.Conv2d(in_channels=3,
         out_channels=3,
         kernel_size=3,
         stride=1,
         padding=1)            ❸
out=conv(img)                  ❹
print(out.shape)
```

❶ # 固定随机状态以便获得可重复的结果
❷ # 创建一个3通道输入

---

[1] IOFFE S, SZEGEDY C. Batch normalization: accelerating deep network training by reducing internal covariate shift[C]// Proceedings of the 32nd International Conference on Machine Learning, July 6-11, 2015, Lile. PMLR 37: 448-456.

❸ # 创建一个二维卷积层
❹ # 将输入通过卷积层

上述代码的输出如下：

```
torch.Size([1, 3, 64, 64])
```

我们创建了一个3通道输入，并让它通过一个具有3个输出通道的二维卷积层。处理后的输入有3个通道，大小为64像素×64像素。

来看看3个输出通道中每个通道像素的均值和标准差：

```
for i in range(3):
    print(f"mean in channel {i} is", out[:,i,:,:].mean().item())
    print(f"std in channel {i} is", out[:,i,:,:].std().item())
```

输出如下：

```
mean in channel 0 is -0.3766776919364929
std in channel 0 is 0.17841289937496185
mean in channel 1 is -0.3910464942455292
std in channel 1 is 0.16061744093894958
mean in channel 2 is 0.39275866746902466
std in channel 2 is 0.18207983672618866
```

每个输出通道中像素的均值都不为0；每个输出通道中像素的标准差都不为1。接着，进行二维批量归一化处理，如下所示：

```
norm=nn.BatchNorm2d(3)
out2=norm(out)
print(out2.shape)
for i in range(3):
    print(f"mean in channel {i} is", out2[:,i,:,:].mean().item())
    print(f"std in channel {i} is", out2[:,i,:,:].std().item())
```

输出如下：

```
torch.Size([1, 3, 64, 64])
mean in channel 0 is 6.984919309616089e-09
std in channel 0 is 0.9999650120735168
mean in channel 1 is -5.3085386753082275e-08
std in channel 1 is 0.9999282956123352
mean in channel 2 is 9.872019290924072e-08
std in channel 2 is 0.9999712705612183
```

每个输出通道中像素的均值现在几乎为0（或接近0的非常小的值）；每个输出通道中像素的标准差现在接近1。这就是批量归一化的作用：将每个特征通道中的观测值归一化，使每个特征通道中的值的均值为0，标准差为1。

4.4 彩色动漫人脸图像

在第二个项目中，我们将生成高分辨率彩色图像。此项目的训练步骤与第一个项目类似，不同之处在于训练数据是动漫人脸彩色图像。此外，判别器神经网络和生成器神经网络也更复杂。我们将在两个网络中使用二维卷积层和二维转置卷积层。

4.4.1 下载动漫人脸图像

从 Kaggle 官网搜索 "animefacedataset"，下载训练数据，其中包含 63632 张动漫人脸彩色图像。为此首先需要免费注册一个 Kaggle 账号并登录。从压缩文件中提取数据，然后将图像放到计算机的一个文件夹中。例如，可以将从下载的 zip 文件中提取的所有文件放到计算机的 /files/anime/ 文件夹中，这样，所有动漫人脸图像都在 /files/anime/images/ 目录中。

定义路径名，以便稍后在 PyTorch 中加载图像时使用：

```
anime_path = r"files/anime"
```

根据在计算机上实际保存图像的位置更改路径名。注意，ImageFolder()类使用图像的目录名来识别图像所属的类别。因此，最终的/images/目录并未包含在上述anime_path中。

接下来，使用 Torchvision 的 datasets 包中的 ImageFolder() 类加载数据集，如下所示：

```
from torchvision import transforms as T
from torchvision.datasets import ImageFolder

transform = T.Compose([T.Resize((64, 64)),      ❶
    T.ToTensor(),                                ❷
    T.Normalize([0.5, 0.5, 0.5], [0.5, 0.5, 0.5])])  ❸
train_data = ImageFolder(root=anime_path,
                    transform=transform)         ❹
```

❶ # 将图像大小改为 64×64
❷ # 将图像转换为 PyTorch 张量
❸ # 将所有 3 个颜色通道中的图像值归一化到 [-1, 1]
❹ # 加载数据并转换图像

从本地文件夹加载图像时，会进行3种不同的转换。首先，将所有图像的大小调整为高64像素、宽64像素；然后，使用ToTensor()类将图像转换为值为[0, 1]的PyTorch张量；最后，使用Normalize()类从数值中减去0.5，再将差值除以0.5。因此，最终图像数据的值在-1和1之间。

接下来，可以将训练数据分批放入：

```
from torch.utils.data import DataLoader

batch_size = 128
train_loader = DataLoader(dataset=train_data,
        batch_size=batch_size, shuffle=True)
```

这样就分批次产生了训练数据集，批次大小为128。

4.4.2　PyTorch 中的通道前置彩色图像

PyTorch 在处理彩色图像时使用了所谓的通道前置（channels-first）方法。这意味着 PyTorch 中图像的形状是 (number_channels, height, width)，即（通道数, 高, 宽）。相比之下，TensorFlow 或 Matplotlib 等其他 Python 库使用的是通道后置（channels-last）方法，彩色图像的形状是 (height, width, number_channels)，即（高, 宽, 通道数）。

让我们来看看数据集中的一个示例图像，并输出图像的形状：

```
image0, _ = train_data[0]
print(image0.shape)
```

输出如下：

```
torch.Size([3, 64, 64])
```

第一张图像的形状是3×64×64，这意味着图像有3个颜色通道（RGB），图像的高度和宽度均为64像素。

在 Matplotlib 中绘制图像时，我们需要使用 PyTorch 中的 permute() 方法将图像转换为通

4.5 深度卷积 GAN（DCGAN）

道后置形式，例如这样：

```
import matplotlib.pyplot as plt

plt.imshow(image0.permute(1,2,0)*0.5+0.5)
plt.show()
```

注意，需要将代表图像的PyTorch张量乘以0.5，然后再加上0.5，以便将数从[-1, 1]转换到[0, 1]。运行上述代码后，即可看到一张动漫人脸图像。

接着我们将定义一个函数 plot_images()，借此可视化 4 行 8 列的 32 张图像：

```
def plot_images(imgs):            ❶
    for i in range(32):
        ax = plt.subplot(4, 8, i + 1)    ❷
        plt.imshow(imgs[i].permute(1,2,0)/2+0.5)
        plt.xticks([])
        plt.yticks([])
    plt.subplots_adjust(hspace=-0.6)
    plt.show()

imgs, _ = next(iter(train_loader))    ❸
plot_images(imgs)                     ❹
```

❶ # 定义一个可视化 32 张图像的函数
❷ # 将其绘制为 4×8 的网格
❸ # 获取一批图像
❹ # 调用该函数可视化图像

运行上述代码可以看到一个 4×8 网格中的 32 张动漫人脸图像，如图 4.7 所示。

图 4.7 动漫人脸训练数据集中的示例

4.5 深度卷积 GAN（DCGAN）

本节将创建一个深度卷积 GAN（DCGAN）模型，以便训练它生成动漫人脸图像。与往常一样，GAN 模型由一个判别器网络和一个生成器网络组成。不过，这些网络比我们之前见过的网络更复杂：我们将在这些网络中使用卷积层、转置卷积层和批量归一化层。

本节从判别器网络讲起，随后阐释生成器网络如何镜像判别器网络中的层，从而生成逼真的彩色图像。最后，我们将用本章前面准备的数据训练模型，并使用训练好的模型生成新的动漫人脸图像。

4.5.1 构建 DCGAN

与之前看到的 GAN 模型一样,判别器是一种二分类器,可用于将样本分为真实或虚假。不过,与迄今为止使用的其他网络不同,在本项目中,我们将用卷积层和批量归一化。本项目中的高分辨率彩色图像参数太多,如果只使用密集层,将很难有效训练模型。要构建 DCGAN 中的判别器,可使用清单 4.4 所示的代码。

清单 4.4　DCGAN 中的判别器

```
import torch.nn as nn
import torch

device = "cuda" if torch.cuda.is_available() else "cpu"

D = nn.Sequential(
    nn.Conv2d(3, 64, 4, 2, 1, bias=False),         ❶
    nn.LeakyReLU(0.2, inplace=True),               ❷
    nn.Conv2d(64, 128, 4, 2, 1, bias=False),
    nn.BatchNorm2d(128),                           ❸
    nn.LeakyReLU(0.2, inplace=True),
    nn.Conv2d(128, 256, 4, 2, 1, bias=False),
    nn.BatchNorm2d(256),
    nn.LeakyReLU(0.2, inplace=True),
    nn.Conv2d(256, 512, 4, 2, 1, bias=False),
    nn.BatchNorm2d(512),
    nn.LeakyReLU(0.2, inplace=True),
    nn.Conv2d(512, 1, 4, 1, 0, bias=False),
    nn.Sigmoid(),
    nn.Flatten()).to(device)                       ❹
```

❶ # 将图像通过一个二维卷积层
❷ # 对第一个卷积层的输出应用 LeakyReLU 激活函数
❸ # 对第二个卷积层的输出执行二维批量归一化
❹ # 输出是一个在 0 和 1 之间的单一值,可理解为图像是真实图像的概率

判别器网络的输入是一张有 3 个颜色通道的彩色图像。第一个二维卷积层是 `Conv2d(3,64,4,2,1,bias=False)`,这意味着输入数据有 3 个通道,输出有 64 个通道;核大小为 4;步幅为 2,填充为 1。网络中每个二维卷积层都会获取一张图像,并对其应用过滤器来提取空间特征。

从第二个二维卷积层开始,会对输出应用二维批量归一化和 LeakyReLU 激活函数。LeakyReLU 激活函数是 ReLU 的改进版,它允许输出具有低于零值的斜率。具体来说,LeakyReLU 函数的定义如下:

$$\text{LeakyReLU}(x) = \begin{cases} x, & x > 0 \\ -\beta x, & x \leq 0 \end{cases}$$

其中,β 是介于 0 和 1 之间的常数。LeakyReLU 激活函数通常用于解决稀疏梯度问题(大多数梯度为零或接近零)。DCGAN 的训练就属于这种情况。当神经元的输入为负值时,ReLU 的输出为零,神经元处于非活动状态。对于负值的输入,LeakyReLU 会返回一个小的负值,而不是零。这有助于保持神经元的活跃和持续学习,进而维持更好的梯度流,并加快模型参数的收敛速度。

我们将使用与构建服装项目生成器时相同的方法。要创建生成器,需要镜像 DCGAN 中判别器使用的层,如清单 4.5 所示。

清单 4.5　在 DCGAN 中设计生成器

```
G=nn.Sequential(
    nn.ConvTranspose2d(100, 512, 4, 1, 0, bias=False),    ❶
    nn.BatchNorm2d(512),
```

4.5 深度卷积 GAN（DCGAN）

```
    nn.ReLU(inplace=True),
    nn.ConvTranspose2d(512, 256, 4, 2, 1, bias=False),     ❷
    nn.BatchNorm2d(256),
    nn.ReLU(inplace=True),
    nn.ConvTranspose2d(256, 128, 4, 2, 1, bias=False),
    nn.BatchNorm2d(128),
    nn.ReLU(inplace=True),
    nn.ConvTranspose2d(128, 64, 4, 2, 1, bias=False),
    nn.BatchNorm2d(64),
    nn.ReLU(inplace=True),
    nn.ConvTranspose2d(64, 3, 4, 2, 1, bias=False),        ❸
    nn.Tanh()).to(device)         ❹
```

❶ # 生成器的第一层模仿判别器的最后一层
❷ # 生成器的第二层与判别器的倒数第二层对称（输入通道数量和输出通道数量互换）
❸ # 生成器的最后一层与判别器的第一层对称
❹ # 用 Tanh() 激活函数将输出层中的值压缩到 [-1, 1]，因为训练集的图像值在该范围内

如图 4.8 所示，生成器使用 5 个二维转置卷积层创建图像，这 5 个层与判别器中的 5 个二维卷积层对称。例如，生成器的最后一层 `ConvTranspose2d(64,3,4,2,1,bias=False)` 模仿判别器的第一层 `Conv2d(3,64,4,2,1,bias=False)`。`Conv2d` 中的输入通道数量和输出通道数量互换后用作 `ConvTranspose2d` 中的输出通道数量和输入通道的数量。

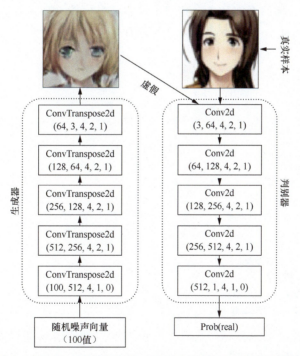

图 4.8 在 DCGAN 中设计生成器网络，通过镜像判别器网络中的层来生成动漫人脸图像。图中右侧展示的是判别器网络，它包含 5 个二维卷积层。为了设计一个能凭空生成动漫人脸的生成器，我们镜像判别器网络中的层。具体来说，如图中左侧所示，生成器有 5 个二维转置卷积层，与判别器中的二维卷积层对称。此外，在前 4 层中的每层，判别器中的输入通道数量和输出通道数量互换，并用作生成器中的输出通道数量和输入通道数量

第一个二维转置卷积层的输入通道数为 100，这是因为生成器从潜空间（图 4.8 中的左下方）获取了一个 100 值的随机噪声向量，并将其输入生成器。生成器中最后一个二维转置卷积层的输出通道数为 3，因为输出是有 3 个颜色通道（RGB）的图像。对生成器的输出应用 Tanh 激活函数，从而将所有值压缩到 [-1, 1]，因为训练图像的值都在 -1 和 1 之间。

与往常一样，损失函数为二元交叉熵损失。判别器试图最大化二分类的准确性，即将真实样本识别为真实数据，将虚假样本识别为虚假数据；而生成器则试图最小化虚假样本被识别为虚假数据的概率。

我们对判别器和生成器使用 Adam 优化器，并将学习率设置为 0.0002：

```
loss_fn=nn.BCELoss()
lr = 0.0002
optimG = torch.optim.Adam(G.parameters(),
                     lr = lr, betas=(0.5, 0.999))
optimD = torch.optim.Adam(D.parameters(),
                     lr = lr, betas=(0.5, 0.999))
```

第2章已经介绍了Adam优化器，但当时使用的是默认betas值。在这里，我们将选择非默认betas值。Adam优化器中的betas在稳定和加速训练过程收敛方面起着至关重要的作用，该值通过控制对近期梯度信息和过去梯度信息的重视程度（beta1）以及根据梯度信息的确定性调整学习率（beta2）来实现这一目的。这些参数通常根据所解决问题的具体特征进行微调。

4.5.2　训练并使用 DCGAN

DCGAN 的训练过程与其他 GAN 模型（如第 3 章和本章前面的模型）的训练过程类似。由于不知道动漫人脸图像的真实分布，我们将依靠可视化技术来决定训练何时完成。具体来说，我们定义了一个 test_epoch() 函数，用于可视化生成器在每个训练轮次后创建的动漫人脸图像：

```
def test_epoch():
    noise=torch.randn(32,100,1,1).\
        to(device=device)          ❶
    fake_samples=G(noise).cpu().detach()    ❷
    for i in range(32):            ❸
        ax = plt.subplot(4, 8, i + 1)
        img=(fake_samples.cpu().detach()[i]/2+0.5).\
            permute(1,2,0)
        plt.imshow(img)
        plt.xticks([])
        plt.yticks([])
    plt.subplots_adjust(hspace=-0.6)
    plt.show()
test_epoch()               ❹
```

❶ # 从潜空间获取 32 个随机噪声向量
❷ # 生成 32 张动漫人脸图像
❸ # 将生成的图像绘制为 4×8 的网格
❹ # 训练模型前调用该函数生成图像

运行上述代码会看到 32 张图像，它们看起来有些类似电视屏幕上的雪花点，完全不像动漫人脸，这是因为还没有训练生成器。

我们定义了 3 个函数：train_D_on_real()、train_D_on_fake() 和 train_G()，这与本章前面用来训练 GAN 生成服装灰度图像的函数类似。可访问本书配套资源中本章对应的 Jupyter Notebook 来熟悉这些函数。我们将首先用真实图像训练判别器，然后用虚假图像训练判别器，最后训练生成器。

接下来，这样对模型进行 20 个轮次的训练：

```
for i in range(20):
    gloss=0
```

```
    dloss=0
    for n, (real_samples,_) in enumerate(train_loader):
        loss_D=train_D_on_real(real_samples)
        dloss+=loss_D
        loss_D=train_D_on_fake()
        dloss+=loss_D
        loss_G=train_G()
        gloss+=loss_G
    gloss=gloss/n
    dloss=dloss/n
    print(f"epoch {i+1}, dloss: {dloss}, gloss {gloss}")
    test_epoch()
```

如果使用 GPU，训练大约需要 20 分钟，否则可能需要 2～3 小时，这取决于计算机硬件配置。在每个训练轮次完成后，都可以将生成的动漫人脸可视化。如图 4.9 所示，仅经过 1 个轮次的训练，模型就已经能生成看起来像动漫人脸的彩色图像。随着训练进行，生成图像的质量将越来越好。

图 4.9　DCGAN 经过一个轮次训练后生成的图像

随后，我们将丢弃判别器，将训练好的生成器保存在本地文件夹中，如下所示：

```
scripted = torch.jit.script(G)
scripted.save('files/anime_gen.pt')
```

要使用训练好的生成器，只需加载模型就可以用它生成32张图像：

```
new_G=torch.jit.load('files/anime_gen.pt',
                    map_location=device)
new_G.eval()
noise=torch.randn(32,100,1,1).to(device)
fake_samples=new_G(noise).cpu().detach()
for i in range(32):
    ax = plt.subplot(4, 8, i + 1)
    img=(fake_samples.cpu().detach()[i]/2+0.5).permute(1,2,0)
    plt.imshow(img)
    plt.xticks([])
    plt.yticks([])
plt.subplots_adjust(hspace=-0.6)
plt.show()
```

生成的动漫人脸如图 4.10 所示。生成的图像与训练集中的图像（见图 4.7）非常相似。

图 4.10　通过 DCGAN 中训练好的生成器生成的动漫人脸图像

有人可能已经注意到，生成图像的头发颜色各不相同，有黑色，有红色，还有金色。那么读者可能会问：我们能否要求生成器生成具有特定特征的图像，如黑发或红发？答案是肯定的。第 5 章将介绍在 GAN 的生成图像中选择特征的不同方法。

4.6　小结

- 要凭空生成逼真的图像，生成器需要镜像判别器网络中的层。
- 虽然只使用全连接层就能生成灰度图像，但要生成高分辨率彩色图像，需要使用 CNN。
- 二维卷积层用于特征提取。这种层能将一组可学习的过滤器（也称为核）应用于输入数据，以检测不同空间尺度上的模式和特征。这些层对捕捉输入数据的分层表示至关重要。
- 二维转置卷积层（也称为反卷积层或上采样层）可用于上采样或生成高分辨率特征图。这种层可对输入数据进行过滤。然而，与标准卷积不同的是，它们会在输出值之间插入间隙来增加空间维度，从而有效"放大"特征图。这一过程可生成分辨率更高的特征图。
- 二维批量归一化是深度学习和神经网络中常用的一种技术，可用于改善 CNN 和其他处理二维数据（如图像）的模型的训练和性能。这种技术将每个特征通道的值归一化，使其均值为 0，标准差为 1，从而有助于稳定和加快训练。

第 5 章　在生成图像中选择特征

本章内容

- 构建条件 GAN，以生成具备特定属性的图像（如戴眼镜的人脸或不戴眼镜的人脸）
- 实施沃瑟斯坦距离和梯度惩罚来提高图像质量
- 选择与不同特征有关的向量，使训练好的 GAN 模型生成具有特定特征的图像（如男性人脸或女性人脸）
- 将条件 GAN 与向量选择相结合，同时指定两种属性（如不戴眼镜的女性人脸或戴眼镜的男性人脸）

我们在第 4 章使用深度卷积 GAN（DCGAN）生成的动漫人脸看起来很逼真。不过，读者可能已经注意到，所生成的每张图像都有不同属性，如头发颜色、眼睛颜色及头部是向左还是向右倾斜。有人可能想知道：是否有办法调整模型，使生成的图像具备某些特征（如黑发和向左倾斜）？其实是可以的。

本章将介绍在生成的图像中选择特征的两种不同方法及各自的优缺点。第一种方法是在潜空间中选择特定向量。不同向量对应不同特征，例如一个向量可能生成男性人脸，另一个向量可能生成女性人脸。第二种方法是使用条件 GAN（conditional GAN，即 cGAN），包括用标注过的数据训练模型，这样就能促使模型生成带有指定标签的图像，每个标签代表一个不同特征，如戴眼镜的人脸或不戴眼镜的人脸。

此外，本章还会介绍如何将这两种方法结合起来，以便同时选择图像的两个独立属性。借此可以生成 4 组不同图像：戴眼镜的男性、不戴眼镜的男性、戴眼镜的女性和不戴眼镜的女性。为了增加趣味性，还可以使用标签的加权平均值或输入向量的加权平均值来生成从一种属性过渡到另一种属性的图像。例如，生成一系列图像，使同一个人脸上的眼镜逐渐消失（标签运算）；或生成一系列图像，使男性特征逐渐消失，从而使男性人脸变为女性人脸（矢量运算）。

能单独进行矢量运算或标签运算就已经感觉像科幻小说中的场景了，更不用说同时进行这两种运算。整个体验让我们想起阿瑟·克拉克（Arthur C. Clarke，《2001 太空漫游》的导演）说过的一句话："任何足够先进的技术都与魔法无异。"

尽管第 4 章生成的动漫人脸非常逼真，但分辨率依然受到较大限制。GAN 模型的训练过程可能很棘手，经常会受到样本量少或图像质量低等问题困扰。这些问题会阻碍模型收敛，导致生成的图像质量低下。为解决此类问题，我们将讨论并实施一种改进的训练技术，在 cGAN 中使用带有梯度惩罚（gradient penalty）的沃瑟斯坦距离（Wasserstein distance）。与第 4 章涉及的技术相比，这种改进措施能使人脸更逼真，图像质量也明显提高。

5.1 眼镜数据集

本章将使用眼镜数据集来训练 cGAN 模型。在第 6 章中，我们还将在一个练习中使用该数据集训练 CycleGAN 模型，借此将戴眼镜的图像转换为不戴眼镜的图像，反之亦然。本节将介绍如何下载数据集并预处理其中的图像。

本章和第 6 章所涉及的 Python 程序改编自两个优秀的在线开源项目：Yashika Jain 的 Kaggle 项目 "eye_glass_removal" 和 Aladdin Persson 的 GitHub 代码库中的 CycleGAN。读者可以根据自身需要研究一下这两个项目。

5.1.1 下载眼镜数据集

我们使用的眼镜数据集来自 Jeff Heaton 的 Kaggle 项目 "Glasses or No Glasses"。登录 Kaggle 并下载图像文件夹及其右侧的两个 CSV 文件：`train.csv` 和 `test.csv`。在 /faces-spring-2020/ 文件夹中有 5000 张图像。获得数据后，将图像文件夹和两个 CSV 文件都放到计算机上的 /files/ 文件夹中。

接下来，把照片分类到两个子文件夹中，其中一个子文件夹只包含戴眼镜的照片，另一个子文件夹只包含不戴眼镜的照片。

首先查看 `train.csv` 文件：

```
!pip install pandas
import pandas as pd

train=pd.read_csv('files/train.csv')      ❶
train.set_index('id', inplace=True)       ❷
```

❶ # 将 train.csv 文件中的数据加载为 pandas DataFrame
❷ # 将 id 列的值设置为观测值的索引

上述代码导入 `train.csv` 文件，并将变量 `id` 设置为每个观测值的索引。文件中的 `glasses` 列有两个值：0 或 1，表示图像中是否有眼镜（0 表示不戴眼镜，1 表示戴眼镜）。

我们通过清单 5.1 将图像分成两个不同的文件夹：一个包含戴眼镜的图像，另一个包含不戴眼镜的图像。

清单 5.1 按照是否戴眼镜对图像分类

```
import os, shutil

G='files/glasses/G/'
NoG='files/glasses/NoG/'
os.makedirs(G, exist_ok=True)              ❶
os.makedirs(NoG, exist_ok=True)            ❷
folder='files/faces-spring-2020/faces-spring-2020/'
for i in range(1,4501):
    oldpath=f"{folder}face-{i}.png"
    if train.loc[i]['glasses']==0:         ❸
        newpath=f"{NoG}face-{i}.png"
    elif train.loc[i]['glasses']==1:       ❹
        newpath=f"{G}face-{i}.png"
    shutil.move(oldpath, newpath)
```

❶ # 创建 /files/glasses/G/ 子文件夹以包含戴眼镜的图像

❷ # 创建 /files/glasses/NoG/ 子文件夹以包含不戴眼镜的图像
❸ # 将标签为 0 的图像移至 NoG 文件夹
❹ # 将标签为 1 的图像移至 G 文件夹

上述代码首先使用 os 库在计算机上的 /files/ 文件夹中创建了两个子文件夹 /glasses/G/ 和 /glasses/NoG/。然后，根据 train.csv 文件中的 glasses 标签，使用 shutil 库将图像移到这两个子文件夹中。标签为 1 的图像移至 G 文件夹，标签为 0 的图像移至 NoG 文件夹。

5.1.2 可视化眼镜数据集中的图像

文件 train.csv 中的 glasses 分类列并不完美。例如，如果打开计算机上的 G 子文件夹，会发现大多数图像都是戴眼镜的，但其中约 10% 的图像是不戴眼镜的。同样，如果打开 NoG 子文件夹，会发现其中约 10% 的图像实际上是戴眼镜的。为了纠正这种情况，需要手动将图像从一个文件夹移到另一个文件夹。这对后面的训练很重要，所以必须手动移动两个文件夹中的图像，使其中一个文件夹只包含戴眼镜的图像，另一个文件夹只包含不戴眼镜的图像。欢迎体验数据科学家的生活：解决数据问题也是日常工作的一部分！

让我们先可视化一些戴眼镜的图像示例。代码如清单 5.2 所示。

清单 5.2　可视化戴眼镜的图像

```
import random
import matplotlib.pyplot as plt
from PIL import Image

imgs=os.listdir(G)
random.seed(42)
samples=random.sample(imgs,16)          ❶
fig=plt.figure(dpi=200, figsize=(8,2))
for i in range(16):                      ❷
    ax = plt.subplot(2, 8, i + 1)
    img=Image.open(f"{G}{samples[i]}")
    plt.imshow(img)
    plt.xticks([])
    plt.yticks([])
plt.subplots_adjust(wspace=-0.01,hspace=-0.01)
plt.show()
```

❶ # 从 G 文件夹中随机选择 16 张图像
❷ # 将这 16 张图像以 2×8 网格的形式展示

如果手动纠正了 G 文件夹中图像的标签错误，那么在运行清单 5.2 中的代码后，将看到 16 张戴眼镜的图像。输出如图 5.1 所示。

图 5.1　训练数据集中戴眼镜的样本图像

我们可以将清单 5.2 中的"G"改为"NoG",从而查看数据集中 16 张不戴眼镜的样本图像。输出如图 5.2 所示。

图 5.2　训练数据集中不戴眼镜的样本图像

5.2　cGAN 和沃瑟斯坦距离

cGAN 与第 3 章和第 4 章介绍的 GAN 模型类似,不同之处在于输入数据上附加了一个标签。标签与输入数据的不同特征相对应。一旦训练好的 GAN 模型"学会"将某个标签与某个特征联系起来,就可以向模型输入一个带标签的随机噪声向量,以生成具有所需特征的输出。[①]

GAN 模型通常存在模式坍缩(mode collapse,生成器发现某种特定类型的输出能够骗过判别器,就将输出坍缩为有限的这几种模式,忽略其他变化)、梯度消失和收敛缓慢等问题。沃瑟斯坦 GAN(Wasserstein GAN,WGAN)引入了推土机距离(earth mover distance 或 Wasserstein-1 distance)作为损失函数,提供了更平滑的梯度流和更稳定的训练,从而可以缓解模式坍缩等问题。[②]

我们将在本章的 cGAN 训练中使用这种损失函数。注意,WGAN 是一种独立于 cGAN 的概念:它使用沃瑟斯坦距离来改进训练过程,可应用于任何 GAN 模型(如在第 3 章和第 4 章中创建的模型)。为节省篇幅,我们将把这两个概念结合在一个设置中。

> **稳定 GAN 训练的其他方法**
>
> GAN 模型训练过程中出现问题最多的情况通常是在生成高分辨率图像时。模型架构通常很复杂,有很多神经层。除了 WGAN,渐进式 GAN(progressive GAN)是另一种稳定训练的方法。渐进式 GAN 可将生成高分辨率图像的复杂任务分解为易于管理的步骤,从而提高 GAN 训练的稳定性,使学习更可控、更有效。详情见 Karas 等人的论文"Progressive Growing of GANs for Improved Quality, Stability, and Variation"。

5.2.1　带有梯度惩罚的 WGAN

WGAN 是一种用于提高 GAN 模型训练稳定性和性能的技术。常规 GAN(如我们在第 3 章和第 4 章中看到的 GAN)由两部分组成:生成器和判别器。生成器创建虚假数据,而判别器评估数据是真实的还是虚假的。训练是一个竞争性的零和博弈:生成器试图欺骗判别器,而判别器则试图准确地对真实和虚假数据实例进行分类。

[①] MIRZA M, OSINDERO S. Conditional generative adversarial nets[EB/OL]. (2014-11-06)[2025-01-15]. arXiv:1411.1784.
[②] ARJOVSKY M, CHINTALA S, BOTTOU L. Wasserstein GAN[EB/OL]. (2017-01-26)[2025-01-15]. arXiv: 1701.07875.

研究人员建议使用沃瑟斯坦距离（衡量两个分布之间相异性的指标）代替二元交叉熵作为损失函数，并通过梯度惩罚项来稳定训练。[1][2]

这种方式可提供更平滑的梯度流，并缓解模式坍缩等问题。WGAN 的示意图如图 5.3 所示。从图 5.3 的右侧可以看到，与真实图像和虚假图像相关的损失是沃瑟斯坦损失，而非普通的二元交叉熵损失。

此外，要使沃瑟斯坦距离正确工作，判别器（在 WGAN 中被称为批评者）必须是 1 利普希茨连续（1-Lipschitz continuous）的，这意味着批评者函数的梯度范数在任何地方都必须至多为 1。最初的 WGAN 论文提出用权重裁剪（weight clipping）来执行利普希茨约束（Lipschitz constraint）。

为解决权重裁剪问题，我们在损失函数中加入了梯度惩罚，以更有效地执行利普希茨约束。为了实现带有梯度惩罚的 WGAN，首先沿着真实数据点和生成数据点之间的直线随机选取采样点（见图 5.3 左上方的插值图像）。由于真实图像和虚假图像都带有标签，因此插值图像也带有标签，即两个原始标签插值后得到的值。然后，计算批评者给出的输出相对于这些采样点的梯度。最后，将梯度范数偏离 1 的程度作为惩罚项添加到损失函数中（这种惩罚项称为梯度惩罚）。也就是说，WGAN 中的梯度惩罚是一种通过更有效地执行利普希茨约束来提高训练稳定性和样本质量的技术，解决了原始 WGAN 模型的局限性。

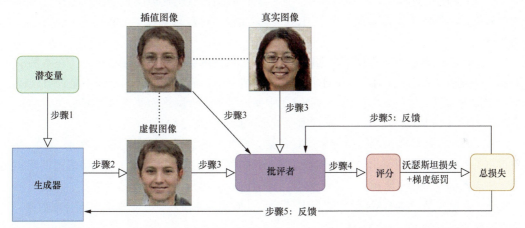

图 5.3 带有梯度惩罚的 WGAN。WGAN 中的判别器网络（图中为"批评者"）对输入图像进行评分：它会尝试给虚假图像（左下）打 $-\infty$ 分，给真实图像（中上）打 $+\infty$ 分。此外，真实图像和虚假图像的插值图像（左上）也会呈现给批评者，而批评者对插值图像评分的梯度惩罚会添加到训练过程的总损失中

5.2.2 cGAN

cGAN 是基本 GAN 框架的扩展。在 cGAN 中，生成器和判别器（或批评者，因为我们将 WGAN 和 cGAN 置于同一设置中）都以某些附加信息为条件。这些信息可以是任何东西，如类标签、来自其他模态的数据，甚至文本描述。这种条件通常是通过将附加信息输入生成器和判别器来实现的。在我们的设置中，将为生成器的输入和批评者的输入添加类标签：为戴眼镜的图像添加一个标签，为不戴眼镜的图像添加另一个标签。图 5.4 展示了 cGAN 的训练过程。

---

[1] ARJOVSKY M, CHINTALA S, BOTTOU L. Wasserstein GAN[EB/OL]. (2017-01-26)[2025-01-15]. arXiv: 1701.07875.
[2] GULRAJANI I, AHMED F, ARJOVSKY M, et al. Improved training of Wasserstein GANs[EB/OL]. (2017-03-31)[2025-01-15]. arXiv: 1704.00028.

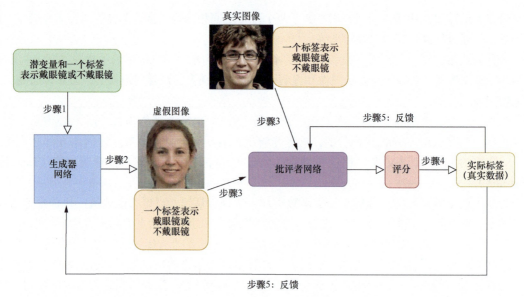

图 5.4 cGAN 的训练过程

如图 5.4 中左上方所示,在 cGAN 中,生成器同时接收随机噪声向量和条件信息(表示图像中是否有眼镜的标签)作为输入。它利用这些信息生成不仅看起来真实,而且与所输入的条件对齐的数据。

批评者接收来自训练集的真实数据或生成器生成的虚假数据,以及条件信息(在本例中,是指表示图像是否有眼镜的标签)。批评者的任务是结合条件信息(生成的图像中是否有眼镜)来判断特定数据是真实的还是虚假的。在图 5.4 中使用了批评者网络而非判别器网络,因为我们同时实现了 cGAN 和 WGAN,但 cGAN 的概念同样适用于传统 GAN。

cGAN 的主要优势在于能够指定生成具备某方面特征的数据,从而使其用途更广泛,适用于需要根据某些输入参数对输出进行定向或设定条件的场景。在我们的设置中,将通过训练 cGAN 来选择生成图像中是否有眼镜。

总之,cGAN 是基本 GAN 架构的强大扩展,可根据条件输入有针对性地生成合成数据。

5.3 构建 cGAN

本节将介绍如何创建 cGAN,以生成戴眼镜或不戴眼镜的人脸。为了稳定训练过程,我们还将实现带有梯度惩罚的 WGAN。

cGAN 中的生成器不仅使用随机噪声向量,还使用条件信息(如作为输入的标签)来生成戴眼镜或不戴眼镜的人脸图像。此外,WGAN 中的批评者网络不同于传统 GAN 中的判别器网络。本节还将介绍如何计算沃瑟斯坦距离和梯度惩罚。

5.3.1 cGAN 中的批评者

在 cGAN 中,判别器是一个二分类器,可根据标签将输入识别为真实的或虚假的。在 WGAN 中,我们将判别器网络称为批评者。批评者对输入进行评估,然后给出一个在 $-\infty$ 和 $+\infty$ 之间的分数。分数越高,输入越有可能来自训练集(真实数据)。

清单 5.3 展示了批评者网络的代码。其架构与第 4 章生成动漫人脸彩色图像时使用的判别器网络有些类似。具体来说，我们使用 PyTorch 中的 7 个 Conv2d 层对输入进行逐步下采样，使输出成为在 $-\infty$ 和 $+\infty$ 之间的单一值。

清单 5.3　使用沃瑟斯坦距离的 cGAN 中的批评者网络

```
class Critic(nn.Module):
    def __init__(self, img_channels, features):
        super().__init__()
        self.net = nn.Sequential(            ❶
            nn.Conv2d(img_channels, features,
                     kernel_size=4, stride=2, padding=1),
            nn.LeakyReLU(0.2),
            self.block(features, features * 2, 4, 2, 1),
            self.block(features * 2, features * 4, 4, 2, 1),
            self.block(features * 4, features * 8, 4, 2, 1),
            self.block(features * 8, features * 16, 4, 2, 1),
            self.block(features * 16, features * 32, 4, 2, 1),
            nn.Conv2d(features * 32, 1, kernel_size=4,
                     stride=2, padding=0))            ❷
    def block(self, in_channels, out_channels,
             kernel_size, stride, padding):
        return nn.Sequential(            ❸
            nn.Conv2d(in_channels,out_channels,
                kernel_size,stride,padding,bias=False,),
            nn.InstanceNorm2d(out_channels, affine=True),
            nn.LeakyReLU(0.2))
    def forward(self, x):
        return self.net(x)
```

❶ # 批评者网络有 2 个 Conv2d 层外加 5 个块
❷ # 输出只包含 1 个特征，不进行激活
❸ # 每个块包含 1 个 Conv2d 层、1 个 InstanceNorm2d 层，以及 1 个 LeakyReLU 激活层

批评者网络的输入是一张形状为 $5\times256\times256$ 的彩色图像。前 3 个通道是颜色通道（红、绿、蓝），最后两个通道（第四通道和第五通道）是标签通道，用于告诉批评者图像中是否包含眼镜。我们将在 5.4 节讨论实现这一目的的具体机制。

批评者网络由 7 个 Conv2d 层组成。我们已经在第 4 章中深入讨论过这些层的工作原理。它们通过在输入图像上应用一组可学习的过滤器来检测不同空间尺度的模式和特征，从而有效捕捉输入数据的分层表示，最终实现特征提取。然后，批评者会根据这些表示对输入图像进行评估。中间的 5 个 Conv2d 层之后都有一个 InstanceNorm2d 层和一个 LeakyReLU 激活层，因此，我们定义了一个 block() 方法来简化批评者网络。InstanceNorm2d 层与在第 4 章中讨论的 BatchNorm2d 层类似，只是我们对批次中的每个实例都进行了独立的归一化处理。

还有一个关键点是，由于没有在批评者网络的最后一层使用 Sigmoid 激活，输出不再是在 0 和 1 之间的值，而是一个在 $-\infty$ 和 $+\infty$ 之间的值，因为我们在 cGAN 中用了带有梯度惩罚的沃瑟斯坦距离。

5.3.2　cGAN 中的生成器

在 WGAN 中，生成器的工作是创建数据实例，以便批评者对其评估出一个较高的分数。在 cGAN 中，生成器必须生成带有条件信息（本例中的条件为是否戴眼镜）的数据实例。由于我们正在使用沃瑟斯坦距离实现 cGAN，因此，我们将通过在随机噪声向量上附加标签的方式来告诉生成器希望生成哪种类型的图像。5.4 节将讨论具体机制。

用清单 5.4 所示的代码创建神经网络来表示生成器。

清单 5.4　cGAN 中的生成器

```
class Generator(nn.Module):
    def __init__(self, noise_channels, img_channels, features):
        super(Generator, self).__init__()
        self.net = nn.Sequential(        ❶
            self.block(noise_channels, features *64, 4, 1, 0),
            self.block(features * 64, features * 32, 4, 2, 1),
            self.block(features * 32, features * 16, 4, 2, 1),
            self.block(features * 16, features * 8, 4, 2, 1),
            self.block(features * 8, features * 4, 4, 2, 1),
            self.block(features * 4, features * 2, 4, 2, 1),
            nn.ConvTranspose2d(
                features * 2, img_channels, kernel_size=4,
                stride=2, padding=1),
            nn.Tanh())       ❷
    def block(self, in_channels, out_channels,
            kernel_size, stride, padding):
        return nn.Sequential(        ❸
            nn.ConvTranspose2d(in_channels,out_channels,
                kernel_size,stride,padding,bias=False,),
            nn.BatchNorm2d(out_channels),
            nn.ReLU(),)
    def forward(self, x):
        return self.net(x)
```

❶ # 生成器包含 7 个 ConvTranspose2d 层
❷ # 用 Tanh 激活函数将值压缩到 [-1, 1], 训练集中的图像也在该范围内
❸ # 每个块包含 1 个 ConvTranspose2d 层、1 个 BatchNorm2d 层, 以及 1 个 ReLU 激活层

我们将把一个来自 100 维潜空间的随机噪声向量输入生成器。我们还将向生成器输入一个二值独热编码的图像标签，借此指示生成器生成戴眼镜或不戴眼镜的图像。将这两个信息串联起来，形成一个 102 维的输入变量，提供给生成器。然后，生成器根据来自潜空间的输入和标签信息生成彩色图像。

生成器网络由 7 个 `ConvTranspose2d` 层组成，其理念是镜像批评者网络中的步骤，从而生成图像，这与在第 4 章中的方法一样。前 6 个 `ConvTranspose2d` 层之后都有一个 `BatchNorm2d` 层和一个 `ReLU` 激活层，因此，我们在生成器网络中定义了一个 `block()` 方法来简化架构。与在第 4 章中的做法类似，我们还在输出层使用了 `Tanh` 激活函数，因此输出像素都在 -1 和 1 之间，与训练集中的图像相同。

5.3.3　权重初始化和梯度惩罚函数

在深度学习中，神经网络的权重是随机初始化的。当网络架构复杂并且有很多隐藏层时（本例就是这种情况），如何初始化权重至关重要。

因此，我们定义了如下的 `weights_init()` 函数，用于初始化生成器网络和批评者网络的权重：

```
def weights_init(m):
    classname = m.__class__.__name__
    if classname.find('Conv') != -1:
        nn.init.normal_(m.weight.data, 0.0, 0.02)
    elif classname.find('BatchNorm') != -1:
        nn.init.normal_(m.weight.data, 1.0, 0.02)
        nn.init.constant_(m.bias.data, 0)
```

该函数初始化 `Conv2d` 和 `ConvTranspose2d` 层的权重时，权重值取自均值为 0、标准差为 0.02 的正态分布的值。该函数还将 `BatchNorm2d` 层的权重初始化为取自均值为 1、标准差为 0.02 的正态分布的值。为避免梯度爆炸，我们会在权重初始化时选择较小的标准差。

5.3 构建 cGAN

接下来，根据在 5.3.2 节和 5.3.1 节中定义的 Generator() 和 Critic() 类创建生成器和批评者。然后，根据上面定义的 weights_init() 函数初始化其中的权重，如下所示：

```
z_dim=100
img_channels=3
features=16
gen=Generator(z_dim+2,img_channels,features).to(device)
critic=Critic(img_channels+2,features).to(device)
weights_init(gen)
weights_init(critic)
```

像往常一样，我们将在批评者和生成器中使用 Adam 优化器：

```
lr = 0.0001
opt_gen = torch.optim.Adam(gen.parameters(),
                        lr = lr, betas=(0.0, 0.9))
opt_critic = torch.optim.Adam(critic.parameters(),
                        lr = lr, betas=(0.0, 0.9))
```

生成器会尝试使用给定的标签，创建出与训练集中图像无异的图像。生成器会将这些图像呈现给批评者，以获得批评者对生成图像较高的评分。批评者则会根据给定的标签，给真实图像打高分，给虚假图像打低分。具体来说，批评者的损失函数包含3个部分：

$$\text{critic\_value(fake)} - \text{critic\_value(real)} + \text{weight} \times \text{GradientPenalty}$$

第一部分"critic_value(fake)"表示：如果图像是虚假的，批评者的目标就是识别出图像是虚假的，并给予低分；第二部分"- critic_value(real)"表示：如果图像是真实的，批评者的目标就是识别出图像是真实的，并给予高分。此外，批评者希望最小化梯度惩罚项"weight × GradientPenalty"，其中"weight"是一个常数，用于确定我们希望为梯度范数与1的偏差分配多少惩罚。计算梯度惩罚的代码如清单5.5所示。

清单 5.5 计算梯度惩罚

```
def GP(critic, real, fake):
    B, C, H, W = real.shape
    alpha=torch.rand((B,1,1,1)).repeat(1,C,H,W).to(device)
    interpolated_images = real*alpha+fake*(1-alpha)      ❶
    critic_scores = critic(interpolated_images)          ❷
    gradient = torch.autograd.grad(
        inputs=interpolated_images,
        outputs=critic_scores,
        grad_outputs=torch.ones_like(critic_scores),
        create_graph=True,
        retain_graph=True)[0]                            ❸
    gradient = gradient.view(gradient.shape[0], -1)
    gradient_norm = gradient.norm(2, dim=1)
    gp = torch.mean((gradient_norm - 1) ** 2)            ❹
    return gp
```

❶ # 用真实图像和虚假图像创建一个插值图像
❷ # 获取插值图像所对应的批评者值
❸ # 计算批评者值的梯度
❹ # 将梯度范数与1的偏差的平方作为梯度惩罚

在函数 GP() 中，首先用真实图像和虚假图像创建插值图像。具体方法是沿真实图像和生成图像间的直线随机采样。假设有一个滑块，一端是真实图像，另一端是虚假图像。当我们移动滑块时，会看到从真实图像到虚假图像的持续融合，插值图像表示两者间的各阶段。

然后，将插值图像呈现给批评者网络，以获得对这些图像的评分，并计算批评者的输出相对于插值图像的梯度。最后，根据梯度范数与1的偏差的平方算出梯度惩罚。

5.4 训练 cGAN

正如在 5.3 节中提到的,我们需要找到一种方法来告诉批评者和生成器图像的标签到底是什么,这样它们就能知道图像中是否有眼镜。

本节将先介绍如何为批评者网络的输入和生成器网络的输入添加标签,借此让生成器知道要创建什么类型的图像,而批评者也可以用标签作为条件评估图像。然后,将介绍如何使用沃瑟斯坦距离来训练 cGAN。

5.4.1 为输入添加标签

先对数据进行预处理,将图像转换为 torch 张量,如下所示:

```
import torchvision.transforms as T
import torchvision

batch_size=16
imgsz=256
transform=T.Compose([
    T.Resize((imgsz,imgsz)),
    T.ToTensor(),
    T.Normalize([0.5,0.5,0.5],[0.5,0.5,0.5])])
data_set=torchvision.datasets.ImageFolder(
    root=r"files/glasses",
    transform=transform)
```

将批次大小设为16,图像大小设为256像素×256像素。像素值的选择是为了使生成的图像具有比第4章(64像素×64像素)更高的分辨率。由于图像尺寸较大,选择的批次大小为16,小于第3章的批次大小。如果批次过大,GPU(甚至CPU)将会耗尽内存。

 提示

如果使用 GPU 训练且 GPU 内存较小(如仅 6 GB),可考虑将批次大小减小到比 16 更小的值,如 10 或 8,这样 GPU 就不会耗尽内存。或者将批次大小维持 16,但改用 CPU 训练,以规避 GPU 内存不足的问题。

接下来将为训练数据添加标签。由于有两类图像:戴眼镜的和不戴眼镜的,我们将创建两个独热图像标签。戴眼镜的图像其独热标签为 [1, 0],不戴眼镜的独热标签为 [0, 1]。

生成器的输入是一个 100 值的随机噪声向量。先将独热标签与随机噪声向量连接起来,然后将 102 值的输入传至生成器。批评者网络的输入是一张形状为 3×256×256 的三通道彩色图像(PyTorch 使用通道前置张量代表图像)。如何将形状为 1×2 的标签附加到形状为 3×256×256 的图像上?解决方法是在输入图像中附加两个通道,这样图像的形状就会从 (3, 256, 256) 变为 (5, 256, 256):这两个附加通道就是独热标签。具体来说,如果图像中有眼镜,则第四通道填充 1,第五通道填充 0;如果图像中没有眼镜,则第四通道填充 0,第五通道填充 1。

为具有两个以上值的特征创建标签

我们可以轻松地将 cGAN 模型扩展到具有两个以上值的特征。例如,如果创建一个模型来生成不同头发颜色(黑色、金色和白色)的图像,那么输入给生成器的图像标签可以分别具有 [1, 0, 0]、[0, 1, 0] 或 [0, 0, 1] 的值。在将输入图像提供给判别器或批评者之前,我们可以为其附加 3 个通道。例如,如果一张图像的头发是黑色,那么第四通道填充 1,第五和第六通道填充 0。

此外，在这个眼镜示例中，由于标签只有两个值，因此在将标签输入生成器时，可以使用值 0 和 1 来表示戴眼镜和不戴眼镜的图像。我们可以在将输入图像提供给批评者之前为其附加一个通道：如果图像中有眼镜，则第四通道填充 1；如果图像中没有眼镜，则第四通道填充 0。这个问题留作练习，相应答案参见本书的配套资源。

实现上述更改的代码如清单 5.6 所示，即为输入图像附加标签。

清单 5.6　为输入图像附加标签

```
newdata=[]
for i,(img,label) in enumerate(data_set):
    onehot=torch.zeros((2))
    onehot[label]=1
    channels=torch.zeros((2,imgsz,imgsz))    ❶
    if label==0:
        channels[0,:,:]=1    ❷
    else:
        channels[1,:,:]=1    ❸
    img_and_label=torch.cat([img,channels],dim=0)    ❹
    newdata.append((img,label,onehot,img_and_label))
```

❶ # 创建两个附加通道，每个通道均填充 0，形状均为 256×256，与输入图像的每个通道维度相同
❷ # 如果原始图像标签为 0，将第四通道填充为 1
❸ # 如果原始图像标签为 1，将第五通道填充为 1
❹ # 将第四和第五通道添加到原始图像中，形成一个 5 通道的带标签图像

提示

当我们使用 Torchvision.datasets.ImageFolder() 方法从 /files/glasses/ 文件夹中加载图像时，PyTorch 按字母顺序为每个子文件夹中的图像分配标签。因此，/files/glasses/G/ 文件夹中的图像被分配的标签为 0，而 /files/glasses/NoG/ 文件夹中的图像被分配的标签为 1。

先创建一个空列表 newdata 来保存带标签的图像。创建一个形状为 (2, 256, 256) 的 PyTorch 张量，并将其附加到原始输入图像上，从而形成一个形状为 (5, 256, 256) 的新图像。如果原始图像的标签为 0（意味着图像来自 /files/glasses/G/ 文件夹），就在第四通道填充 1，在第五通道填充 0，这样批评者就会知道这是一张戴眼镜的图像。如果原始图像的标签是 1（意味着图像来自 /files/glasses/NoG/ 文件夹），就在第四通道填充 0，在第五通道填充 1，这样批评者就会知道这是一张没有戴眼镜的图像。

我们创建了一个带批次的数据迭代器（以提高计算效率、内存使用率和训练过程中的优化程度），如下所示：

```
data_loader=torch.utils.data.DataLoader(
    newdata,batch_size=batch_size,shuffle=True)
```

5.4.2　训练模型

至此已经有了训练数据和两个网络，随后可以开始训练 cGAN 了。我们将使用目测检查来确定何时应该停止训练。

一旦模型训练好了，就可以丢弃批评者网络，使用生成器创建具有特定特征（本例中是戴眼镜或不戴眼镜）的图像。

编写清单 5.7 所示的代码，创建一个函数，以定期检测生成的图像是什么样子。

清单 5.7　检查生成的图像

```
def plot_epoch(epoch):
    noise = torch.randn(32, z_dim, 1, 1)
    labels = torch.zeros(32, 2, 1, 1)
    labels[:,0,:,:]=1                                    ❶
    noise_and_labels=torch.cat([noise,labels],dim=1).to(device)
    fake=gen(noise_and_labels).cpu().detach()            ❷
    fig=plt.figure(figsize=(20,10),dpi=100)
    for i in range(32):                                  ❸
        ax = plt.subplot(4, 8, i + 1)
        img=(fake.cpu().detach()[i]/2+0.5).permute(1,2,0)
        plt.imshow(img)
        plt.xticks([])
        plt.yticks([])
    plt.subplots_adjust(hspace=-0.6)
    plt.savefig(f"files/glasses/G{epoch}.png")
    plt.show()
    noise = torch.randn(32, z_dim, 1, 1)
    labels = torch.zeros(32, 2, 1, 1)
    labels[:,1,:,:]=1         ❹
    … (code omitted)
```

❶ # 为戴眼镜的图像创建一个独热标签
❷ # 将连接后的噪声向量和标签输入生成器网络，创建戴眼镜的图像
❸ # 绘制生成的戴眼镜的图像
❹ # 为不戴眼镜的图像创建一个独热标签

每个训练轮次结束后，都会要求生成器创建一组戴眼镜的图像和一组不戴眼镜的图像。然后将这些图像绘制出来，以便直观地观察。要创建戴眼镜的图像，首先要创建独热标签 [1, 0]，并将其附加给随机噪声向量，然后再将组合在一起的向量输入生成器网络。由于标签是 [1, 0] 而非 [0, 1]，因此生成器会生成戴眼镜的图像。最后将生成的图像绘制成 4 行 8 列，并将子图保存在计算机中。创建不戴眼镜图像的过程与此类似，只不过使用的独热标签是 [0, 1] 而非 [1, 0]。清单 5.7 中略去了部分代码，完整代码参见本书配套资源。

接下来，我们定义 train_batch() 函数，借此用一批数据来训练模型，代码如清单 5.8 所示。

清单 5.8　用一批数据训练模型

```
def train_batch(onehots,img_and_labels,epoch):
    real = img_and_labels.to(device)          ❶
    B = real.shape[0]
    for _ in range(5):
        noise = torch.randn(B, z_dim, 1, 1)
        onehots=onehots.reshape(B,2,1,1)
        noise_and_labels=torch.cat([noise,onehots],dim=1).to(device)
        fake_img = gen(noise_and_labels).to(device)
        fakelabels=img_and_labels[:,3:,:,:].to(device)
        fake=torch.cat([fake_img,fakelabels],dim=1).to(device)  ❷
        critic_real = critic(real).reshape(-1)
        critic_fake = critic(fake).reshape(-1)
        gp = GP(critic, real, fake)
        loss_critic=(-(torch.mean(critic_real) -
            torch.mean(critic_fake)) + 10 * gp)    ❸
        critic.zero_grad()
        loss_critic.backward(retain_graph=True)
        opt_critic.step()
    gen_fake = critic(fake).reshape(-1)
    loss_gen = -torch.mean(gen_fake)          ❹
    gen.zero_grad()
    loss_gen.backward()
    opt_gen.step()
    return loss_critic, loss_gen
```

❶ # 一批带标签的真实图像
❷ # 一批带标签的生成图像

❸ # 批评者的损失由三部分组成：评估真实图像的损失、评估虚假图像的损失，以及梯度惩罚损失
❹ # 用沃瑟斯坦损失训练生成器

在 `train_batch()` 函数中，先用真实图像训练批评者。我们还要求生成器用给定标签创建一批虚假数据，然后用虚假图像训练批评者。在 `train_batch()` 函数中，还使用一批虚假数据对生成器进行训练。

注意

批评者的损失由三部分组成：评估真实图像的损失、评估虚假图像的损失，以及梯度惩罚损失。

接下来，对模型进行 100 个轮次的训练，如下所示：

```
for epoch in range(1,101):
    closs=0
    gloss=0
    for _,_,onehots,img_and_labels in data_loader:    ❶
        loss_critic, loss_gen = train_batch(onehots,\
                                img_and_labels,epoch)  ❷
        closs+=loss_critic.detach()/len(data_loader)
        gloss+=loss_gen.detach()/len(data_loader)
    print(f"at epoch {epoch},\
    critic loss: {closs}, generator loss {gloss}")
    plot_epoch(epoch)
torch.save(gen.state_dict(),'files/cgan.pth')    ❸
```

❶ # 迭代训练数据集中的所有批次
❷ # 用一批数据训练模型
❸ # 将权重保存在训练好的生成器中

每个轮次的训练结束后，都会输出批评者损失和生成器损失，以确保损失在合理范围内。我们将使用之前定义的 `plot_epoch()` 函数生成 32 张戴眼镜的人脸图像和 32 张不戴眼镜的人脸图像。训练完成后，将训练好的生成器权重保存到本地文件夹，以便以后使用训练好的模型生成图像。

如果使用 GPU，上述训练大约需要 30 分钟，否则可能需要数小时，这取决于计算机硬件配置。

5.5 在生成图像中选择特征的方法

至少有两种方法可以生成具有特定特征的图像。第一种是在随机噪声向量上附加一个标签，然后将其输入训练好的 cGAN 模型。不同标签会导致生成的图像具有不同特征（本例中的特征是图像是否戴眼镜）。第二种方法是手工选择向训练好的模型输入的噪声向量：如果选择了一个可生成具有男性脸部特征图像的向量，那么选择的另一个向量应该可生成具有女性脸部特征的图像。注意，第二种方法在 cGAN 中有效，在传统 GAN（如第 4 章训练的 GAN）中也有效。

更棒的是，本节将介绍如何将这两种方法结合起来，从而同时选择两种特征：戴眼镜的男性人脸图像，或不戴眼镜的女性人脸图像，诸如此类。

在生成图像中选择某个特征时，这两种方法各有利弊。第一种方法，即 cGAN，需要用带标签的数据来训练模型，有时带标签的数据的准备成本很高，但是一旦成功训练了一个 cGAN，就可以生成大量具有特定特征的图像。本例中我们可以生成许多戴眼镜（或不戴眼镜）的图像，每张图像各不相同。第二种方法是手动选择噪声向量，这种方法不需要用带标签的数据训练模型，但每个手动选择的噪声向量都只能生成一张图像。如果要像 cGAN 那样生成大量具有相同特征的不同图像，就需要事先手动选择大量不同的噪声向量。

5.5.1 选择生成戴眼镜或不戴眼镜的人脸图像

在将随机噪声向量输入训练好的 cGAN 模型之前，给它加上 [1, 0] 或 [0, 1] 标签，就可以选择生成的人脸图像是否戴眼镜。

首先，使用训练好的模型生成 32 张戴眼镜的图像，并将它们绘制在一个 4×8 的网格中。为了使结果具有可重复性，我们将在 PyTorch 中固定随机状态。此外，我们将使用同一组随机噪声向量，以便观察同一组人脸。

将随机状态固定为种子 0，然后生成 32 张戴眼镜的人脸图像。代码如清单 5.9 所示。

清单 5.9 生成戴眼镜的人脸图像

```
torch.manual_seed(0)                    ❶

generator=Generator(z_dim+2,img_channels,features).to(device)
generator.load_state_dict(torch.load("files/cgan.pth",
    map_location=device))               ❷
generator.eval()

noise_g=torch.randn(32, z_dim, 1, 1)    ❸
labels_g=torch.zeros(32, 2, 1, 1)
labels_g[:,0,:,:]=1                     ❹
noise_and_labels=torch.cat([noise_g,labels_g],dim=1).to(device)
fake=generator(noise_and_labels)
plt.figure(figsize=(20,10),dpi=50)
for i in range(32):
    ax = plt.subplot(4, 8, i + 1)
    img=(fake.cpu().detach()[i]/2+0.5).permute(1,2,0)
    plt.imshow(img.numpy())
    plt.xticks([])
    plt.yticks([])
plt.subplots_adjust(wspace=-0.08,hspace=-0.01)
plt.show()
```

❶ # 固定随机状态以确保结果可重复
❷ # 加载训练好的权重
❸ # 生成一组随机噪声向量并保存，以便从中选择某个向量来执行向量运算
❹ # 创建一个标签以生成戴眼镜的图像

我们创建了 Generator() 类的另一个实例，并将其命名为 generator。然后加载 5.4 节保存在本地文件夹中的训练好的权重（另见本书的配套资源）。要生成 32 张戴眼镜的人脸图像，首先要在潜空间中绘制 32 个随机噪声向量，此外还要创建一组标签，并将其命名为 labels_g，借此告诉生成器生成 32 张戴眼镜的图像。

运行清单 5.9 中的程序，可以看到图 5.5 所示的 32 张图像。

图 5.5 由训练好的 cGAN 模型生成的戴眼镜的人脸图像

5.5 在生成图像中选择特征的方法

首先，所有 32 张人脸图像都戴眼镜。这表明训练好的 cGAN 模型能够根据提供的标签生成图像。有人可能已经注意到，一些图像具有男性特征，而另一些图像具有女性特征。为了给 5.5.2 节的向量运算做准备，我们将选择一个能导致生成具有男性脸部特征图像的随机噪声向量，以及一个能导致生成具有女性脸部特征图像的随机噪声向量。检查完图 5.5 中的 32 张图像后，选择索引值为 0 和 14 的图像，如下所示：

```
z_male_g=noise_g[0]
z_female_g=noise_g[14]
```

要生成 32 张不戴眼镜的图像，先要生成另一组随机噪声向量和标签：

```
noise_ng = torch.randn(32, z_dim, 1, 1)
labels_ng = torch.zeros(32, 2, 1, 1)
labels_ng[:,1,:,:]=1
```

新的随机噪声向量集命名为 noise_ng，新的标签集命名为 labels_ng。将它们输入生成器网络后，会看到32张不戴眼镜的图像，如图5.6所示。

图 5.6 由训练好的 cGAN 模型生成的不戴眼镜的人脸图像

图 5.6 中的 32 张人脸图像都不戴眼镜：训练好的 cGAN 模型可根据给定的标签生成图像。我们选择索引为 8（男性）和 31（女性）的图像，为 5.5.2 节的向量运算做准备：

```
z_male_ng=noise_ng[8]
z_female_ng=noise_ng[31]
```

接下来，用标签插值来执行标签运算。回想一下，noise_g 和 noise_ng 这两个标签分别指示训练好的 cGAN 模型创建戴眼镜和不戴眼镜的图像。如果给模型输入一个插值标签（[1, 0] 和 [0, 1] 这两个标签的加权平均）呢？训练好的生成器会生成什么类型的图像？我们不妨试一下 cGAN 中的标签运算，如清单 5.10 所示。

清单 5.10　cGAN 中的标签运算

```
weights=[0,0.25,0.5,0.75,1]                                ❶
plt.figure(figsize=(20,4),dpi=300)
for i in range(5):
    ax = plt.subplot(1, 5, i + 1)
    # change the value of z
    label=weights[i]*labels_ng[0]+(1-weights[i])*labels_g[0]    ❷
    noise_and_labels=torch.cat(
        [z_female_g.reshape(1, z_dim, 1, 1),
         label.reshape(1, 2, 1, 1)],dim=1).to(device)
    fake=generator(noise_and_labels).cpu().detach()             ❸
    img=(fake[0]/2+0.5).permute(1,2,0)
```

```
        plt.imshow(img)
        plt.xticks([])
        plt.yticks([])
plt.subplots_adjust(wspace=-0.08,hspace=-0.01)
plt.show()
```

❶ # 创建 5 个权重
❷ # 创建两个标签的加权平均
❸ # 将新标签提供给训练好的模型以生成图像

首先创建 5 个权重（w）：0、0.25、0.5、0.75 和 1，确保它们的值在 0 和 1 之间均匀分布。每个 w 值都代表我们在不戴眼镜标签 labels_ng 上设置的权重，与其互补的权重设置在戴眼镜标签 labels_g 上。因此，插值标签的值就是 w*labels_ng +(1-w)*labels_g。随后将插值标签与之前保存的随机噪声向量 z_female_g 一起输入训练好的模型。根据 5 个 w 值生成的 5 张图像被绘制成 1×5 网格，如图 5.7 所示。

图 5.7　cGAN 中的标签运算。首先创建两个标签：不戴眼镜标签 labels_ng 和戴眼镜标签 labels_g。这两个标签分别指示训练好的生成器生成戴眼镜和不戴眼镜的图像。然后创建 5 个插值标签，每个标签都是两个原始标签的加权平均：w*labels_ng+(1-w)*labels_g，其中权重 w 取 0、0.25、0.5、0.75 和 1 这 5 个不同值。最左边的图像戴了眼镜，随着从左向右移动，眼镜逐渐消失，直到最右边的图像不戴眼镜

观察图 5.7 中从左到右生成的 5 张图像，会发现眼镜逐渐消失了。左边的图像中有眼镜，而右边的图像中没有眼镜。中间的 3 张图像中有些眼镜痕迹，但没有第一张图像中的眼镜那么明显。

> **练习5.1**
> 由于我们在清单 5.10 中使用了随机噪声向量 z_female_g，因此图 5.7 中的图像是一张女性的脸。将清单 5.10 中的噪声向量改为 z_male_g 并重新运行程序，然后看看生成的图像是什么样子的。

5.5.2　潜空间中的向量运算

读者可能已经注意到，一些生成的人脸图像中有男性特征，而另一些有女性特征。那么有人可能会问：我们能在生成图像中选择男性或女性特征吗？答案是肯定的。可以通过选择潜空间中的噪声向量来实现这一目的。

在 5.5.1 节中，我们保存了两个随机噪声向量：z_male_ng 和 z_female_ng，它们分别导致具有生成男性脸部特征的和女性脸部特征的图像。下面我们将这两个向量的加权平均（插值向量）输入训练好的模型，看看生成的图像是什么样子的。代码如清单 5.11 所示。

清单 5.11　选择图像特征的向量运算

```
weights=[0,0.25,0.5,0.75,1]    ❶
plt.figure(figsize=(20,4),dpi=50)
for i in range(5):
    ax = plt.subplot(1, 5, i + 1)
    # change the value of z
```

5.5 在生成图像中选择特征的方法

```
        z=weights[i]*z_female_ng+(1-weights[i])*z_male_ng      ❷
        noise_and_labels=torch.cat(
            [z.reshape(1, z_dim, 1, 1),
             labels_ng[0].reshape(1, 2, 1, 1)],dim=1).to(device)
        fake=generator(noise_and_labels).cpu().detach()        ❸
        img=(fake[0]/2+0.5).permute(1,2,0)
        plt.imshow(img)
        plt.xticks([])
        plt.yticks([])
plt.subplots_adjust(wspace=-0.08,hspace=-0.01)
plt.show()
```

❶ # 创建 5 个权重
❷ # 创建两个随机噪声向量的加权平均
❸ # 将新的随机噪声向量提供给训练好的模型以生成图像

我们创建了 5 个权重，分别为 0、0.25、0.5、0.75 和 1。遍历这 5 个权重，然后创建两个随机噪声向量的 5 个加权平均 w*z_female_ng+(1-w)*z_male_ng。将这 5 个向量和标签（labels_ng）一起输入训练好的模型，从而得到如图 5.8 所示的 5 张图像。

图 5.8　GAN 中的向量运算。首先保存两个随机噪声向量 z_female_ng 和 z_male_ng。这两个向量分别导致生成具有女性脸部特征和男性脸部特征的图像。然后创建 5 个插值向量，每个向量都是两个原始向量的加权平均：w*z_female_ng+(1-w)*z_male_ng，其中权重 w 取 0、0.25、0.5、0.75 和 1 这 5 个不同值。根据这 5 个插值向量生成的 5 张图像中，最左边的图像具有男性特征，随着从左向右移动，男性特征逐渐消失，女性特征逐渐出现，直到最右边的图像显示出一张女性的脸

向量运算可以从图像的一个实例过渡到另一个实例。由于我们恰好选择了一张男性图像和一张女性图像，所以在观察图 5.8 中从左到右生成的 5 张图像时，会发现男性特征逐渐消失，女性特征逐渐出现。第一张图显示的是一张男性人脸图像，而最后一张图显示的是一张女性人脸图像。

> **练习5.2**
> 由于我们在清单 5.11 中用了标签 labels_ng，因此图 5.8 中的人脸图像不戴眼镜。将清单 5.11 中的标签改为 labels_g 然后重新运行程序，看看生成的图像是什么样子。

5.5.3　同时选择两个特征

到目前为止，我们一次只选择了一个特征。通过选择标签，我们知道了如何生成戴眼镜或不戴眼镜的图像；通过选择特定噪声向量，我们知道了如何选择生成图像的特定实例。

如果要同时选择两个特征（如眼镜和性别），该怎么办？这两个独立特征有 4 种可能的组合：戴眼镜的男性、不戴眼镜的男性、戴眼镜的女性和不戴眼镜的女性。下面我们将生成每种类型的图像。同时选择两个特征的代码如清单 5.12 所示。

清单 5.12　同时选择两个特征

```
plt.figure(figsize=(20,5),dpi=50)
for i in range(4):                ❶
    ax = plt.subplot(1, 4, i + 1)
```

```
            p=i//2
            q=i%2
            z=z_female_g*p+z_male_g*(1-p)         ❷
            label=labels_ng[0]*q+labels_g[0]*(1-q)    ❸
            noise_and_labels=torch.cat(
                [z.reshape(1, z_dim, 1, 1),
                 label.reshape(1, 2, 1, 1)],dim=1).to(device)    ❹
            fake=generator(noise_and_labels)
            img=(fake.cpu().detach()[0]/2+0.5).permute(1,2,0)
            plt.imshow(img.numpy())
            plt.xticks([])
            plt.yticks([])
    plt.subplots_adjust(wspace=-0.08,hspace=-0.01)
    plt.show()
```

❶ # 从 0 到 3 进行遍历
❷ # 变量 p 的值可以是 0 或 1,选择随机噪声向量以生成男性人脸或女性人脸
❸ # 变量 q 的值可以是 0 或 1,选择标签以决定生成图像是否戴眼镜
❹ # 将随机噪声向量与标签相组合,从而同时选择这两个特征

要生成涵盖 4 种不同情况的 4 张图像,需要使用其中一个噪声向量作为输入:z_female_g 或 z_male_g 均可。此外还需要在输入中附加一个标签,这个标签可以是 labels_ng 或 labels_g。为了用一个程序涵盖所有 4 种情况,要遍历 i 的 4 个值(从 0 到 3),并创建两个值 p 和 q,即 i 值除以 2 的整数商和余数,因此 p 和 q 的值可以是 0 或 1。通过设置随机噪声向量的值为 z_female_g*p+z_male_g*(1-p),即可选择一个随机噪声向量来生成男性或女性人脸。同样,通过将标签值设置为 labels_ng[0]*q+labels_g[0]*(1-q),即可选择一个标签来决定生成图像是否戴眼镜。一旦将随机噪声向量和标签结合起来,并将它们输入训练好的模型,就可以同时选择这两个特征。

运行清单 5.12 中的程序,会看到图 5.9 所示的 4 张图像。

图 5.9 在生成的图像中同时选择两个特征。从 z_female_g 和 z_male_g 这两个选项中选择一个噪声向量,再从 labels_ng 和 labels_g 这两个选项中选择一个标签。然后,将噪声向量和标签输入训练好的生成器并生成图像。训练好的模型可根据噪声向量和标签的值生成 4 种类型的图像。通过这种方法,即可在生成图像中有效选择两个独立的特征:男性或女性,以及是否戴眼镜

图 5.9 中生成的 4 张图像有两个独立的特征:男性或女性的,以及是否戴眼镜。第一张图像显示的是戴眼镜的男性人脸,第二张图像显示的是不戴眼镜的男性人脸,第三张图像是戴眼镜的女性人脸,最后一张图像是不戴眼镜的女性人脸。

练习5.3

清单 5.12 使用了两个随机噪声向量 z_female_g 和 z_male_g。将这两个随机噪声向量改为 z_female_ng 和 z_male_ng 然后重新运行程序,看看生成的图像是什么样子。

最后,我们可以同时进行标签运算和向量运算。也就是说,可以向训练好的 cGAN 模型输入一个插值噪声向量和一个插值标签,然后看看生成的图像是什么样子。运行以下代码即可实现这一目的:

```
plt.figure(figsize=(20,20),dpi=50)
```

5.5 在生成图像中选择特征的方法

```
for i in range(36):
    ax = plt.subplot(6,6, i + 1)
    p=i//6
    q=i%6
    z=z_female_ng*p/5+z_male_ng*(1-p/5)
    label=labels_ng[0]*q/5+labels_g[0]*(1-q/5)
    noise_and_labels=torch.cat(
        [z.reshape(1, z_dim, 1, 1),
         label.reshape(1, 2, 1, 1)],dim=1).to(device)
    fake=generator(noise_and_labels)
    img=(fake.cpu().detach()[0]/2+0.5).permute(1,2,0)
    plt.imshow(img.numpy())
    plt.xticks([])
    plt.yticks([])
plt.subplots_adjust(wspace=-0.08,hspace=-0.01)
plt.show()
```

上述代码与清单 5.12 中的代码类似，只是 p 和 q 分别可以取 0、1、2、3、4 和 5 这 6 个不同的值。随机噪声向量 z_female_ng*p/5+z_male_ng*(1-p/5) 根据 p 的值取 6 个不同的值。标签 labels_ng[0]*q/5+labels_g[0]*(1-q/5) 根据 q 的值取 6 个不同的值。因此，根据这些插值噪声向量和插值标签，共有 36 种不同的图像组合。运行上述程序会看到图 5.10 所示的 36 张图像。

图 5.10　同时进行向量运算和标签运算。i 值从 0 变为 35，p 和 q 分别是 i 除以 6 的整数商和余数，因此 p 和 q 可分别取 0、1、2、3、4 和 5 这 6 个不同的值。插值噪声向量 z_female_ng*p/5+z_male_ng*(1-p/5) 和插值标签 labels_ng[0]*q/5+labels_g[0]*(1-q/5) 可分别取 6 个不同的值。每一行从左向右看，眼镜会逐渐消失；每一列从上向下看，会从男性人脸逐渐变为女性人脸

图 5.10 有 36 张图像。所用插值噪声向量是两个随机噪声向量 z_female_ng 和 z_male_ng 的加权平均，而这两个随机噪声向量分别可生成女性和男性人脸。所用标签是两个标签 labels_ng 和 labels_g 的加权平均，这两个标签决定了生成图像是否戴眼镜。训练好的模型

会根据插值噪声向量和插值标签生成 36 张不同图像。每一行从左向右看,眼镜会逐渐消失,也就是说我们在每一行进行了标签运算;每一列从上向下看,图像会逐渐从男性人脸变成女性人脸,也就是说我们在每列中进行了向量运算。

> **练习5.4**
>
> 在这个项目中,标签有两个值:一个表示戴眼镜,一个表示不戴眼镜。因此,可以使用二进制值代替独热向量作为标签。更改本章中的程序,使用值 1 和 0(而非 [1, 0] 和 [0, 1])来表示戴眼镜和不戴眼镜的图像。为随机噪声向量附加 1 或 0,这样就可以向生成器输入 101 值的向量。在将输入图像传至批评者网络之前,先给图像添加一个通道:如果图像戴眼镜,则在第四通道填充 0;如果图像不戴眼镜,则在第四通道填充 1。然后创建生成器和批评者,使用训练数据集对它们进行训练。本书的配套资源提供了解决方案,本章其他 3 个练习的解决方案也包含在内。

至此,我们已经见识了 GAN 模型的能力。第 6 章将使用 GAN 进行风格转换来更深入地进行探索。例如,我将介绍如何构建一个 CycleGAN 模型,并使用名人人脸图像对其进行训练,从而将这些图像中的金发转换为黑发,或将黑发转换为金发。完全相同的模型还可以在其他数据集上进行训练:例如,可以在本章中使用的人脸数据集上进行训练,这样就可以在人脸图像中添加或删除眼镜。

5.6 小结

- 通过在潜空间中选择某个噪声向量并将其输入训练好的 GAN 模型,即可在生成图像中选择特定特征,如图像中是男性人脸还是女性人脸。
- cGAN 与传统 GAN 不同。我们会在带标签的数据上训练模型,并要求训练好的模型生成具有特定属性的数据。例如,一个标签告诉模型生成戴眼镜的人脸图像,而另一个标签告诉模型生成不戴眼镜的人脸图像。
- 在 cGAN 训练好以后,可以用一系列标签的加权平均来生成图像,从而从一个标签所表示的图像过渡到另一个标签所表示的图像。例如,在一系列图像中,同一个人脸上的眼镜逐渐消失。这种方法称为标签运算。
- 可以使用两个不同噪声向量的一系列加权平均来创建从一种属性过渡到另一种属性的图像。例如,在一系列图像中,男性特征逐渐消失,女性特征逐渐出现。这种方法称为向量运算。
- 沃瑟斯坦 GAN(WGAN)是一种用于提高 GAN 模型训练稳定性和性能的技术,它使用沃瑟斯坦距离代替二元交叉熵作为损失函数。此外,要使沃瑟斯坦距离正确工作,WGAN 中的批评者必须是 1 利普希茨连续的,这意味着批评者函数的梯度范数在任何地方都必须至多为 1。WGAN 中的梯度惩罚为损失函数添加了一个正则化项,从而更有效地执行利普希茨约束。

第 6 章　CycleGAN：将金发转换为黑发

本章内容

- CycleGAN 和循环一致性损失背后的理念
- 构建一个能将图像从一个域转换到另一个域的 CycleGAN 模型
- 使用包含两个图像域的任何数据集来训练 CycleGAN
- 将黑发转换为金发，或将金发转为黑发

之前 3 章讨论的 GAN 模型都在试图生成与训练集中图像无差别的图像。

有人可能会好奇，能否将图像从一个域转换到另一个域？例如，将马转换为斑马，将黑发转换为金发或将金发转换为黑发，在图像中添加或去除眼镜，将照片转换为油画，或将冬景转换为夏景。事实证明，这是可以做到的。在本章，我们将通过 CycleGAN 获得这些技能！

CycleGAN 最早出现在 2017 年的一篇论文中。[①]CycleGAN 的关键创新在于，它能在没有配对示例的情况下学习在不同域之间进行转换。CycleGAN 有各种有趣且实用的应用，例如模拟人脸的衰老或年轻化过程，以协助进行数字身份验证；或在无须实际创建每个变体的情况下将不同颜色或图案的服装可视化，从而简化设计流程。

CycleGAN 使用循环一致性损失（cycle consistency loss）函数来确保能从转换后的图像中重建原始图像，从而促使模型尽可能保留关键特征。循环一致性损失背后的理念确实非常巧妙，值得在此重点介绍。本章使用的 CycleGAN 有两个生成器，我们分别将其称为"黑发生成器"和"金发生成器"。黑发生成器接收金发图像（而非之前使用的随机噪声向量），并将其转换为黑发图像；而金发生成器接收黑发图像，并将其转换为金发图像。

为了训练模型，我们将把一张真实的黑发图像交给金发生成器，从而生成一张虚假的金发图像。然后将虚假的金发图像交给黑发生成器，将其转换回黑发图像。如果两个生成器都工作正常，经过这样的一轮往返转换后，原始黑发图像和虚假黑发图像之间的差别就会很小了。为了训练 CycleGAN，我们调整模型参数，使对抗损失和循环一致性损失的总和最小。与第 3 章和第 4 章一样，对抗损失用于量化生成器欺骗判别器的程度和判别器区分真假样本的能力。循环一致性损失是 CycleGAN 中的一个独特概念，可用于测量经过往返转换后的原始图像与虚假图像间的差异。将循环一致性损失纳入总损失函数，这是 CycleGAN 的一项关键创新。

在训练 CycleGAN 时，我们将使用黑发图像和金发图像作为两个域的示例。不过，该模型其

---

① JUN-YAN ZHU J Y, PARK T, ISOLA P, et al. Unpaired image-to-image translation using cycle-consistent adversarial networks[C]//In Proceedings of the International Conference on Computer Vision, 2017.

实可以应用于图像所包含的任意两个域。为了让读者明白这一点，可以使用第 5 章中的戴眼镜和不戴眼镜的图像来训练相同的 CycleGAN 模型。相应解决方案参见本书的配套资源。读者会发现，训练后的模型确实可以从人脸图像中添加或去除眼镜。

6.1 CycleGAN 和循环一致性损失

CycleGAN 扩展了 GAN 的基础架构，包含两个生成器和两个判别器。每一对生成器-判别器负责学习两个不同域之间的映射。其目的是将图像从一个域转换到另一个域（例如，将马转换为斑马，将夏景转换为冬景等），同时保留原始图像的关键特征。CycleGAN 使用循环一致性损失来确保原始图像可从转换后的图像中重建，从而促使模型尽可能保留关键特征。

本节首先讨论 CycleGAN 架构，并将重点介绍 CycleGAN 的关键创新——循环一致性损失。

6.1.1 CycleGAN

CycleGAN 由两个生成器和两个判别器组成。生成器将图像从一个域转换到另一个域，而判别器则决定图像在各自域中的真实性。这些网络能够将照片转换为模仿著名画家或特定艺术风格的艺术作品，从而在艺术与技术之间架起桥梁。它们还可用于医疗保健领域，如将磁共振成像（MRI）图像转换为计算机断层扫描（CT）图像，反之亦然。在无法获得某种成像结果或成本过高的情况下，这种技术会很有帮助。

在本章的项目中，我们会在黑发图像和金发图像之间进行转换。因此，在解释 CycleGAN 工作原理时，也会以这种转换为例。CycleGAN 的架构如图 6.1 所示。

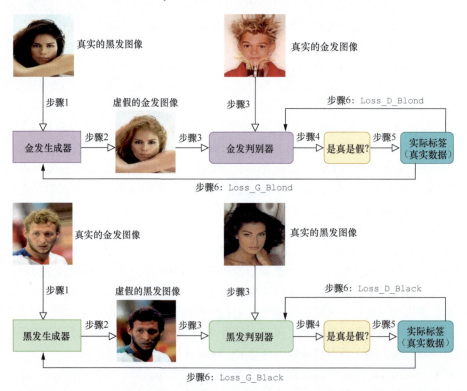

图 6.1 CycleGAN 的架构，用于将黑发图像转换为金发图像，并将金发图像转换为黑发图像。图中还概括描述了最小化对抗损失的训练步骤。图 6.2 解释了该模型如何最小化循环一致性损失

为了训练 CycleGAN，我们使用希望在两个域之间进行转换的未配对数据集。我们将使用 48472 张黑发的名人人脸图像和 29980 张金发的名人人脸图像。此外，我们还调整模型参数，从而最小化对抗损失和循环一致性损失的总和。为了便于阐述，图 6.1 将只解释对抗损失。6.1.2 节将解释模型如何最小化循环一致性损失。

每次训练迭代都会将真实的黑发图像传给金发生成器，以获得虚假的金发图像。然后将虚假的金发图像与真实的金发图像一起传给金发判别器。金发判别器会得出每张图像是真实的金发图像的概率。然后将预测结果与打标签的正确数据（图像是否为真实的金发图像）进行比较，计算出判别器损失（`Loss_D_Blond`）和生成器损失（`Loss_G_Blond`）。

同时，在每次训练迭代中，还会将真实的金发图像传给黑发生成器，以生成虚假的黑发图像。随后将虚假的黑发图像与真实的黑发图像一起传给黑发判别器，以获得这些图像是否为真实的预测结果。接着将黑发判别器的预测结果与实际（真实标签数据）进行比较，计算判别器损失（`Loss_D_Black`）和生成器损失（`Loss_G_Black`）。我们会同时训练生成器和判别器。为了训练两个判别器，还需要调整模型参数，从而最小化两个判别器的损失（`Loss_D_Black` 和 `Loss_D_Blond` 之和）。

6.1.2 循环一致性损失

为了训练两个生成器，需要调整模型参数，从而最小化对抗损失和循环一致性损失之和。对抗损失是 6.1.1 节讨论的 `Loss_G_Black` 和 `Loss_G_Blond` 之和。为了解释循环一致性损失，一起来看看图 6.2。

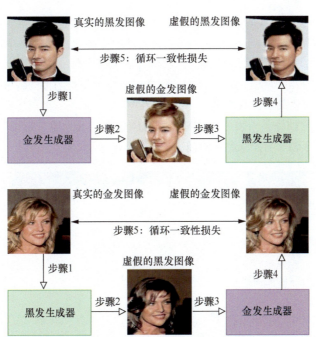

图 6.2　CycleGAN 如何最小化原始黑发图像与经过往返处理的虚假图像间的循环一致性损失，以及原始金发图像与经过往返处理的虚假图像间的循环一致性损失

CycleGAN 中生成器的损失函数由两部分组成。第一部分是对抗损失，该损失确保生成图像与目标域中真实图像无差别。例如，`Loss_G_Blond` 确保金发生成器生成的虚假的金发图像与训练集中的真实的金发图像相似。第二部分是循环一致性损失，确保从一个域转换到另一个域的

图像可以重新转换回原始域。

循环一致性损失是 CycleGAN 的重要组成部分，它能确保原始输入图像在经过往返转换后依然可以复原。其原理是：如果将真实的黑发图像转换为虚假的金发图像，然后再将其转换回虚假的黑发图像，最终得到的图像应该接近原始黑发图像。黑发图像的循环一致性损失是虚假图像与原始真实图像之间在像素级的平均绝对误差，我们把这个损失称为 `Loss_Cycle_Black`。同样的情况也适用于将金发图像转换为黑发图像，然后再转回金发图像，我们称其为 `Loss_Cycle_Blond`。因此，总的循环一致性损失就是 `Loss_Cycle_Black` 和 `Loss_Cycle_Blond` 的和。

6.2　名人人脸数据集

我们将使用黑发和金发的名人人脸图像作为两个域。本节先下载数据，然后处理图像，为后续训练做准备。

本章将使用两个新的 Python 库：`pandas` 和 `albumentations`。要安装这两个库，需在计算机上的 Jupyter Notebook 的新单元格中执行以下代码：

```
!pip install pandas albumentations
```

随后按照屏幕提示完成安装。

6.2.1　下载名人人脸数据集

登录 Kaggle 并下载名人人脸数据集，下载完成后解压缩数据集，将所有图像文件保存到计算机上的 /files/img_align_celeba/img_align_celeba/ 文件夹中（注意文件夹中还有一个同名子文件夹）。文件夹中有大约 200000 张图像。同时从 Kaggle 下载文件 `list_attr_celeba.csv`，并将其保存到计算机上的 /files/ 文件夹中。该 CSV 文件指定了每张图像的各种属性。

名人人脸数据集包含的图像具有多种不同发色：棕色、灰色、黑色、金色等。我们将选择黑发图像和金发图像作为训练集，因为这两种类型的图像在名人人脸数据集中最多。运行清单 6.1 所示的代码，选择所有黑发图像或金发图像。

清单 6.1　选择黑发图像或金发图像

```
import pandas as pd
import os, shutil

df=pd.read_csv("files/list_attr_celeba.csv")           ❶
os.makedirs("files/black", exist_ok=True)
os.makedirs("files/blond", exist_ok=True)              ❷
folder="files/img_align_celeba/img_align_celeba"
for i in range(len(df)):
    dfi=df.iloc[i]
    if dfi['Black_Hair']==1:       ❸
        try:
            oldpath=f"{folder}/{dfi['image_id']}"
            newpath=f"files/black/{dfi['image_id']}"
            shutil.move(oldpath, newpath)
        except:
            pass
    elif dfi['Blond_Hair']==1:         ❹
        try:
            oldpath=f"{folder}/{dfi['image_id']}"
```

```
            newpath=f"files/blond/{dfi['image_id']}"
            shutil.move(oldpath, newpath)
        except:
            pass
```

❶ # 加载包含图像属性的 CSV 文件
❷ # 创建两个文件夹分别存储黑发图像和金发图像
❸ # 如果 Black_Hair 属性值为 1, 将图像移到 black 文件夹
❹ # 如果 Blond_Hair 属性值为 1, 将图像移到 blond 文件夹

首先, 用 pandas 库加载文件 list_attr_celeba.csv, 这样就能知道每张图像是黑发还是金发; 然后, 在本地创建两个文件夹 /files/black/ 和 /files/blond/, 分别用于存储黑发图像和金发图像; 接下来用清单 6.1 所示的代码迭代数据集中的所有图像。如果图像的 Black_Hair 属性为 1, 就将其移到 /files/black/ 文件夹; 如果图像的 Blond_Hair 属性为 1, 就将其移到 /files/blond/ 文件夹。最终将得到 48472 张黑发图像和 29980 张金发图像。图 6.3 显示了一些图像示例。

图 6.3　黑发或金发的名人人脸图像示例

图 6.3 中上面一行的图像为黑发, 下面一行的图像为金发。此外这些图像质量都很高: 不仅所有面孔都是正面并且位于图像中央, 而且头发颜色也很容易识别。训练数据的数量和质量有助于 CycleGAN 模型的训练。

6.2.2　处理黑发图像和金发图像的数据

我们将对 CycleGAN 模型进行泛化 (generalize), 使其可以在包含两个图像域的任何数据集上进行训练。另外, 我们还将定义一个 LoadData() 类来处理 CycleGAN 模型的训练数据集。该函数可应用于任何具有两个域的数据集, 无论是具有不同发色的人脸图像、戴眼镜或不戴眼镜的图像, 还是具有夏景和冬景的图像。

为此, 我们创建一个本地模块 ch06util。从本书的配套资源中下载 ch06util.py 和 __init__.py 文件, 并将它们放到计算机上的 /utils/ 文件夹中。在本地模块中, 我们定义了 LoadData() 类, 如清单 6.2 所示。

清单 6.2　在 CycleGAN 中处理训练数据的 LoadData() 类

```
class LoadData(Dataset):
    def __init__(self, root_A, root_B, transform=None):   ❶
        super().__init__()
        self.root_A = root_A
        self.root_B = root_B
        self.transform = transform
```

```
            self.A_images = []
            for r in root_A:
                files=os.listdir(r)
                self.A_images += [r+i for i in files]
            self.B_images = []
            for r in root_B:           ❷
                files=os.listdir(r)
                self.B_images += [r+i for i in files]
            self.len_data = max(len(self.A_images),
                                len(self.B_images))
            self.A_len = len(self.A_images)
            self.B_len = len(self.B_images)
        def __len__(self):             ❸
            return self.len_data
        def __getitem__(self, index):  ❹
            A_img = self.A_images[index % self.A_len]
            B_img = self.B_images[index % self.B_len]
            A_img = np.array(Image.open(A_img).convert("RGB"))
            B_img = np.array(Image.open(B_img).convert("RGB"))
            if self.transform:
                augmentations = self.transform(image=B_img,
                                               image0=A_img)
                B_img = augmentations["image"]
                A_img = augmentations["image0"]
            return A_img, B_img
```

❶ # 两个文件夹 root_A 和 root_B 存储两个域对应的图像
❷ # 加载每个域中的所有图像
❸ # 定义一个方法来计算数据集的长度
❹ # 定义一个方法来访问每个域中的单个元素

`LoadData()` 类继承自 `PyTorch` 的 `Dataset` 类。两个列表 `root_A` 和 `root_B` 分别包含域 A 和域 B 的图像文件夹。该类加载了两个域中的图像，并生成一个图像对，其中包含两个图像，一个来自域 A，一个来自域 B，这样就可以在稍后使用这对图像来训练 CycleGAN 模型。

与前几章一样，我们创建了一个带批次的数据迭代器，借此提高计算效率、内存使用率和训练过程中的优化程度。代码如清单 6.3 所示。

清单 6.3　处理用于训练的黑发图像和金发图像

```
transforms = albumentations.Compose(
    [albumentations.Resize(width=256, height=256),  ❶
        albumentations.HorizontalFlip(p=0.5),
        albumentations.Normalize(mean=[0.5, 0.5, 0.5],
        std=[0.5, 0.5, 0.5],max_pixel_value=255),    ❷
        ToTensorV2()],
    additional_targets={"image0": "image"})
dataset = LoadData(root_A=["files/black/"],
    root_B=["files/blond/"],
    transform=transforms)                            ❸
loader=DataLoader(dataset,batch_size=1,
    shuffle=True, pin_memory=True)                   ❹
```

❶ # 将图像大小调整为 256 像素 ×256 像素
❷ # 将图像归一化到 -1 到 1 内
❸ # 对图像应用 LoadData() 类
❹ # 创建训练所用的数据迭代器

首先定义 `albumentations` 库中 `Compose()` 类的一个实例（该库以快速灵活的图像增强能力闻名），并将其称为 `transforms`。这个类能以多种方式转换图像：将图像大小调整为 256 像素 ×256 像素，将数值归一化到 -1 到 1 内。上述代码中的 `HorizontalFlip()` 参数为训练集中的原始图像创建镜像图像。水平翻转是一种简单而强大的增强技术，可以增强训练数据的多样性，帮助模型更好地泛化并变得更稳健。大小方面的扩增和增强提高了 CycleGAN 模型的性能，并能使生成图像更逼真。

然后，对黑发图像和金发图像应用 LoadData() 类。将批次大小设置为 1，因为这些图像的文件较大，而且在每次迭代中都会使用一对图像来训练。将批次大小设置为大于 1 的值可能导致机器内存不足。

6.3 构建 CycleGAN 模型

本节将从零开始构建 CycleGAN 模型。我们会尽可能让自己的 CycleGAN 模型具备通用性，以便使用任何具有两个图像域的数据集进行训练。因此，我们用 A 和 B 来表示这两个域（而非"黑发图像"和"金发图像"）。作为练习，读者将使用第 5 章中用过的眼镜数据集来训练同一个 CycleGAN 模型。借此可帮助读者通过不同数据集将本章学到的技能应用到其他实际应用中。

6.3.1 创建两个判别器

尽管 CycleGAN 有两个判别器，但它们事先是完全相同的。因此，我们将创建一个单独的 `Discriminator()` 类，然后将该类实例化两次：一个实例是判别器 A，另一个实例是判别器 B。CycleGAN 中的两个域是对称的，到底将黑发图像还是金发图像称为域 A，这并不重要。

打开下载的 `ch06util.py` 文件，在该文件中可以看到定义的 `Discriminator()` 类，如清单 6.4 所示。

清单 6.4　在 CycleGAN 中定义 Discriminator() 类

```
class Discriminator(nn.Module):
    def __init__(self, in_channels=3, features=[64,128,256,512]):
        super().__init__()
        self.initial = nn.Sequential(
            nn.Conv2d(in_channels,features[0],        ❶
                kernel_size=4,stride=2,padding=1,
                padding_mode="reflect"),
            nn.LeakyReLU(0.2, inplace=True))
        layers = []
        in_channels = features[0]
        for feature in features[1:]:                  ❷
            layers.append(Block(in_channels, feature,
                stride=1 if feature == features[-1] else 2))
            in_channels = feature
        layers.append(nn.Conv2d(in_channels,1,kernel_size=4,  ❸
            stride=1,padding=1,padding_mode="reflect"))
        self.model = nn.Sequential(*layers)
    def forward(self, x):
        out = self.model(self.initial(x))
        return torch.sigmoid(out)                     ❹
```

❶ # 第一个 Conv2d 层有 3 个输入通道和 64 个输出通道
❷ # 另外 3 个 Conv2d 层分别有 126、256 和 512 个输出通道
❸ # 最后一个 Conv2d 层有 512 个输入通道和 1 个输出通道
❹ # 对输出应用 sigmoid 激活函数，使其可以被解释为概率

上述代码定义了判别器网络。其架构与第 4 章的判别器网络和第 5 章的批评者网络类似。这个判别器主要由 5 个 `Conv2d` 层组成。我们对最后一层应用了 sigmoid 激活函数，因为判别器执

行的是二分类问题。该判别器可将三通道彩色图像作为输入，产生一个在 0 和 1 之间的数字，该数字可解释为输入图像是该域中真实图像的概率。

清单 6.4 中使用的 `padding_mode="reflect"` 参数表示添加到输入张量的填充是输入张量自身的反射。反射填充不会在边界引入人为产生的零值，从而有助于保留边缘信息。它能在输入张量的边界处创建更平滑的过渡，这有利于在上述示例中区分不同域的图像。

然后为这个类创建两个实例，分别为 disc_A 和 disc_B，如下所示：

```
from utils.ch06util import Discriminator, weights_init    ❶
import torch

device = "cuda" if torch.cuda.is_available() else "cpu"
disc_A = Discriminator().to(device)
disc_B = Discriminator().to(device)    ❷
weights_init(disc_A)
weights_init(disc_B)    ❸
```

❶ # 从本地模块导入 Discriminator 类
❷ # 为 Discriminator 类创建两个实例
❸ # 初始化权重

在本地模块 ch06util 中，我们还定义了 `weights_init()` 函数来初始化模型权重。该函数的定义与第 5 章中的同类函数相似。然后初始化两个新创建的判别器（disc_A 和 disc_B）的权重。

至此，我们有了两个判别器，接下来要创建两个生成器。

6.3.2 创建两个生成器

类似地，我们在本地模块中定义了一个 `Generator()` 类，并将该类实例化两次：一个实例是生成器 A，另一个实例是生成器 B。在 ch06util.py 文件中，定义了如下 `Generator()` 类。代码如清单 6.5 所示。

清单 6.5　CycleGAN 中的 `Generator()` 类

```
class Generator(nn.Module):
    def __init__(self, img_channels, num_features=64,
                 num_residuals=9):
        super().__init__()
        self.initial = nn.Sequential(
            nn.Conv2d(img_channels,num_features,kernel_size=7,
                stride=1,padding=3,padding_mode="reflect",),
            nn.InstanceNorm2d(num_features),
            nn.ReLU(inplace=True))
        self.down_blocks = nn.ModuleList(
            [ConvBlock(num_features,num_features*2,kernel_size=3,
                    stride=2, padding=1),
            ConvBlock(num_features*2,num_features*4,kernel_size=3,    ❶
                stride=2,padding=1)])
        self.res_blocks = nn.Sequential(    ❷
            *[ResidualBlock(num_features * 4)
            for _ in range(num_residuals)])
        self.up_blocks = nn.ModuleList(
            [ConvBlock(num_features * 4, num_features * 2,
                    down=False, kernel_size=3, stride=2,
                    padding=1, output_padding=1),
                ConvBlock(num_features * 2, num_features * 1,    ❸
                    down=False,kernel_size=3, stride=2,
                    padding=1, output_padding=1)])
```

6.3 构建 CycleGAN 模型

```
            self.last = nn.Conv2d(num_features * 1, img_channels,
                kernel_size=7, stride=1,
                padding=3, padding_mode="reflect")

    def forward(self, x):
        x = self.initial(x)
        for layer in self.down_blocks:
            x = layer(x)
        x = self.res_blocks(x)
        for layer in self.up_blocks:
            x = layer(x)
        return torch.tanh(self.last(x))            ❹
```

❶ #3 个 Conv2d 层
❷ #9 个残差块（residual block）
❸ #2 个上采样块
❹ # 对输出应用 tanh 激活函数

生成器网络由多个 `Conv2d` 层组成，随后是 9 个残差块。在此之后，网络中还有两个上采样块，其中包括一个 `ConvTranspose2d` 层、一个 `InstanceNorm2d` 层和一个 `ReLU` 激活层。与前几章一样，我们在输出层使用了 tanh 激活函数，因此输出像素的范围都在 -1 和 1 之间，与训练集中的图像相同。

生成器中的残差块在本地模块中的定义如下：

```
class ConvBlock(nn.Module):
    def __init__(self, in_channels, out_channels,
                 down=True, use_act=True, **kwargs):
        super().__init__()
        self.conv = nn.Sequential(
            nn.Conv2d(in_channels, out_channels,
                      padding_mode="reflect", **kwargs)
            if down
            else nn.ConvTranspose2d(in_channels,
                                    out_channels, **kwargs),
            nn.InstanceNorm2d(out_channels),
            nn.ReLU(inplace=True) if use_act else nn.Identity())
    def forward(self, x):
        return self.conv(x)

class ResidualBlock(nn.Module):
    def __init__(self, channels):
        super().__init__()
        self.block = nn.Sequential(
            ConvBlock(channels,channels,kernel_size=3,padding=1),
            ConvBlock(channels,channels,
                      use_act=False, kernel_size=3, padding=1))
    def forward(self, x):
        return x + self.block(x)
```

残差连接（residual connection）是深度学习，尤其是深度神经网络设计中的一个概念。本书后续内容会经常出现这个概念。这是一种深度网络中常用于解决梯度消失问题的技术。具备残差连接的网络，以残差块作为基本单元，在残差块中，输入经过一系列变换（如卷积、激活、批量归一化或实例归一化），然后被加回到这些变换的输出中。图 6.4 展示了上述残差块的结构示意。

在每个残差块中进行的变换都是不同的。本例中，输入 x 经过两组 `Conv2d` 层和 `InstanceNorm2d` 层处理，中间还进行了一个 ReLU 激活。然后，输入 x 被加回到这些变换的输出 $f(x)$ 中，形成最终的输出：$x+f(x)$，这就是"残差连接"名称的由来。

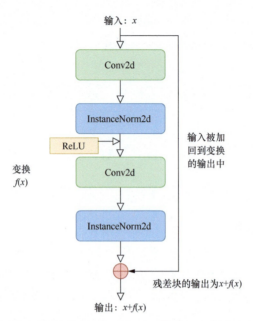

图6.4 残差块结构。输入 x 经过一系列变换（两组 `Conv2d` 层和 `InstanceNorm2d` 层，以及 ReLU 激活）。然后，输入 x 被加回到这些变换的输出 $f(x)$ 中。因此，残差块的实际输出为 $x+f(x)$

接下来将创建两个 `Generator()` 类实例，其中一个是 `gen_A`，另一个是 `gen_B`，如下所示：

```
from utils.ch06util import Generator

gen_A = Generator(img_channels=3, num_residuals=9).to(device)
gen_B = Generator(img_channels=3, num_residuals=9).to(device)
weights_init(gen_A)
weights_init(gen_B)
```

在训练模型时，我们将使用平均绝对误差（L1 损失）来衡量循环一致性损失，使用均方误差（L2 损失）来衡量对抗损失。如果数据存在噪声和许多异常值，通常会使用 L1 损失，因为它对极端值的惩罚比 L2 损失要小。因此，我们引入了以下损失函数：

```
import torch.nn as nn

l1 = nn.L1Loss()
mse = nn.MSELoss()
g_scaler = torch.cuda.amp.GradScaler()
d_scaler = torch.cuda.amp.GradScaler()
```

L1损失和L2损失都是在像素级计算的。原始图像的形状为(3, 256, 256)，虚假图像亦如此。为了计算损失，首先要计算两张图像在3×256×256=196608个位置上对应像素值之间的差值（L1损失为该差值的绝对值，L2损失为该差值的平方），然后求各位置的平均值。

我们将使用 PyTorch 的自动混合精度包 `torch.cuda.amp` 来加快训练速度。PyTorch 张量的默认数据类型是 `float32`，即 32 位浮点数，它占用的内存是 16 位浮点数 `float16` 的两倍。前者的运算速度比后者慢。精度和计算成本需要权衡。使用哪种数据类型取决于具体任务。`torch.cuda.amp` 提供了自动混合精度，其中一些操作使用 `float32`，另一些操作使用 `float16`。混合精度尝试将每个操作与适当的数据类型相匹配，从而加快训练速度。

正如在第 4 章中所做的那样，我们将为判别器和生成器使用 Adam 优化器：

```
lr = 0.00001
opt_disc = torch.optim.Adam(list(disc_A.parameters()) +
```

```
    list(disc_B.parameters()),lr=lr,betas=(0.5, 0.999))
opt_gen = torch.optim.Adam(list(gen_A.parameters()) +
    list(gen_B.parameters()),lr=lr,betas=(0.5, 0.999))
```

接下来，我们用黑发图像或金发图像来训练 CycleGAN 模型。

6.4 用 CycleGAN 在黑发和金发之间转换

至此，我们已经有了训练数据和 CycleGAN 模型，随后将使用黑发图像或金发图像来训练该模型。与所有 GAN 模型一样，训练完成后可以丢弃判别器，这样就可以使用两个训练好的生成器将黑发图像转换为金发图像，或将金发图像转换为黑发图像。

6.4.1 训练 CycleGAN 在黑发和金发之间转换

如第 4 章所述，我们将使用目测检查的方式来确定何时停止训练。为此，可以创建一个函数来测试真实图像的外观和相应生成图像的外观，这样就能对两者进行比较，从而直观检查模型效果。在本地模块 ch06util 中，我们定义了如下 test() 函数：

```
def test(i,A,B,fake_A,fake_B):
    save_image(A*0.5+0.5,f"files/A{i}.png")
    save_image(B*0.5+0.5,f"files/B{i}.png")       ❶
    save_image(fake_A*0.5+0.5,f"files/fakeA{i}.png")
    save_image(fake_B*0.5+0.5,f"files/fakeB{i}.png")   ❷
```

❶ # 域 A 和域 B 中的真实图像，保存在本地文件夹中
❷ # 域 A 和域 B 对应的虚假图像，由生成器在 i 批次中创建

每训练 100 批次，会保存 4 张图像。我们将两个域中的真实图像和相应的虚假图像保存在本地文件夹中，以便定期检查生成图像，并与真实图像进行比较，从而评估训练进度。该函数具备通用性，因此可应用于任意两个域的图像。

此外，我们还在本地模块 ch06util 中定义了 train_epoch() 函数，用于对判别器和生成器训练一个轮次。清单 6.6 所示的代码可用于在 CycleGAN 中训练两个判别器。

清单 6.6　在 CycleGAN 中训练两个判别器

```
def train_epoch(disc_A, disc_B, gen_A, gen_B, loader, opt_disc,
        opt_gen, l1, mse, d_scaler, g_scaler,device):
    loop = tqdm(loader, leave=True)
    for i, (A,B) in enumerate(loop):      ❶
        A=A.to(device)
        B=B.to(device)
        with torch.cuda.amp.autocast():   ❷
            fake_A = gen_A(B)
            D_A_real = disc_A(A)
            D_A_fake = disc_A(fake_A.detach())
            D_A_real_loss = mse(D_A_real,
                            torch.ones_like(D_A_real))
            D_A_fake_loss = mse(D_A_fake,
                            torch.zeros_like(D_A_fake))
            D_A_loss = D_A_real_loss + D_A_fake_loss
            fake_B = gen_B(A)
            D_B_real = disc_B(B)
            D_B_fake = disc_B(fake_B.detach())
            D_B_real_loss = mse(D_B_real,
                            torch.ones_like(D_B_real))
            D_B_fake_loss = mse(D_B_fake,
                            torch.zeros_like(D_B_fake))
```

```
            D_B_loss = D_B_real_loss + D_B_fake_loss
            D_loss = (D_A_loss + D_B_loss) / 2        ❸
        opt_disc.zero_grad()
        d_scaler.scale(D_loss).backward()
        d_scaler.step(opt_disc)
        d_scaler.update()
        …
```

❶ # 对两个域中的所有图像对进行迭代
❷ # 使用 PyTorch 自动混合精度包加快训练速度
❸ # 两个判别器的总损失是两个判别器各自对抗损失的平均值

为减少内存消耗并加快计算速度，我们使用 detach() 方法移除 fake_A 和 fake_B 张量中的梯度。这两个判别器的训练与第 4 章中的类似，但有几处不同。首先，这里有两个（而非一个）判别器，一个用于域 A 中的图像，另一个用于域 B 中的图像。这两个判别器的总损失是两个判别器各自的对抗损失的平均值。其次，我们用 PyTorch 自动混合精度包来加快训练速度，将训练时间缩短了 50% 以上。

我们会在同一轮次中同时训练两个生成器。清单 6.7 给出了在 CycleGAN 中训练两个生成器的代码。

清单 6.7 在 CycleGAN 中训练两个生成器

```
def train_epoch(disc_A, disc_B, gen_A, gen_B, loader, opt_disc,
        opt_gen, l1, mse, d_scaler, g_scaler,device):
    …
    with torch.cuda.amp.autocast():
        D_A_fake = disc_A(fake_A)
        D_B_fake = disc_B(fake_B)
        loss_G_A = mse(D_A_fake, torch.ones_like(D_A_fake))
        loss_G_B = mse(D_B_fake, torch.ones_like(D_B_fake))      ❶
        cycle_B = gen_B(fake_A)
        cycle_A = gen_A(fake_B)
        cycle_B_loss = l1(B, cycle_B)
        cycle_A_loss = l1(A, cycle_A)                             ❷
        G_loss=loss_G_A+loss_G_B+cycle_A_loss*10+cycle_B_loss*10  ❸
    opt_gen.zero_grad()
    g_scaler.scale(G_loss).backward()
    g_scaler.step(opt_gen)
    g_scaler.update()
    if i % 100 == 0:
        test(i,A,B,fake_A,fake_B)                                 ❹
    loop.set_postfix(D_loss=D_loss.item(),G_loss=G_loss.item())
```

❶ # 两个生成器的对抗损失
❷ # 两个生成器的循环一致性损失
❸ # 两个生成器的总损失是对抗损失和循环一致性损失的加权和
❹ # 每训练 100 批次，生成一张图像以供检查

这两个生成器的训练与第 4 章中生成器的训练有两个重要区别。首先，这里不是只训练一个生成器，而是同时训练两个生成器。其次，两个生成器的总损失是对抗损失和循环一致性损失的加权和，我们认为后者的损失是前者的 10 倍。不过，如果将 10 改为其他数字（如 9 或 12），也会得到类似结果。

循环一致性损失是原始图像与转换回原始域的虚假图像之间的平均绝对误差。

一切准备就绪后，可以开始训练了：

```
from utils.ch06util import train_epoch

for epoch in range(1):
```

6.4 用 CycleGAN 在黑发和金发之间转换

```
    train_epoch(disc_A, disc_B, gen_A, gen_B, loader, opt_disc,
        opt_gen, l1, mse, d_scaler, g_scaler, device)    ❶
torch.save(gen_A.state_dict(), "files/gen_black.pth")
torch.save(gen_B.state_dict(), "files/gen_blond.pth")    ❷
```

❶ # 用黑发图像和金发图像对 CycleGAN 进行一个轮次的训练
❷ # 保存训练后的模型权重

如果使用 GPU，上述训练需要几个小时；如果不使用 GPU，可能需要一整天。如果没有足够的算力来训练模型，可以到异步社区网站下载预训练好的生成器。解压缩后，将 gen_black.pth 和 gen_blond.pth 文件放到计算机上的 /files/ 文件夹中。在 6.4.2 节中，我们会在黑发图像和金发图像之间转换。

> **练习6.1**
> 在训练 CycleGAN 模型时，我们假设域 A 包含黑发图像，域 B 包含金发图像。修改清单 6.2 中的代码，使域 A 包含金发图像，域 B 包含黑发图像。

6.4.2 黑发图像和金发图像的往返转换

由于训练数据集质量高、数量多，对 CycleGAN 的训练会非常成功。我们不仅要在黑发和金发图像之间进行转换，还要进行往返转换。例如，可以先将黑发转换为金发，然后再转换回黑发，这样就可以将原始图像与同一域中经过往返转换后的生成图像进行比较，看看两者有何不同。

清单 6.8 进行了两个域之间的图像转换和每个域中图像的往返转换。

清单 6.8　黑发和金发图像的往返转换

```
gen_A.load_state_dict(torch.load("files/gen_black.pth",
    map_location=device))
gen_B.load_state_dict(torch.load("files/gen_blond.pth",
    map_location=device))
i=1
for black,blond in loader:
    fake_blond=gen_B(black.to(device))
    save_image(black*0.5+0.5,f"files/black{i}.png")       ❶
    save_image(fake_blond*0.5+0.5,f"files/fakeblond{i}.png")
    fake2black=gen_A(fake_blond)
    save_image(fake2black*0.5+0.5,
        f"files/fake2black{i}.png")                       ❷
    fake_black=gen_A(blond.to(device))
    save_image(blond*0.5+0.5,f"files/blond{i}.png")       ❸
    save_image(fake_black*0.5+0.5,f"files/fakeblack{i}.png")
    fake2blond=gen_B(fake_black)
    save_image(fake2blond*0.5+0.5,
        f"files/fake2blond{i}.png")                       ❹
    i=i+1
    if i>10:
        break
```

❶ # 原始的黑发图像
❷ # 一次往返后的虚假黑发图像
❸ # 原始的金发图像
❹ # 一次往返后的虚假金发图像

本地文件夹 /files/ 中保存了 6 组图像。第一组是原始的黑发图像，第二组是训练好的金发生成器生成的虚假金发图像（名为 `fakeblond0.png`、`fakeblond1.png` 等），第三组是经过一次往返后的虚假黑发图像：我们将刚创建的虚假图像输入训练好的黑发图像生成器，获得虚假黑发图像（名为 `fake2black0.png`、`fake2black1.png` 等）。图 6.5 展示了这 3 组图像。

图 6.5　黑发图像的往返转换。第一行中的图像是训练集中的原始的黑发图像。第二行中的图像是对应的虚假金发图像，由训练好的金发生成器生成。第三行中的图像是经过一次往返后的虚假黑发图像：将第二行中的图像输入训练好的黑发图像生成器，生成了虚假黑发图像

图 6.5 共有 3 行图像。第一行是训练集中的原始的黑发图像。第二行是训练好的金发图像生成器生成的虚假金发图像。第三行是经过一次往返转换后的虚假黑发图像：这些图像看起来与第一行中的图像几乎完全相同！训练好的 CycleGAN 模型效果非常好。

本地 /files/ 文件夹中的第四组图像是原始的金发图像，第五组是训练好的黑发图像生成器生成的虚假图像，第六组是经过一次往返后的虚假金发图像。图 6.6 对比了这 3 组图像。

在图 6.6 中，第二行展示的是由训练好的黑发图像生成器生成的虚假黑发图像：这些图像的人脸与第一行中的图像相同，但发色为黑色。第三行展示了经过一次往返处理后的虚假金发图像：它们看起来与第一行中的原始的金发图像几乎一模一样。

图 6.6　金发图像的往返转换。第一行中的图像是训练集中的原始的金发图像。第二行中的图像是对应的虚假黑发图像，由训练好的黑发图像生成器生成。第三行中的图像是经过一次往返后的虚假金发图像：将第二行中的图像输入训练好的金发图像生成器，生成了虚假金发图像

练习6.2

CycleGAN 模型是通用的，可应用于任何具有两个图像域的训练数据集。使用第 5 章中下载的眼镜图像训练 CycleGAN 模型。用戴眼镜图像作为域 A，不戴眼镜图像作为域 B。然后用训练好的 CycleGAN 在图像中添加和去除眼镜（在两个域之间转换图像）。本书的配套资源提供了一个实现示例和结果。

至此，我们主要介绍了一种生成模型：GAN。第 7 章将介绍用另一种生成模型——变分自编码器（VAE）来生成高分辨率图像。我们将了解 VAE 相较于 GAN 的优缺点。更重要的是，将介绍 VAE 的编码器-解码器架构。这种架构在生成模型中得到了广泛应用，包括本书后面介绍的 Transformers 也用到了这种架构。

6.5 小结

- CycleGAN 可以在没有配对示例的情况下在两个域之间转换图像。它由两个判别器和两个生成器组成。其中一个生成器将域 A 的图像转换到域 B，而另一个生成器将域 B 的图像转换到域 A。两个判别器可用于对给定图像是否来自某一个域进行分类。
- CycleGAN 使用循环一致性损失函数来确保原始图像可以从转换后的图像中重建，从而促使关键特征得以保留。
- 正确构建的 CycleGAN 模型可应用于任意数据集，只要其中包含两个域的图像。同一个模型可用不同数据集进行训练，并用于转换不同域的图像。
- 拥有大量高质量的训练数据时，经过训练的 CycleGAN 可以将一个域中的图像转换到另一个域，然后再转换回原始域。经过往返转换的图像有可能与原始图像几乎完全相同。

第 7 章 利用变分自编码器生成图像

本章内容
- 自编码器（AE）和变分自编码器（VAE）
- 构建和训练能生成手写数字的 AE
- 构建和训练能生成人脸图像的 VAE
- 使用训练好的 VAE 执行编码运算和编码插值

到目前为止，我们已经介绍了如何使用生成对抗网络（GAN）生成形状、数字和图像。本章将介绍使用另一种生成模型——变分自编码器（variational autoencoder，VAE）来生成图像。我们还将通过执行编码运算和编码插值来学习 VAE 的实际应用。

要了解 VAE 的工作原理，首先需要了解自编码器（autoencoder，AE）的工作原理。自编码器是一种由编码器和解码器组成的双组件结构。编码器能将数据压缩为低维空间（潜空间）中的抽象表示，解码器则能解压缩编码信息并重建数据。AE 的主要目标是学习输入数据的压缩表示，重点是最小化重建误差，即原始输入数据与重建数据之间的差值（像素级差值，正如在第 6 章中计算循环一致性损失时看到的那样）。这种"编码器-解码器"架构是各种生成模型（包括将在本书后面详细探讨的 Transformer）的基石。例如，在第 9 章中，我们将构建一个用于实现机器语言翻译的 Transformer：编码器将英语短语转换成抽象表示，而解码器根据编码器生成的压缩表示来构建法语译文。DALL·E 2 和 Imagen 等文生图 Transformer 在设计上也采用了自编码器架构，需要首先将图像编码成一个紧凑的低维概率分布，然后再从这个分布中解码。当然，在不同模型中，编码器和解码器的构成是不同的。

本章的第一个项目会从零开始构建并训练一个能生成手写数字的 AE。我们将使用 60000 张手写数字（0～9）的灰度图像作为训练数据，每张图像大小为 28×28=784 像素。AE 中的编码器将每张图像压缩为仅 20 个值的确定性向量表示；AE 中的解码器重建图像，目的是尽量减小原始图像和重建图像间的差异。实现这一目标的方法是最小化两张图像之间的像素级平均绝对误差。最终，AE 将能生成与训练集中数字几乎完全相同的手写数字。

虽然 AE 擅长对输入数据创建"副本"，但在生成训练集中不存在的新样本时往往会出现问题。更重要的是，AE 不擅长输入插值：通常无法在两个输入数据点之间生成处于中间状态的表示。这就引出了变分自编码器（VAE）。VAE 在两个关键方面不同于 AE。首先，AE 将每个输入编码为潜空间中的一个特定点，而 VAE 会将其编码为潜空间中的概率分布。其次，AE 只关注最大限度减小重构误差，而 VAE 会学习潜变量概率分布参数，从而最小化损失函数，损失函数包括重建损失和正则化项库尔贝克－莱布勒散度（Kullback-Leibler divergence，KL 散度）。

KL 散度会促使潜空间形成近似于某种形式的分布（本例中是正态分布），并确保潜变量不仅能记住训练数据，还能捕捉这些数据的底层分布。它有助于实现一种结构良好的潜空间，在这种空间中，相似数据点被紧密映射在一起，从而使空间具有连续性和可解释性。因此，可以操控编码过程来获得新的结果，这使得在 VAE 中，编码运算和输入插值成为可能。

本章的第二个项目将从零开始构建并训练一个能生成人脸图像的 VAE。这里所用的训练集包括在第 5 章中下载的眼镜图像。VAE 的编码器会将大小为 $3 \times 256 \times 256 = 196608$ 像素的图像压缩为 100 值的概率向量，每个向量都遵循正态分布。然后，解码器根据该概率向量重建图像。训练好的 VAE 不仅能复制训练集中的人脸，还能生成新的人脸。

我们还将学习如何在 VAE 中进行编码运算和输入插值。为此会操控不同输入的编码表示（潜向量），进而在解码时实现特定结果（图像中是否具有某些特征）。潜向量控制了解码后图像中的不同特征，如性别、是否戴眼镜等。例如，可以先获得戴眼镜的男性的潜向量（z_1）、戴眼镜的女性的潜向量（z_2）和不戴眼镜的女性的潜向量（z_3），然后计算出一个新的潜向量，即 $z_4 = z_1 - z_2 + z_3$。z_1 和 z_2 在解码后都会导致图像中出现眼镜，因此 $z_1 - z_2$ 会抵消结果图像中的眼镜特征。同样，z_2 和 z_3 都会导致女性脸部特征，因此 $z_3 - z_2$ 会抵消结果图像中的女性特征。如果用训练好的 VAE 解码 $z_4 = z_1 - z_2 + z_3$，就会得到不戴眼镜的男性图像。

我们还可以通过改变潜向量 z_1 和 z_2 的权重，创建一系列从戴眼镜的女性过渡到不戴眼镜的女性的图像。这些练习充分体现了 VAE 在生成模型方面的多功能性和创造潜力。

与前几章研究的生成对抗网络（GAN）相比，AE 和 VAE 结构简单，易于构建。此外，与 GAN 相比，AE 和 VAE 通常更容易训练，也更稳定。不过 AE 和 VAE 生成的图像往往比 GAN 生成的图像更模糊。GAN 擅长生成高质量的逼真图像，但摆脱不了训练困难和资源密集的问题。如何在 GAN 和 VAE 之间做出选择，主要取决于手头任务的具体要求，包括所需的输出质量、可用的算力资源，以及是否需要足够稳定的训练过程。

VAE 在现实世界中有着广泛的实际应用。例如，假设我们经营一家眼镜店，并成功地在网上推销了一种新款男士眼镜。现在，我们希望针对女性市场推出同样款式的眼镜，但缺少女性佩戴这种眼镜的图像，而拍摄专业照片的费用很高。这就是 VAE 的用武之地：可以将现有的戴眼镜的男性的图像与不戴眼镜的男性和不戴眼镜的女性的图像结合起来。通过本章将要介绍的编码运算技术，我们将可以创建出佩戴了同款眼镜的女性的逼真图像，如图 7.1 所示。

图 7.1　通过编码运算生成戴眼镜的女性的图像

还可以设想另一种情况，假设我们的眼镜店提供深色和浅色镜框的眼镜，这两种镜框都很受欢迎。我们想推出一种中间色调的镜框。在 VAE 的帮助下，通过一种称为编码插值（encoding interpolation）的方法，将能毫不费力地生成一系列平滑过渡的图像，如图 7.2 所示。这些图像从深色镜框眼镜到浅色镜框眼镜各不相同，为客户提供了多种直观的选择。

图 7.2　生成一系列从深色镜框眼镜过渡到浅色镜框眼镜的图像

VAE 的应用不仅限于眼镜，它几乎可以延伸到任何产品类别，无论服装、家具还是食品。该技术为各种产品的可视化和营销提供了一种具有创造性和成本效益的解决方案。此外，虽然图像生成是一个突出的例子，但 VAE 其实还可以应用于许多其他类型的数据，包括音乐和文本。其多功能性为实际应用提供了无限可能！

7.1　自编码器概述

本节将讨论自编码器（AE）概念及其基本结构。为了让读者深入了解 AE 的内部工作原理，我们将在本章的第一个项目中构建并训练一个能生成手写数字的 AE。本节将概括介绍 AE 的架构并为第一个项目搭建蓝图。

7.1.1　自编码器

自编码器（AE）是一种用于无监督学习的神经网络，对于图像生成、压缩和去噪等任务尤为有效。AE 由两个主要部分组成：编码器和解码器。编码器将输入数据压缩为低维表示（潜空间），解码器则通过该表示重建输入数据。

输入数据的压缩表示（潜空间）中记录了输入数据最重要的特征。在图像生成方面，这种潜空间编码了网络所训练过的图像的重要特征。AE 在学习数据表示方面的效率很高，而且能够处理无标签数据，因此很适合降维和特征学习等任务。AE 面临的一个挑战是，编码过程中可能会丢失信息，从而导致重建结果的准确性降低。使用具备多个隐藏层的更深层架构有助于学习更复杂、更抽象的表示，从而可能减少 AE 中的信息丢失。此外，训练 AE 生成高质量图像，这一过程需要用到大量算力和大量数据集。

正如第 1 章提到的，学习一种技术的最佳方式就是从零开始来创建。因此，我们将在本章的第一个项目中创建一个能生成手写数字的 AE。

7.1.2　构建并训练自编码器的步骤

假设必须从零开始构建并训练一个能生成手写数字灰度图像的 AE，从而掌握使用 AE 完成更复杂任务（如生成彩色图像或降维）所需的技能。应该如何着手这项任务？

图 7.3 展示了 AE 的架构及训练 AE 生成手写数字的步骤。

从图 7.3 中可以看出，AE 有两个主要组件：一个编码器负责将手写数字图像压缩成潜空间中的向量，一个解码器用于根据编码后的向量重建这些图像。编码器和解码器都是深度神经网络，可能包括不同类型的层，如密集层、卷积层、转置卷积层等。由于本例涉及手写数字的灰度图像，因此只使用了密集层。不过，AE 也可用于生成更高分辨率的彩色图像，这些任务通常会在编码器和解码器中加入卷积神经网络（CNN）。是否在 AE 中使用 CNN，这取决于所要生成图像的分辨率。

7.2 构建并训练能生成数字的自编码器

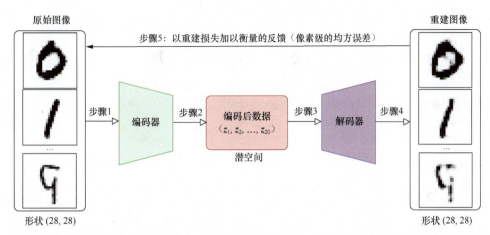

图 7.3 自编码器（AE）的架构及训练 AE 生成手写数字的步骤。AE 由编码器和解码器组成。在每次训练迭代中，手写数字图像被输入编码器（步骤 1）。编码器将图像压缩为潜空间中确定的点（步骤 2）。解码器从潜空间获取编码后的向量（步骤 3）并重建图像（步骤 4）。AE 会调整其参数以最小化重建损失，即原始图像与重建图像之间的差异（步骤 5）

构建 AE 时，其中的参数是随机初始化的。我们需要获得一个训练集来训练模型：PyTorch 提供了 60000 张手写数字的灰度图像，图像中的数字均匀分布在 0～9 这 10 个数字之中。图 7.3 中的左侧展示了 3 个示例，分别是数字 0、1 和 9 的图像。在训练迭代的步骤 1 中，训练集中的图像被传入编码器，编码器将图像压缩为潜空间中的 20 值向量（步骤 2）。"20"这个数字并没有什么特殊之处。在潜空间中使用 25 值向量也会得到类似结果。然后，将向量表示传给解码器（步骤 3），并要求它重建图像（步骤 4）。计算重建损失，即原始图像和重建图像之间所有像素的均方误差。然后将这一损失通过网络传播回去，以更新编码器和解码器的参数，从而最小化重建损失（步骤 5）。这样在下一次迭代中，AE 就能重建出更接近原始图像的图像。这一过程会在数据集上重复多个轮次。

模型训练完成后，我们会向编码器输入未曾见过的手写数字图像并获得编码。然后将编码传给解码器，获得重建图像。读者会注意到，重建图像与原始图像几乎完全相同。图 7.3 中的右侧展示了 3 个重建图像的例子，它们看起来确实与左侧的相应原始图像相似。

7.2 构建并训练能生成数字的自编码器

至此，我们已经有了能生成手写数字的 AE 蓝图，让我们深入项目并实施 7.1 节列出的步骤。

具体来说，本节将首先介绍如何获取手写数字图像的训练集和测试集。然后，构建一个具有密集层的编码器和解码器。我们要使用训练数据集来训练这个 AE，并使用训练好的编码器对测试集中的图像进行编码。最后，将介绍使用训练好的解码器重建图像，并将其与原始图像进行比较。

7.2.1 收集手写数字

我们可以使用 torchvision 库中的 datasets 包下载手写数字灰度图像，具体做法与第 2 章下载服装图像的方法类似。

首先，下载一个训练集和一个测试集，代码如下所示：

```
import torchvision
import torchvision.transforms as T
```

```
transform=T.Compose([
    T.ToTensor()])
train_set=torchvision.datasets.MNIST(root=".",   ❶
    train=True,download=True,transform=transform)   ❷
test_set=torchvision.datasets.MNIST(root=".",
    train=False,download=True,transform=transform)  ❸
```

❶ # 用 torchvision.datasets 中的 MNIST() 类下载手写数字
❷ #train=True 意味着下载的是训练集
❸ #train=False 意味着下载的是测试集

这里没有使用第 2 章的 FashionMNIST() 类，而是使用了 MNIST() 类。该类中的 train 参数告诉 PyTorch 是下载训练集（train=True）还是下载测试集（train=False）。转换前的图像像素是 0～255 的整数。上述代码中的 ToTensor() 类会将其转换为 PyTorch 浮点张量，其值在 0 和 1 之间。训练集有 60000 张图像，测试集有 10000 张图像，每个数据集中，都均匀分布在 10 个数字（0～9）之中。

我们将创建用于训练和测试的批次数据，每批次有 32 张图像，代码如下所示：

```
import torch

batch_size=32
train_loader=torch.utils.data.DataLoader(
    train_set,batch_size=batch_size,shuffle=True)
test_loader=torch.utils.data.DataLoader(
    test_set,batch_size=batch_size,shuffle=True)
```

至此已经准备好数据，接下来将构建并训练一个自编码器。

7.2.2 构建和训练自编码器

自编码器由两部分组成：编码器和解码器。我们将定义 AE() 类，用以表示自编码器。代码如清单 7.1 所示。

清单 7.1 创建能生成手写数字的自编码器

```
import torch.nn.functional as F
from torch import nn

device="cuda" if torch.cuda.is_available() else "cpu"
input_dim = 784      ❶
z_dim = 20           ❷
h_dim = 200
class AE(nn.Module):
    def __init__(self,input_dim,z_dim,h_dim):
        super().__init__()
        self.common = nn.Linear(input_dim, h_dim)
        self.encoded = nn.Linear(h_dim, z_dim)
        self.l1 = nn.Linear(z_dim, h_dim)
        self.decode = nn.Linear(h_dim, input_dim)
    def encoder(self, x):           ❸
        common = F.relu(self.common(x))
        mu = self.encoded(common)
        return mu
    def decoder(self, z):           ❹
        out=F.relu(self.l1(z))
        out=torch.sigmoid(self.decode(out))
        return out
    def forward(self, x):           ❺
        mu=self.encoder(x)
        out=self.decoder(mu)
        return out, mu
```

7.2 构建并训练能生成数字的自编码器

❶ # 自编码器的输入包含 784（28×28）个值
❷ # 潜变量（编码）包含 20 个值
❸ # 编码器将图像压缩为潜变量
❹ # 解码器根据编码重建图像
❺ # 编码器和解码器组成了一个自编码器

输入大小为 784，因为手写数字的灰度图像大小为 28 像素 ×28 像素。将图像展平为一维张量，然后输入自编码器。图像先经过编码器，被压缩成低维空间中的编码。这样，每张图像都由一个 20 值的潜变量表示。解码器根据潜变量重建图像。自编码器的输出有两个张量：重建后的图像 out 和潜变量（编码）mu。

接下来，实例化上文定义的 AE() 类，从而创建一个自编码器。在训练过程中，我们还会像之前的章节中那样使用 Adam 优化器：

```
model = AE(input_dim,z_dim,h_dim).to(device)
lr=0.00025
optimizer = torch.optim.Adam(model.parameters(), lr=lr)
```

我们定义了一个函数 plot_digits()，用于在每个训练轮次结束后目测检查重建的手写数字，如清单 7.2 所示。

清单 7.2 `plot_digits()` 函数用于检查重建的图像

```
import matplotlib.pyplot as plt

originals = []         ❶
idx = 0
for img,label in test_set:
    if label == idx:
        originals.append(img)
        idx += 1
    if idx == 10:
        break
def plot_digits():
    reconstructed=[]
    for idx in range(10):
        with torch.no_grad():
            img = originals[idx].reshape((1,input_dim))
            out,mu = model(img.to(device))     ❷
        reconstructed.append(out)              ❸
    imgs=originals+reconstructed
    plt.figure(figsize=(10,2),dpi=50)
    for i in range(20):
        ax = plt.subplot(2,10, i + 1)
        img=(imgs[i]).detach().cpu().numpy()
        plt.imshow(img.reshape(28,28),          ❹
                    cmap="binary")
        plt.xticks([])
        plt.yticks([])
    plt.show()
```

❶ # 收集测试集中每个数字的样本图像
❷ # 将图像输入自编码器以获得重建图像
❸ # 收集每个原始图像的重建图像
❹ # 通过目测比较原始图像和重建图像

首先收集 10 张样本图像，每张表示一个不同的数字，并将它们放入一个名为 originals 的列表中。将图像输入自编码器以获得重建图像。最后，绘制原始图像和重建图像，以便进行比较，并定期评估自编码器的性能。

在训练开始前,我们调用 `plot_digits()` 函数来可视化输出:

```
plot_digits()
```

随后将看到图7.4所示的输出。

图 7.4 训练开始前,比较自编码器重建图像和原始图像。上一行是测试集中的 10 张手写数字的原始图像。下一行是训练前自编码器的重建图像。这些重建图像只是纯噪声

虽然可以将数据分为训练集和验证集,并持续对模型进行训练,直到在验证集上看不到进一步的改进(正如在第 2 章中所做的),但我们的主要目的是掌握 AE 的工作原理,而不一定要实现最佳的参数调整。因此,我们将对自编码器进行 10 个轮次的训练,如清单 7.3 所示。

清单 7.3 训练自编码器生成手写数字

```
for epoch in range(10):
    tloss=0
    for imgs, labels in train_loader:      ❶
        imgs=imgs.to(device).view(-1, input_dim)
        out, mu=model(imgs)                ❷
        loss=((out-imgs)**2).sum()         ❸
        optimizer.zero_grad()
        loss.backward()
        optimizer.step()
        tloss+=loss.item()
    print(f"at epoch {epoch} toal loss = {tloss/len(train_loader)}")
    plot_digits()                          ❹
```

❶ # 对训练集中的批次进行迭代
❷ # 用自编码器重建图像
❸ # 计算重建损失,即均方误差
❹ # 目测检查自编码器的性能

每个训练轮次会迭代训练集中的所有批次数据。将原始图像输入自编码器以获得重建图像。然后计算重建损失,即原始图像和重建图像之间的均方误差。具体来说,计算方法是先逐像素计算两张图像之间的差值,然后计算差值的平方,再求差值平方的平均值。我们使用 Adam 优化器(梯度下降法的一种变体)调整模型参数,最小化重建损失。

如果使用 GPU,模型训练大约需要两分钟。

7.2.3 保存并使用训练好的自编码器

我们可将模型保存在计算机的本地文件夹中,实现代码如下所示:

```
scripted = torch.jit.script(model)
scripted.save('files/AEdigits.pt')
```

要使用该模型重建手写数字图像,需要按如下代码加载模型:

```
model=torch.jit.load('files/AEdigits.pt',map_location=device)
model.eval()
```

随后即可调用之前定义的 `plot_digits()` 函数来生成手写数字,代码如下所示:

```
plot_digits()
```

输出如图7.5所示。

图7.5 将训练好的自编码器的重建图像与原始图像进行比较。上一行显示的是测试集中的10张手写数字的原始图像。下一行是训练好的自编码器的重建图像。重建图像与原始图像非常相似

尽管并不完美，但重建后的手写数字与原始数字非常相似。编码－解码过程会丢失一些信息，不过与GAN相比，自编码器更易于构建，训练时间也更短。许多生成模型都采用了编码器－解码器架构。本项目将有助于理解后续章节的内容，尤其是有关Transformer的内容。

7.3 变分自编码器

虽然自编码器擅长重建原始图像，但无法生成训练集中未见过的新图像。此外，自编码器往往不会将相似输入映射到潜空间中的邻近点。因此，与自编码器相关的潜空间既不连续，也不容易解释。例如，我们无法对两个输入数据点进行内插（interpolate），从而生成有意义的中间表示。基于这些原因，我们将介绍自编码器的一种改进技术——变分自编码器（VAE）。

本节将先介绍AE和VAE之间的主要区别，以及为什么这些区别能使VAE生成训练集中未见过的逼真图像。然后，本节还将介绍训练VAE的一般步骤，尤其是训练VAE生成高分辨率人脸图像的步骤。

7.3.1 AE与VAE的区别

变分自编码器（VAE）由Diederik Kingma和Max Welling于2013年首次提出。[1] 与AE一样，VAE也有两个主要组件：编码器和解码器。

不过，AE和VAE有两个主要区别。首先，AE中的潜空间是确定的，每个输入都映射到潜空间中一个固定点。相比之下，VAE的潜空间是概率性的，VAE不是将输入编码为潜空间中的单一向量，而是将输入编码为可能值的分布。例如，在第二个项目中，我们将把一张彩色图像编码成一个100值的概率向量，还将假设该向量中的每个元素都遵从独立的正态分布。由于定义正态分布只需要均值（μ）和标准差（σ），因此，100值的概率向量中的每个元素都将由这两个参数来描述。为了重建图像，要从该分布中采样一个向量并对其进行解码。每次从分布中采样都会产生略有差异的输出，这也凸显了VAE的独特性。

用统计学术语来说，VAE中的编码器试图学习训练数据x的真实分布$p(x|\theta)$，其中θ是定义分布的参数。为了便于理解，通常假设潜空间的分布为正态分布。由于只需要均值μ和标准差σ就能定义正态分布，因此，可将真实分布重写为$p(x|\theta) = p(x|\mu,\sigma)$。VAE中的解码器能根据编码器学到的分布来生成样本。也就是说，解码器会根据分布$p(x|\mu,\sigma)$，以概率方式生成一个实例。

AE和VAE还有一个关键区别在于损失函数。训练AE时，要最小化重建损失，使重建的图像尽可能接近原始图像。然而在VAE中，损失函数由两部分组成：重建损失和库尔贝克－莱

---

[1] KINGMA D P, WELLING M. Auto-encoding variational baye[C]//Proceedings of the International Conference On Learning Representations, 2014.

布勒散度（KL 散度）。KL 散度是衡量一种概率分布与另一种预期概率分布发散程度的指标。在 VAE 中，KL 散度可用于对学习得到的分布（编码器的输出）与先验分布（标准正态分布）之间的偏差进行不同程度的"惩罚"，从而让编码器变得更规范。这就可以促使编码器学习有意义且可泛化的潜在表达。通过对与先验分布相差太远的分布进行惩罚，KL 散度有助于避免过拟合。

在上述环境中，由于假设为正态分布，因此，KL 散度的计算方法（如果假设为非正态分布，则公式有所不同）如式（7.1）所示。

$$\text{KL散度} = \sum_{n=1}^{100} \left(\frac{\sigma_n^2}{2} + \frac{\mu_n^2}{2} - \log(\sigma_n^2) - \frac{1}{2} \right) \qquad (7.1)$$

对潜空间的所有100个维度求和。当编码器将图像压缩为潜空间中的标准正态分布，即$\mu=0$且$\sigma=1$时，KL散度为0。在其他任何情况下，KL散度值都大于0。因此，当编码器成功将图像压缩为潜空间中的标准正态分布时，KL散度最小。

7.3.2 训练可生成人脸图像的 VAE 所需的蓝图

在本章第二个项目中，我们将从零开始构建并训练能生成彩色人脸图像的 VAE。训练好的模型可生成训练集中未见过的图像。此外，我们还可以对输入数据进行插值，从而生成在两个输入数据点之间的中间图像。图 7.6 展示了 VAE 的架构及训练 VAE 生成人脸图像的步骤。

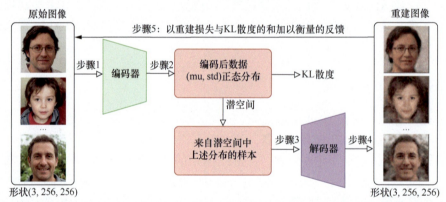

图 7.6 变分自编码器（VAE）的架构及训练 VAE 生成人脸图像的步骤。VAE 由编码器和解码器组成。在每次训练迭代中，需要将人脸图像输入编码器（步骤 1）。编码器将图像压缩为潜空间中的概率点（步骤 2；由于假设为正态分布，因此，每个概率点都有一个均值向量和一个标准偏差向量）。随后，对分布中的编码采样，并将其提交给解码器。解码器获取采样的编码（步骤 3）并重建图像（步骤 4）。VAE 会调整其参数，使重建损失 KL 散度之和最小。KL 散度衡量了编码器输出与标准正态分布之间的差异

如图 7.6 所示，VAE 也包含两个组件：编码器和解码器。由于第二个项目涉及高分辨率彩色图像，我们将用 CNN 来创建 VAE。正如第 4 章所讨论的，高分辨率彩色图像比低分辨率灰度图像包含更多像素。如果只使用全连接（密集）层，模型中的参数数量将会过多，从而导致学习速度缓慢且效果不佳。与类似规模的全连接网络相比，CNN 需要的参数更少，因此学习速度更快，效果更好。

创建 VAE 后，我们将用在第 5 章中下载的眼镜数据集来训练模型。图 7.6 中的左侧展示了训练集中原始人脸图像的 3 个示例。在训练循环的步骤 1 中，将训练集中大小为 3 × 256 × 256 =

196608 像素的图像输入编码器。编码器将图像压缩为潜空间中的 100 值的概率向量（步骤 2；由于假设为正态分布，因此，概率向量为均值向量和标准差向量）。然后从分布中采样，并将采样得到的向量表示输入解码器（步骤 3），要求解码器重建图像（步骤 4）。此处计算的总损失是像素级的重建损失和式（7.1）中得到的 KL 散度的总和。将这一损失通过网络传播回去，更新编码器和解码器的参数，最小化总损失（步骤 5）。总损失会促使 VAE 将输入编码为更有意义、更具通用性的潜在表示，从而重建出更接近原始图像的图像。

模型训练完成后，将人脸图像输入编码器并获得编码，然后将这些编码输入解码器，获得重建图像。读者会发现，重建图像与原始图像非常接近。图 7.6 中的右侧展示了 3 个重建图像的例子：尽管并不完美，但它们看起来与左侧相应的原始图像非常相似。

更重要的是，可以丢弃编码器，从潜空间中随机抽取编码，并将其输入 VAE 中训练好的解码器，从而生成训练集中未见过的全新人脸图像。此外，还可以操控不同输入的编码表示，以便在解码时实现特定效果。另外，还可以通过改变分配给任意两个编码的权重创建一系列从一个实例过渡到另一个实例的图像。

7.4 生成人脸图像的变分自编码器

本节将按照 7.3 节介绍的步骤，从零开始创建并训练一个用于生成人脸图像的 VAE。

与之前构建和训练 AE 所做的工作相比，第二个项目采用的方法有几处差异。首先，我们计划在 VAE 的编码器和解码器中使用 CNN，这主要是因为高分辨率彩色图像有更多像素，仅依靠全连接（密集）层会导致参数数量过多，从而导致学习速度缓慢且效率低下。其次，在将图像压缩为潜空间中遵循正态分布的向量过程中，在对每张图像进行编码时，将生成一个均值向量和一个标准差向量。这与 AE 中使用的固定值向量不同。然后，我们从编码后的正态分布中采样以获得编码，随后对编码进行解码以生成图像。注意，每次从该分布中采样时，每个重建图像都会略有不同，这就是 VAE 生成新图像的能力来源。

7.4.1 构建变分自编码器

有些读者可能还记得在第 5 章中下载的眼镜数据集，在对一些标签进行手动校正后保存到了计算机上的 /files/glasses/ 文件夹中。我们将调整图像大小为 256 像素 ×256 像素，图像值在 0 和 1 之间，然后创建一个批次迭代器，每批包含 16 张图像，代码如下所示：

```
transform = T.Compose([
            T.Resize(256),          ❶
            T.ToTensor(),           ❷
            ])
data = torchvision.datasets.ImageFolder(
    root="files/glasses",
    transform=transform)            ❸
batch_size=16
loader = torch.utils.data.DataLoader(data,  ❹
    batch_size=batch_size,shuffle=True)
```

❶ # 将图像大小调整为 256 像素 ×256 像素
❷ # 将图像转换为值在 0 和 1 之间的张量
❸ # 从文件夹中加载图像并应用变换
❹ # 将数据放入批次迭代器

接下来，创建一个包含卷积层和转置卷积层的变分自编码器。先定义一个 Encoder() 类，如清单 7.4 所示。

清单 7.4　变分自编码器中的编码器

```
latent_dims=100      ❶
class Encoder(nn.Module):
    def __init__(self, latent_dims=100):
        super().__init__()
        self.conv1 = nn.Conv2d(3, 8, 3, stride=2, padding=1)
        self.conv2 = nn.Conv2d(8, 16, 3, stride=2, padding=1)
        self.batch2 = nn.BatchNorm2d(16)
        self.conv3 = nn.Conv2d(16, 32, 3, stride=2, padding=0)
        self.linear1 = nn.Linear(31*31*32, 1024)
        self.linear2 = nn.Linear(1024, latent_dims)
        self.linear3 = nn.Linear(1024, latent_dims)
        self.N = torch.distributions.Normal(0, 1)
        self.N.loc = self.N.loc.cuda()
        self.N.scale = self.N.scale.cuda()
    def forward(self, x):
        x = x.to(device)
        x = F.relu(self.conv1(x))
        x = F.relu(self.batch2(self.conv2(x)))
        x = F.relu(self.conv3(x))
        x = torch.flatten(x, start_dim=1)
        x = F.relu(self.linear1(x))
        mu =  self.linear2(x)             ❷
        std = torch.exp(self.linear3(x))  ❸
        z = mu + std*self.N.sample(mu.shape)  ❹
        return mu, std, z
```

❶ # 这个潜空间的维度为 100
❷ # 编码分布的均值
❸ # 编码分布的标准差
❹ # 编码的向量表示

编码器网络由多个卷积层组成，这些卷积层被用于提取输入图像的空间特征。编码器将输入数据压缩成向量表示（z），向量表示呈正态分布，具有均值（mu）和标准差（std）。编码器的输出由 mu、std 和 z 这 3 个张量组成。mu 和 std 分别是概率向量的均值和标准偏差，而 z 是从该分布中采样的实例。

具体来说，大小为 (3, 256, 256) 的输入图像先经过一个步幅值为 2 的 Conv2d 层。正如第 4 章所述，这意味着过滤器每次在输入图像上移动时都会跳过 2 像素，从而导致对图像进行下采样。输出图像的大小为 (8, 128, 128)。这个输出图像再经过 2 个 Conv2d 层，大小变为 (32, 31, 31)。展平后还要通过线性层以获得 mu 和 std 的值。

我们定义了一个 Decoder() 类来表示 VAE 中的解码器，代码如清单 7.5 所示。

清单 7.5　变分自编码器中的解码器

```
class Decoder(nn.Module):
    def __init__(self, latent_dims=100):
        super().__init__()
        self.decoder_lin = nn.Sequential(    ❶
            nn.Linear(latent_dims, 1024),
            nn.ReLU(True),
            nn.Linear(1024, 31*31*32),       ❷
            nn.ReLU(True))
        self.unflatten = nn.Unflatten(dim=1,
                unflattened_size=(32,31,31))
        self.decoder_conv = nn.Sequential(   ❸
            nn.ConvTranspose2d(32,16,3,stride=2,
                        output_padding=1),
            nn.BatchNorm2d(16),
```

```
                nn.ReLU(True),
                nn.ConvTranspose2d(16, 8, 3, stride=2,
                                padding=1, output_padding=1),
                nn.BatchNorm2d(8),
                nn.ReLU(True),
                nn.ConvTranspose2d(8, 3, 3, stride=2,
                                padding=1, output_padding=1))
    def forward(self, x):
        x = self.decoder_lin(x)
        x = self.unflatten(x)
        x = self.decoder_conv(x)
        x = torch.sigmoid(x)          ❹
        return x
```

❶ # 编码先经过 2 个密集层
❷ # 将编码重塑为多维对象，以便对其执行转置卷积运算
❸ # 让编码经过 3 个转置卷积层
❹ # 将输出压缩到 [0, 1]，使其与输入图像的值范围相同

解码器是编码器的镜像：它不执行卷积运算，而是对编码执行转置卷积运算，从而生成特征图。解码器逐步将潜空间中的编码转换回高分辨率彩色图像。

具体来说，编码首先经过两个线性层，然后被反展平（unflattened）为 (32, 31, 31) 形状，这与编码器中经过最后一个 Conv2d 层的图像大小一致。然后编码会再经过 3 个 ConvTranspose2d 层，这同样与编码器中的 Conv2d 层镜像。此时，解码器的输出形状为 (3, 256, 256)，与训练图像的形状相同。

将编码器和解码器结合起来，即可创建一个变分自编码器，代码如下所示：

```
class VAE(nn.Module):
    def __init__(self, latent_dims=100):
        super().__init__()
        self.encoder = Encoder(latent_dims)     ❶
        self.decoder = Decoder(latent_dims)     ❷
    def forward(self, x):
        x = x.to(device)
        mu, std, z = self.encoder(x)            ❸
        return mu, std, self.decoder(z)         ❹
```

❶ # 通过实例化 Encoder() 类来创建一个编码器
❷ # 通过实例化 Decoder() 类来创建一个解码器
❸ # 让输入经过编码器以获得编码
❹ #VAE 的输出是编码的均值和标准差，以及重建图像

VAE 由编码器和解码器组成，它们分别由上文的 `Encoder()` 类和 `Decoder()` 类所定义。将图像通过 VAE 时，输出由 3 个张量组成：编码的均值和标准差，以及重建图像。

接下来，我们会通过实例化 `VAE()` 类创建变分自编码器，并定义模型的优化器：

```
vae=VAE().to(device)
lr=1e-4
optimizer=torch.optim.Adam(vae.parameters(),
                        lr=lr,weight_decay=1e-5)
```

在训练过程中，我们将手动计算重建损失和 KL 散度损失，因此，就不在这里定义损失函数了。

7.4.2 训练变分自编码器

要训练模型，先要定义 `train_epoch()` 函数，借此将模型训练 1 个轮次。定义 `train_epoch()` 函数的代码如清单 7.6 所示。

清单 7.6 定义 train_epoch() 函数

```
def train_epoch(epoch):
    vae.train()
    epoch_loss = 0.0
    for imgs, _ in loader:
        imgs = imgs.to(device)
        mu, std, out = vae(imgs)                                    ❶
        reconstruction_loss = ((imgs-out)**2).sum()                 ❷
        kl = ((std**2)/2 + (mu**2)/2 - torch.log(std) - 0.5).sum()  ❸
        loss = reconstruction_loss + kl                             ❹
        optimizer.zero_grad()
        loss.backward()
        optimizer.step()
        epoch_loss+=loss.item()
    print(f'at epoch {epoch}, loss is {epoch_loss}')
```

❶ # 获取重建的图像
❷ # 计算重建损失
❸ # 计算 KL 散度
❹ # 总损失是重建损失和 KL 散度的和

对训练集中的所有批次进行迭代。让图像经过 VAE 并得到重建图像。总损失是重建损失和 KL 散度的和。为了最小化损失，每次迭代都会调整模型参数。

我们还定义了 `plot_epoch()` 函数，用于目测检查 VAE 生成的图像，该函数代码如下所示：

```
import numpy as np
import matplotlib.pyplot as plt

def plot_epoch():
    with torch.no_grad():
        noise = torch.randn(18,latent_dims).to(device)
        imgs = vae.decoder(noise).cpu()
        imgs = torchvision.utils.make_grid(imgs,6,3).numpy()
        fig, ax = plt.subplots(figsize=(6,3),dpi=100)
        plt.imshow(np.transpose(imgs, (1, 2, 0)))
        plt.axis("off")
        plt.show()
```

训练好的VAE可将相似输入映射到潜空间中的邻近点，从而生成更连续、更可解释的潜空间。因此，可以从潜空间中随机抽取向量，VAE可将这些向量解码为有意义的输出。所以在上述 `plot_epoch()` 函数中，我们从潜空间中随机抽取了18个向量，并在每个训练轮次后用它们生成18张图像。将这些图像绘制成3×6网格，并通过目测检查VAE在训练过程中的性能。

接下来，像这样对 VAE 进行 10 个轮次的训练，代码如下所示：

```
for epoch in range(1,11):
    train_epoch(epoch)
    plot_epoch()
torch.save(vae.state_dict(),"files/VAEglasses.pth")
```

如果使用 GPU，上述训练大约需要半小时，否则可能需要几个小时。训练好的模型权重会保存在计算机中。读者也可以在本书配套资源中找到训练好的模型权重。

7.4.3 使用训练好的 VAE 生成图像

至此，VAE 已训练完成，可以用它来生成图像了。先加载保存在本地文件夹中训练好的模型权重，代码如下所示：

```
vae.eval()
vae.load_state_dict(torch.load('files/VAEglasses.pth',
```

```
            map_location=device))
```

然后检查VAE重建图像的能力，看看重建图像与原始图像的相似程度，代码如下所示：

```
imgs,_=next(iter(loader))
imgs = imgs.to(device)
mu, std, out = vae(imgs)
images=torch.cat([imgs[:8],out[:8],imgs[8:16],out[8:16]],
                 dim=0).detach().cpu()
images = torchvision.utils.make_grid(images,8,4)
fig, ax = plt.subplots(figsize=(8,4),dpi=100)
plt.imshow(np.transpose(images, (1, 2, 0)))
plt.axis("off")
plt.show()
```

运行上述代码，会看到类似图7.7的输出。

图 7.7　将训练好的 VAE 重建图像与原始图像进行比较。第一行和第三行是原始图像。将它们输入训练好的 VAE，分别得到第二行和第四行的重建图像

原始图像展示在第一行和第三行，重建图像展示在原始图像下方。如图 7.7 所示，重建图像与原始图像非常相似，不过，plot 在重建过程中丢失了一些信息，使其看起来不像原图那么逼真。

接下来要调用之前定义的 plot_epoch() 函数，测试 VAE 生成训练集中未见过的新图像的能力：

```
plot_epoch()
```

该函数从潜空间中随机抽取18个向量，并将它们输入训练好的VAE，从而生成18张图像。输出如图7.8所示。

图 7.8　训练好的 VAE 生成的新图像。从潜空间中随机抽取向量表示，将其输入训练好的 VAE 解码器。解码后的图像如图所示。由于向量表示是随机抽取的，因此这些图像与训练集中的任何原始图像都不对应

这些图像并不存在于训练集中：编码是从潜空间中随机抽取的，而不是将训练集中的图像通过编码器处理后得到的向量。这是因为 VAE 中的潜空间是连续、可解释的。潜空间中新的和未见过的编码可以被有意义地解码为与训练集中的图像相似但又不同的新图像。

7.4.4 使用训练好的 VAE 进行编码运算

VAE 在自己的损失函数中包含了一个正则项（KL 散度），该正则项可促使潜空间近似于正态分布。这种正则化确保潜变量不仅能记住训练数据，还能捕捉数据的底层分布。这种做法有助于实现结构良好的潜空间，在这种空间中，相似数据点被紧密映射在一起，从而使空间具有连续性和可解释性。因此，我们可以操控编码来获得新的结果。

为了使结果具有可复现性，读者可以登录异步社区下载配套资源，直接使用训练好的模型权重，并在本章后续操作中使用相同代码。正如本章开篇所解释的那样，编码运算允许我们生成具有某些特征的图像。为了说明编码运算在 VAE 中是如何工作的，让我们先手工收集戴眼镜的男性、不戴眼镜的男性、戴眼镜的女性和不戴眼镜的女性这 4 组图像，每组收集 3 张图像。清单 7.7 所示的代码可以用于收集具有不同特征的图像。

清单 7.7 收集具有不同特征的图像

```
torch.manual_seed(0)
glasses=[]
for i in range(25):                                    ❶
    img,label=data[i]
    glasses.append(img)
    plt.subplot(5,5,i+1)
    plt.imshow(img.numpy().transpose((1,2,0)))
    plt.axis("off")
plt.show()
men_g=[glasses[0],glasses[3],glasses[14]]              ❷
women_g=[glasses[9],glasses[15],glasses[21]]           ❸

noglasses=[]
for i in range(25):                                    ❹
    img,label=data[-i-1]
    noglasses.append(img)
    plt.subplot(5,5,i+1)
    plt.imshow(img.numpy().transpose((1,2,0)))
    plt.axis("off")
plt.show()
men_ng=[noglasses[1],noglasses[7],noglasses[22]]       ❺
women_ng=[noglasses[4],noglasses[9],noglasses[19]])    ❻
```

❶ # 显示 25 张戴眼镜的图像
❷ # 选择 3 张戴眼镜的男性的图像
❸ # 选择 3 张戴眼镜的女性的图像
❹ # 显示 25 张不戴眼镜的图像
❺ # 选择 3 张不戴眼镜的男性的图像
❻ # 选择 3 张不戴眼镜的女性的图像

在每组中选择 3 张（而非只选择 1 张）图像，这样就可以在稍后进行编码运算时计算同一组中多个编码的平均值。VAE 的设计目的是学习输入数据在潜空间中的分布。通过对多个编码求平均值，即可有效地平滑该空间中的表示。这有助于找到一种平均表示，从而捕捉到一组样本中不同样本的共同特征。

我们将 3 张戴眼镜的男性的图像输入训练好的 VAE，以获得它们在潜空间中的编码；随后，计算这 3 张图像的平均编码，并用平均编码来获得戴眼镜的男性的重建图像；接着，对其他 3 组

7.4 生成人脸图像的变分自编码器

图像重复上述步骤。实现以上步骤的代码如清单 7.8 所示。

清单 7.8　对 4 组图像进行编码和解码

```
# create a batch of images of men with glasses
men_g_batch = torch.cat((men_g[0].unsqueeze(0),      ❶
            men_g[1].unsqueeze(0),
            men_g[2].unsqueeze(0)), dim=0).to(device)
# Obtain the three encodings
_,_,men_g_encodings=vae.encoder(men_g_batch)
# Average over the three images to obtain the encoding for the group
men_g_encoding=men_g_encodings.mean(dim=0)           ❷
# Decode the average encoding to create an image of a man with glasses
men_g_recon=vae.decoder(men_g_encoding.unsqueeze(0)) ❸

# Do the same for the other three groups
# group 2, women with glasses
women_g_batch = torch.cat((women_g[0].unsqueeze(0),
            women_g[1].unsqueeze(0),
            women_g[2].unsqueeze(0)), dim=0).to(device)
# group 3, men without glasses
men_ng_batch = torch.cat((men_ng[0].unsqueeze(0),
            men_ng[1].unsqueeze(0),
            men_ng[2].unsqueeze(0)), dim=0).to(device)
# group 4, women without glasses
women_ng_batch = torch.cat((women_ng[0].unsqueeze(0),
            women_ng[1].unsqueeze(0),
            women_ng[2].unsqueeze(0)), dim=0).to(device)
# obtain average encoding for each group
_,_,women_g_encodings=vae.encoder(women_g_batch)
women_g_encoding=women_g_encodings.mean(dim=0)
_,_,men_ng_encodings=vae.encoder(men_ng_batch)
men_ng_encoding=men_ng_encodings.mean(dim=0)
_,_,women_ng_encodings=vae.encoder(women_ng_batch)
women_ng_encoding=women_ng_encodings.mean(dim=0)     ❹
# decode for each group
women_g_recon=vae.decoder(women_g_encoding.unsqueeze(0))
men_ng_recon=vae.decoder(men_ng_encoding.unsqueeze(0))
women_ng_recon=vae.decoder(women_ng_encoding.unsqueeze(0))  ❺
```

❶ # 用戴眼镜的男性的图像创建一个批次
❷ # 获得戴眼镜的男性的平均编码
❸ # 对戴眼镜的男性的平均编码进行解码
❹ # 获得另外 3 组图像的平均编码
❺ # 对另外 3 组图像的平均编码进行解码

4 组图像的平均编码分别为 men_g_encoding、women_g_encoding、men_ng_encoding 和 women_ng_encoding，其中 g 代表戴眼镜，ng 代表不戴眼镜。4 组图像的平均编码的解码图像分别为 men_g_recon、women_g_recon、men_ng_recon 和 women_ng_recon。用以下代码将这 4 张解码图像绘制出来：

```
imgs=torch.cat((men_g_recon,
            women_g_recon,
            men_ng_recon,
            women_ng_recon),dim=0)
imgs=torchvision.utils.make_grid(imgs,4,1).cpu().numpy()
imgs=np.transpose(imgs,(1,2,0))
fig, ax = plt.subplots(figsize=(8,2),dpi=100)
plt.imshow(imgs)
plt.axis("off")
plt.show()
```

我们将看到如图7.9所示的输出。

图7.9　根据平均编码得到解码图像。首先从戴眼镜的男性、戴眼镜的女性、不戴眼镜的男性和不戴眼镜的女性这4组图像中各获取3张图像。将12张图像输入训练好的VAE编码器，获得它们在潜空间中的编码。然后计算每组中3张图像的平均编码。将这4个平均编码输入训练好的VAE解码器，即可得到4张图像

4张解码图像如图7.9所示。它们是代表4组图像的合成图像。注意，它们与12张原始图像中的任何一张都不同。同时，它们保留了每组图像的显著特征。

接下来，让我们操控编码，创建出新的编码，然后使用VAE中训练好的解码器对新编码进行解码，看看会发生什么。例如，可以从戴眼镜的男性的平均编码中减去戴眼镜的女性的平均编码，再加上不戴眼镜的女性的平均编码。然后，将结果输入解码器并查看输出。编码运算示例代码如清单7.9所示。

清单7.9　编码运算示例

```
z=men_g_encoding-women_g_encoding+women_ng_encoding     ❶
out=vae.decoder(z.unsqueeze(0))     ❷
imgs=torch.cat((men_g_recon,
                women_g_recon,
                women_ng_recon,out),dim=0)
imgs=torchvision.utils.make_grid(imgs,4,1).cpu().numpy()
imgs=np.transpose(imgs,(1,2,0))
fig, ax = plt.subplots(figsize=(8,2),dpi=100)
plt.imshow(imgs)     ❸
plt.title("man with glasses - woman \
with glasses + woman without \
glasses = man without glasses ",fontsize=10,c="r")     ❹
plt.axis("off")
plt.show()
```

❶ # 将z定义为"戴眼镜的男性 − 戴眼镜的女性 + 不戴眼镜的女性"的编码
❷ # 解码z以生成图像
❸ # 显示4张图像
❹ # 在图像上方显示标题

运行清单7.9中的代码，会看到如图7.10所示的输出。

图7.10　使用训练好的VAE进行编码运算的示例。首先获得戴眼镜的男性（z_1）、戴眼镜的女性（z_2）和不戴眼镜的女性（z_3）这3组平均编码。定义一个新的编码$z=z_1-z_2+z_3$。然后将z输入训练好的VAE解码器，得到解码图像，如图中最右侧所示

图7.10中前3张图像是代表3组输入图像的合成图像。最右边的输出图像是一个不戴眼镜的男性的图像。

7.4 生成人脸图像的变分自编码器

men_g_encoding 和 women_g_encoding 在解码时都会导致图像中出现眼镜，因此 men_g_encoding - women_g_encoding 会抵消生成图像中的眼镜特征。同样，women_ng_encoding 和 women_g_encoding 都会导致女性面孔，因此 women_ng_encoding - women_g_encoding 会抵消生成图像中的女性特征。这样，如果用训练好的 VAE 解码 men_g_encoding + women_g_encoding - women_ng_encoding，就会得到不戴眼镜的男性的图像。本例中的编码运算表明，通过操控其他 3 组图像的平均编码，即可获得不戴眼镜男性的编码。

练习 7.1

修改清单 7.9 中的代码，执行以下编码运算：

（1）从戴眼镜的男性的平均编码中减去不戴眼镜的男性的平均编码，再加上不戴眼镜的女性的平均编码。将结果输入解码器，看看会发生什么；

（2）从不戴眼镜的男性的平均编码中减去不戴眼镜的女性的平均编码，再加上戴眼镜的女性的平均编码。将结果输入解码器，看看会发生什么；

（3）从不戴眼镜的女性的平均编码中减去不戴眼镜的男性的平均编码，再加上戴眼镜的男性的平均编码。将结果输入解码器，看看会发生什么。

注意，别忘了修改图像标题，以反映不同变化。

另外，我们还可以在潜空间中任意两个编码之间插值：为它们分配不同的权重然后创建新编码。随后，即可对新编码进行解码，从而创建一个合成图像。通过选择不同的权重，可以创建一系列从一个图像过渡到另一个图像的中间图像。

以戴眼镜的女性和不戴眼镜的女性的编码为例，定义新编码 z 为 w*women_ng_encoding + (1-w)*women_g_encoding，其中 w 是 women_ng_encoding 的权重；把 w 的值从 0 逐渐改为 1，每次改动的增量为 0.2；然后对新编码进行解码，并展示得到的 6 张图像。代码如清单 7.10 所示。

清单 7.10 对两个编码插值以创建一系列图像

```
results=[]
for w in [0, 0.2, 0.4, 0.6, 0.8, 1.0]:    ❶
    z=w*women_ng_encoding+(1-w)*women_g_encoding    ❷
    out=vae.decoder(z.unsqueeze(0))    ❸
    results.append(out)
imgs=torch.cat((results[0],results[1],results[2],
                results[3],results[4],results[5]),dim=0)
imgs=torchvision.utils.make_grid(imgs,6,1).cpu().numpy()
imgs=np.transpose(imgs,(1,2,0))
fig, ax = plt.subplots(dpi=100)
plt.imshow(imgs)    ❹
plt.axis("off")
plt.show()
```

❶ # 对 6 个不同的 w 值进行迭代
❷ # 在两个编码之间插值
❸ # 对插值编码进行解码
❹ # 显示生成的 6 张图像

运行清单 7.10 中的代码，将看到如图 7.11 所示的输出。

图 7.11 对编码插值以创建一系列中间图像。首先获得戴眼镜的女性（women_g_encoding）和不戴眼镜的女性（women_ng_encoding）的平均编码。插值编码 z 的定义是 w*women_ng_encoding+(1-w)*women_g_encoding，其中 w 是 women_ng_encoding 的权重。将 w 的值从 0 逐渐改为 1，每次改动的增量为 0.2，从而得到 6 个插值编码。对这些插值编码进行解码，并显示得到的 6 张图像

如图 7.11 所示，从左到右，图像逐渐从戴眼镜的女性过渡为不戴眼镜的女性。这表明潜空间中的编码是连续的、有意义的，并且是可插值的。

练习7.2

修改清单 7.10，使用以下编码对创建一系列中间图像：

（1）men_ng_encoding 和 men_g_encoding；

（2）men_ng_encoding 和 women_ng_encoding；

（3）men_g_encoding 和 women_g_encoding。

详细解决方案参见本书配套资源。

从第 8 章开始，我们将踏上自然语言处理（natural language processing，NLP）之旅。借此将生成另一种形式的内容：文本。而且，到目前为止我们使用过的很多工具还将在后续章节中再次使用，如深度神经网络和编码器–解码器架构。

7.5 小结

- 自编码器（AE）使用了一种由编码器和解码器组成的双组件结构。编码器负责将数据压缩为低维空间（潜空间）中的抽象表示，解码器负责解压缩编码信息并重建数据。
- 变分自编码器（VAE）也由编码器和解码器组成。VAE 与 AE 有两个关键差异。首先，AE 将每个输入编码为潜空间中的一个特定点，而 VAE 将输入编码为潜空间中的概率分布。其次，AE 只关注最小化重建误差，而 VAE 则会学习潜变量概率分布的参数，从而最小化损失函数，这个损失函数由重建损失和正则化项组成，正则化项即 KL 散度。
- 在训练 VAE 时，损失函数中的 KL 散度可确保潜变量的分布类似于正态分布。这有助于编码器学习连续的、有意义的、可泛化的潜表示。
- 训练好的 VAE 可将相似输入映射到潜空间中的邻近点，从而生成更连续、更可解释的潜空间。因此，VAE 可将潜空间中的随机向量解码为有意义的输出，从而产生训练集中未见过的输出图像。
- 与 AE 中的潜空间不同，VAE 中的潜空间是连续、可解释的。因此，可以操控编码来实现新的结果，还可以通过改变潜空间中两个编码的权重创建一系列从一个实例过渡到另一个实例的中间图像。

第三部分

自然语言处理和 Transformer

这一部分着重介绍文本生成的相关内容。在第 8 章中,我们将介绍如何构建并训练能生成文本的循环神经网络。在此过程中,读者将了解词元化和词嵌入的工作原理,还将学习如何以自回归方式生成文本,以及如何使用温度和 top-K 采样来控制所生成文本的创造性。在第 9 章和第 10 章中,读者将根据论文"Attention Is All You Need",从零开始构建一个能将英语翻译成法语的 Transformer。在第 11 章中,我们将介绍如何从零开始构建 GPT-2XL(GPT-2 的最大版本)。之后,读者将了解如何从 Hugging Face 中提取预训练权重,并将其加载到自己的 GPT-2 模型中。我们还将使用 GPT-2 向模型输入提示词来生成文本。在第 12 章中,我们将构建并训练一个能生成海明威写作风格文本的 GPT 模型。

第 8 章 利用循环神经网络生成文本

本章内容
- RNN 背后的理念及 RNN 可处理顺序数据的原因
- 字符词元化、单词词元化和子词词元化
- 词嵌入的工作原理
- 构建并训练能生成文本的 RNN
- 使用温度和 top-K 采样来控制所生成文本的创造性

到目前为止，本书已经讨论了如何生成形状、数字和图像。从本章开始，我们将主要关注文本生成。文本生成通常被认为是生成式人工智能的终极追求，这出于几个令人信服的理由：人类语言极其复杂和微妙，不仅涉及对语法和词汇的理解，还包括语境、语气和文化背景。成功生成连贯且契合上下文的文本是一项重大挑战，需要对语言进行深入理解和处理。

作为人类，我们主要通过语言进行交流。能生成类人文本的人工智能将可以更自然地与用户交互，使技术更易于使用，对用户更友好。文本生成有很多应用，如自动回复客户咨询、创建完整文章、编写游戏和电影脚本、辅助创意写作，甚至构建个人助理。这种能力对各行各业的潜在影响都是巨大的。

在本章中，我们将首次尝试构建和训练能生成文本的模型。本章会介绍如何应对文本生成建模中的三大挑战。首先，文本是顺序数据，由按照特定顺序排列的数据点组成，其中每个点都是连续排序的，以反映数据的内在顺序和相互依赖关系。由于对顺序的敏感性，预测顺序数据的结果是一项充满挑战的工作。改变元素顺序会改变它们的含义。其次，文本表现出长程依赖关系：文本中某一部分的含义取决于文本中更早出现的元素（如 100 个单词之前的内容）。要生成连贯的文本，就必须理解这种长程依赖关系并构建模型。最后，人类语言是有歧义的，而且依赖于语境。训练一个模型来理解这种细微差别、讽刺、成语和文化背景等要素，从而生成语境准确的文本，这是一项巨大的挑战。

我们将探索一种专为处理顺序数据（如文本或时间序列）而设计的特殊神经网络：循环神经网络（recurrent neural network，RNN）。传统神经网络（如前馈神经网络或全连接网络）独立处理每个输入，这意味着网络单独处理每个输入，而不考虑不同输入之间可能存在的任何关系或顺序。相比而言，RNN 可专门用于处理顺序数据。在 RNN 中，特定时间步（time step）的输出不仅取决于当前输入，还取决于之前的输入。这使得 RNN 能够保持一种记忆的形式，捕捉之前的时间步信息，从而对当前输入的处理结果产生影响。

这种顺序化处理方式使 RNN 非常适合处理输入顺序很重要的任务，如语言建模，其目标是根据之前的单词预测句子中的下一个单词。我们将重点讨论 RNN 的一种变体，即长短期记忆（long short-term memory，LSTM）网络，它可以识别文本等顺序数据中的短期数据模式和长期数据模式。LSTM 模型使用隐藏状态（hidden state）来捕捉之前的时间步中的信息。因此，经过训练的 LSTM 模型可以根据上下文生成连贯的文本。

所生成文本的风格取决于训练数据。此外，由于我们计划从零开始训练一个用于生成文本的模型，训练文本的长度是一个关键因素。文本需要足够长，以便模型有效学习和模仿特定的写作风格；但同时又要足够简洁，以避免在训练过程中产生过多的计算需求。因此，我们将使用小说《安娜·卡列尼娜》（*Anna Karenina*）的文本（其长度非常适合我们的需求）来训练 LSTM 模型。由于 LSTM 等神经网络不能直接接收文本作为输入，还要将文本分解为词元（token），这一过程也叫词元化（tokenization）。本章所涉及的词元均为单个单词，但实际上词元也可以是单词的一部分，后续章节会遇到这样的词元。然后，我们将创建一个词典，将每个唯一词元映射成词典中的一个整数（索引）。根据该词典，我们就可以把文本转换为一个长的整数序列，并将其输入神经网络。

我们将使用一定长度的索引序列作为输入来训练 LSTM 模型。将输入序列向右移动一个词元，并将其作为输出：这实际上是在训练模型预测句子中的下一个词元。这就是自然语言处理（NLP）中所谓的序列到序列预测问题，后续章节中还会遇到这种问题。

LSTM 训练好后，我们将用它根据序列中的上一个词元逐次生成文本，每次生成一个词元，具体过程是：向训练好的模型输入一个提示词（prompt）。这种提示词可以理解为句子的一部分，如 "Anna and the"。然后，模型预测最有可能出现的下一个词元，并将所选词元附加到我们给出的提示词中。更新后的提示词会再次作为输入来使用，模型则再次用提示词预测下一个词元。这种迭代过程将一直持续，直到提示词达到一定长度。这种方法与 ChatGPT 等更高级的生成模型所采用的机制类似（虽然 ChatGPT 并非 LSTM）。我们将见证训练好的 LSTM 模型生成语法正确、行文连贯的文本，并且其写作风格与原小说的写作风格一致。

最后，我们还将学习如何使用温度和 top-K 采样来控制生成文本的创造性。温度控制训练模型预测的随机性。温度越高，生成的文本就越有创造性；而温度越低，生成的文本就越有把握，可预测性更高。top-K 采样是从 K 个最有可能的词元（而非整个词典）中选择下一个词元的方法。K 值越小，在每一步中选择可能性最高词元的概率就越高，这反过来又会使生成的文本创造性更低，但连贯性更高。

本章的主要目标并不是一定要生成尽可能连贯的文本，毕竟如前所述，这将带来巨大的挑战。相反，我们的目标是凸显 RNN 的局限性，从而为后续章节引入 Transformer 做铺垫。更重要的是，本章展示了文本生成的一些基本原则，包括词元化（tokenization）、词嵌入（word embedding）、序列预测、温度设置和 top-K 采样。因此，在后续章节中，读者将对 NLP 的基本原理有更扎实的了解。有了这些作为基础，就可以集中精力研究 NLP 的其他更高级的方面，如注意力机制的运作方式和 Transformer 的架构。

8.1 循环神经网络（RNN）简介

在本章开头，我们提到了文本生成工作的复杂性，尤其是在追求所生成文本的连贯性和上下文相关性时更是困难重重。本节将深入探讨这些问题，并探讨 RNN 的架构。本节会解释 RNN 为什么适合这项任务，以及 RNN 的局限性（这也是它被 Transformer 超越的原因）。

RNN 是专为处理顺序数据而设计的,因此能胜任文本生成这一本质上就具有顺序性的任务。RNN 可利用一种称为隐藏状态的记忆形式来捕捉和保留序列早期部分的信息。随着序列发展,这种能力对于保持上下文和理解依赖关系至关重要。

本章将利用 LSTM 网络(RNN 的高级版本)进行文本生成,并利用其高级功能来应对这项任务中的挑战。

8.1.1 文本生成过程中的挑战

文本是顺序数据的典型代表,而对任何数据集,只要其中的元素顺序很重要,就可以将这些数据看作是顺序数据。这种结构意味着单个元素的相对位置具有重要意义,通常传达了理解数据所需的基本信息。顺序数据的例子包括时间序列(如股票价格)、文本内容(如句子)和音乐作品(连续的音符)。

本书主要介绍文本生成,但在第 13 章和第 14 章中也涉及了音乐生成。文本生成过程充满复杂性。一个重要挑战在于对句子中的单词顺序进行建模,在这样的句子中,改变单词顺序会极大地改变句子本意。例如,在"Kentucky defeated Vanderbilt in last night's football game"(肯塔基队在昨晚的橄榄球比赛中击败了范德堡队)这个句子中,就算其他单词完全不变,只要将"Kentucky"和"Vanderbilt"两个词对调,就会彻底反转句子的意思。此外,正如本章前面提到的,文本生成在处理长程依赖关系和歧义问题时也会遇到挑战。

本章将探讨应对这些挑战的一种方法:循环神经网络(RNN)。虽然这种方法并非完美无缺,但它为我们后续章节探讨的更高级技术奠定了基础。这种方法让我们可以深入了解如何管理词序、处理长程依赖关系,以及处理文本中固有的歧义,从而掌握文本生成的基本技能。通过本章的学习,读者将能在本书后续章节掌握更复杂的方法并获得更深入的理解。在学习过程中,我们将获得自然语言处理(NLP)方面的许多宝贵技能,如文本词元化、词嵌入和序列到序列预测。

8.1.2 循环神经网络的工作原理

RNN 是人工神经网络的一种特殊形式,旨在识别文本、音乐或股票价格等数据序列中蕴含的模式。与独立处理输入数据的传统神经网络不同,RNN 内含循环(loop),允许信息持续存在。

文本生成的挑战之一是如何根据之前的所有单词预测下一个单词,从而使预测既能捕捉到长程依赖关系,又能契合上下文含义。RNN 不仅将输入作为一个独立的项,而且将其作为一个序列(类似句子中的单词)。在每个时间步内,RNN 不仅基于当前输入进行预测,还基于之前的所有输入进行预测,之前的输入会通过隐藏状态成为摘要的形式。以"a frog has four legs"(一只青蛙 4 条腿)这句话为例,在第一个时间步中,我们用"a"来预测第二个单词"frog";在第二个时间步中,则会用"a"和"frog"两个单词来预测下一个单词。当预测最后一个单词时,需要用到之前预测出的所有词,即"a frog has four"。

RNN 的一个关键特征是所谓的隐藏状态,它捕捉序列中之前的所有元素的信息。这一特征对于网络有效处理和生成顺序数据的能力至关重要。图 8.1 描述了 RNN 的功能和这种顺序处理能力,并展示了一层循环神经元如何随时间展开。

RNN 的隐藏状态在捕捉所有时间步的信息方面起着关键作用。这使得 RNN 不仅能根据当前输入 $x(t)$,还能根据之前的所有输入 $x(0)$、$x(1)$……$x(t-1)$ 所积累的知识做预测。该特性使 RNN 能理解时间依赖关系。借此可从输入序列中掌握上下文,这对于语言建模等任务是不可或缺的,因为在语言建模中，句子中上一个单词为预测下一个单词奠定了基础。

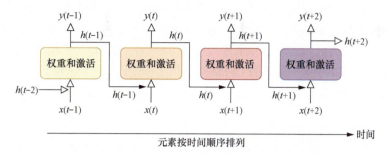

图 8.1　一层循环神经元如何随时间展开。当循环神经网络对顺序数据进行预测时，会将上一时间步的隐藏状态 h(t-1) 与当前时间步的输入 x(t) 结合，然后生成输出 y(t) 并更新隐藏状态 h(t)。时间步 t 的隐藏状态包含了之前所有时间步的信息 x(0)、x(1)……x(t)

不过，RNN 也不是没有缺点。虽然标准 RNN 能处理短期依赖关系，但在处理文本中的长程依赖关系时依然很吃力。这种困难源于梯度消失问题，在长序列中，梯度（网络训练过程中的关键一环）会逐渐减小，从而妨碍模型学习更长距离的关系。为缓解这一问题，人们开发了 RNN 的高级版本，如长短期记忆（LSTM）网络。

LSTM 网络由 Hochreiter 和 Schmidhuber 于 1997 年提出。[①]LSTM 网络由 LSTM 单元（unit，也叫作 cell）组成，每个单元的结构比标准 RNN 神经元更复杂。单元状态是 LSTM 的关键创新所在：它就像一条传送带，沿着 LSTM 单元的整个链条笔直向下延伸，并能在网络中传递相关信息。在单元状态中添加或删除信息的能力使得 LSTM 能够捕捉长期依赖关系并长时间记忆各种信息。这样的能力让 LSTM 在语言建模和文本生成等任务中更有效。本章我们将利用 LSTM 模型开展一个文本生成项目，旨在模仿小说《安娜·卡列尼娜》的写作风格来生成文本。

然而，值得注意的是：即便是 LSTM 这样的高级 RNN 变体，在捕捉顺序数据中的超长程依赖关系时也会遇到障碍。我们将在第 9 章深入介绍这些挑战并探索解决方案，借此继续探索能够有效处理和生成顺序数据的复杂模型。

8.1.3　训练长短期记忆（LSTM）模型的步骤

接下来将讨论可生成文本的 LSTM 模型的训练步骤。这些概括性的内容有助于让读者在开始项目前对训练过程有一个基本了解。

训练文本的选择取决于所需的输出。长篇小说往往是一个很好的起点，其丰富的内容能让模型有效学习和模仿特定的写作风格。大量文本数据可以提高模型对这种风格的掌握程度，同时小说一般也不会太长，这有助于控制训练时间。对于 LSTM 模型，我们将使用小说《安娜·卡列尼娜》的文本，这部小说完全符合之前列出的训练数据标准。

与其他深度神经网络类似，LSTM 模型也无法直接处理原始文本。我们要先将文本转换为数字形式。首先将文本分解成更小的片段，这个过程也叫词元化，每个片段就是一个词元（token）。词元可以是完整单词、标点符号（如感叹号或逗号）或特殊字符（如 & 或 %）。在本章中，这些元素都将被视为单独的词元。虽然这种词元化方法可能不是最有效的，但它很容易实现，因为只需要将单词映射为词元即可。后续章节还会使用子词词元化（subword tokenization），将一些不常见的单词分解成更小的片段（如音节）。词元化之后，会为每个词元分配一个唯一整数，借此用

[①] HOCHREITER S, SCHMIDHUBER J. Long short-term memory[J]. Neural Computation, 1997, 9(8):1735-1780.

一个整数序列以数字形式表示完整文本。

为准备训练数据，我们将这个长序列分成等长的短序列。在本项目中，每个序列包含 100 个整数。这些序列构成模型的特征（x 变量）。然后通过将输入序列向右移动一个词元的方式来生成输出 y。这种设置使 LSTM 模型能够预测序列中的下一个词元。输入 - 输出对将用作训练数据。模型包含了用于理解文本中长期模式的 LSTM 层和用于掌握语义的嵌入层。

让我们重温一下前面提到的预测句子 "a frog has four legs" 这个例子。图 8.2 展示了 LSTM 模型的训练过程。

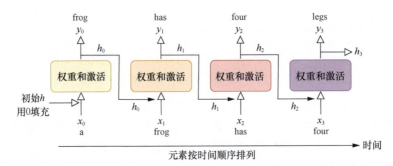

图 8.2　LSTM 模型训练示例。先将训练文本分解为词元，并为每个词元分配一个唯一整数，这样就以索引序列的形式创建了文本的数字表示。然后将这个长序列划分为等长的短序列。这些序列构成模型的特征（x 变量）。然后，通过将输入序列向右移动一个词元的方式来生成输出 y。这种设置使 LSTM 模型能够根据序列中的上一个词元预测下一个词元

在第一个时间步中，模型使用单词 "a" 来预测单词 "frog"。由于 "a" 前面没有单词，因此，将隐藏状态初始化为零。LSTM 模型接收 "a" 的索引和初始隐藏状态作为输入，输出预测的下一个单词和更新的隐藏状态 h_0。在随后的时间步中，单词 "frog" 和更新的隐藏状态 h_0 被用来预测 "has"，并生成新的隐藏状态 h_1。这个预测下一个单词并更新隐藏状态的序列操作会一直持续，直到模型预测出句子的最后一个单词 "legs"。

随后，预测与句子中真实存在的下一个单词进行比较。由于模型实际上是从词汇表中所有可能的词元中预测下一个词元，因此，这里还存在一个多类别分类问题。我们在每次迭代中调整模型参数，以最小化交叉熵损失，借此在下一次迭代中让模型的预测更接近训练数据中的实际输出结果。

模型训练好后，生成文本的第一步是向模型输入一个种子序列。模型预测下一个词元，然后将预测的这个词元添加到序列中。这种预测和序列更新的迭代过程会不断重复，以生成所需文本。

8.2　自然语言处理（NLP）的基本原理

深度学习模型，包括前面讨论的 LSTM 模型和下文将要涉及的 Transformer，均无法直接处理原始文本，因为它们的设计目的是处理数值数据，而这通常是指向量或矩阵形式的数据。神经网络的处理和学习能力基于加法、乘法和激活函数等数学运算，这些运算都需要输入数值。因此，首先必须将文本分解成更小、更易于管理的元素，即词元。这些词元可以是单个字符和单词，也可以是子词。

自然语言处理（NLP）任务的下一个关键步骤是将词元转换为数值表示。为了将内容输入深度神经网络，这种转换是必须的，这是模型训练的基础部分。

本节将讨论不同的词元化方法及其优缺点。此外，我们还将深入了解将词元转换为密集向量

表示的过程，这种方法称为词嵌入。词嵌入对于以深度学习模型能够有效利用的格式捕捉语义非常重要。

8.2.1 词元化方法

词元化是指将文本分割成更小的部分（词元）时所采用的方法。词元可以是单词、字符、符号或其他重要单元。词元化的主要目的是简化文本数据分析和处理过程。

从广义上来看，词元化有 3 种方法。第一种是字符词元化（character tokenization），即按照组成的字符对文本进行分割。这种方法适用于形态结构复杂的语言，如土耳其语或芬兰语，在这些语言中，单词的含义会因字符的细微变化而发生重大改变。以英语短句 "It is unbelievably good!"（难以置信地好！）为例，它可以分割成以下的单个字符：['I', 't', ' ', 'i', 's', ' ', 'u', 'n', 'b', 'e', 'l', 'i', 'e', 'v', 'a', 'b', 'l', 'y', ' ', 'g', 'o', 'o', 'd', '!']。字符词元化的一个关键优势在于，最终产生的唯一词元数量有限，这一限制大幅减少了深度学习模型的参数数量，从而提高了训练速度和效率。然而，其主要缺点是单个字符往往缺乏显著的含义，这使机器学习模型从字符序列中获得有意义的启示成为一项颇具挑战性的工作。

练习8.1

使用字符词元化方法将短句 "Hi, there!" 分割成单个词元。

第二种方法是单词词元化（word tokenization），即将文本分割成单词和标点符号。这种方法常用于唯一单词数量不太多的情况。例如，同一个短句 "It is unbelievably good!" 可以用这种方法分割成 5 个词元：['It', 'is', 'unbelievably', 'good', '!']。这种方法的主要优势在于每个单词本身具有语义，使模型能更直接地理解文本。然而，缺点在于唯一词元的数量会激增，从而增加了深度学习模型的参数数量，并导致训练过程更慢、效率更低。

练习8.2

使用单词词元化方法将短句 "Hi, how are you?" 分割成单个词元。

第三种方法是子词词元化（subword tokenization）。这种方法是 NLP 中的一个重要概念，它会将文本分割成一种更小但依然有意义的组件，这种组件叫作子词（subword）。例如，短句 "It is unbelievably good!" 可以分割成 ['It', 'is', 'un', 'believ', 'ably', 'good', '!'] 这样的词元。包括 ChatGPT 在内的大多数高级语言模型都使用子词词元化方法，在接下来的几章中我们也将用到这种方法。子词词元化在通常将文本分割成单个单词或字符的传统词元化方法之间取得了一种平衡：单词词元化虽然能捕捉到更多含义，但却会导致词汇表增大；字符词元化方法可缩小词汇表，但每个词元所包含的语义价值也随之降低。

子词词元化可有效缓解这些问题，因为它可以将常用词完整保留在词汇表中，同时将不常用或较复杂的词分割成子词。这种技术对于词汇量大或词形变化大的语言尤其有利。通过采用子词词元化技术，整体词汇量将大幅减少，这有助于提高语言处理任务的效率和效果，尤其是在处理各种语言结构时。

本章将重点介绍单词词元化方法，因为它为初学者提供了一种简单明了的基础。在后续章节中，我们会把注意力转移到子词词元化，并会用到通过这种方式训练好的模型。子词词元化方法使我们能专注于更高级的话题，如理解 Transformer 架构和探索注意力机制的内部运作。

8.2.2 词嵌入方法

词嵌入是一种将词元转换为紧凑向量表示的方法，它可以捕捉词元的语义信息和相互关系。这项技术在 NLP 中至关重要，毕竟深度神经网络（包括 LSTM 和 Transformer 等模型）需要输入数值形式的数据。

传统上，在将词元输入 NLP 模型前，会使用独热编码将其转换为数字。在独热编码中，每个词元由一个向量表示，其中只有一个元素是"1"，其余元素均为"0"。例如，在本章中，小说 *Anna Karenina* 的文本有 12778 个基于单词的唯一词元。每个词元由一个包含 12778 个维度的向量表示。因此，像 "happy families are all alike"（幸福的家庭都是相似的）这样的短句就可以用一个 5×12778 的矩阵来表示，其中 5 代表词元的数量。然而，由于维数大，这种表示方法的效率非常低，参数数量激增，会影响训练速度和效率。

LSTM、Transformer 和其他高级 NLP 模型通过词嵌入解决了效率低下的问题。词嵌入使用连续的低维向量（如本章中使用的 128 值的向量），而非笨重的独热向量。因此，"happy families are all alike"这一短语在词嵌入后可以用一个更紧凑的 5×128 的矩阵来表示。这种精简的表示方法大幅降低了模型复杂性，提高了训练效率。

词嵌入不仅能通过将单词压缩到低维空间来降低单词的复杂性，还能有效捕捉单词之间的上下文和错综复杂的语义关系。而独热编码等简单表示缺乏这种能力，原因在于：在独热编码中，所有词元在向量空间中的距离相同，而在词嵌入中，具有相似含义的词元由嵌入空间中相互接近的向量表示。从训练数据的文本中学习词嵌入，由此产生的向量捕捉了上下文信息。出现在相似上下文中的词元会有相似的嵌入，即使它们之间并没有明确的关联。

词嵌入在NLP中的应用

词嵌入是一种在 NLP 中表示词元的强大方法，在捕捉词与词之间上下文和语义关系等方面，它比传统的独热编码具有显著优势。

独热编码会将词元表示为稀疏向量，其维度等于词汇表的大小，每个词元都由一个向量表示，该向量除了在词元对应的索引位有一个"1"外，其余全为"0"。相比之下，词嵌入将词元表示为维度更低的稠密向量（如本章的 128 维向量和第 12 章的 256 维向量）。这种密集表示更高效，能捕捉到更多信息。

具体来说，在独热编码中，所有词元在向量空间中的相互距离相等，这意味着词元之间没有相似性这一概念。然而，在词嵌入中，相似的词元由嵌入空间中相互接近的向量表示。例如，"king"（国王）和"queen"（王后）这两个单词就有相似的嵌入，这反映了它们之间的语义关系。

词嵌入是从训练数据的文本中学习的。嵌入过程利用词元出现的上下文来学习它们的嵌入，这意味着生成的向量捕捉了上下文信息。出现在相似上下文中的词元会有相似的嵌入，即使它们之间并没有明确的关联。

总的来说，词嵌入提供了一种更细致、更高效的词语表示方法，可以捕捉语义关系和上下文信息，因此与独热编码相比，词嵌入更适合 NLP 任务。

在实际应用，尤其是在 PyTorch 等框架中，词嵌入的实现方式是让索引通过一个线性层，将其压缩到一个低维空间中。也就是说，当我们向 nn.Embedding() 层传递一个索引时，该层会查找嵌入矩阵中相应的行，并返回该索引的嵌入向量，从而避免创建出非常大的独热向量。该嵌入层的权重不是预定义的，而是在训练过程中学习的。这种学习方式使模型能根据训练数据完善其对词语语义的理解，从而在神经网络中对语言进行更细致入微、更能感知上下文的表示。这种方法大幅提高了模型的能力，让模型能够高效地、有意识地处理和解释语言数据。

8.3 准备数据以训练 LSTM 模型

本节将处理文本数据，为训练做好准备。首先将文本分割为单个词元。随后将创建一个词典，为每个词元分配一个索引，本质上这是在将词元映射为整数。完成这些设置后，我们将把这些词元整理成多个批次的训练数据，后续章节会用这些数据训练 LSTM 模型。

为了让读者全面了解词元化功能，我们将以详细、循序渐进的方式介绍词元化过程。我们将使用单词词元化方法，因为单词词元化可以简单地将文本划分为单词。相比之下，子词词元化更复杂，需要对语言结构有细致入微的把握。在后续章节，我们会使用预先训练好的词元化程序，利用更复杂的方法进行子词词元化。这样，我们就可以更专注于注意力机制和 Transformer 架构等高级主题，而无须在文本处理的初始阶段陷入困境。

8.3.1 下载并清理文本

我们将使用小说 *Anna Karenina* 的文本来训练模型。登录异步社区图书详情页，在配套资源中的 /files/ 文件夹中找到相应的文本文件 anna.txt，下载并将其保存在计算机的 /files/ 文件夹中。

首先，加载数据并输出一些段落，以便对数据集有所了解：

```
with open("files/anna.txt","r") as f:
    text=f.read()
words=text.split(" ")
print(words[:20])
```

输出如下：

```
['Chapter', '1\n\nHappy', 'families', 'are', 'all', 'alike;', 'every',
 'unhappy', 'family', 'is', 'unhappy', 'in', 'its',
'own\nway.\n\nEverything', 'was', 'in', 'confusion', 'in', 'the',
"Oblonskys'"]
```

可以看到，换行符（用"\n"表示）被视为文本的一部分。因此，我们应该用空格替换这些换行符，这样它们就不会出现在词汇表中了。此外，在我们的设置中，将所有单词转换为小写也很有用，因为这可以确保"The"和"the"这样的单词被识别为相同的词元。这一步对于减少唯一词元的数量很重要，进而有助于提高训练效率。此外，标点符号应与其后面的单词间隔开。如果没有这种间隔，"way."和"way"就会被错误地视为不同的词元。为解决这些问题，我们将按以下方法清理文本：

```
clean_text=text.lower().replace("\n", " ")      ❶
clean_text=clean_text.replace("-", " ")         ❷
for x in ",.:;?!$()/_&%*@'`":
    clean_text=clean_text.replace(f"{x}", f" {x} ")
clean_text=clean_text.replace('"', ' " ')       ❸
text=clean_text.split()
```

❶ # 将换行符替换为空格

❷ # 用连字符替换为空格
❸ # 在标点符号和特殊字符前后添加空格

接下来，按如下方法获得唯一词元：

```
from collections import Counter
word_counts = Counter(text)
words=sorted(word_counts, key=word_counts.get,
                    reverse=True)
print(words[:10])
```

words列表包含文本中所有的唯一词元，出现频率最高的词元位于列表最前面，出现频率越低的词元越靠后。上述代码的输出如下：

[',', '.', 'the', '"', 'and', 'to', 'of', 'he', "'", 'a']

这个输出显示了出现频率最高的10个词元。逗号（,）和句号（.）分别是出现频率第一高和第二高的词元。单词"the"是出现频率第三高的词元，以此类推。

接着创建两个词典：一个将词元映射到索引，另一个将索引映射到词元。代码如清单8.1所示。

清单8.1 将词元映射到索引和将索引映射到词元的词典

```
text_length=len(text)           ❶
num_unique_words=len(words)     ❷
print(f"the text contains {text_length} words")
print(f"there are {num_unique_words} unique tokens")
word_to_int={v:k for k,v in enumerate(words)}   ❸
int_to_word={k:v for k,v in enumerate(words)}   ❹
print({k:v for k,v in word_to_int.items() if k in words[:10]})
print({k:v for k,v in int_to_word.items() if v in words[:10]})
```

❶ # 文本长度（文本包含的词元数）
❷ # 唯一词元长度
❸ # 将词元映射到索引
❹ # 将索引映射到词元

上述代码的输出如下：

```
the text contains 437098 words
there are 12778 unique tokens
{',': 0, '.': 1, 'the': 2, '"': 3, 'and': 4, 'to': 5, 'of': 6, 'he': 7,
 "'": 8, 'a': 9}
{0: ',', 1: '.', 2: 'the', 3: '"', 4: 'and', 5: 'to', 6: 'of', 7: 'he',
 8: "'", 9: 'a'}
```

小说*Anna Karenina*的文本共有437098个词元，其中有12778个唯一词元。词典word_to_int为每个唯一词元分配一个索引。例如，逗号（,）索引为0，句号（.）索引为1。词典int_to_word可将索引重新转换回词元。例如，索引2被转换回词元"the"，索引4被转换回词元"and"，以此类推。

最后，将整个文本转换为索引：

```
print(text[0:20])
wordidx=[word_to_int[w] for w in text]
print([word_to_int[w] for w in text[0:20]])
```

输出如下：

```
['chapter', '1', 'happy', 'families', 'are', 'all', 'alike', ';', 'every',
 'unhappy', 'family', 'is', 'unhappy', 'in', 'its', 'own', 'way', '.',
 'everything', 'was']
[208, 670, 283, 3024, 82, 31, 2461, 35, 202, 690, 365, 38, 690, 10, 234,
```

147, 166, 1, 149, 12]

我们将文本中的所有词元转换为相应的索引,并将其保存在一个列表 wordidx 中。上述输出显示了文本中的前20个词元及其相应的索引。例如,文本中第一个词元为"chapter",索引值为208。

> **练习8.3**
>
> 找出词元"anna"在词典 word_to_int 中的索引值。

8.3.2 创建多批训练数据

接下来,我们创建一对 (x, y) 用于训练。每个 x 是一个有 100 个索引的序列。选择"100"这个数字并没有什么特殊之处,将其改为 90 或 110 也能得到类似结果。该数字设置得太大可能会减慢训练速度,而设置得太小可能导致模型无法捕捉到长程依赖关系。随后,将窗口向右移动一个词元,并将其作为目标 y。在序列生成过程中,将序列向右移动一个词元并将其作为输出,这是训练语言模型(包括 Transformer)的常用技术。创建训练数据的代码如清单 8.2 所示。

清单 8.2 创建训练数据

```
import torch
seq_len=100        ❶
xys=[]
for n in range(0, len(wordidx)-seq_len-1):    ❷
    x = wordidx[n:n+seq_len]         ❸
    y = wordidx[n+1:n+seq_len+1]     ❹
    xys.append((torch.tensor(x),(torch.tensor(y))))
```

❶ # 每个输入包含 100 个索引
❷ # 从文本中的第一个词元开始,一次向右移动 1 个词元
❸ # 定义输入 x
❹ # 将输入 x 向右移动一个词元,并将其用作输出 y

通过将序列向右移动一个词元,并将其用作输出,可以训练模型根据前面的词元预测下一个词元。例如,如果输入序列是"how are you",那么移动后的序列就是"are you today"。在训练过程中,模型会学习当看到"how"后预测"are",当看到"are"后预测"you",以此类推。这有助于模型学习序列中下一个词元的概率分布。在本书后面的内容中,我们将反复看到这种做法。

创建多批用于训练的数据,每批有 32 对 (x, y) 数据:

```
from torch.utils.data import DataLoader

torch.manual_seed(42)
batch_size=32
loader = DataLoader(xys, batch_size=batch_size, shuffle=True)
```

这样,我们就有了训练数据集。接下来创建一个 LSTM 模型,并用刚处理过的数据对其进行训练。

8.4 构建并训练 LSTM 模型

本节将首先使用 PyTorch 内置的 LSTM 层构建一个 LSTM 模型。该模型将从词嵌入层开始,

将每个索引转换为 128 维密集向量。我们的训练数据在输入 LSTM 层之前，会先经过这个嵌入层。LSTM 层的设计目的是按顺序处理序列中的元素。在 LSTM 层之后，数据将进入一个线性层，该层的输出大小与词汇表的大小相匹配。LSTM 模型生成的输出其实是对数单位（logits），可充当 softmax 函数计算概率时所需的输入。

构建 LSTM 模型后，下一步就是使用训练数据来训练模型。这一训练阶段对于提高模型的能力很重要，有助于模型更好地理解和生成与输入数据一致的模式。

8.4.1 构建 LSTM 模型

在清单 8.3 中，我们定义了一个 WordLSTM() 类。该类可用作 LSTM 模型，随后可用于训练生成 *Anna Karenina* 写作风格的文本。

清单 8.3 定义 WordLSTM() 类

```
from torch import nn
device="cuda" if torch.cuda.is_available() else "cpu"
class WordLSTM(nn.Module):
    def __init__(self, input_size=128, n_embed=128,
            n_layers=3, drop_prob=0.2):
        super().__init__()
        self.input_size=input_size
        self.drop_prob = drop_prob
        self.n_layers = n_layers
        self.n_embed = n_embed
        vocab_size=len(word_to_int)
        self.embedding=nn.Embedding(vocab_size,n_embed)      ❶
        self.lstm = nn.LSTM(input_size=self.input_size,
            hidden_size=self.n_embed,
            num_layers=self.n_layers,
            dropout=self.drop_prob,batch_first=True)         ❷
        self.fc = nn.Linear(input_size, vocab_size)

    def forward(self, x, hc):
        embed=self.embedding(x)
        x, hc = self.lstm(embed, hc)                         ❸
        x = self.fc(x)
        return x, hc

    def init_hidden(self, n_seqs):                           ❹
        weight = next(self.parameters()).data
        return (weight.new(self.n_layers,
                    n_seqs, self.n_embed).zero_(),
                weight.new(self.n_layers,
                    n_seqs, self.n_embed).zero_())
```

❶ # 训练数据先通过一个嵌入层
❷ # 用 PyTorch 的 LSTM() 类创建一个 LSTM 层
❸ # 在每个时间步中，LSTM 层使用当前词元和上一个隐藏状态来预测下一个词元和下一个隐藏状态
❹ # 为输入序列中的第一个词元初始化隐藏状态

上述 WordLSTM() 类有 3 层：词嵌入层、LSTM 层和最后的线性层。我们将参数 n_layers 的值设置为 3，这意味着 LSTM 层会将 3 个 LSTM 叠在一起，形成一个堆叠的 LSTM，其中最后两个 LSTM 会将上一个 LSTM 的输出作为输入。当模型使用序列中的第一个元素进行预测时，init_hidden() 方法会将隐藏状态填充为 "0"。在每个时间步中，输入是当前词元和上一个隐藏状态，而输出是下一个词元和下一个隐藏状态。

torch.nn.Embedding() 类的工作原理

PyTorch 中的 torch.nn.Embedding() 类可用于在神经网络中创建嵌入层。嵌入层是一个可训练的查找表，它能将整数索引映射到密集的、连续的向量表示（嵌入）。

创建 torch.nn.Embedding() 实例时需要指定两个主要参数：num_embeddings，即词汇表的大小（唯一词元的总数）；embedding_dim，即每个嵌入向量的大小（输出嵌入的维度）。

在内部，该类会创建一个形状为 (num_embeddings, embedding_dim) 的矩阵（查找表），其中每一行对应特定索引的嵌入向量。最初，这些嵌入是随机初始化的，但在训练过程中会通过反向传播进行学习和更新。

当我们（在网络的前向传递过程中）将索引张量传递给嵌入层时，嵌入层会在查找表中查找相应的嵌入向量并返回查找结果。

创建一个 WordLSTM() 类的实例，并将其用作 LSTM 模型，如下所示：

```
model=WordLSTM().to(device)
```

创建 LSTM 模型时，权重是随机初始化的。当使用 (x, y) 对来训练模型时，LSTM 通过调整模型参数，学习根据序列中之前的所有词元来预测下一个词元。如图 8.2 所示，LSTM 根据当前词元和当前隐藏状态（之前的所有词元的信息摘要）来预测下一个词元和下一个隐藏状态。

我们使用学习率为 0.0001 的 Adam 优化器。损失函数是交叉熵损失，因为这本质上是一个多类别分类问题：模型试图从一个有 12778 个选项的词典中预测下一个词元：

```
lr=0.0001
optimizer = torch.optim.Adam(model.parameters(), lr=lr)
loss_func = nn.CrossEntropyLoss()
```

至此，LSTM 模型已经构建好了，我们将使用之前准备的训练数据对模型进行训练。

8.4.2 训练 LSTM 模型

在每个训练轮次中，都要处理训练集中 (x, y) 的所有批次。LSTM 模型接收输入序列 x，并生成预测输出序列 $\hat{y}$。我们将预测结果与实际输出序列 y 进行比较，以计算交叉熵损失，因为这里主要是进行多类别分类。然后，调整模型参数以减少损失，就像在第 2 章中对服装进行分类时所做的那样。

虽然可以将数据分为训练集和验证集，并训练模型直到在验证集上看不到进一步的改进（正如在第 2 章中所做的），但这里的主要目的是掌握 LSTM 模型功能，不一定要实现最佳的参数调整。因此，我们对模型进行 50 个轮次的训练。代码如清单 8.4 所示。

清单 8.4　训练 LSTM 模型生成文本

```
model.train()

for epoch in range(50):
    tloss=0
    sh,sc = model.init_hidden(batch_size)
    for i, (x,y) in enumerate(loader):        ❶
        if x.shape[0]==batch_size:
            inputs, targets = x.to(device), y.to(device)
            optimizer.zero_grad()
            output, (sh,sc) = model(inputs, (sh,sc))     ❷
```

```
                    loss = loss_func(output.transpose(1,2),targets)    ❸
                    sh,sc=sh.detach(),sc.detach()
                    loss.backward()
                    nn.utils.clip_grad_norm_(model.parameters(), 5)
                    optimizer.step()          ❹
                    tloss+=loss.item()
                if (i+1)%1000==0:
                    print(f"at epoch {epoch} iteration {i+1}\
                    average loss = {tloss/(i+1)}")
```

❶ # 迭代训练数据中 (*x*, *y*) 的所有批次
❷ # 使用模型预测输出序列
❸ # 将预测结果与实际输出进行比较并计算损失
❹ # 调整模型参数，以最小化损失

在上述代码中，sh 和 sc 共同构成了隐藏状态。其中，单元状态 sc 就像一条在多个时间步中传递信息的传送带，每个时间步都会添加或删除信息。sh 是 LSTM 单元在特定时间步中的输出，它包含与当前输入相关的信息，并将信息传递给序列中下一个 LSTM 单元。

如果使用支持 CUDA 的 GPU，该训练大约需要 6 小时。如果只使用 CPU，训练可能需要一两天时间，具体取决于硬件配置。

接下来，将训练好的模型权重保存到本地文件夹中：

```
import pickle

torch.save(model.state_dict(),"files/wordLSTM.pth")
with open("files/word_to_int.p","wb") as fb:
    pickle.dump(word_to_int, fb)
```

词典 word_to_int 也会保存在计算机中，这是一个实用步骤，可供我们使用训练好的模型生成文本，而无须重复进行词元化过程。

8.5 使用训练好的 LSTM 模型生成文本

至此，我们已经有了一个训练好的 LSTM 模型，本节将学习如何用它来生成文本。我们的目标是了解训练好的模型能否根据之前的词元迭代预测下一个词元，从而生成语法正确且连贯的文本。我们还将学习使用温度和 top-K 采样来控制所生成文本的创造性。

在使用训练好的 LSTM 模型生成文本时，先将提示词（prompt）作为模型的初始输入。我们使用训练好的模型预测下一个词元最有可能是什么。将下一个词元添加到提示词后，将新序列输入模型，再次预测下一个词元。重复这一过程，直到序列达到一定长度。

8.5.1 通过预测下一个词元来生成文本

首先，从本地文件夹加载训练好的模型权重和词典 word_to_int，如下所示：
```
model.load_state_dict(torch.load("files/wordLSTM.pth",
                                 map_location=device))
with open("files/word_to_int.p","rb") as fb:
    word_to_int = pickle.load(fb)
int_to_word={v:k for k,v in word_to_int.items()}
```

本书的配套资源中提供了 word_to_int.p 文件。切换词典 word_to_int 中键和值的位置，创建词典 int_to_word。

要使用训练好的 LSTM 模型生成文本，首先需要一个提示词作为生成文本的起点。将默认提

8.5 使用训练好的 LSTM 模型生成文本

示词设为"Anna and the"。确定何时应该停止的一种简单方法是将生成的文本限制为一定长度，如 200 个词元。一旦达到所需长度，就要求模型停止生成。

清单 8.5 定义了一个 sample() 函数，该函数用于根据提示生成文本。

清单 8.5　用于生成文本的 sample() 函数

```
import numpy as np
def sample(model, prompt, length=200):
    model.eval()
    text = prompt.lower().split(' ')
    hc = model.init_hidden(1)
    length = length - len(text)           ❶
    for i in range(0, length):
        if len(text)<= seq_len:
            x = torch.tensor([[word_to_int[w] for w in text]])
        else:
            x = torch.tensor([[word_to_int[w] for w \
in text[-seq_len:]]])                     ❷
        inputs = x.to(device)
        output, hc = model(inputs, hc)    ❸
        logits = output[0][-1]
        p = nn.functional.softmax(logits, dim=0).detach().cpu().numpy()
        idx = np.random.choice(len(logits), p=p)    ❹
        text.append(int_to_word[idx])     ❺
    text=" ".join(text)
    for m in ",.:;?!$()/_&%*@`":
        text=text.replace(f" {m}", f"{m} ")
    text=text.replace('" ', '"')
    text=text.replace("' ", "'")
    text=text.replace(' "', '"')
    text=text.replace(" '", "'")
    return text
```

❶ # 确定需要生成多少个词元
❷ # 输入是当前序列，如果长度超过 100 个词元，则进行截断
❸ # 用训练好的模型进行预测
❹ # 根据预测的概率选择下一个词元
❺ # 将预测的下一个词元添加到序列中并重复上述过程

函数 sample() 接收 3 个参数。第一个参数是要使用的训练好的 LSTM 模型。第二个参数是用于生成文本的初始提示词，这可以是任意长度的短语，需要用引号括起来。第三个参数指定要生成的文本长度，以词元为单位，默认值为 200 个词元。

该函数先从所需的总长度中扣除提示词的词元数，以确定需要生成的词元数。在生成下一个词元时，会考虑当前序列长度。如果长度小于 100 个词元，就将整个序列输入模型；如果长度超过 100 个词元，则只将序列的最后 100 个词元输入模型。然后将输入内容提供给训练好的 LSTM 模型，以预测后续词元，并将预测出的词元添加到当前序列中。这一过程将持续进行，直到序列达到所需的长度。

在生成下一个词元时，模型会使用 NumPy 中的 random.choice(len(logits), p=p) 方法。在这里，该方法的第一个参数表示选择范围，在本例中是 len(logits)=12778。这表示模型将在 0 到 12777 之间随机选择一个整数，每个整数对应词汇表中的一个词元。第二个参数 p 是一个包含 12778 个元素的数组，每个元素表示从词汇表中选择相应词元的概率。数组中概率越高的词元被选中的可能性就越大。

让我们以"Anna and the prince"为提示词，用这个模型生成一个段落（使用自己的提示词时，务必在标点符号前加一个空格）：

```
torch.manual_seed(42)
np.random.seed(42)
print(sample(model, prompt='Anna and the prince'))
```

在 PyTorch 和 NumPy 中，都将随机种子数固定为 42，这也便于读者重现该结果。生成的段落内容如下：

```
anna and the prince did not forget what he had not spoken. when the softening bar-
rier was not so long as he had talked to his brother, all the hopelessness of the
impression. "official tail, a man who had tried him, though he had been able to get
across his charge and locked close, and the light round the snow was in the light
of the altar villa. the article in law levin was first more precious than it was to
him so that if it was most easy as it would be as the same. this was now perfect-
ly interested. when he had got up close out into the sledge, but it was locked in
the light window with their one grass, and in the band of the leaves of his proj-
ects, and all the same stupid woman, and really, and i swung his arms round
that thinking of bed. a little box with the two boys were with the point of a gleam
of filling the boy, noiselessly signed the bottom of his mouth, and answering them
took the red
```

读者可能注意到了，生成的文本完全是小写字母。这是因为在文本处理阶段，为了尽量减少唯一词元的数量，我们已将所有大写字母都转换为小写字母。

通过 6 小时的训练，生成的文本令人印象深刻！大多数句子都符合语法规范。虽然在复杂程度方面可能无法与 ChatGPT 等高级系统生成的文本相比，但也是一项重大成就。有了本练习中掌握的技能，读者就可以在后续章节中深入训练更高级的文本生成模型了。

8.5.2 文本生成中的温度和 top-K 采样

生成文本的创造性可以通过使用温度（temperature）和 top-K 采样等技术来控制。

在选择下一个词元前，温度会调整分配给每个潜在词元的概率分布。温度值可有效缩放 logits，而这个 logits 会作为输入提供给计算概率的 softmax 函数。logits 是 LSTM 模型在应用 softmax 函数前的输出。

在刚才定义的 sample() 函数中，我们没有调整 logits，这意味着默认温度为 1。较低的温度（低于 1，如 0.8）会导致较少的变化，从而使模型更加确定和保守，倾向于选择可能性更高的词元；相反，更高的温度（高于 1，如 1.5）使模型在生成文本时更倾向于选择可能性更低的词元，从而产生更多变化和创造性的输出。不过，这也可能使文本的连贯性或相关性降低，因为模型可能会选择可能性较低的词元。

top-K 采样也能影响输出。这种方法从模型预测的 K 个最有可能的选项中选择下一个词元。概率分布会被截断，只保留前 K 个词元。如果 K 值较小（如 5），模型的选择就会局限于少数几个可能性较高的词元，从而使输出更具可预测性和连贯性，但可能会降低多样性和趣味性。我们之前定义的 sample() 函数没有应用 top-K 采样，因此 K 值实际上就是词汇表的大小（本例中也就是 12778）。

下面，我们将引入一个用于生成文本的新函数 generate()。该函数与 sample() 函数类似，但增加了两个参数：temperature 和 top_k，从而可以对所生成文本的创造性和随机性进行更多控制。定义函数 generate() 的代码如清单 8.6 所示。

清单 8.6 使用温度和 top-K 采样生成文本

```
def generate(model, prompt , top_k=None,
             length=200, temperature=1):
```

8.5 使用训练好的 LSTM 模型生成文本

```
    model.eval()
    text = prompt.lower().split(' ')
    hc = model.init_hidden(1)
    length = length - len(text)
    for i in range(0, length):
        if len(text)<= seq_len:
            x = torch.tensor([[word_to_int[w] for w in text]])
        else:
            x = torch.tensor([[word_to_int[w] for w in text[-seq_len:]]])
        inputs = x.to(device)
        output, hc = model(inputs, hc)
        logits = output[0][-1]
        logits = logits/temperature        ❶
        p = nn.functional.softmax(logits, dim=0).detach().cpu()
        if top_k is None:
            idx = np.random.choice(len(logits), p=p.numpy())
        else:
            ps, tops = p.topk(top_k)        ❷
            ps=ps/ps.sum()
            idx = np.random.choice(tops, p=ps.numpy())    ❸
        text.append(int_to_word[idx])

    text=" ".join(text)
    for m in ",.:;?!$()/_&%*@'`":
        text=text.replace(f" {m}", f"{m} ")
    text=text.replace('" ', '"')
    text=text.replace("' ", "'")
    text=text.replace('" ', '"')
    text=text.replace("' ", "'")
    return text
```

❶ # 用温度对 logits 进行缩放
❷ # 只保留概率最高的 K 个候选项
❸ # 从前 K 个候选项中选择下一个词元

与 sample() 函数相比,新函数 generate() 多了两个可选参数:top_k 和 temperature。默认情况下,top_k 设置为 None,temperature 设置为 1。因此,如果不指定这两个参数就直接调用 generate() 函数,输出将与 sample() 函数的输出相同。

让我们通过创建一个词元来展示所生成文本的变化。为此,我们将使用 "I'm not going to see" 作为提示词(注意撇号前的空格,就像本章之前的做法一样)。调用 generate() 函数 10 次,将其长度参数设置为比提示词长度多 1。这种方法可以确保函数只向提示词末尾追加一个额外的词元,如下所示:

```
prompt="I ' m not going to see"
torch.manual_seed(42)
np.random.seed(42)
for _ in range(10):
    print(generate(model, prompt, top_k=None,
        length=len(prompt.split(" "))+1, temperature=1))
```

输出如下:

```
i'm not going to see you
i'm not going to see those
i'm not going to see me
i'm not going to see you
i'm not going to see her
i'm not going to see her
i'm not going to see the
i'm not going to see my
i'm not going to see you
```

```
i'm not going to see me
```

在 `top_k=None` 和 `temperature=1` 的默认设置下，输出存在一定程度的重复。例如，"you"这个词元就重复了 3 次。总共只出现了 6 个唯一词元。

不过，在调整这两个参数后，`generate()` 的功能就会扩展。例如，设置一个较低温度（如 0.5）和一个较小的 `top_k`（如 3），生成的文本就会更容易预测，但不那么有创意。

让我们重复一下单一词元的例子。这一次将温度设置为 0.5，`top_k` 设置为 3，如下：

```
prompt="I ' m not going to see"
torch.manual_seed(42)
np.random.seed(42)
for _ in range(10):
    print(generate(model, prompt, top_k=3,
        length=len(prompt.split(" "))+1, temperature=0.5))
```

输出如下：

```
i'm not going to see you
i'm not going to see the
i'm not going to see her
i'm not going to see you
i'm not going to see you
i'm not going to see you
i'm not going to see you
i'm not going to see her
i'm not going to see you
i'm not going to see her
```

输出的变化更少了，10 次尝试中只出现了 3 个唯一词元，即"you""the""her"。

下面，我们用"Anna and the prince"作为初始提示词，将温度设置为 0.5，`top_k` 设置为 3，看看它的实际效果：

```
torch.manual_seed(42)
np.random.seed(42)
print(generate(model, prompt='Anna and the prince',
        top_k=3,
        temperature=0.5))
```

输出如下：

```
anna and the prince had no milk. but, "answered levin, and he stopped. "i've been
skating to look at you all the harrows, and i'm glad. . . ""no, i'm going to
the country. ""no, it's not a nice fellow. ""yes, sir. ""well, what do you think
about it? ""why, what's the matter? ""yes, yes, "answered levin, smiling, and
he went into the hall. "yes, i'll come for him and go away, "he said, looking at
the crumpled front of his shirt. "i have not come to see him, "she said, and she
went out. "i'm very glad, "she said, with a slight bow to the ambassador's hand.
"i'll go to the door. "she looked at her watch, and she did not know what to say
```

练习8.4

将温度设置为 0.6，`top_k` 设置为 10，使用"Anna and the nurse"作为初始提示词生成文本。在 PyTorch 和 NumPy 中都将随机种子数设为 0。

如果选择更高的温度（如 1.5），再加上更高的 `top_k`（如 None，这样即可从整个 12778 个词元中进行选择），输出将会更具创造性，而不那么容易预测。下面，以单个词元为例说明这一点。这一次，将温度设置为 2，`top_k` 设置为 None，如下：

```
prompt="I ' m not going to see"
```

8.5 使用训练好的 LSTM 模型生成文本

```
torch.manual_seed(42)
np.random.seed(42)
for _ in range(10):
    print(generate(model, prompt, top_k=None,
        length=len(prompt.split(" "))+1, temperature=2))
```

输出如下：

```
i'm not going to see them
i'm not going to see scarlatina
i'm not going to see behind
i'm not going to see us
i'm not going to see it
i'm not going to see it
i'm not going to see a
i'm not going to see misery
i'm not going to see another
i'm not going to see seryozha
```

输出几乎没有重复：10 次尝试中有 9 个唯一词元，只有 "it" 重复了。

再次使用 "Anna and the prince" 作为初始提示词，但将温度设置为 2，top_k 设置为 None，看看会发生什么：

```
torch.manual_seed(42)
np.random.seed(42)
print(generate(model, prompt='Anna and the prince',
        top_k=None,
        temperature=2))
```

生成的文本如下：

```
anna and the prince took sheaves covered suddenly people. "pyotr marya borissovna,
propped mihail though her son will seen how much evening her husband; if tomorrow
she liked great time too. "adopted heavens details for it women from this terrible,
admitting this touching all everything ill with flirtation shame consolation altogeth-
er: ivan only all the circle with her honorable carriage in its house dress, bee-
thoven ashamed had the conversations raised mihailov stay of close i taste work? "on
new farming show ivan nothing. hat yesterday if interested understand every hundred
of two with six thousand roubles according to women living over a thousand: snetkov
possibly try disagreeable schools with stake old glory mysterious one have people some
moral conclusion, got down and then their wreath. darya alexandrovna thought in-
wardly peaceful with varenka out of the listen from and understand presented she was
impossible anguish. simply satisfied with staying after presence came where he pushed
up his hand as marya her pretty hands into their quarters. waltz was about the rider
gathered; sviazhsky further alone have an hand paused riding towards an exquisite
```

生成的输出虽然在许多地方缺乏连贯性，但并不重复。

> **练习 8.5**
>
> 将温度设置为 2，top_k 设置为 10000，使用 "Anna and the nurse" 作为初始提示词生成文本。在 PyTorch 和 NumPy 中都将随机种子数设为 0。

在本章中，我们学习了 NLP 的基础技能，包括单词词元化、词嵌入和序列预测。通过这些练习，读者已经掌握了基于单词级的词元化方法构建语言模型，并使用 LSTM 进行文本生成训练。接下来的几章将介绍如何训练 Transformer，即 ChatGPT 等系统中使用的模型类型。这将帮助读者更深入地探索高级文本生成技术。

8.6 小结

- RNN 是人工神经网络的一种特殊形式，旨在识别文本、音乐或股票价格等数据序列中蕴含的模式。与独立处理输入的传统神经网络不同，RNN 内含循环，允许信息持续存在。长短期记忆（LSTM）网络是 RNN 的改进版。
- 词元化方法有 3 种：第一种是字符词元化，会将文本按照组成的字符进行分割；第二种是单词词元化，会将文本按照单词进行分割；第三种是子词词元化，会将单词分割成更小但依然有意义的部分（子词）。
- 词嵌入是一种将词元转换为紧凑向量表示的方法，可捕捉词元的语义信息和相互关系。这项技术在 NLP 中至关重要，毕竟深度神经网络（包括 LSTM 和 Transformer 等模型）需要以数值形式的数据作为输入。
- 温度是影响文本生成模型行为的一个参数。通过在应用 softmax 函数之前缩放 logits（作为计算概率的 softmax 函数的输入）来控制预测的随机性。温度越低，模型的预测越保守，重复性也越高；温度越高，模型的预测重复性越低，创新性越强，从而提升了生成文本的多样性。
- top-K 采样也能影响文本生成模型行为。这种方法从模型预测的 K 个最有可能的选项中选择下一个词元。概率分布会被截断，只保留前 K 个词元。较小的 K 值使输出更具可预测性和连贯性，但可能会降低多样性和趣味性。

第 9 章 实现注意力机制和 Transformer

本章内容

- Transformer 中编码器和解码器的架构与功能
- 注意力机制如何使用查询、键和值为序列中的元素分配权重
- 不同类型的 Transformer
- 从零开始构建语言翻译 Transformer

Transformer 是一种高级的深度学习模型,擅长处理序列到序列的预测难题,且性能优于循环神经网络(RNN)和卷积神经网络(CNN)等老式模型。这些老式模型的优势在于能有效理解输入和输出序列中元素间的长距离关系,例如文本中相距甚远的两个单词。与 RNN 不同,Transformer 能并行训练,从而大幅缩短训练时间并能处理庞大的数据集。这种革新性的架构在 ChatGPT、BERT 和 T5 等大语言模型(LLM)的开发中发挥了关键作用,是人工智能发展的一个重要里程碑。

在谷歌的一组研究人员于 2017 年发表开创性论文"Attention Is All You Need"[1]并提出 Transformer 之前,自然语言处理(NLP)和类似任务主要依赖 RNN,包括长短期记忆(LSTM)模型。然而,RNN 需要按顺序处理信息,由于无法并行训练,其速度受到限制,而且难以保持序列早期部分的信息,因此无法捕捉长期依赖关系。

Transformer 架构的革命之处在于其注意力机制。该机制通过分配权重来评估序列中单词之间的关系,并根据训练数据确定单词之间意义的相关程度。这使得 ChatGPT 等模型能理解单词之间的关系,从而更有效地理解人类语言。对输入的内容进行非顺序处理,使得并行训练成为可能,从而缩短了训练时间,方便大型数据集的使用,这也进一步推动了知识型 LLM 的崛起和当前人工智能技术的突飞猛进。

本章将根据论文"Attention Is All You Need",从零开始深入研究如何构建一个 Transformer。该 Transformer 经过训练后,可以处理任意两种语言之间的翻译(如德语到英语或英语到汉语)。在第 10 章,我们将重点训练本章开发的 Transformer 将英语翻译成法语。

为了从零开始构建 Transformer,我们将探索自注意力机制的内部运作,包括查询、键向量和值向量的作用,以及缩放点积注意力(scaled dot product attention,SDPA)的计算。我们还会通过将层归一化(layer normalization)和残差连接(residual connection)整合到多头注意力层

---

[1] VASWANI A, SHAZEER N, PARMAR N, et al. Attention is all you need[C]//Advances in Neural Information Processing Systems, 2017: 5998-6008.

（multi-head attention layer），并将其与前馈层（feed-forward layer）相结合来构建编码器层，然后将 6 个这样的编码器层堆叠起来形成编码器。同样，我们将在 Transformer 中开发解码器，该解码器可以根据译文中前一个词元和编码器的输出，一次生成一个词元。

以此为基础，我们就可以训练 Transformer 进行任意两种语言对译。在第 10 章中，我们将在一个包含 47000 多个英译法译文的数据集上训练 Transformer。读者将见证训练后的模型将常用英语句子翻译成法语，其准确度可与谷歌翻译媲美。

9.1 注意力机制和 Transformer

要掌握机器学习中的 Transformer 概念，首先必须了解注意力机制。这种机制使得 Transformer 能够识别顺序元素间的长程依赖关系，而这种能力恰恰是 Transformer 有别于早期顺序预测模型（如 RNN）的一个巨大特点。有了这种机制，Transformer 可以同时关注序列中的每个元素，理解每个单词的上下文。

以 "bank" 一词为例，一起看看注意力机制如何根据上下文理解单词。在句子 "I went fishing by the river yesterday, remaining near the bank the whole afternoon"（昨天我去河边钓鱼了，整个下午都在岸边）中，"bank" 一词与 "fishing"（钓鱼）相关，它指的是河边的区域。在这里，Transformer 会将 "bank" 理解为河流地形的一部分。

然而，在 "Kate went to the bank after work yesterday and deposited a check there"（凯特昨天下班后去银行存了一张支票）这句话中，"bank" 与 "check"（支票）相关，Transformer 会将其理解为金融机构。这个例子展示了 Transformer 是如何根据上下文来辨别词义的。

在本节中，我们将深入介绍注意力机制，探索它的工作原理。这一过程对于确定句子中不同词语的重要性或权重至关重要。之后，我们将研究不同 Transformer 模型的结构，包括一个可以任意两种语言对译的模型。

9.1.1 注意力机制

注意力机制是一种用于确定序列中元素之间相互联系的方法。它计算分数来指示序列中某一元素与其他元素的关系，分数越高表示关系越紧密。在 NLP 中，这种机制有助于将句子中的单词有意义地联系起来。本章将指导读者实现语言翻译的注意力机制。

为此，我们将构建一个由编码器和解码器组成的 Transformer。随后在第 10 章中，我们会训练这个 Transformer 将英语翻译成法语。编码器会将英语句子（如 "How are you?"）转换为捕捉其含义的向量表示，然后，解码器使用这些向量表示生成法语译文。

为了将句子 "How are you?" 转换为向量表示，模型先将其拆分为词元 [how, are, you, ?]，这一过程与第 8 章中所做的类似。这些词元分别由一个 256 维的向量表示，这个向量称为词嵌入，它捕捉了每个词元的含义。编码器还采用了位置编码，这是一种确定词元在序列中位置的方法。位置编码会被添加到词嵌入中，从而创建输入嵌入，然后将其用于计算自注意力。"How are you?" 的输入嵌入形成了一个维数为 (4, 256) 的张量，其中 4 表示词元的数量，256 是每个嵌入的维数。

虽然计算注意力的方法多种多样，但我们将使用最常用的方法：缩放点积注意力（SDPA）。这种机制也称为自注意力机制，因为这类算法计算的是一个单词如何注意到序列中的所有单词，包括它自身。图 9.1 展示了计算 SDPA 的自注意力机制。

9.1 注意力机制和 Transformer

利用查询、键和值来计算注意力的灵感来自检索系统。假设要在公共图书馆找一本书。如果在图书馆的搜索引擎中搜索"金融领域的机器学习",这个短语就成了我们的查询。图书馆中的书名和描述是键。根据查询和这些键之间的相似性,图书馆的检索系统会提供一个图书列表(值)。书名或描述中包含"机器学习""金融"或同时包含这两者的书可能排名靠前,相反与这些术语无关的书会获得较低的分数,因此被推荐的可能性较小。

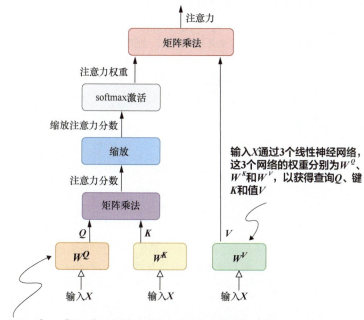

图 9.1 计算 SDPA 的自注意力机制示意。为了计算注意力,输入嵌入 X 首先要通过 3 个神经网络层,其权重分别为 W^Q、W^K 和 W^V。输出为查询 Q、键 K 和值 V。Q 和 K 的点积除以 K 的维度 d_k 的平方根得到缩放注意力分数。对缩放注意力分数应用 softmax 函数,获得注意力权重。注意力权重与值 V 的点积就是最终的注意力

要计算 SDPA,输入嵌入 X 通过 3 个不同的神经网络层进行处理。这些层的相应权重为 W^Q、W^K 和 W^V,每个权重的维度为 256×256。这些权重是在训练阶段从数据中学到的。因此,我们可以按 $Q = X * W^Q$、$K = X * W^K$ 和 $V = X * W^V$ 分别计算查询 Q、键 K 和值 V。Q、K 和 V 的维度与输入嵌入 X 的维度一致,即 4×256。

与上文提到的检索系统示例类似,在注意力机制中,我们使用 SDPA 方法来评估查询向量和键向量之间的相似性。SDPA 计算查询向量(Q)和键向量(K)的点积。点积值大表示两个向量间有很强的相似性,反之同理。例如,在"How are you?"这个句子中,缩放注意力分数的计算方式见式(9.1)。

$$\text{attentionScore}(Q, K) = \frac{QK^\text{T}}{\sqrt{d_k}} \quad (9.1)$$

其中,d_k 表示键向量 K 的维度,在本例中的取值为 256。为了稳定训练,我们用 d_k 的平方根对 Q 和 K 的点积进行缩放。这种缩放是为了防止点积的量级过大。当这些向量的维度(嵌入深度)很高时,查询向量和键向量之间的点积可能会变得非常大。这是因为查询向量的每个元素都要乘以键向量的每个元素,然后将这些乘积相加。

下一步是对这些注意力分数应用 softmax 函数，将其转换为注意力权重。这样可以确保一个单词对句子中所有单词的总注意力等于 100%。

图 9.2 展示了这一过程。在句子 "How are you?" 中，注意力权重构成了一个 4×4 矩阵，它显示了 ['How', 'are', 'you', '?'] 中每个词元与所有词元（包括它自身）的关系。图 9.2 中的数字是为了说明问题而编造的。例如，注意力权重的第一行显示，词元 "How" 的注意力有 10% 给了自己，另有 40%、40% 和 10% 分别给了其他 3 个词元。

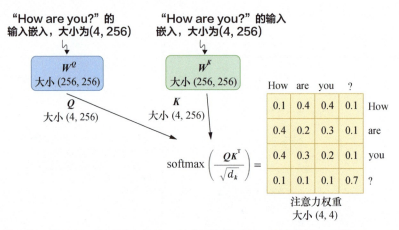

图 9.2　计算注意力权重的步骤。输入嵌入通过两个神经网络处理后得到查询 Q 和键 K。Q 和 K 的点积除以 K 的维度的平方根得到缩放注意力分数。最后对缩放注意力分数应用 softmax 函数得到注意力权重，该权重体现了每个元素与序列中所有元素的关系

随后用这些注意力权重和值向量 V 的点积计算出最终的注意力，过程如图 9.3 所示。

$$\text{attention}(Q, K, V) = \text{softmax}\left(\frac{QK^{\text{T}}}{\sqrt{d_k}}\right)V \tag{9.2}$$

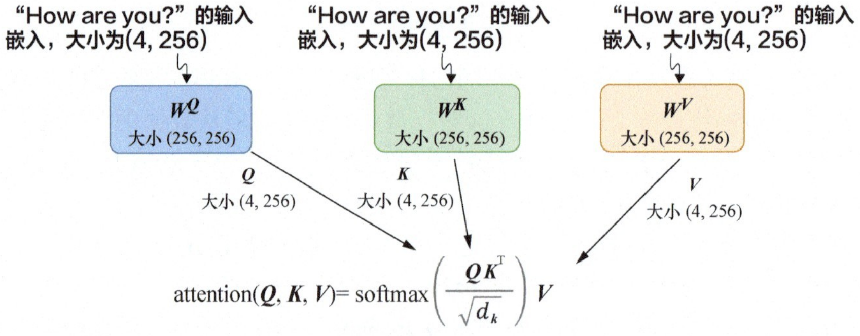

图 9.3　使用注意力权重和值向量计算注意力向量。输入嵌入通过神经网络处理得到值 V。最终的注意力则是之前计算的注意力权重和值向量 V 的点积

上述输出也保持了 4×256 的维度，与输入维度一致。

概括地说，处理过程始于句子 "How are you?" 的输入嵌入 X，其维度为 4×256。该嵌入捕捉了 4 个单独词元的含义，但缺乏对上下文的理解。注意力机制以输出 attention(Q, K, V) 而告终，其维度仍为 4×256。这个输出可以看作最初 4 个词元的上下文不同的组合。原始词元的权重根据每个词元的上下文相关性而异，在句子上下文中重要性更高的词元，其权重也更高。通过这一过程，注意力机制可将代表孤立词元的向量转换为包含上下文含义的向量，从而从句子中提

取出更丰富、更细致的理解。

此外，Transformer 模型并不是使用一组查询向量、键向量和值向量，而是使用了一种称为多头注意力的概念。例如，256 维的查询向量、键向量和值向量可以分成 8 个头，每个头有一组 32 维（因为 256/8=32）的查询向量、键向量和值向量。每个头关注输入数据的不同部分或方面，从而使模型能捕捉到更广泛的信息，并对输入数据形成更详细、更契合上下文的理解。当一个单词在句子中具有多重含义时（如双关语），多头注意力就特别有用了。继续看看上文提到的"bank"这个例子。有这样一个双关笑话：Why is the river so rich? Because it has two banks.（河流为什么如此富有？因为它有两个河岸/银行。）在第 10 章的将英语翻译成法语的项目中，我们先将 Q、K 和 V 分割成多个头，并计算每个头的注意力，然后再将它们连接成一个单一的注意力向量。

9.1.2 Transformer 架构

注意力机制的概念是由 Bahdanau、Cho 和 Bengio 于 2014 年提出的。① 在以创建机器语言翻译模型为重点的开创性论文 "Attention Is All You Need" 发表后，注意力机制得到了广泛应用。图 9.4 展示了这一被称为 Transformer 的模型架构。这种模型采用了编码器-解码器结构，在很大程度上依赖于注意力机制。本节将从零开始构建这个模型，并逐行编写代码，旨在训练该模型进行任意两种语言对译。

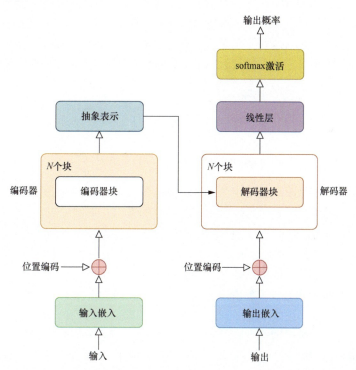

图 9.4 Transformer 架构。Transformer 中的编码器（图中左侧）由 N 个相同的编码器层组成，可以学习输入序列的含义，并将输入序列转换为表示其自身含义的向量。然后，编码器会将这些向量传递给解码器（图中右侧），解码器由 N 个相同的解码器层组成。解码器根据序列中之前的词元和编码器的向量表示，每次预测一个词元，从而构建输出（如英语短语的法语译文）。右上方的生成器是连接到解码器输出的"头"，因此输出的是目标语言（如法语词汇表）中所有词元的概率分布

---

① BAHDANAU D, CHO K, BENGIO Y. Neural machine translation by jointly learning to align and translate[C]// Proceedings of the International Conference on Learning Representations, 2015.

以将英语翻译成法语为例，Transformer 的编码器将类似 "I don't speak French"（我不会说法语）这样的英语句子转换成存储其自身含义的向量表示。然后，Transformer 的解码器处理这个向量，生成法语译文 "Je ne parle pas français"。编码器的作用是捕捉原始英语句子的精髓。举例来说，如果编码器是有效的，它应该能将 "I don't speak French" 和 "I do not speak French" 翻译成相似的向量表示。因此，解码器将解释这些向量并生成类似的译文。有趣的是，在使用 ChatGPT 时，这两个英语句子确实产生了相同的法语译文。

为了达成这种任务，Transformer 中的编码器首先会对英语句子和法语句子进行词元化处理。这与在第 8 章中描述的过程类似，但有一个关键区别：本例会采用子词词元化。子词词元化是 NLP 中使用的一种技术，可将单词分割为更小的成分或子词，从而实现更高效、更细致的处理。例如，我们会在第 10 章中看到，英语句子 "I do not speak French" 会被分为 6 个词元：i、do、not、speak、fr、ench。同样，其对应的法语句子 "Je ne parle pas français" 也会被词元化为 6 个词元：je、ne、parle、pas、franc、ais。这种词元化方法增强了 Transformer 处理语言变化和复杂性的能力。

包括 Transformer 在内的深度学习模型均无法直接处理文本，因此在将词元输入模型前，需要使用整数对其创建索引。正如在第 8 章中所讨论的，通常先使用独热编码来表示这些词元，然后让其通过词嵌入层，以压缩成由更小的连续值组成的向量，如长度为 256 的向量。因此，在应用词嵌入后，句子 "I do not speak French" 可由一个 6×256 的矩阵表示。

Transformer 可以并行处理句子等输入数据，这与按顺序处理数据的 RNN 不同。这种并行性提高了模型的效率，但本质上并不能让模型识别输入的顺序。为了解决这个问题，Transformer 让输入嵌入与其位置编码相加。这些位置编码是分配给输入序列中每个位置的唯一向量，其维度与输入嵌入一致。向量值由特定的位置函数决定，特别使用了不同频率的正弦函数和余弦函数，其定义如下：

$$\text{PositionalEncoding}(pos, 2i) = \sin\left(\frac{pos}{n^{2i/d}}\right)$$

$$\text{PositionalEncoding}(pos, 2i+1) = \cos\left(\frac{pos}{n^{2i/d}}\right)$$

在上述公式中，对偶数索引使用正弦函数计算向量，对奇数索引使用余弦函数计算向量。参数 pos 和 i 分别表示词元在序列中的位置和在向量中的索引。举例说明，以句子 "I do not speak French" 的位置编码为例，该句子可转换为一个 6×256 矩阵，该句子的词嵌入也是相同大小。在这里，pos 的范围为 0～5，索引 $2i$ 和 $2i+1$ 共包含 256 个不同的值（0～255）。这种位置编码方法的一个优点是：所有值都能限制在 -1～1。

值得注意的是，每个词元位置都由一个 256 维的唯一向量所标识，而且这些向量值在整个训练过程中保持不变。在输入注意力层之前，这些位置编码会与序列的词嵌入相加。以句子 "I do not speak French" 为例，编码器会生成词嵌入和位置编码，两者的维度均为 6×256，然后将它们相加合并为一个 6×256 维的表示。最后，编码器会应用注意力机制，将这种嵌入细化为更复杂的向量表示，从而捕捉句子的整体含义，然后再将其传递给解码器。

如图 9.5 所示，Transformer 的编码器由 6 个相同的编码器层（$N=6$）组成。每层包含两个不同的子层，第一个子层是多头自注意力层，与前面讨论的类似。第二个子层是一个基本的、按位置处理的全连接前馈网络。该网络将序列中的每个位置独立处理，而不是将其视为顺序元素。在模型架构中，每个子层都进行层归一化和残差连接。层归一化可将样本归一化为零均值和单位标准差。这种归一化有助于稳定训练过程。在归一化层之后还将进行残差连接，这意味着每个子层的输入都会加到其输出中，从而增强网络中的信息流。

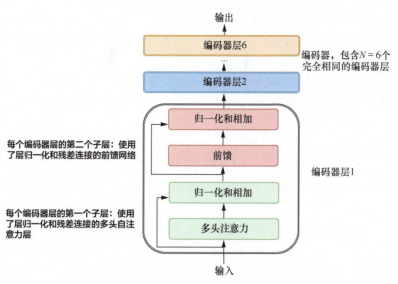

图 9.5 Transformer 中编码器的结构。编码器由 $N = 6$ 个相同的编码器层组成，每个编码器层包含两个子层。第一个子层是一个多头自注意力层，第二个子层是一个前馈网络。每个子层都使用了层归一化和残差连接

如图 9.6 所示，Transformer 的解码器由 6 个相同的解码器层（$N = 6$）组成。每个解码器层包含 3 个子层：一个多头自注意力子层，一个在第一个子层的输出与编码器的输出之间执行多头交叉注意力的子层，以及一个前馈子层。注意，每个子层的输入都是前一个子层的输出。此外，解码器层的第二个子层也会将编码器的输出作为输入。这种设计对于整合编码器的信息至关重要：解码器就是这样根据编码器的输出生成译文的。

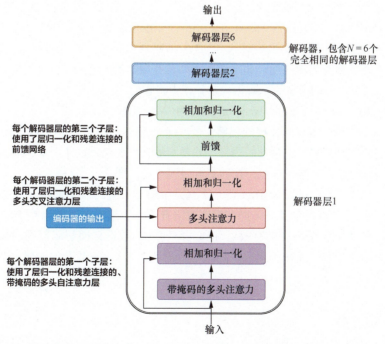

图 9.6 Transformer 中解码器的结构。解码器由 $N = 6$ 个相同的解码器层组成。每个解码器层包含 3 个子层。第一个子层是带掩码的多头自注意力层；第二个子层是多头注意力层，用于计算第一个子层的输出与编码器的输出之间的交叉注意力；第三个子层是一个前馈网络。每个子层都使用了层归一化和残差连接

解码器的自注意力子层的一个关键特征是掩码机制。这种掩码机制可阻止模型访问序列中的未来位置,从而确保对特定位置的预测只能依赖于之前已知的元素。这种顺序依赖性对于语言翻译或文本生成等任务很重要。

解码过程从解码器接收法语形式的输入短语开始。解码器将法语词元转换为词嵌入和位置编码,然后将它们合并为一个嵌入。这一步骤确保模型不仅能理解短语的语义内容,还能保持顺序上下文,从而准确地翻译或生成内容。

解码器以自回归方式运行,每次生成一个词元的输出序列。在第一个时间步中,解码器会从"BOS"词元开始,该词元表示句子的开头。解码器将这个起始词元作为初始输入,检查英语句子"I do not speak French"的向量表示,并尝试预测"BOS"之后的第一个词元。假设解码器的第一个预测是"Je",那么在下一个时间步中,解码器会将序列"BOS Je"作为新的输入来预测后面的词元。这一过程迭代地继续,解码器将每个新预测的词元添加到输入序列中,然后继续进行后续预测。

当解码器预测到表示句子结束的"EOS"词元时,翻译过程就结束了。在准备训练数据时,我们将"EOS"添加到每个句子的末尾,这样,模型就知道它意味着句子的结束。一旦到达这个词元,解码器就会识别出翻译任务已经完成并停止运行。这种自回归方法确保解码过程的每一步都能从之前预测的所有词元中获得信息,从而实现连贯且与上下文相适应的翻译。

9.1.3 Transformer 的类型

Transformer 有 3 种类型:仅编码器 Transformer、仅解码器 Transformer 和编码器-解码器 Transformer。我们在本章和后续章节中使用的是编码器-解码器 Transformer,在接下来的几章中,读者也有机会亲身体验仅解码器 Transformer。

如图 9.4 左侧所示,仅编码器 Transformer 由 N 个相同的编码器层组成,能够将序列转换为抽象的连续向量表示。BERT 就是一种包含 12 个编码器层的仅编码器 Transformer。仅编码器 Transformer 可用于文本分类等用途。如果两个序列具有相似的向量表示,就可以将这两个句子归为一类。而如果两个序列的向量表示有很大差异,则将它们归入不同的类别。

如图 9.4 右侧所示,仅解码器 Transformer 也由 N 个相同的层组成,每一层都是解码器层。ChatGPT 就是一个包含许多解码器层的仅解码器 Transformer。仅解码器 Transformer 可根据提示词生成文本。它能提取提示词中单词的语义,并预测最有可能出现的下一个词元。然后它将词元添加到提示词末尾,并重复这一过程,直到文本达到一定长度。

我们之前讨论的机器语言翻译 Transformer 就是编码器-解码器 Transformer 的一个例子。这种 Transformer 可用于处理复杂任务,如文生图或语音识别。编码器-解码器 Transformer 结合了编码器和解码器的优点。编码器能有效处理和理解输入的数据,而解码器则擅长生成输出。这种组合使模型能高效地理解复杂的输入(如文本或语音),并生成复杂的输出(如图像或转录的文本)。

9.2 构建编码器

我们将开发并训练一个可进行语言翻译的编码器-解码器 Transformer。本项目的代码改编自 Chris Cui 的中译英项目"Annotated-Transformer-English-to-Chinese-Translator"和 Alexander Rush 的德译英项目"annotated-transformer"。

本节将讨论如何在 Transformer 中构建编码器。具体来说，我们将深入探讨每个编码器层中不同子层的构建过程，以及如何实现多头自注意力机制。

9.2.1 实现注意力机制

虽然注意力机制有很多种，但我们将使用缩放点积注意力（SDPA），因为它使用广泛且非常有效。SDPA 注意力机制使用查询、键和值来计算序列中元素之间的关系。它通过分配分数来体现序列中的元素与所有元素（包括该元素自身）之间的关系。

Transformer 模型并不是使用一组固定的查询向量、键向量和值向量，而是使用了一种称为多头注意力的概念。256 维的查询向量、键向量和值向量被分成 8 个头，每个头有一组 32 维（因为 256/8=32）的查询向量、键向量和值向量。每个头关注输入数据的不同部分或方面，从而使模型能捕捉到更广泛的信息，并对输入数据形成更详细、更契合上下文的理解。例如，在双关语笑话 "Why is the river so rich? Because it has two banks" 中，多头注意力使得模型可以捕捉到 "bank" 这个词的多个含义。

为了实现这一点，我们在本地模块 ch09util 中定义了 attention() 函数。有了 attention() 函数，我们就可以根据查询、键和值计算注意力，其定义如清单 9.1 所示。

清单 9.1　根据查询 Q、键 K 和值 V 计算注意力

```
def attention(query, key, value, mask=None, dropout=None):
    d_k = query.size(-1)
    scores = torch.matmul(query,
            key.transpose(-2, -1)) / math.sqrt(d_k)        ❶
    if mask is not None:
        scores = scores.masked_fill(mask == 0, -1e9)       ❷
    p_attn = nn.functional.softmax(scores, dim=-1)         ❸
    if dropout is not None:
        p_attn = dropout(p_attn)
    return torch.matmul(p_attn, value), p_attn             ❹
```

❶ # 缩放注意力分数是查询和键的点积按 d_k 的平方根进行缩放
❷ # 如果存在掩码，则隐藏序列中未来会出现的元素
❸ # 计算注意力权重
❹ # 返回注意力和注意力权重

attention() 函数将查询、键和值作为输入，并按照 9.1 节介绍的方法计算注意力和注意力权重。缩放注意力分数是查询和键的点积按键维度 d_k 的平方根进行缩放。我们对缩放注意力分数应用 softmax 函数，从而获得注意力权重。最后，通过注意力权重和值的点积计算注意力。

让我们用目前运行的这个例子来看看多头注意力是如何工作的（见图 9.7）。正如 9.1 节（将位置编码加到词嵌入后）所解释的那样，"How are you?" 的嵌入是一个大小为 (1, 6, 256) 的张量。注意，"1" 表示批次中有 1 个句子，句子中有 6 个词元，而不是 4 个词元，因为我们在序列的开头和结尾添加了 BOS 和 EOS。这种嵌入通过 3 个线性层，得到查询 Q、键 K 和值 V，其大小都为 (1, 6, 256)。这些数据被分成 8 个头，从而得到 8 个不同的 Q、K 和 V 集，现在每个集的大小为 (1, 6, 256/8=32)。之前定义的注意力函数应用到每个集中，从而产生 8 个注意力输出，每个输出的大小也是 (1, 6, 32)。然后将这 8 个注意力输出连接成一个注意力，得到一个大小为 (1, 6, 32×8=256) 的张量。最后，连接后的注意力通过一个大小为 256×256 的线性层，从而得到来自 MultiHeadAttention() 类的输出。该输出维持了原始输入的维度，即 (1, 6, 256)。

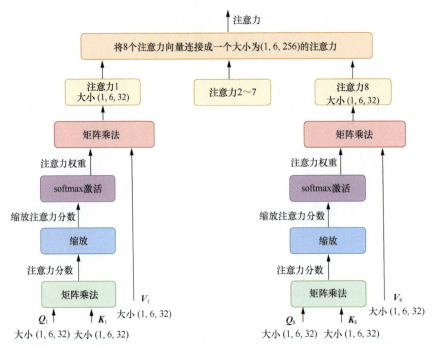

图 9.7 多头注意力示例。本图以句子 "How are you?" 的多头自注意力计算为例。首先让嵌入通过 3 个神经网络，得到查询 Q、键 K 和值 V，它们的大小为 (1, 6, 256)。将它们分成 8 个头，每个头有 1 组 Q、K 和 V，大小为 (1, 6, 32)。计算每个头的注意力，然后将 8 个头的注意力向量连接成一个单一的注意力向量，大小为 (1, 6, 256)

多头注意力机制是通过本地模块中的代码实现的，如清单 9.2 所示。

清单 9.2 计算多头注意力

```
from copy import deepcopy
class MultiHeadedAttention(nn.Module):
    def __init__(self, h, d_model, dropout=0.1):
        super().__init__()
        assert d_model % h == 0
        self.d_k = d_model // h
        self.h = h
        self.linears = nn.ModuleList([deepcopy(
            nn.Linear(d_model, d_model)) for i in range(4)])
        self.attn = None
        self.dropout = nn.Dropout(p=dropout)

    def forward(self, query, key, value, mask=None):
        if mask is not None:
            mask = mask.unsqueeze(1)
        nbatches = query.size(0)
        query, key, value = [l(x).view(nbatches, -1, self.h,
            self.d_k).transpose(1, 2)
         for l, x in zip(self.linears, (query, key, value))]    ❶
        x, self.attn = attention(
            query, key, value, mask=mask, dropout=self.dropout) ❷
        x = x.transpose(1, 2).contiguous().view(
            nbatches, -1, self.h * self.d_k)                    ❸
        output = self.linears[-1](x)                            ❹
        return output
```

❶ # 让输入通过 3 个线性层，获得 Q、K、V，并将其拆分成多个头
❷ # 计算每个头的注意力和注意力权重
❸ # 将来自多个头的注意力向量连接成单一的注意力向量
❹ # 让输出通过一个线性层

每个编码器层和解码器层还包含一个前馈子层,这是一个两层全连接神经网络,目的是增强模型捕捉和学习训练数据集中复杂特征的能力。此外,神经网络对每个嵌入进行独立处理,而不会将嵌入序列视作单一向量。因此,我们通常称其为按位置处理的前馈神经网络(或一维卷积网络)。为此,我们在本地模块中定义了一个 PositionwiseFeedForward() 类:

```python
class PositionwiseFeedForward(nn.Module):
    def __init__(self, d_model, d_ff, dropout=0.1):
        super().__init__()
        self.w_1 = nn.Linear(d_model, d_ff)
        self.w_2 = nn.Linear(d_ff, d_model)
        self.dropout = nn.Dropout(dropout)
    def forward(self, x):
        h1 = self.w_1(x)
        h2 = self.dropout(h1)
        return self.w_2(h2)
```

PositionwiseFeedForward() 类有两个关键参数:d_ff(前馈层的维度)和 d_model(模型的维度)。通常情况下,d_ff 是 d_model 的 4 倍。在本例中,d_model 为 256,因此,我们将 d_ff 设置为 256 × 4 = 1024。与扩大模型相比,这种扩大隐藏层的做法是 Transformer 架构的标准方法,可增强网络捕捉和学习训练数据集中复杂特征的能力。

9.2.2 创建编码器层

要创建一个编码器层,首先需要定义如下的 EncoderLayer() 类和 SublayerConnection() 类。代码如清单 9.3 所示。

清单 9.3 用于定义编码器层的类

```python
class EncoderLayer(nn.Module):
    def __init__(self, size, self_attn, feed_forward, dropout):
        super().__init__()
        self.self_attn = self_attn
        self.feed_forward = feed_forward
        self.sublayer = nn.ModuleList([deepcopy(
            SublayerConnection(size, dropout)) for i in range(2)])
        self.size = size
    def forward(self, x, mask):
        x = self.sublayer[0](
            x, lambda x: self.self_attn(x, x, x, mask))      ❶
        output = self.sublayer[1](x, self.feed_forward)      ❷
        return output
class SublayerConnection(nn.Module):
    def __init__(self, size, dropout):
        super().__init__()
        self.norm = LayerNorm(size)
        self.dropout = nn.Dropout(dropout)
    def forward(self, x, sublayer):
        output = x + self.dropout(sublayer(self.norm(x)))    ❸
        return output
```

❶ # 每个编码器层中的第一个子层是一个多头自注意力网络
❷ # 每个编码器层中的第二个子层是一个前馈网络
❸ # 每个子层都使用了残差连接和层归一化处理

每个编码器层由两个不同的子层组成:一个是多头自注意力层,在 MultiHeadAttention() 类中;另一个是一种直接的、按位置处理的全连接前馈网络,在 PositionwiseFeedForward() 类中。此外,这两个子层都包含层归一化和残差连接。正如第 6 章所述,残差连接是指将输入通过一系列变换(本例中可以是使用注意力层或前馈层处理),然后将输入加回转换后的输出。采用残差连接的方法是为了解决梯度消失问题，这在深度网络中是一个常见难题。在 Transformer 中，残差连接的另一个好处是提供了一个通道，可将（仅在第一层之前计算的）位置编码传递给后续层。

层归一化与第 4 章实现的批量归一化有些类似，可将层中的样本标准化为零均值和单位标准差。为了在本地模块中实现这一目标，我们定义了执行层归一化的 `LayerNorm()` 类，如下所示：

```
class LayerNorm(nn.Module):
    def __init__(self, features, eps=1e-6):
        super().__init__()
        self.a_2 = nn.Parameter(torch.ones(features))
        self.b_2 = nn.Parameter(torch.zeros(features))
        self.eps = eps
    def forward(self, x):
        mean = x.mean(-1, keepdim=True)
        std = x.std(-1, keepdim=True)
        x_zscore = (x - mean) / torch.sqrt(std ** 2 + self.eps)
        output = self.a_2*x_zscore+self.b_2
        return output
```

`LayerNorm()` 类中的 `mean` 和 `std` 值是各层输入的均值和标准差。`LayerNorm()` 类中的 `a_2` 和 `b_2` 层将 `x_zscore` 扩展回输入 `x` 的形状。

至此，我们就可以通过将 6 个编码器层堆叠在一起来创建一个编码器。为此，在本地模块中定义如下的 `Encoder()` 类：

```
from copy import deepcopy
class Encoder(nn.Module):
    def __init__(self, layer, N):
        super().__init__()
        self.layers = nn.ModuleList(
            [deepcopy(layer) for i in range(N)])
        self.norm = LayerNorm(layer.size)
    def forward(self, x, mask):
        for layer in self.layers:
            x = layer(x, mask)
            output = self.norm(x)
        return output
```

这里的 `Encoder()` 类有两个参数：一个是 `layer`，是清单 9.3 中的 `EncoderLayer()` 类所定义的编码器层；另一个是 N，即编码器中编码器层的数量。`Encoder()` 类接收输入 x（如一批英语句子）和掩码（为了隐藏序列填充，详见本书第 10 章的解释）并生成输出（捕捉了英语句子含义的向量表示）。

这样我们就构建了一个编码器，接下来将学习如何构建解码器。

9.3 构建编码器 – 解码器 Transformer

在了解了如何在 Transformer 中构建编码器之后，我们来看看如何构建解码器。本节将首先学习如何创建解码器层，然后，我们将堆叠 N = 6 个相同的解码器层，以形成一个解码器。

接下来，我们将创建一个编码器 – 解码器 Transformer，其中包含 5 个组件：`encoder`、`decoder`、`src_embed`、`tgt_embed` 和 `generator`。本节将详细介绍这些内容。

9.3.1 创建解码器层

每个解码器层由 3 个子层组成：一个多头自注意力层，一个在第一个子层的输出与编码器的输出之间执行交叉注意力的层，以及一个前馈网络。这 3 个子层中的每一层都包含层归一化和残差连接，与我们在编码器层中所做的类似。此外，解码器栈的多头自注意力子层会被隐藏，以防止之前的位置关注到后续位置。掩码迫使模型使用序列中的前一个元素来预测后一个元素。下文还将解释带掩码的多头自注意力的工作原理。为了实现这样的解码器层，我们在本地模块中定义了清单 9.4 中的 `DecoderLayer()` 类。

清单 9.4 创建解码器层

```
class DecoderLayer(nn.Module):
    def __init__(self, size, self_attn, src_attn,
            feed_forward, dropout):
        super().__init__()
        self.size = size
        self.self_attn = self_attn
        self.src_attn = src_attn
        self.feed_forward = feed_forward
        self.sublayer = nn.ModuleList([deepcopy(
            SublayerConnection(size, dropout)) for i in range(3)])
    def forward(self, x, memory, src_mask, tgt_mask):
        x = self.sublayer[0](x, lambda x:
                self.self_attn(x, x, x, tgt_mask))         ❶
        x = self.sublayer[1](x, lambda x:
                self.src_attn(x, memory, memory, src_mask)) ❷
        output = self.sublayer[2](x, self.feed_forward)    ❸
        return output
```

❶ # 第一个子层是一个带掩码的多头自注意力层
❷ # 第二个子层是目标语言和源语言之间的交叉注意力层
❸ # 第三个子层是一个前馈网络

为了说明解码器层的运作方式，我们继续看看之前的例子。解码器收到词元 ['BOS', 'comment', 'et', 'es-vous', '?'] 和编码器的输出（在上述代码中称为 `memory`），从而预测序列 ['comment', 'et', 'es-vous', '?', 'EOS']。['BOS', 'comment', 'et', 'es-vous', '?'] 的嵌入是一个大小为 (1, 5, 256) 的张量：1 表示批次中的序列数，5 表示序列中的词元数，256 表示每个词元由一个 256 值的向量表示。将该嵌入传入第一个子层，即带掩码的多头自注意力层。这个过程有些类似于 9.2 节中在编码器层中看到的多头自注意力的计算过程。不过这次使用了一个掩码，这个掩码在清单 9.4 中被指定为 `tgt_mask`，它是一个 5×5 张量，在本例中的值如下：

```
tensor([[ True, False, False, False, False],
        [ True,  True, False, False, False],
        [ True,  True,  True, False, False],
        [ True,  True,  True,  True, False],
        [ True,  True,  True,  True,  True]], device='cuda:0')
```

有人可能已经注意到，掩码的下半部分（张量中主对角线以下的值）被启用为 `True`，掩码的上半部分（主对角线以上的值）被禁用为 `False`。将此掩码应用于注意力分数时，会导致第一个词元在第一个时间步中只关注自己。在第二个时间步中，将只在前两个词元之间计算注意力分数。随着这一过程的继续，例如，在第三个时间步中，解码器使用词元 ['BOS', 'comment', 'et'] 来预测词元 'es-vous'，并且只通过这 3 个词元来计算注意力分数，从而有效隐藏了未来的词元 ['es-vous', '?']。

在此过程中，第一个子层生成的输出（大小为 (1, 5, 256) 的张量）与输入的大小相匹配。这个输出（可称为 x）随后被输入第二个子层。在这里，会在 x 和编码器栈的输出（称为 `memory`）之间计算交叉注意力。读者可能还记得，由于英语句子 "How are you?" 被转换成 6 个词元 ['BOS', 'how', 'are', 'you', '?', 'EOS']，因此，`memory` 的维度为 (1, 6, 256)。

图 9.8 展示了交叉注意力权重的计算方式。为了计算 x 和 `memory` 之间的交叉注意力，首先让 x 通过一个神经网络获得查询，查询的维度为 (1, 6, 256)。然后让 `memory` 通过两个神经网络

获得键和值，它们的维度均为 (1, 6, 256)。缩放注意力分数的计算公式如式 (9.1) 所示。该缩放注意力分数的维度为 (1, 5, 6)：查询 Q 的维度为 (1, 5, 256)，键 K 的转置的维度为 (1, 256, 6)。因此，缩放注意力分数的大小为 (1, 5, 6)，即前两者的点积除以 d_k 的平方根。在对缩放注意力分数应用 softmax 函数后，就可以得到注意力权重，这是一个 5×6 矩阵。这个矩阵告诉我们法语输入中的 5 个词元 ['BOS', 'comment', 'et', 'es-vous', '?'] 是如何关注到英语句子中的 6 个词元 ['BOS', 'how', 'are', 'you', '?', 'EOS'] 的。解码器在翻译时就是这样捕捉英语句子含义的。

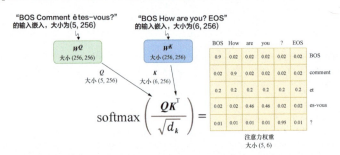

图 9.8　计算解码器输入和编码器输出之间的交叉注意力权重的示例。解码器的输入通过神经网络获得查询 Q，编码器的输出通过不同的神经网络获得键 K，Q 和 K 的点积除以 K 的维度的平方根即可得到缩放交叉注意力分数。最后，对缩放交叉注意力分数应用 softmax 函数，获得交叉注意力权重，它显示了 Q 中每个元素与 K 中所有元素的相关程度

第二个子层的最终交叉注意力通过注意力权重与值向量 V 的点积求得。注意力权重的维度为 (1, 5, 6)，值向量的维度为 (1, 6, 256)，因此，最终的交叉注意力（二者的点积）的大小为 (1, 5, 256)。也就是说，第二个子层的输入和输出具有相同的维度 (1, 5, 256)。经过第二个子层处理后，输出将被导向第三个子层（一个前馈网络）。

9.3.2　创建编码器–解码器 Transformer

解码器由 $N=6$ 个相同解码器层组成。`Decoder()` 类是按照如下方式在本地模块中定义的：

```
class Decoder(nn.Module):
    def __init__(self, layer, N):
        super().__init__()
        self.layers = nn.ModuleList(
            [deepcopy(layer) for i in range(N)])
        self.norm = LayerNorm(layer.size)
    def forward(self, x, memory, src_mask, tgt_mask):
        for layer in self.layers:
            x = layer(x, memory, src_mask, tgt_mask)
        output = self.norm(x)
        return output
```

要创建编码器–解码器 `Transformer`，首先要在本地模块中定义一个 `Transformer()` 类。打开文件 ch09util.py 即可看到，该类的定义如清单 9.5 所示。

清单 9.5　表示编码器–解码器 `Transformer` 的类

```
class Transformer(nn.Module):
    def __init__(self, encoder, decoder,
                 src_embed, tgt_embed, generator):
        super().__init__()
        self.encoder = encoder         ❶
        self.decoder = decoder         ❷
        self.src_embed = src_embed
        self.tgt_embed = tgt_embed
```

9.4 将所有部件组合在一起

```
        self.generator = generator
    def encode(self, src, src_mask):
        return self.encoder(self.src_embed(src), src_mask)
    def decode(self, memory, src_mask, tgt, tgt_mask):
        return self.decoder(self.tgt_embed(tgt),
                            memory, src_mask, tgt_mask)
    def forward(self, src, tgt, src_mask, tgt_mask):
        memory = self.encode(src, src_mask)         ❸
        output = self.decode(memory, src_mask, tgt, tgt_mask)   ❹
        return output
```

❶ # 在 Transformer 中定义一个编码器
❷ # 在 Transformer 中定义一个解码器
❸ # 源语言通过编码器被编码为一个抽象的向量表示
❹ # 解码器使用这些向量表示用目标语言生成译文

`Transformer()` 类由 5 个关键组件构成：`encoder`、`decoder`、`src_embed`、`tgt_embed` 和 `generator`。编码器和解码器由上述 `Encoder()` 和 `Decoder()` 类表示。在第 10 章中，我们将学习如何生成源语言嵌入：将使用词嵌入和位置编码处理英语句子的数字表示形式，并将结果合并形成 `src_embed` 组件。同样，对于目标语言，将以同样方式处理法语句子的数字表示，并将合并输出作为 `tgt_embed` 组件。生成器会为每个索引生成与目标语言中的词元相对应的预测概率。为此，我们将在 9.4 节定义一个 `Generator()` 类。

9.4 将所有部件组合在一起

在本节中，我们将综合运用本章所介绍的知识，把所有部件组合在一起，创建一个能进行任意两种语言对译的模型。

9.4.1 定义生成器

先在本地模块中定义一个 `Generator()` 类，用于生成下一个词元的概率分布（见图 9.9）。此处的想法是为下游任务在解码器上附加一个头。在第 10 章的示例中，下游任务是预测法语译文中的下一个词元。

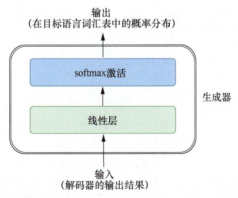

图 9.9 Transformer 中生成器的结构。生成器将解码器栈的输出转换为在目标语言词汇表中的概率分布，这样 Transformer 就可以用该分布来预测英语句子的法语译文中的下一个词元。生成器包含一个线性层，因此输出的数量与法语词汇表中的词元数量相同。生成器还对输出应用 softmax 激活函数，因此输出的是一个概率分布

`Generator()` 类的定义如下：

```python
class Generator(nn.Module):
    def __init__(self, d_model, vocab):
        super().__init__()
        self.proj = nn.Linear(d_model, vocab)

    def forward(self, x):
        out = self.proj(x)
        probs = nn.functional.log_softmax(out, dim=-1)
        return probs
```

Generator()类为每个索引生成与目标语言中的词元相对应的预测概率。这样，模型就能利用之前生成的词元和编码器的输出，以自回归的方式依次预测词元。

9.4.2 创建能进行两种语言对译的模型

接下来将创建一个 Transformer 模型，进行任意两种语言对译（如英译法或汉译英）。本地模块中定义的 create_model() 函数可以实现这一功能，代码如清单 9.6 所示。

清单 9.6　创建一个能进行两种语言对译的 Transformer

```python
def create_model(src_vocab, tgt_vocab, N, d_model,
                 d_ff, h, dropout=0.1):
    attn=MultiHeadedAttention(h, d_model).to(DEVICE)
    ff=PositionwiseFeedForward(d_model, d_ff, dropout).to(DEVICE)
    pos=PositionalEncoding(d_model, dropout).to(DEVICE)
    model = Transformer(
        Encoder(EncoderLayer(d_model,deepcopy(attn),deepcopy(ff),
                    dropout).to(DEVICE),N).to(DEVICE),           ❶
        Decoder(DecoderLayer(d_model,deepcopy(attn),
                deepcopy(attn),deepcopy(ff), dropout).to(DEVICE),
                N).to(DEVICE),                                   ❷
        nn.Sequential(Embeddings(d_model, src_vocab).to(DEVICE),
                    deepcopy(pos)),                              ❸
        nn.Sequential(Embeddings(d_model, tgt_vocab).to(DEVICE),
                    deepcopy(pos)),                              ❹
        Generator(d_model, tgt_vocab)).to(DEVICE)                ❺
    for p in model.parameters():
        if p.dim() > 1:
            nn.init.xavier_uniform_(p)
    return model.to(DEVICE)
```

❶ # 通过实例化 Encoder() 类创建一个编码器
❷ # 通过实例化 Decoder() 类创建一个解码器
❸ # 让源语言通过词嵌入和位置编码来创建源语言嵌入 src_embed
❹ # 让目标语言通过词嵌入和位置编码来创建目标语言嵌入 tgt_embed
❺ # 通过实例化 Generator() 类创建一个生成器

create_model() 函数的主要元素是先前定义的 Transformer() 类。回想一下，Transformer() 类包含 5 个基本元素：encoder、decoder、src_embed、tgt_embed 和 generator。在 create_model() 函数中，我们利用最近定义的 Encoder()、Decoder() 和 Generator() 类依次构建这 5 个组件。在第 10 章中，我们将详细讨论如何生成源语言嵌入和目标语言嵌入，即 src_embed 和 tgt_embed。

在第 10 章，我们将把刚才创建的 Transformer 应用于将英语翻译成法语。我们将使用超过 47000 对英译法译文来训练模型，然后使用训练好的模型将常用英语句子翻译成法语。

9.5 小结

- Transformer 是高级的深度学习模型，擅长处理序列到序列的预测难题。其优势在于能有效理解输入序列和输出序列中元素间的长距离关系。
- Transformer 架构的革命性之处在于注意力机制。该机制通过分配权重来评估序列中单词之间的关系，并根据训练数据确定单词之间意义的相关程度。这使得 ChatGPT 等 Transformer 模型能理解单词之间的关系，从而更有效地理解人类语言。
- 为了计算 SDPA，输入嵌入 X 通过 3 个不同的神经网络层（查询 Q、键 K 和值 V）进行处理。这些层的相应权重分别为 W^Q、W^K 和 W^V。我们可以按 $Q = XW^Q$、$K = XW^K$ 和 $V = XW^V$ 来计算 Q、K 和 V。SDPA 先计算注意力分数，计算公式如下：

$$\text{attentionScore}(Q, K) = \frac{QK^T}{\sqrt{d_k}}$$

其中，d_k 表示键向量 K 的维度。对注意力分数应用 softmax 函数，将其转换为注意力权重。这样可以确保一个单词对句子中所有单词的总关注度总和为 100%。最终的注意力将根据这些注意力权重和值向量 V 的点积计算得出：

$$\text{attention}(Q, K, V) = \text{softmax}\left(\frac{QK^T}{\sqrt{d_k}}\right)V$$

- Transformer 模型并没有使用一组固定的查询向量、键向量和值向量，而是使用一种称为多头注意力的概念。查询向量、键向量和值向量被分成多个头，每个头关注输入的不同部分或方面，从而使模型能够捕捉到更广泛的信息，并对输入数据形成更详细、更契合上下文的理解。当一个单词在句子中具有多重含义时，多头注意力将尤其有用。

第 10 章　训练能将英语翻译成法语的 Transformer

本章内容
- 将英语句子和法语句子词元化为子词
- 理解词嵌入和位置编码
- 从零开始训练一个能将英语翻译成法语的 Transformer
- 使用训练好的 Transformer 将英语句子翻译成法语

在第 9 章中，我们根据论文 "Attention Is All You Need"[①]，从零开始构建了一个可以进行任意两种语言对译的 Transformer。具体来说，我们实现了自注意力机制，并使用查询向量、键向量和值向量来计算缩放点积注意力（SDPA）。

为了更深入地理解自注意力和 Transformer，本章将以英译法作为案例进行研究。通过探索将英语句子转换为法语的模型的训练过程，我们将深入了解 Transformer 的架构和注意力机制的功能。

想象一下，我们已经积累了超过 4.7 万对英译法译文对，而我们的目标是使用这个数据集训练第 9 章中的编码器-解码器 Transformer。本章将引导读者完成项目的所有阶段。我们将首先使用子词词元化，将英语句子和法语句子分割为词元。然后构建包含每种语言中所有唯一词元的英语词汇表和法语词汇表。这些词汇表可供我们将英语句子和法语句子表示为索引序列。随后使用词嵌入将这些索引（本质上是独热向量）转换为紧凑的向量表示。将位置编码与词嵌入相加，以形成输入嵌入。Transformer 可以借助位置编码知道词元在序列中的顺序。

最后，将使用英译法译文集作为训练数据集来训练第 9 章中的编码器-解码器 Transformer，将英语翻译成法语。训练后，即可使用这个训练好的 Transformer 翻译常见的英语句子。具体来说，我们将使用编码器捕捉英语句子的含义，然后使用 Transformer 中的解码器，以自回归方式生成法语译文，翻译工作将从起始词元"BOS"开始进行。在每个时间步中，解码器会基于之前生成的词元和编码器的输出生成最有可能的下一个词元，直到预测出"EOS"，这是表示句子结束的词元。训练好的模型可以准确地将常见的英语句子翻译成法语，就像使用谷歌翻译那样。

10.1　子词词元化

正如第 8 章中的讨论，词元化方法有 3 种：字符词元化、单词词元化，以及子词词元化。本

---

① VASWANI A, SHAZEER N, PARMAR N, et al. Attention is all you need[C]//Advances in Neural Information Processing Systems, 2017: 5998-6008.

章将使用子词词元化，因为这种方法能在其他两种方法之间取得平衡，它可以将常用词完整地保留在词汇表中，并将不那么常见或较复杂的词分解为子组件。

本节将英语句子和法语句子标记为子词，随后创建词典，将词元映射到索引，最后将训练数据转换为索引序列，并放入批次进行训练。

10.1.1 英语句子和法语句子的词元化处理

本书配套资源提供了作者从各种来源收集的英译法译文的 zip 文件。读者下载后，需要将文件解压缩，并将 en2fr.csv 保存在计算机上的 /files/ 文件夹中。

加载数据并输出一个英语句子及其法语译文，具体做法如下：

```
import pandas as pd

df=pd.read_csv("files/en2fr.csv")        ❶
num_examples=len(df)                     ❷
print(f"there are {num_examples} examples in the training data")
print(df.iloc[30856]["en"])              ❸
print(df.iloc[30856]["fr"])              ❹
```

❶ # 加载 CSV 文件
❷ # 统计数据中有多少对句子
❸ # 输出一个英语句子示例
❹ # 输出相应的法语译文

上述代码的输出如下：

```
there are 47173 examples in the training data
How are you?
Comment êtes-vous?
```

训练数据中共有 47173 对英译法译文。我们输出了英语句子"How are you?"及相应的法语译文"Comment êtes-vous?"作为示例。

在 Jupyter Notebook 的新单元格中运行以下代码，在计算机上安装 `transformers` 库：

```
!pip install transformers
```

接下来要做的是对数据集中的英语句子和法语句子进行词元化处理。Hugging Face 上的预训练 XLM 模型擅长处理多种语言，包括英语句子和法语句子，为此，我们用该模型进行词元化处理。预训练的词元化处理程序如清单 10.1 所示。

清单 10.1 预训练的词元化处理程序

```
from transformers import XLMTokenizer        ❶

tokenizer = XLMTokenizer.from_pretrained("xlm-clm-enfr-1024")

tokenized_en=tokenizer.tokenize("I don't speak French.")    ❷
print(tokenized_en)
tokenized_fr=tokenizer.tokenize("Je ne parle pas français.") ❸
print(tokenized_fr)
print(tokenizer.tokenize("How are you?"))
print(tokenizer.tokenize("Comment êtes-vous?"))
```

❶ # 导入预训练的词元化处理程序
❷ # 使用该词元化处理程序对一个英语句子进行词元化处理
❸ # 对一个法语句子进行词元化处理

运行清单 10.1 所示的代码，得到如下输出：

```
['i</w>', 'don</w>', "'t</w>", 'speak</w>', 'fr', 'ench</w>', '.</w>']
['je</w>', 'ne</w>', 'parle</w>', 'pas</w>', 'franc', 'ais</w>', '.</w>']
['how</w>', 'are</w>', 'you</w>', '?</w>']
['comment</w>', 'et', 'es-vous</w>', '?</w>']
```

在清单 10.1 中,我们使用 XLM 模型中的预训练词元化处理程序将英语句子"I don't speak French."分解为一组词元。在第 8 章中,我们曾开发了一个自定义的单词词元化处理程序,然而,本章使用了一种更高效的预训练子词词元化处理程序,这种方式的效果超过了单词词元化处理程序。因此,"I don't speak French."这句话会被词元化为 `['i', 'don', "'t", 'speak', 'fr', 'ench', '.']`。同样,法语句子"Je ne parle pas français."会被词元化为:`['je', 'ne', 'parle', 'pas', 'franc', 'ais', '.']`。我们还对英语句子"How are you?"及其法语译文进行了词元化处理,结果显示在上述输出的最后两行中。

> **注意**
>
> 有人可能已经注意到,除非两个词元属于同一个单词,否则 XLM 模型会使用"</w>"作为词元分隔符。子词词元化通常会导致词元是一个完整的单词,或是一个标点符号,但有时也会将单词分解成音节。例如,单词"French"被分解成"fr"和"ench"。值得注意的是,模型在"fr"和"ench"之间并未插入"</w>",因为这些音节共同构成了单词"French"。

Transformer 这样的深度学习模型不能直接处理原始文本,因此,需要将文本转换为数字表示再将其输入模型。为此,我们要创建一个词典,将所有英语词元映射为整数,如清单 10.2 所示。

清单 10.2 将英语词元映射到索引

```
from collections import Counter

en=df["en"].tolist()          ❶

en_tokens=[["BOS"]+tokenizer.tokenize(x)+["EOS"] for x in en]   ❷
PAD=0
UNK=1
word_count=Counter()
for sentence in en_tokens:
    for word in sentence:
        word_count[word]+=1
frequency=word_count.most_common(50000)          ❸
total_en_words=len(frequency)+2
en_word_dict={w[0]:idx+2 for idx,w in enumerate(frequency)}     ❹
en_word_dict["PAD"]=PAD
en_word_dict["UNK"]=UNK
en_idx_dict={v:k for k,v in en_word_dict.items()}       ❺
```

❶ # 从训练数据集中获取所有英语句子
❷ # 对所有英语句子进行词元化处理
❸ # 统计词元的频率
❹ # 创建一个将词元映射到索引的词典
❺ # 创建一个将索引映射到词元的词典

我们在每个句子的开头和结尾分别加入词元"BOS"(句子开始)和"EOS"(句子结束)。词典 en_word_dict 为每个词元分配了唯一的整数值。此外,为用于填充的词元"PAD"分配了整数 0,而为表示未知词元的词元"UNK"分配了整数 1。反向词典 en_idx_dict 负责将整数(索引)映射回对应的词元。这种反向映射对于将一系列整数转换回一系列词元不可或缺,借此我们才能重建原始的英语句子。

借助词典 en_word_dict，可以将英语句子"I don't speak French."转换为数字表示。这个过程需要在词典中查找每个词元，以找到其对应的整数值。例如：

```
enidx=[en_word_dict.get(i,UNK) for i in tokenized_en]
print(enidx)
```

上述代码的输出如下：

```
[15, 100, 38, 377, 476, 574, 5]
```

这意味着英语句子"I don't speak French."现在已经被表示为一个整数序列[15, 100, 38, 377, 476, 574, 5]。

我们还可以使用词典 en_idx_dict 将数字表示还原为词元。这个过程需要将数字序列中的每个整数映射回词典中定义的相应词元。具体操作如下：

```
entokens=[en_idx_dict.get(i,"UNK") for i in enidx]        ❶
print(entokens)
en_phrase="".join(entokens)                                ❷
en_phrase=en_phrase.replace("</w>"," ")                    ❸
for x in '''?:;.,'("-!&)%''':
    en_phrase=en_phrase.replace(f" {x}",f"{x}")            ❹
print(en_phrase)
```

❶ # 用于将索引转换为词元
❷ # 将词元连接成字符串
❸ # 将分隔符替换为空格
❹ # 移除标点符号前的空格

上述代码的输出如下：

```
['i</w>', 'don</w>', "'t</w>", 'speak</w>', 'fr', 'ench</w>', '.</w>']
i don't speak french.
```

词典 en_idx_dict 用于将数字转换回原始词元。随后，这些词元被转换成完整的英语句子。为此，首先要将词元连接成一个字符串，然后用空格替换分隔符"</w>"。我们还移除了标点符号前的空格。注意，还原的英语句子中所有字母都是小写的，这是因为要减少唯一词元数量，预训练的词元化处理程序会自动将大写字母转换为小写字母。正如我们将在第11章中看到的那样，一些模型（如GPT2或ChatGPT）不这样做，因此，它们的词汇表往往更大。

> **练习10.1**
>
> 在清单10.1中，我们已经将句子"How are you?"分割成词元 ['how</w>', 'are</w>', 'you</w>', '?</w>']。按照本节的步骤进行下列操作：
>
> （1）使用词典 en_word_dict 将词元转换为索引；
>
> （2）使用词典 en_idx_dict 将索引重新转换回词元；
>
> （3）通过将词元连接成字符串，将分隔符"</w>"替换为空格，并移除标点符号前的空格来恢复英语句子。

我们可以对法语句子采用相同的步骤，将词元映射到索引，反之亦然。将法语词元映射到索引的代码如清单10.3所示。

清单 10.3　将法语词元映射到索引

```
fr=df["fr"].tolist()
```

```
fr_tokens=[["BOS"]+tokenizer.tokenize(x)+["EOS"] for x in fr]    ❶
word_count=Counter()
for sentence in fr_tokens:
    for word in sentence:
        word_count[word]+=1
frequency=word_count.most_common(50000)                          ❷
total_fr_words=len(frequency)+2
fr_word_dict={w[0]:idx+2 for idx,w in enumerate(frequency)}      ❸
fr_word_dict["PAD"]=PAD
fr_word_dict["UNK"]=UNK
fr_idx_dict={v:k for k,v in fr_word_dict.items()}                ❹
```

❶ # 对所有法语句子进行词元化处理
❷ # 统计法语词元的频率
❸ # 创建一个将法语词元映射到索引的词典
❹ # 创建一个将索引映射到法语词元的词典

词典 `fr_word_dict` 为每个法语词元分配了一个整数，而 `fr_idx_dict` 将这些整数映射回对应的法语词元。接下来，我们会把法语句子 "Je ne parle pas français." 转换为数字表示：

```
fridx=[fr_word_dict.get(i,UNK) for i in tokenized_fr]
print(fridx)
```

上述代码的输出如下：

```
[28, 40, 231, 32, 726, 370, 4]
```

法语句子 "Je ne parle pas français." 的词元可转换为如上所示的整数序列。

我们可以使用词典 `fr_idx_dict` 将数字表示转换回法语词元。这需要将序列中的每个数字翻译回词典中定义的相应法语词元。一旦检索到词元，就可以连接在一起重建原始的法语句子。具体操作如下：

```
frtokens=[fr_idx_dict.get(i,"UNK") for i in fridx]
print(frtokens)
fr_phrase="".join(frtokens)
fr_phrase=fr_phrase.replace("</w>"," ")
for x in '''?:;.,'("-!&)%''':
    fr_phrase=fr_phrase.replace(f" {x}",f"{x}")
print(fr_phrase)
```

上述代码的输出是：

```
['je</w>', 'ne</w>', 'parle</w>', 'pas</w>', 'franc', 'ais</w>', '.</w>']
je ne parle pas francais.
```

重点是要认识到：恢复出的法语句子与原始形式并不完全匹配。这种差异是词元化过程引入的，该过程会将所有大写字母转换为小写字母，并消除法语中的重音符号。

练习10.2

在清单 10.1 中，我们已将句子 "Comment êtes-vous?" 分解为词元 [`'comment</w>'`, `'et'`, `'es-vous</w>'`, `'?</w>'`]。按照本节的步骤进行下列操作：

（1）使用词典 `fr_word_dict` 将词元转换为索引；

（2）使用词典 `fr_idx_dict` 将索引重新转换回词元；

（3）通过将词元连接成字符串，将分隔符 "</w>" 替换为空格，并移除标点符号前的空格来恢复法语句子。

将这 4 个词典保存在计算机上的 /files/ 文件夹中，这样就可以随时加载并开始翻译，而无须首先将词元映射到索引，反之亦然。具体操作如下：

```
import pickle

with open("files/dict.p","wb") as fb:
    pickle.dump((en_word_dict,en_idx_dict,
                fr_word_dict,fr_idx_dict),fb)
```

这4个词典现在保存在一个名为 dict.p 的 pickle 文件中。读者也可以在本书的配套资源中找到该文件。

10.1.2 序列填充和批次创建

在训练过程中，我们需要将训练数据划分为批次，以提高计算效率并加快收敛速度，这一点与前几章中的做法类似。

对于其他数据格式（如图像），批次的创建很简单：只需将一定数量的输入组合在一起即可形成一个批次，因为它们都具有相同大小。然而，在自然语言处理中，由于句子长度不同，创建批次会变得更加复杂。为了在批次内部实现标准化长度，需要对较短的序列进行填充。这种统一性至关重要，因为输入 Transformer 的数字表示需要具有相同的长度。例如，一个批次中的英语句子长度可能不同（在一个批次的法语句子中也可能存在类似情况）。为了解决这个问题，需要在批次中较短句子的数字表示的末尾添加 0，以确保提供给 Transformer 模型的所有输入长度相同。

> **注意**
> 在每个句子的开头和结尾插入 BOS 和 EOS 词元，以及在批次内对较短的序列进行填充，这是机器语言翻译的一个独特特征。具有这种特征是因为所输入的内容包含了完整的句子或短语。相比之下，正如我们将在接下来的两章中看到的，文本生成模型的训练过程不涉及这些步骤，因为模型的输入包含预定数量的词元。

首先将所有英语句子转换为对应的数字表示，然后对法语句子应用相同的过程：

```
out_en_ids=[[en_word_dict.get(w,UNK) for w in s] for s in en_tokens]
out_fr_ids=[[fr_word_dict.get(w,UNK) for w in s] for s in fr_tokens]
sorted_ids=sorted(range(len(out_en_ids)),
                key=lambda x:len(out_en_ids[x]))
out_en_ids=[out_en_ids[x] for x in sorted_ids]
out_fr_ids=[out_fr_ids[x] for x in sorted_ids]
```

随后将数字表示放入用于训练的批次中：

```
import numpy as np

batch_size=128
idx_list=np.arange(0,len(en_tokens),batch_size)
np.random.shuffle(idx_list)

batch_indexs=[]
for idx in idx_list:
    batch_indexs.append(np.arange(idx,min(len(en_tokens),
                                    idx+batch_size)))
```

注意，在将其放入批次前，我们通过英语句子的长度对训练数据集中的观测值进行了排序。这种方法确保了每个批次中的观测值有着近似的长度，从而减少了填充需求。因此，这种方法不仅减小了训练数据的总量，还加速了训练过程。

为了将批次中的序列填充到相同长度，我们定义了如下函数：

```
def seq_padding(X, padding=0):
    L = [len(x) for x in X]
    ML = max(L)                                                            ❶
    padded_seq = np.array([np.concatenate([x, [padding] * (ML - len(x))])
        if len(x) < ML else x for x in X])                                 ❷
    return padded_seq
```

❶ # 找出批次中最长序列的长度
❷ # 如果某个批次短于最长序列，则在该序列末尾添加 0

函数 seq_padding() 首先确定了批次中最长的序列，然后在较短序列的末尾添加0，以确保批次中的每个序列的长度与最大长度相等。

为节省版面，我们已经在第 9 章提到的本地模块 ch09util.py 中创建了一个 Batch() 类，如清单 10.4 所示。

清单 10.4　在本地模块中创建的 Batch() 类

```
import torch
DEVICE = "cuda" if torch.cuda.is_available() else "cpu"

class Batch:
    def __init__(self, src, trg=None, pad=0):
        src = torch.from_numpy(src).to(DEVICE).long()
        self.src = src
        self.src_mask = (src != pad).unsqueeze(-2)          ❶
        if trg is not None:
            trg = torch.from_numpy(trg).to(DEVICE).long()
            self.trg = trg[:, :-1]                          ❷
            self.trg_y = trg[:, 1:]                         ❸
            self.trg_mask = make_std_mask(self.trg, pad)    ❹
            self.ntokens = (self.trg_y != pad).data.sum()
```

❶ # 创建一个源掩码以隐藏句子末尾的填充
❷ # 创建解码器的输入
❸ # 将输入向右移动一个词元并将结果用作输出
❹ # 创建一个目标掩码

Batch() 类的作用如图 10.1 所示。

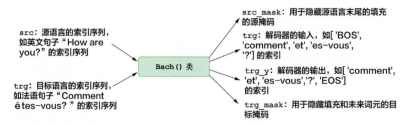

图 10.1　Batch() 类的作用。这个 Batch() 类接收两个输入：src 和 trg，分别对应源语言和目标语言的索引序列。它为训练数据添加了几个属性：src_mask，用于隐藏填充的源掩码；修改后的 trg，解码器的输入；trg_y，解码器的输出；trg_mask，用于隐藏填充和未来词元的目标掩码

Batch() 类处理一个批次的英语句子和法语句子，将其转换为适合训练的格式。为了更具体地介绍这个过程，我们以英语句子"How are you?"和它的法语译文"Comment êtes-vous?"为例。Batch() 类接收两个输入：src，表示"How are you?"中词元对应的索引序列；trg，表示"Comment êtes-vous?"中词元对应的索引序列。Batch() 类生成一个张量 src_mask，这个张量用于隐藏句子末尾的填充。例如，句子"How are you?"被分解为 6 个词元：['BOS', 'how', 'are', 'you', '?', 'EOS']。如果该序列位于某个批次中,且该批次的最大长度为 8 个词元,那么就需要在这个句子的末尾添加两个 0。src_mask 张量指示模型在这种情况下忽略最后的两个词元。

不仅如此,Batch() 类还需要准备 Transformer 解码器的输入和输出。以法语句子 "Comment êtes-vous?" 为例,它被转换为 6 个词元:['BOS', 'comment', 'et', 'es-vous', '?', 'EOS']。前 5 个词元的索引会作为解码器的输入 (trg)。然后将这个输入向右移动一个词元,形成解码器的输出 trg_y。因此,输入包含了 ['BOS', 'comment', 'et', 'es-vous', '?'] 的索引,而输出则包含了 ['comment', 'et', 'es-vous', '?', 'EOS'] 的索引。这种方法与我们在第 8 章中的讨论相符,旨在迫使模型基于之前的词元来预测下一个词元。

Batch() 类还为解码器的输入生成了一个掩码 trg_mask。该掩码的目的是隐藏输入内容的后续词元,确保模型仅依赖之前的词元进行预测。这个掩码是由 make_std_mask() 函数生成的,该函数在本地模块 ch09util 中定义如下:

```python
import numpy as np
def subsequent_mask(size):
    attn_shape = (1, size, size)
    subsequent_mask = np.triu(np.ones(attn_shape),k=1).astype('uint8')
    output = torch.from_numpy(subsequent_mask) == 0
    return output
def make_std_mask(tgt, pad):
    tgt_mask=(tgt != pad).unsqueeze(-2)
    output=tgt_mask & subsequent_mask(tgt.size(-1)).type_as(tgt_mask.data)
    return output
```

subsequent_mask() 函数为一个序列生成一个特定掩码,借此指示模型仅专注于实际序列,并忽略末尾填充的零,因为这些填充的零仅用于让序列实现统一长度。另外,make_std_mask() 函数构造了目标序列的标准掩码。这个标准掩码有两个作用:隐藏目标序列中的填充零和未来的词元。

接着从本地模块导入 Batch() 类,并用它来创建训练数据的批次:

```python
from utils.ch09util import Batch

class BatchLoader():
    def __init__(self):
        self.idx=0
    def __iter__(self):
        return self
    def __next__(self):
        self.idx += 1
        if self.idx<=len(batch_indexes):
            b=batch_indexes[self.idx-1]
            batch_en=[out_en_ids[x] for x in b]
            batch_fr=[out_fr_ids[x] for x in b]
            batch_en=seq_padding(batch_en)
            batch_fr=seq_padding(batch_fr)
            return Batch(batch_en,batch_fr)
        raise StopIteration
```

BatchLoader() 类创建了用于训练的数据批次。该列表中的每个批次均包含 128 对数据,每对数据包含一个英语句子及对应的法语译文的数字表示。

10.2 词嵌入和位置编码

在完成词元化处理后,英语句子和法语句子已经被表示为索引序列。本节将通过词嵌入将这些索引(本质上是独热向量)转换为紧凑的向量表示。这样做可以捕捉句子中词元的语义信息和相互关系。词嵌入还有助于提高训练效率：与庞大的独热向量相比，词嵌入可使用连续的低维度向量来降低模型的复杂度和维度。

注意力机制同时处理句子中的所有词元，而非按顺序逐个处理。这进一步提高了效率，但本质上这样做并不能识别词元的序列顺序。因此，我们将使用不同频率的正弦函数和余弦函数为输入嵌入加上位置编码。

10.2.1 词嵌入

英语句子和法语句子的数字表示涉及大量索引。为了确定每种语言所需的不同索引的确切数量，可以计算 `en_word_dict` 和 `fr_word_dict` 词典中唯一元素的数量。这样做会生成每种语言词汇表中唯一词元的总数（稍后会将其用作 Transformer 的输入）：

```
src_vocab = len(en_word_dict)
tgt_vocab = len(fr_word_dict)
print(f"there are {src_vocab} distinct English tokens")
print(f"there are {tgt_vocab} distinct French tokens")
```

输出如下所示：

```
there are 11055 distinct English tokens
there are 11239 distinct French tokens
```

我们的数据集中共有11055个唯一的英语词元和11239个唯一的法语词元。对这些词元使用独热编码将导致参数数量过多，难以训练。为解决这个问题，我们会使用词嵌入，将数字表示压缩为连续向量，每个向量的长度为d_model=256。

通过使用在本地模块 **ch09util** 中定义的 `Embeddings()` 类，即可实现上述目标：

```
import math

class Embeddings(nn.Module):
    def __init__(self, d_model, vocab):
        super().__init__()
        self.lut = nn.Embedding(vocab, d_model)
        self.d_model = d_model

    def forward(self, x):
        out = self.lut(x) * math.sqrt(self.d_model)
        return out
```

上述代码中定义的`Embeddings()`类利用了PyTorch的`Embedding()`类。它还将输出乘以d_model（256）的平方根。这个乘法旨在抵消后续计算注意力分数时发生的，对d_model的平方根进行的除法操作。`Embeddings()`类减少了英语句子和法语句子数字表示的维度。我们已经在第8章中详细讨论了PyTorch的`Embedding()`类的工作原理。

10.2.2 位置编码

为了准确表示输入和输出中元素的序列顺序，我们在本地模块中引入`PositionalEncoding()`类，如清单10.5所示。

清单 10.5　用于计算位置编码的类

```
class PositionalEncoding(nn.Module):
    def __init__(self, d_model, dropout, max_len=5000):    ❶
        super().__init__()
```

10.2 词嵌入和位置编码

```
            self.dropout = nn.Dropout(p=dropout)
            pe = torch.zeros(max_len, d_model, device=DEVICE)
            position = torch.arange(0., max_len,
                                    device=DEVICE).unsqueeze(1)
            div_term = torch.exp(torch.arange(
                0., d_model, 2, device=DEVICE)
                * -(math.log(10000.0) / d_model))
            pe_pos = torch.mul(position, div_term)
            pe[:, 0::2] = torch.sin(pe_pos)       ❷
            pe[:, 1::2] = torch.cos(pe_pos)       ❸
            pe = pe.unsqueeze(0)
            self.register_buffer('pe', pe)

        def forward(self, x):
            x=x+self.pe[:,:x.size(1)].requires_grad_(False)    ❹
            out=self.dropout(x)
            return out
```

❶ # 初始化类,允许最多 5000 个位置
❷ # 对向量中的偶数索引应用正弦函数
❸ # 对向量中的奇数索引应用余弦函数
❹ # 词嵌入加上位置编码

对于序列中的位置,PositionalEncoding() 类对偶数索引使用正弦函数计算向量,对奇数索引使用余弦函数计算向量。注意,PositionalEncoding() 类包含了 requires_grad_(False) 参数,因为这些值不需要训练。它们在所有输入中保持不变,且在训练过程中不会发生变化。

例如,来自英语句子的 6 个词元 ['BOS', 'how', 'are', 'you', '?', 'EOS'] 所对应的索引,首先会通过一个词嵌入层进行处理。这一步可将这些索引转换为一个维度为 (1, 6, 256) 的张量: 1 表示批次中只有 1 个序列; 6 表示序列中有 6 个词元; 256 表示每个词元由一个 256 值的向量表示。在这个词嵌入过程后,使用 PositionalEncoding() 类计算词元 ['BOS', 'how', 'are', 'you', '?', 'EOS'] 对应索引的位置编码。这是为了向模型提供关于序列中每个词元的位置信息。更有趣的是,我们可以使用以下代码了解上述 6 个词元的位置编码的确切值:

```
from utils.ch09util import PositionalEncoding
import torch
DEVICE = "cuda" if torch.cuda.is_available() else "cpu"

pe = PositionalEncoding(256, 0.1)       ❶
x = torch.zeros(1, 8, 256).to(DEVICE)   ❷
y = pe.forward(x)       ❸
print(f"the shape of positional encoding is {y.shape}")
print(y)       ❹
```

❶ # 实例化 PositionalEncoding() 类,并将模型维度设置为 256
❷ # 创建一个词嵌入并用零填充
❸ # 通过词嵌入加上位置编码计算输入嵌入
❹ # 打印输入嵌入,因为词嵌入设置为 0,因此输入嵌入与位置编码相同

我们首先通过将模型维度设置为 256,并将丢弃率设置为 0.1 来创建 PositionalEncoding() 类的实例 pe。由于这个类的输出是词嵌入和位置编码的和,我们会创建一个填充了 0 的词嵌入并将其输入 pe,这样,输出就与位置编码相同了。

运行上述代码后,可以看到如下的输出:

```
the shape of positional encoding is torch.Size([1, 8, 256])
tensor([[[ 0.0000e+00,  1.1111e+00,  0.0000e+00,  ...,  0.0000e+00,
           0.0000e+00,  1.1111e+00],
         [ 9.3497e-01,  6.0034e-01,  8.9107e-01,  ...,  1.1111e+00,
           1.1940e-04,  1.1111e+00],
```

```
        [ 0.0000e+00, -4.6239e-01,  1.0646e+00,  ...,  1.1111e+00,
          2.3880e-04,  1.1111e+00],
         ...,
        [-1.0655e+00,  3.1518e-01, -1.1091e+00,  ...,  1.1111e+00,
          5.9700e-04,  1.1111e+00],
        [-3.1046e-01,  1.0669e+00, -0.0000e+00,  ...,  0.0000e+00,
          7.1640e-04,  1.1111e+00],
        [ 7.2999e-01,  8.3767e-01,  2.5419e-01,  ...,  1.1111e+00,
          8.3581e-04,  1.1111e+00]]], device='cuda:0')
```

上述张量表示了英语句子"How are you?"的位置编码。注意，这个位置编码也具有 (1, 6, 256) 的维度，与"How are you?"的词嵌入维度相符。下一步需要将词嵌入和位置编码合并为一个单一张量。

位置编码的一个重要特点是：无论输入序列如何，它们的值都是相同的。这意味着无论具体的输入序列是什么，第一个词元的位置编码始终是相同的 256 值的向量，[0.0000e+00, 1.1111e+00, ..., 1.1111e+00]，如上述输出所示。类似地，第二个词元的位置编码始终是 [9.3497e-01, 6.0034e-01, ..., 1.1111e+00]，以此类推。它们的值在训练过程中也不会变化。

10.3 训练 Transformer 将英语翻译成法语

我们构建的将英语翻译成法语的模型可以视为一个多类别分类器。其核心目标是在翻译英语句子时预测法语词汇表中的下一个词元。这在某种程度上类似于第 2 章讨论的图像分类项目，尽管这次这个模型要复杂得多。这种复杂性使得我们需要仔细选择损失函数、优化器和训练循环参数。

本节将详细介绍如何选择适当的损失函数和优化器。我们将使用一批英译法译文作为训练数据集来训练 Transformer。在模型训练完成后，就可以将常见英语句子翻译成法语了。

10.3.1 损失函数和优化器

先从本地模块 ch09util.py 中导入 create_model() 函数，并构建一个 Transformer，以便训练它将英语翻译成法语：

```
from utils.ch09util import create_model

model = create_model(src_vocab, tgt_vocab, N=6,
    d_model=256, d_ff=1024, h=8, dropout=0.1)
```

论文"Attention Is All You Need"在构建模型时使用了各种超参数的组合。在这里，我们选择了一个维度为 256，有 8 个头的模型，因为这个组合已经可以很好地将英语翻译成法语。有兴趣的读者可以使用验证集来调整超参数，从而在自己的项目中选择最佳模型。

我们将遵循原始论文"Attention Is All You Need"的做法，并在训练过程中使用标签平滑。在深度神经网络的训练过程中，通常可以使用标签平滑来改善模型的泛化能力。这种技术可用于解决分类中的过度自信问题（预测概率大于真实概率）和过拟合问题。具体来说，标签平滑通过调整目标标签来修改模型的学习方式，旨在降低模型对训练数据的信心，从而在未见过的数据上获得更好的表现。

在典型的分类任务中，目标标签以独热编码格式表示。这种表示意味着对于每个训练样本的标签，其正确性有着绝对的确定性。使用绝对确定性进行训练会导致两个重要问题。第一是过拟合：模型对自己的预测过于自信，过度拟合于训练数据，这可能会影响模型在未见过的数据上的表现。第二个问题是较差的校准：以这种方式训练的模型通常会输出过于自信的概率。例如，置信度本应较低时，模型却可能为正确类别输出 99% 的概率。

标签平滑通过调整目标标签可降低确定性。例如，对于一个三分类问题，目标标签 [1, 0, 0] 可调整为 [0.9, 0.05, 0.05]。这种方法通过惩罚过度自信的输出，鼓励模型对预测不要太自信。平滑后的标签是原始标签和其他标签的某种分布（通常是均匀分布）进行混合的产物。

我们在本地模块 ch09util 中定义了如下的 LabelSmoothing() 类，如清单 10.6 所示。

清单 10.6　用于执行标签平滑的类

```
class LabelSmoothing(nn.Module):
    def __init__(self, size, padding_idx, smoothing=0.1):
        super().__init__()
        self.criterion = nn.KLDivLoss(reduction='sum')
        self.padding_idx = padding_idx
        self.confidence = 1.0 - smoothing
        self.smoothing = smoothing
        self.size = size
        self.true_dist = None
    def forward(self, x, target):
        assert x.size(1) == self.size
        true_dist = x.data.clone()                                ❶
        true_dist.fill_(self.smoothing / (self.size - 2))
        true_dist.scatter_(1,
            target.data.unsqueeze(1), self.confidence)            ❷
        true_dist[:, self.padding_idx] = 0
        mask = torch.nonzero(target.data == self.padding_idx)
        if mask.dim() > 0:
            true_dist.index_fill_(0, mask.squeeze(), 0.0)
        self.true_dist = true_dist
        output = self.criterion(x, true_dist.clone().detach())    ❸
        return output
```

❶ # 从模型中提取预测
❷ # 从训练数据中提取实际标签并向其添加噪声
❸ # 在计算损失时使用平滑后的标签作为目标

LabelSmoothing() 类首先从模型中提取预测。然后，它通过向实际标签添加噪声来平滑训练数据中的实际标签。参数 smoothing 控制了向实际标签中注入多少噪声。例如，如果设置 smoothing=0.1，那么标签 [1, 0, 0] 会被平滑为 [0.9, 0.05, 0.05]；如果设置 smoothing=0.05，那么上述标签将被平滑为 [0.95, 0.025, 0.025]。然后，这个类将预测的标签与平滑后的标签进行比较来计算损失。

与前几章的做法一样，我们使用 Adam 优化器。然而这次并不在整个训练过程中使用恒定的学习率，而是在本地模块中定义了 NoamOpt() 类，从而在训练过程中更改学习率，如下所示：

```
class NoamOpt:
    def __init__(self, model_size, factor, warmup, optimizer):
        self.optimizer = optimizer
        self._step = 0
        self.warmup = warmup                    ❶
        self.factor = factor
        self.model_size = model_size
        self._rate = 0
    def step(self):                             ❷
        self._step += 1
        rate = self.rate()
        for p in self.optimizer.param_groups:
            p['lr'] = rate
```

```
            self._rate = rate
            self.optimizer.step()
        def rate(self, step=None):
            if step is None:
                step = self._step
            output = self.factor * (self.model_size ** (-0.5) *
                min(step ** (-0.5), step * self.warmup ** (-1.5)))     ❸
            return output
```

❶ # 定义预热步骤
❷ # 定义一个 step() 方法以应用优化器调整模型参数
❸ # 根据步数计算学习率

上述 NoamOpt() 类实现了一种预热学习率策略。首先，在训练的初始预热步骤中，它会线性地提高学习率。预热步骤结束后，这个类会根据训练步数的平方根的倒数，等比递减学习率。

接下来，按照以下方式创建用于训练的优化器：

```
from utils.ch09util import NoamOpt

optimizer = NoamOpt(256, 1, 2000, torch.optim.Adam(
    model.parameters(), lr=0, betas=(0.9, 0.98), eps=1e-9))
```

要为训练定义损失函数，先在本地模块中创建清单 10.7 所示的 SimpleLossCompute() 类。

清单 10.7　计算损失的类

```
class SimpleLossCompute:
    def __init__(self, generator, criterion, opt=None):
        self.generator = generator
        self.criterion = criterion
        self.opt = opt
    def __call__(self, x, y, norm):
        x = self.generator(x)                                          ❶
        loss = self.criterion(x.contiguous().view(-1, x.size(-1)),
                              y.contiguous().view(-1)) / norm          ❷
        loss.backward()                                                ❸
        if self.opt is not None:
            self.opt.step()                                            ❹
            self.opt.optimizer.zero_grad()
        return loss.data.item() * norm.float()
```

❶ # 使用模型进行预测
❷ # 将预测与标签进行比较，使用标签平滑计算损失
❸ # 计算相对于模型参数的梯度
❹ # 调整模型参数（反向传播）

SimpleLossCompute() 类有 3 个关键元素，即用作预测模型的 generator、用于计算损失的函数 criterion 和优化器 opt。这个类利用 generator 进行预测来处理一个批次的训练数据（标记为 (x, y)）。然后，它会将这些预测与实际标签 y 进行比较来评估损失（由之前定义的 LabelSmoothing() 类处理；实际标签 y 将在此过程中进行平滑处理）。这个类还计算相对于模型参数的梯度，并利用优化器酌情更新这些参数。

然后定义如下的损失函数：

```
from utils.ch09util import (LabelSmoothing,
       SimpleLossCompute)

criterion = LabelSmoothing(tgt_vocab,
                    padding_idx=0, smoothing=0.1)
loss_func = SimpleLossCompute(
        model.generator, criterion, optimizer)
```

10.4 用训练好的模型将英语翻译成法语

接下来，我们将使用本章前面准备好的数据训练 Transformer。

10.3.2 训练循环

我们可以将训练数据分为训练集和验证集，并持续训练模型，直到模型在验证集上的性能不再提升（整个过程与第 2 章所做的类似）。为了节省空间，我们对模型进行 100 个轮次的训练，计算每个批次的损失和词元数量。每个轮次结束后，计算该轮次中的平均损失，即总损失与词元总数的比值。代码如清单 10.8 所示。

清单 10.8　训练一个将英语翻译成法语的 Transformer

```
for epoch in range(100):
    model.train()
    tloss=0
    tokens=0
    for batch in BatchLoader():
        out = model(batch.src, batch.trg,
                    batch.src_mask, batch.trg_mask)      ❶
        loss = loss_func(out, batch.trg_y, batch.ntokens) ❷
        tloss += loss
        tokens += batch.ntokens                           ❸
    print(f"Epoch {epoch}, average loss: {tloss/tokens}")
torch.save(model.state_dict(),"files/en2fr.pth")         ❹
```

❶ # 使用 Transformer 进行预测
❷ # 计算损失并调整模型参数
❸ # 统计批次中的词元数量
❹ # 训练后保存训练好的模型权重

如果使用支持 CUDA 的 GPU，该训练过程可能需要耗费几个小时。如果使用 CPU 进行训练，则可能需要一整天。训练完成后，模型权重将保存在计算机上（文件名为 en2fr.pth）。

10.4 用训练好的模型将英语翻译成法语

至此，我们已经训练好了 Transformer，随后可以用它将任何英语句子翻译成法语。`translate()` 函数的定义如清单 10.9 所示。

清单 10.9　定义一个将英语翻译成法语的 `translate()` 函数

```
def translate(eng):
    tokenized_en=tokenizer.tokenize(eng)
    tokenized_en=["BOS"]+tokenized_en+["EOS"]
    enidx=[en_word_dict.get(i,UNK) for i in tokenized_en]
    src=torch.tensor(enidx).long().to(DEVICE).unsqueeze(0)
    src_mask=(src!=0).unsqueeze(-2)
    memory=model.encode(src,src_mask)              ❶
    start_symbol=fr_word_dict["BOS"]
    ys = torch.ones(1, 1).fill_(start_symbol).type_as(src.data)
    translation=[]
    for i in range(100):
        out = model.decode(memory,src_mask,ys,
            subsequent_mask(ys.size(1)).type_as(src.data))  ❷
        prob = model.generator(out[:, -1])
        _, next_word = torch.max(prob, dim=1)
        next_word = next_word.data[0]
        ys = torch.cat([ys, torch.ones(1, 1).type_as(
            src.data).fill_(next_word)], dim=1)
        sym = fr_idx_dict[ys[0, -1].item()]
```

```
            if sym != 'EOS':
                translation.append(sym)
            else:
                break           ❸
    trans="".join(translation)
    trans=trans.replace("</w>"," ")
    for x in '''?:;.,'("-!&)%''':
        trans=trans.replace(f" {x}",f"{x}")    ❹
    print(trans)
    return trans
```

❶ # 使用编码器将英语句子转换为向量表示
❷ # 使用解码器预测下一个词元
❸ # 当下一个词元为 "EOS" 时停止翻译
❹ # 将预测的词元连接形成法语句子

要将英语句子翻译成法语，首先需要使用词元化处理程序将英语句子转换为词元，然后在句子开头和结尾添加 "BOS" 和 "EOS"。我们使用在 10.1 节中创建的 en_word_dict 词典将词元转换为索引。将索引序列输入训练好的模型中的编码器，编码器产生一个抽象的向量表示，并将其传递给解码器。

根据编码器生成的英语句子抽象向量表示，训练好的模型中解码器开始以自回归方式进行翻译，翻译工作从起始词元 "BOS" 开始。在每个时间步中，解码器会基于之前生成的词元生成最有可能的下一个词元，直到预测出表示句子结束的 "EOS"。注意，这与第 8 章讨论的文本生成方法略有不同，当时的下一个词元是根据预测概率随机选择的。但在这里，选择下一个词元的方法是确定性的，这意味着选择具有最高概率的词元也是确定的，因为我们主要关心准确性。然而，如果希望结果更有创意，也可以像第 8 章那样更改为随机预测，使用 top-K 采样和温度控制机制。

最后，将词元分隔符替换为空格，并移除标点符号前的空格。这样即可输出以清晰格式呈现的法语译文。

试试看使用英语句子 "Today is a beautiful day!" 来调用 translate() 函数，如下所示：

```
from utils.ch09util import subsequent_mask

with open("files/dict.p","rb") as fb:
    en_word_dict,en_idx_dict,\
    fr_word_dict,fr_idx_dict=pickle.load(fb)
trained_weights=torch.load("files/en2fr.pth",
                           map_location=DEVICE)
model.load_state_dict(trained_weights)
model.eval()
eng = "Today is a beautiful day!"
translated_fr = translate(eng)
```

输出如下：

```
aujourd'hui est une belle journee!
```

可以使用谷歌翻译等方式来验证，上述法语译文确实等同于英语的 "Today is a beautiful day!"。

尝试一个更长的句子，看看训练好的模型是否能成功翻译，如下所示：

```
eng = "A little boy in jeans climbs a small tree while another child looks on."
translated_fr = translate(eng)
```

输出如下：

```
un petit garcon en jeans grimpe un petit arbre tandis qu'un autre enfant regarde.
```

使用谷歌翻译将上述输出重新翻译回英语后，结果为 "a little boy in jeans climbs a small tree while another child watches.",与原始英语句子不完全相同,但意思一致。

接下来测试训练好的模型是否能为两个英语句子"I don't speak French."和"I do not speak French."生成相同译的译文。首先尝试句子"I don't speak French.",如下所示:

```
eng = "I don't speak French."
translated_fr = translate(eng)
```

输出如下:

```
je ne parle pas francais.
```

接着试试句子"I do not speak French.",如下所示:

```
eng = "I do not speak French."
translated_fr = translate(eng)
```

这次的输出如下:

```
je ne parle pas francais.
```

结果表明,这两个句子的法语译文完全相同。这意味着Transformer的编码器组件成功抓住了两个英语句子的语义本质,然后将它们表示为类似的抽象连续向量形式,并传递给解码器。解码器根据这些向量生成译文,并产生了相同的结果。

练习10.3

使用`translate()`函数将以下两个英语句子翻译成法语,并将结果与谷歌翻译的结果进行比较,看看它们是否相同。

(1) I love skiing in the winter!

(2) How are you?

本章使用超过4.7万对英译法译文训练了一个编码器-解码器Transformer。训练好的模型运行良好,可以正确翻译常见的英语句子!

第11章将探索仅解码器Transformer。我们将从零开始构建它,并使用它生成连贯的文本,甚至获得比第8章使用LSTM时效果更好的文本。

10.5 小结

- 循环神经网络(RNN)顺序处理数据,但Transformer采用了不同方式,并行处理输入数据(如句子)。这种并行性提高了效率,但本质上使Transformer不能识别输入的序列顺序。为解决这个问题,Transformer将位置编码添加到输入嵌入中。这些位置编码是分配给输入序列中每个位置的唯一向量,并与输入嵌入在维度上对齐。
- 标签平滑常用于训练深度神经网络以改善模型的泛化能力。它可用于解决分类中的过度自信问题(预测概率大于真实概率)和过拟合问题。具体来说,标签平滑通过调整目标标签来修改模型的学习方式,旨在降低模型对训练数据的信心,从而在未见过的数据上获得更好的表现。
- 根据捕获了英语句子含义的编码器的输出,训练好的Transformer的解码器能以自回归方式进行翻译,翻译工作从起始词元"BOS"开始。在每个时间步中,解码器会基于之前生成的词元持续生成最有可能的下一个词元,直到预测的词元是表示句子结束的"EOS"。

第 11 章 从零开始构建 GPT

本章内容

- 从零开始构建生成式预训练 Transformer（GPT）
- 因果自注意力机制
- 从预训练模型中提取并加载模型权重
- 使用 GPT-2（ChatGPT 和 GPT-4 的前身）生成连贯的文本

生成式预训练 Transformer 2（GPT-2）是由 OpenAI 开发的一款大语言模型（LLM），于 2019 年 2 月正式公布。它是自然语言处理（NLP）领域的一个重要里程碑，为开发更复杂的模型（包括其继任者 ChatGPT 和 GPT-4）铺平了道路。

GPT-2 是基于 GPT-1 改进而来的新版本，旨在根据给出的提示词生成上下文相关的连贯文本，一经推出就展示出在各种风格和主题方面模仿人类的卓越的文本生成能力。在宣布推出时，OpenAI 最初决定不向公众发布 GPT-2 的最强大版本（也就是我们将在本章从零开始构建的版本，有 15 亿个参数）。当时 OpenAI 最主要的顾虑是该模型可能会被滥用，例如被用于生成误导性新闻文章、在线冒充他人身份或被用于自动生产滥用内容或虚假内容。这一决定也引发了人工智能和科技界围绕人工智能发展伦理和创新与安全之间的平衡等话题展开大量讨论。

后来，OpenAI 采取了分阶段发布的策略，逐渐公开模型的较小版本，同时监控模型所产生的影响并探索安全部署策略。最终，在 2019 年 11 月，OpenAI 发布了完整模型，还提供了多个数据集和一个能检测模型所生成文本的工具，这些举措促进了各界对"负责任的 AI 用法"的广泛讨论。借助这次发布的版本，我们将能了解如何从 GPT-2 中提取预训练的模型权重并加载到我们自己创建的 GPT-2 模型中。

GPT-2 基于第 9 章和第 10 章讨论过的 Transformer 架构。不过与之前创建的英译法翻译器不同，GPT-2 是一个仅解码器 Transformer，这意味着模型中没有编码器栈。在将英语句子翻译成法语时，编码器会捕捉英语句子的含义并将其传递给解码器以生成译文。然而，在文本生成任务中，模型不需要编码器理解不同的语言。相反，模型仅使用仅解码器的架构，基于句子中之前的词元生成后续文本。与其他 Transformer 模型一样，GPT-2 使用自注意力机制并行处理输入的数据，显著提高了训练大语言模型的效率和效果。

GPT-2 通过大量文本数据预训练而来，本质上，它是在根据前面的单词预测句子中的下一个单词。这种训练使模型能够学习各种语言模式、语法和知识。

本章将介绍如何从零开始构建 GPT-2XL（GPT-2 的最大版本）。之后，我们将了解如何从 Hugging Face（一个托管 ML 模型、数据集和应用并据此开展协作的 AI 社区）中提取预训练模型权重，并将模型权重加载到我们自己的 GPT-2 模型中。我们会使用自己的 GPT-2，将提示词传给模型来生成文本。GPT-2 计算下一个可能词元的概率，并从这些概率中采样。它可以根据接收到的输入提示词生成上下文相关的、连贯的文本段落。另外，就像在第 8 章所做的那样，我们还可以使用温度和 top-K 采样来控制所生成文本的创造性。

虽然 GPT-2 标志着 NLP 技术的显著进步，但我们依然需要适度调整自己的期望，并认识到它固有的局限性。重点在于：不要直接将 GPT-2 与 ChatGPT 或 GPT-4 进行比较，因为 GPT-2XL 只有 15 亿个参数，而 ChatGPT 有 1750 亿个参数，GPT-4 更是有 1.76 万亿个参数。GPT-2 的主要局限之一是它缺乏对自己所生成内容的真正理解。

该模型只是根据训练数据中单词的概率分布来预测序列中的下一个单词，这可能会产生句法正确并且看似合乎逻辑的文本。然而，该模型缺乏对单词背后含义的真正理解，这可能导致产生不准确、无意义的陈述或浅薄的内容。

另外，GPT-2 只能理解较为有限的上下文。虽然它可以在短跨度文本上保持连贯性，但在更长的段落中可能会丧失连贯性、产生矛盾或无关紧要的内容。我们应该慎重，不要高估该模型的生成能力，尤其是需要对上下文和细节保持持续关注的长内容的生成能力。因此，虽然 GPT-2 意味着 NLP 方面的重要进步，但更重要的是，需要以适度的怀疑态度来看待它所生成的文本，并对它的能力保持合理期望。

11.1 GPT-2 的架构和因果自注意力

GPT-2 以仅解码器 Transformer 的形式运行（根据句子中已经出现的词元生成后续文本，无须用编码器来理解不同的语言），这种方式与第 9 章和第 10 章讨论的英译法翻译器的解码器组件相似。但与编码器 - 解码器 Transformer 的不同之处在于，GPT-2 缺少编码器，因此在输出的生成过程中不包含由编码器导出的输入。GPT-2 模型完全依赖序列中之前的词元来产生输出。

本节将介绍 GPT-2 的架构，同时将深入探讨因果自注意力（causal self-attention）机制，这是 GPT-2 模型的核心。

11.1.1 GPT-2 的架构

GPT-2 有 4 种不同规模的版本，即小（S）、中（M）、大（L）和特大（XL），每种规模的版本能力各异。我们主要关注最强大的版本，即 GPT-2XL。规模最小的 GPT-2 模型约有 1.24 亿个参数，而特大规模的版本约有 15 亿个参数。它是所有 GPT-2 模型中最强大的，具有最多的参数。GPT-2XL 能够理解复杂的上下文，生成连贯且细致的文本。

GPT-2 由多个相同解码器块组成。特大版本有 48 个解码器块，其他 3 个版本分别有 12、24 和 36 个解码器块。每个解码器块由两个不同子层组成。第一个子层是因果自注意力层，稍后将详细介绍；第二个子层是一个基础的、按位置处理的全连接前馈网络，有些类似于英译法翻译器的编码器和解码器块中存在的那种结构。每个子层都包含层归一化和残差连接，借此产生稳定的训练过程。

GPT-2 模型的架构如图 11.1 所示。

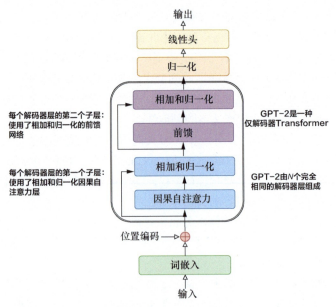

图 11.1 GPT-2 模型的架构。GPT-2 是一种仅解码器 Transformer，由 N 个相同解码器层组成。每个解码器块包含两个子层。第一个子层是因果自注意力层，第二个子层是前馈网络。每个子层都使用层归一化和残差连接。输入首先通过词嵌入和位置编码，然后将结果求和并传递给解码器。解码器的输出则会通过层归一化和线性层的处理

GPT-2 首先将一个词元序列的索引通过词嵌入和位置编码，得到输入嵌入（下文很快将介绍这个过程的工作原理）。输入嵌入依次通过 N 个解码器块，之后，输出通过层归一化和一个线性层。在 GPT-2 中，输出的数量等于词汇表中唯一词元的数量（对所有 GPT-2 版本来说，有 50257 个词元）。该模型旨在基于序列中所有之前的词元来预测下一个词元。

为了训练 GPT-2，OpenAI 使用了一个名为"WebText"的数据集，这个数据集是从互联网上自动收集的。其中包含各种各样的文本，如 Reddit 等网站的高赞链接，因而数据集涵盖了广泛的人类语言和主题。据估计，该数据集包含约 40 GB 的文本。

训练数据被分成固定长度（对所有 GPT-2 版本来说，均为 1024 个词元）的序列，并将这些序列用作输入。这些序列会向右移动一个词元，将移动后的结果用作模型在训练期间的输出。模型使用了因果自注意力机制，即在训练过程中隐藏序列中未来出现的词元，这有效地训练了模型，使其能基于序列中所有之前的词元来预测下一个词元。

11.1.2 GPT-2 中的词嵌入和位置编码

GPT-2 使用一种名为字节对编码器（byte pair encoder，BPE）的子词词元化方法将文本分解为词元（在大多数情况下，一个词元就是一整个单词或标点符号；对于一些不常见的单词，可能会按照音节分解成多个词元）。然后这些词元会被映射为在 0 和 50256 之间的索引，因为词汇表大小为 50257。GPT-2 通过词嵌入将训练数据中的文本转换为包含含义的向量表示，这与我们在前两章中所做的类似。

举个具体的例子，"this is a prompt" 这个句子首先会通过 BPE 词元化转换为 4 个词元：['this', ' is', ' a', ' prompt']。然后，每个词元由一个大小为 50257 的独热变量表示。GPT-2 模型通过一个词嵌入层传递这些独热变量，将它们压缩成使用浮点值且尺寸更小的紧凑向量，GPT-2XL 中压缩后的向量长度为 1600，其他 3 个 GPT-2 版本压缩后的向量长度分别为 768、1024 和 1280。通过词嵌入，

句子"this is a prompt"即可表示成一个大小为 4×1600 的矩阵，而不再是原始的 4×50257。词嵌入大幅减少了模型参数量，使训练更高效。图 11.2 的左侧展示了词嵌入的工作原理。

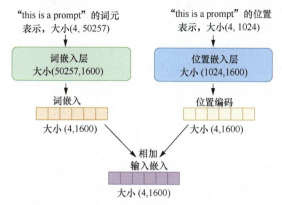

图 11.2　GPT-2 首先使用一个 50276 值的独热向量表示序列中的每个词元。序列的词元表示会通过一个词嵌入层，进而被压缩成一个 1600 维的嵌入。GPT-2 还使用一个 1024 值的独热向量表示序列中的每个位置。序列的位置表示会通过位置编码层，进而被压缩成一个 1600 维的嵌入。然后将词嵌入和位置编码求和，进而形成输入嵌入

GPT-2 和其他 Transformer 一样，并行处理输入数据，而这从本质上使它不能识别输入的序列的顺序。为解决这个问题，需要将位置编码添加到输入嵌入中。GPT-2 采用了一种独特的位置编码方法，这种方法与 2017 年那篇里程碑式的论文"Attention Is All You Need"中介绍的方法有所不同。实际上，GPT-2 的位置编码技术与词嵌入方法类似。考虑到模型处理的最大输入序列长度为 1024 个词元，序列中的每个位置最初都由一个相同大小的独热向量表示。例如，在序列"this is a prompt"中，第一个词元由一个独热向量表示，其中所有元素都是 0，但第一个元素是 1。第二个词元也是如此，由一个向量表示，除了第二个元素，其他所有元素都是 0。因此，"this is a prompt"的位置表示是一个 4×1024 的矩阵，如图 11.2 右上部分所示。

为了生成位置编码，序列的位置表示会经过一个线性神经网络处理，该网络的维度为 1024×1600。这个网络的权重是随机初始化的，然后通过训练过程逐步调整。因此，序列中每个词元的位置编码都是一个 1600 值的向量，这与词嵌入向量的维度相匹配。序列的输入嵌入是其词嵌入和位置编码的和，如图 11.2 底部所示。在句子"this is a prompt"的上下文中，词嵌入和位置编码都会被结构化为 4×1600 的矩阵。因此，"this is a prompt"的输入嵌入，即这两个矩阵的和，其维度仍为 4×1600。

11.1.3　GPT-2 中的因果自注意力

因果自注意力是 GPT-2 模型（以及其他更广泛的 GPT 系列模型）的关键机制之一，它使模型能根据之前生成的词元序列来生成文本。这有点类似第 9 章和第 10 章讨论的英译法翻译器中每个解码器层的第一个子层中的掩码自注意力，不过，在实现方面略有不同。

> 注意
>
> 在当前上下文中，"因果"是指模型可以保证：对于给定词元的预测，只受到序列中之前词元的影响，并符合文本生成的因果（时间推移）方向。这对于生成上下文相关的连贯文本输出至关重要。

自注意力机制允许输入序列中的每个词元关注同一序列中的所有词元。在 GPT-2 等 Transformer 模型中，自注意力使模型能在处理特定词元时权衡其他词元的重要性，从而捕捉句子中单词之间的上下文和关系。

为保证因果性，GPT-2 的自注意力机制有所调整，从而让任何给定词元只能关注其自身和序列中之前出现的词元。这是通过在注意力计算中对未来词元（序列中当前词元之后的词元）添加掩码实现的，这样即可确保模型在预测序列中的下一个词元时不能"看到"后续词元或受到其影响。例如，在句子"this is a prompt"中，当模型使用单词"this"来预测单词"is"时，掩码会在第一个时间步中隐藏随后的 3 个单词。为实现这一点，在计算注意力分数时，与未来词元对应的位置会被设置为负无穷大。在使用 softmax 激活函数后，后续词元会被分配 0 权重，从而有效地将它们从注意力计算中移除。

让我们用一个具体的例子来说明因果自注意力是如何工作的。句子"this is a prompt"的输入嵌入是在词嵌入和位置编码后产生的一个 4×1600 的矩阵。然后让这个输入嵌入通过 GPT-2 中的 N 个解码器层。在每个解码器层中，输入嵌入首先通过因果自注意力子层，如下列代码所示。输入嵌入通过 3 个神经网络以创建查询 Q、键 K 和值 V，如清单 11.1 所示。

清单 11.1　创建查询、键和值向量

```
import torch
import torch.nn as nn

torch.manual_seed(42)
x=torch.randn((1,4,1600))             ❶
c_attn=nn.Linear(1600,1600*3)         ❷
B,T,C=x.size()
q,k,v=c_attn(x).split(1600,dim=2)     ❸
print(f"the shape of Q vector is {q.size()}")
print(f"the shape of K vector is {k.size()}")
print(f"the shape of V vector is {v.size()}")   ❹
```

❶ # 创建输入嵌入 x
❷ # 创建 3 个神经网络
❸ # 让输入嵌入通过 3 个神经网络以创建 Q、K 和 V
❹ # 输出 Q、K 和 V 的大小

首先创建一个大小为 4×1600 的矩阵，这与"this is a prompt"的输入嵌入大小相同。然后让输入嵌入通过 3 个大小均为 1600×1600 的神经网络，分别获得查询 Q、键 K 和值 V。运行上述代码，将能看到以下输出：

```
the shape of Q vector is torch.Size([1, 4, 1600])
the shape of K vector is torch.Size([1, 4, 1600])
the shape of V vector is torch.Size([1, 4, 1600])
```

Q、K 和 V 的形状均为 4×1600。接下来将它们分成 25 个并行头（而非只使用一个头），每个头只关注输入的不同部分或方面，这样模型就可以捕捉更广泛的信息，并对输入数据形成更详细的、上下文相关的理解。经过这样的操作，我们有了 25 组 Q、K 和 V：

```
hs=C//25
k = k.view(B, T, 25, hs).transpose(1, 2)
q = q.view(B, T, 25, hs).transpose(1, 2)
v = v.view(B, T, 25, hs).transpose(1, 2)         ❶
print(f"the shape of Q vector is {q.size()}")
print(f"the shape of K vector is {k.size()}")
print(f"the shape of V vector is {v.size()}")    ❷
```

❶ # 将 Q、K 和 V 分成 25 个头

❷ # 输出多头 Q、K 和 V 的大小

运行上述代码，将能看到以下输出：

```
the shape of Q vector is torch.Size([1, 25, 4, 64])
the shape of K vector is torch.Size([1, 25, 4, 64])
the shape of V vector is torch.Size([1, 25, 4, 64])
```

现在，Q、K 和 V 的形状变成了 $25 \times 4 \times 64$，这意味着我们有25个头，每个头都有一组查询、键和值，它们的大小均为 4×64。

接下来计算每个头中的缩放注意力分数，如下所示：

```
import math
scaled_att = (q @ k.transpose(-2, -1)) *\
             (1.0 / math.sqrt(k.size(-1)))
print(scaled_att[0,0])
```

缩放注意力分数是每个头中Q和K的点积，再除以K的维度的平方根。每个头中的缩放注意力分数形成一个4×4矩阵，我们输出第一个头中的缩放注意力分数，如下：

```
tensor([[ 0.2334,  0.1385, -0.1305,  0.2664],
        [ 0.2916,  0.1044,  0.0095,  0.0993],
        [ 0.8250,  0.2454,  0.0214,  0.8667],
        [-0.1557,  0.2034,  0.2172, -0.2740]], grad_fn=<SelectBackward0>)
```

第一个头中的缩放注意力分数也展示在图 11.3 左下角的表中。

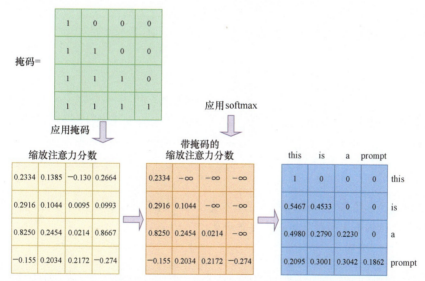

图 11.3　如何在因果自注意力中计算掩码注意力权重。掩码会被应用到缩放注意力分数上，使与未来词元对应的值（矩阵中主对角线上方的值）变为 $-\infty$。然后对带掩码的缩放注意力分数应用 softmax 函数，得到掩码注意力权重。掩码保证了对于给定词元的预测只能受到位于其之前的词元的影响，而不受未来词元的影响。这对于生成上下文相关的连贯文本输出很重要

练习11.1

张量 scaled_att 包含25个头中的缩放注意力分数。之前我们已经输出了第一个头中的缩放注意力分数。如何输出第二个头中的缩放注意力分数？

接下来，将掩码应用到缩放注意力分数，以隐藏序列中未来的词元：

```
mask=torch.tril(torch.ones(4,4))        ❶
print(mask)
masked_scaled_att=scaled_att.masked_fill(\
    mask == 0, float('-inf'))           ❷
print(masked_scaled_att[0,0])
```

❶ # 创建一个掩码
❷ # 通过将未来词元的值改为 -∞ 将掩码应用到缩放注意力分数

运行上述代码，将能看到如下的输出：

```
tensor([[1., 0., 0., 0.],
        [1., 1., 0., 0.],
        [1., 1., 1., 0.],
        [1., 1., 1., 1.]])
tensor([[ 0.2334,    -inf,    -inf,    -inf],
        [ 0.2916,  0.1044,    -inf,    -inf],
        [ 0.8250,  0.2454,  0.0214,    -inf],
        [-0.1557,  0.2034,  0.2172, -0.2740]], grad_fn=<SelectBackward0>)
```

掩码是一个 4×4 矩阵，如图 11.3 顶部所示。掩码的下半部分（主对角线以下的值）为 1，而上半部分（主对角线以上的值）为 0。在将这个掩码应用到缩放注意力分数时，矩阵的上半部分值会变为 -∞（图 11.3 的中间底部）。这样，当我们对缩放注意力分数应用 softmax 函数时，注意力权重矩阵的上半部分将被填充为 0（图 11.3 的右下部分），如下所示：

```
import torch.nn.functional as F
att = F.softmax(masked_scaled_att, dim=-1)
print(att[0,0])
```

输出第一个头中的注意力权重，其数值如下：

```
tensor([[1.0000, 0.0000, 0.0000, 0.0000],
        [0.5467, 0.4533, 0.0000, 0.0000],
        [0.4980, 0.2790, 0.2230, 0.0000],
        [0.2095, 0.3001, 0.3042, 0.1862]], grad_fn=<SelectBackward0>)
```

第一行表示在第一个时间步中，词元 "this" 只关注自身而不关注任何后续词元。类似地，如果看第二行，词元 "this is" 互相关注，但并不关注后续词元 "a prompt"。

> 注意
>
> 这个数值例子中的权重未经训练，因此不要按照字面意思理解这些注意力权重的值。这里只是用它们作为示例来说明因果自注意力是如何工作的。

练习 11.2

我们已经输出了第一个头中的注意力权重。如何输出最后一个（第 25 个）头中的注意力权重？

最后，我们计算每个头中的注意力权重和值向量的点积，并将其作为注意力向量。然后将 25 个头中的注意力向量连接在一起形成一个单一的注意力向量，如下所示：

```
y=att@v
y = y.transpose(1, 2).contiguous().view(B, T, C)
print(y.shape)
```

输出如下：

```
torch.Size([1, 4, 1600])
```

因果自注意力处理后的最终输出是一个4×1600矩阵，这与因果自注意力子层的输入大小相同。解码器层的设计就是如此，使得输入和输出具有相同维度，这样就能堆叠许多解码器层以增加模型的表示能力，并在训练期间实现分层特征提取。

11.2 从零开始构建GPT-2XL

至此，我们已经了解了GPT-2的架构及其核心组成部分，即因果自注意力机制，接着可以一起来从零开始创建GPT-2的最大版本。

本节首先介绍如何使用GPT-2中的子词词元化方法（BPE词元化处理程序）将文本分解为词元，还将介绍GPT-2中用于前馈网络的GELU激活函数。然后将编写因果自注意力机制的代码，并将其与前馈网络结合起来形成一个解码器块。最后，堆叠48个解码器块从而创建GPT-2XL模型。本章涉及的代码改编自Andrej Kaparthy的GitHub代码库中的"minGPT"项目。如果读者想深入了解GPT-2的工作原理，建议详细阅读该代码库中的内容。

11.2.1 字节对编码器（BPE）词元化

GPT-2使用字节对编码器（BPE）的子词词元化方法，这是一种通过调整，可用于在NLP任务中对文本进行词元化处理的数据压缩技术。该技术尤其以LLM训练方面的应用而闻名，GPT系列和BERT（bidirectional encoder representations from Transformers，基于Transformer的双向编码器表示）的LLM训练都用到了这项技术。BPE的主要目标是以一种能在词汇量和词元化文本长度间实现平衡的方式，将一段文本编码为词元序列。

BPE的运行方式是：在一定限制条件约束下，反复将数据集中最频繁出现的一对连续字符合并为一个新词元。这个过程会重复进行，直到达到所需的词汇量，或不再能从合并操作继续获益。BPE可以高效地表示文本，在字符词元化和单词词元化之间实现平衡。它有助于减少词汇量且不显著增加序列长度，这对NLP模型的性能非常重要。

第8章讨论了3种词元化方法（字符词元化、单词词元化和子词词元化）的优缺点。此外，我们还在第8章中从零开始实现了一个单词词元化处理程序（并将在第12章中再次实现）。因此本章将直接借用OpenAI的词元化方法。BPE详细工作原理超出了本书的范围。读者只需要知道：BPE首先将文本转换为子词词元，然后转换为相应的索引。

从Andrej Karpathy的GitHub代码库下载文件`bpe.py`，将其保存在计算机上的/utils/文件夹中。本章将该文件用作本地模块。正如Andrej Karpathy在GitHub代码库中解释的那样，该模块基于OpenAI实现，但为了便于理解进行了少量修改。

为了解`bpe.py`模块如何将文本转换为词元，然后再转换为索引，我们可以看一个例子：

```
from utils.bpe import get_encoder

example="This is the original text."   ❶
bpe_encoder=get_encoder()   ❷
response=bpe_encoder.encode_and_show_work(example)
print(response["tokens"])   ❸
```

❶ # 示例句子的文本
❷ # 实例化bpe.py模块中的get_encoder()类
❸ # 对示例文本进行词元化处理并输出结果

输出如下：

```
['This', ' is', ' the', ' original', ' text', '.']
```

如输出所示，BPE词元化处理程序将示例文本"This is the original text."分割为6个词元。注意，BPE词元化处理程序不会将大写字母转换为小写字母。这导致词元化处理的结果更有意义，但也导致唯一词元数量变多。事实上，所有版本的GPT-2模型，其词汇量均为50276，这已经比前几章用到的词汇量大了好几倍。

我们还可以使用模块 bpe.py 将词元映射到索引，如下所示：

```
print(response['bpe_idx'])
```

输出如下：

```
[1212, 318, 262, 2656, 2420, 13]
```

上述列表包含了示例文本"This is the original text."中6个词元对应的6个索引。

我们还可以根据索引还原出对应的文本，如下所示：

```
from utils.bpe import BPETokenizer

tokenizer = BPETokenizer()         ❶
out=tokenizer.decode(torch.LongTensor(response['bpe_idx']))   ❷
print(out)
```

❶ # 实例化 bpe.py 模块中的 BPETokenizer() 类
❷ # 用词元化处理程序根据索引还原出文本

输出如下：

```
This is the original text.
```

如上所示，BPE词元化处理程序已将示例文本还原为原始形式。

> **练习11.3**
>
> 使用 BPE 词元化处理程序将句子"this is a prompt"分割为词元，然后将这些词元映射到索引，最后根据索引还原出句子。

11.2.2 GELU 激活函数

GPT-2 中每个解码器块的前馈子层都使用了高斯误差线性单元（Gaussian error linear unit，GELU）激活函数。GELU 提供了线性和非线性激活特性的结合，这些特性已被证明能提高深度学习任务中模型的性能，特别是自然语言处理（NLP）任务中模型的性能。

与修正线性单元（rectified linear unit，ReLU）等函数相比，GELU 提供了一种非线性的平滑曲线，从而能在训练过程中进行更细微的调整。这种平滑性有助于更有效地优化神经网络，因为它为反向传播提供了更连续的梯度。为了将 GELU 与 ReLU 进行比较，首先需要定义一个 GELU() 类，如下所示：

```
class GELU(nn.Module):
    def forward(self, x):
        return 0.5*x*(1.0+torch.tanh(math.sqrt(2.0/math.pi)*\
```

```
(x + 0.044715 * torch.pow(x, 3.0))))
```

ReLU 函数并非在所有点都可微分，因为它在某一点上存在拐点。相比之下，GELU 激活函数在任何点都可微分，并且提供了更好的学习过程。接下来，我们绘制 GELU 激活函数的图像，并将其与 ReLU 进行比较。代码如清单 11.2 所示。

清单 11.2　两个激活函数的比较：GELU 和 ReLU

```
import matplotlib.pyplot as plt
import numpy as np

genu=GELU()
def relu(x):          ❶
    y=torch.zeros(len(x))
    for i in range(len(x)):
        if x[i]>0:
            y[i]=x[i]
    return y
xs = torch.linspace(-6,6,300)
ys=relu(xs)
gs=genu(xs)
fig, ax = plt.subplots(figsize=(6,4),dpi=300)
plt.xlim(-3,3)
plt.ylim(-0.5,3.5)
plt.plot(xs, ys, color='blue', label="ReLU")       ❷
plt.plot(xs, gs, "--", color='red', label="GELU")  ❸
plt.legend(fontsize=15)
plt.xlabel("values of x")
plt.ylabel("values of $ReLU(x)$ and $GELU(x)$")
plt.title("The ReLU and GELU Activation Functions")
plt.show()
```

❶ # 定义一个代表 ReLU 的函数
❷ # 以实线绘制 ReLU 激活函数
❸ # 以虚线绘制 GELU 激活函数

运行上述代码，将得到图 11.4 所示的图形。

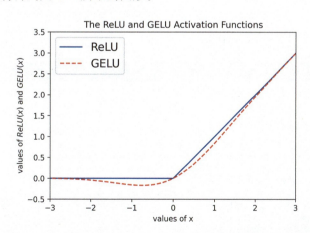

图 11.4　GELU 激活函数与 ReLU 激活函数的比较。实线是 ReLU 激活函数，虚线是 GELU 激活函数。ReLU 并非在所有点都可微分，因为存在一个拐点。相比之下，GELU 在任何点都可微分。这种平滑性有助于更有效地优化神经网络，因为在训练过程中为反向传播提供了更连续的梯度

此外，GELU 的构造使其能更有效地对输入数据的分布情况进行建模。它结合了线性建模和高斯分布建模的特性，这对 NLP 任务中遇到的复杂多变的数据大有裨益。这种能力有助于捕捉语言数据中的微妙模式，从而提高模型对文本的理解和生成能力。

11.2.3 因果自注意力

正如之前提到的,因果自注意力是 GPT-2 模型的核心要素。接下来,我们将在 PyTorch 中从零开始实现这一机制。

首先在本章构建的 GPT-2XL 模型中指定超参数。为此,我们定义了一个 Config() 类,其中包含以下清单 11.3 中的数值。

清单 11.3 在 GPT-2XL 中指定超参数

```
class Config():                      ❶
    def __init__(self):
        self.n_layer = 48
        self.n_head = 25
        self.n_embd = 1600
        self.vocab_size = 50257
        self.block_size = 1024
        self.embd_pdrop = 0.1
        self.resid_pdrop = 0.1
        self.attn_pdrop = 0.1        ❷

config=Config()                      ❸
```

❶ # 定义一个 Config() 类
❷ # 将模型超参数作为属性放入该类中
❸ # 实例化 Config() 类

我们定义了一个 Config() 类,并在其中创建了几个属性,将这些属性用作 GPT-2XL 模型的超参数。n_layer 属性表示 GPT-2XL 模型将具有 48 个解码器层("解码器块"和"解码器层"这两个术语代表相同的概念)。n_head 属性表示在计算因果自注意力时,会将 Q、K 和 V 分成 25 个并行头。n_embd 属性表示嵌入维度为 1600,即每个词元将由一个 1600 值的向量表示。vocab_size 属性表示词汇表中有 50257 个唯一词元。block_size 属性表示输入序列最多包含 1024 个词元。所有丢弃率都设置为 0.1。

11.1 节详细阐释了因果自注意力的工作原理。接下来,我们定义一个 CausalSelfAttention() 类来实现因果注意力,如清单 11.4 所示。

清单 11.4 实现因果自注意力

```
class CausalSelfAttention(nn.Module):
    def __init__(self, config):
        super().__init__()
        self.c_attn = nn.Linear(config.n_embd, 3 * config.n_embd)
        self.c_proj = nn.Linear(config.n_embd, config.n_embd)
        self.attn_dropout = nn.Dropout(config.attn_pdrop)
        self.resid_dropout = nn.Dropout(config.resid_pdrop)
        self.register_buffer("bias", torch.tril(torch.ones(\
                config.block_size, config.block_size))
                .view(1, 1, config.block_size, config.block_size))    ❶
        self.n_head = config.n_head
        self.n_embd = config.n_embd
    def forward(self, x):
        B, T, C = x.size()
        q, k ,v = self.c_attn(x).split(self.n_embd, dim=2)             ❷
        hs = C // self.n_head
        k = k.view(B, T, self.n_head, hs).transpose(1, 2)
        q = q.view(B, T, self.n_head, hs).transpose(1, 2)
        v = v.view(B, T, self.n_head, hs).transpose(1, 2)              ❸
        att = (q @ k.transpose(-2, -1)) *\
              (1.0 / math.sqrt(k.size(-1)))
```

```
            att = att.masked_fill(self.bias[:,:,:T,:T] == 0, \
                                  float(,-inf'))
            att = F.softmax(att, dim=-1)        ❹
            att = self.attn_dropout(att)
            y = att @ v
            y = y.transpose(1, 2).contiguous().view(B, T, C)    ❺
            y = self.resid_dropout(self.c_proj(y))
            return y
```

❶ # 创建一个掩码，将其注册为缓冲区，因为它不需要更新
❷ # 让输入嵌入通过 3 个神经网络，以获取 Q、K 和 V
❸ # 将 Q、K 和 V 分成多个头
❹ # 计算每个头中的掩码注意力权重
❺ # 将所有头中的注意力向量连接成一个单一的注意力向量

在 PyTorch 中，register_buffer 是一种用于将张量注册为缓冲区的方法。缓冲区中的变量不被视为模型的可学习参数，因此，它们在反向传播过程中不会更新。在上述代码中，我们创建了一个掩码并将其注册为缓冲区。这对于稍后提取和加载模型权重的方式会有影响：在从 GPT-2XL 检索权重时，将省略这个掩码。

正如 11.1 节所介绍的，输入嵌入通过 3 个神经网络来获取查询 *Q*、键 *K* 和值 *V*。然后将它们分成 25 个头，并在每个头中计算带掩码的自注意力。之后将 25 个注意力向量合并成一个单一的注意力向量，这也是上述 CausalSelfAttention() 类的输出。

11.2.4 构建 GPT-2XL 模型

接下来，我们要在因果自注意力子层添加一个前馈网络，以形成一个解码器块。代码如清单 11.5 所示。

清单 11.5 创建解码器块

```
class Block(nn.Module):
    def __init__(self, config):        ❶
        super().__init__()
        self.ln_1 = nn.LayerNorm(config.n_embd)
        self.attn = CausalSelfAttention(config)
        self.ln_2 = nn.LayerNorm(config.n_embd)
        self.mlp = nn.ModuleDict(dict(
            c_fc    = nn.Linear(config.n_embd, 4 * config.n_embd),
            c_proj  = nn.Linear(4 * config.n_embd, config.n_embd),
            act     = GELU(),
            dropout = nn.Dropout(config.resid_pdrop),
        ))
        m = self.mlp
        self.mlpf=lambda x:m.dropout(m.c_proj(m.act(m.c_fc(x))))
    def forward(self, x):
        x = x + self.attn(self.ln_1(x))    ❷
        x = x + self.mlpf(self.ln_2(x))    ❸
        return x
```

❶ # 初始化 Block() 类
❷ # 解码器块中的第一个子层是因果自注意力子层，使用了层归一化和残差连接
❸ # 解码器块中的第二个子层是前馈网络，使用了 GELU 激活、层归一化和残差连接

每个解码器块由两个子层组成。第一个子层是因果自注意力子层，其中集成了层归一化和残差连接。第二个子层是前馈网络，其中包含 GELU 激活函数，以及层归一化和残差连接。

将 48 个解码器层堆叠起来即可形成 GPT-2XL 模型的主体。代码如清单 11.6 所示。

清单 11.6　构建 GPT-2XL 模型

```
class GPT2XL(nn.Module):
    def __init__(self, config):
        super().__init__()
        self.block_size = config.block_size
        self.transformer = nn.ModuleDict(dict(
            wte = nn.Embedding(config.vocab_size, config.n_embd),
            wpe = nn.Embedding(config.block_size, config.n_embd),
            drop = nn.Dropout(config.embd_pdrop),
            h = nn.ModuleList([Block(config)
                        for _ in range(config.n_layer)]),
            ln_f = nn.LayerNorm(config.n_embd),))
        self.lm_head = nn.Linear(config.n_embd,
                                 config.vocab_size, bias=False)
    def forward(self, idx, targets=None):
        b, t = idx.size()
        pos = torch.arange(0,t,dtype=torch.long).unsqueeze(0)
        tok_emb = self.transformer.wte(idx)
        pos_emb = self.transformer.wpe(pos)
        x = self.transformer.drop(tok_emb + pos_emb)        ❶
        for block in self.transformer.h:
            x = block(x)      ❷
        x = self.transformer.ln_f(x)         ❸
        logits = self.lm_head(x)        ❹
        loss = None
        if targets is not None:
            loss=F.cross_entropy(logits.view(-1,logits.size(-1)),
                        targets.view(-1), ignore_index=-1)
        return logits, loss
```

❶ # 计算词嵌入和位置编码的总和形成输入嵌入
❷ # 让输入嵌入通过 48 个解码器块
❸ # 再次应用层归一化
❹ # 为输出附加一个线性头，使输出数量等于唯一词元的数量

我们可以按照 11.1 节的说明在 GPT2XL() 类中构建模型。模型的输入是对应于词汇表中词元的索引序列。首先将输入通过词嵌入和位置编码，然后将它们相加以形成输入嵌入。让输入嵌入通过 48 个解码器块，之后对输出应用层归一化，并为其附加一个线性头，使输出数量为 50257，恰巧等于词汇表的大小。输出是对应于词汇表中 50257 个标记的 logits。随后在生成文本时，我们会为这个 logits 应用 softmax 激活函数，以获取词汇表中唯一词元的概率分布。

> **注意**
> 由于规模太大，我们没有将该模型移到 GPU 上。这导致后面生成文本时速度较慢。但如果具备支持 CUDA 且内存足够大（如 32GB 以上）的 GPU，可将模型移到 GPU 上以加快生成文本的速度。

接下来，将上述 GPT2XL() 类实例化，借此创建 GPT-2XL 模型：

```
model=GPT2XL(config)
num=sum(p.numel() for p in model.transformer.parameters())
print("number of parameters: %.2fM" % (num/1e6,))
```

我们还统计了模型主体中的参数数量。输出如下：

```
number of parameters: 1557.61M
```

从上述输出可知，GPT-2XL 有超过 15 亿个参数。注意，该数量不包括模型末尾线性头中的参数。根据下游任务的不同，可以将不同的头附加到模型上。由于此示例的重点是文本生成，因

此我们附加了一个线性头,以确保输出数量等于词汇表中唯一词元的数量。

> 注意
>
> 在 GPT-2、ChatGPT 或 BERT 等大语言模型中,"输出头"是模型的最终层,该层负责根据处理后的输入产生实际输出。这个输出因模型正在执行的下游任务而异。在文本生成任务中,输出头通常是一个线性层,可将最终的隐藏状态转换为词汇表中每个词元的 logits。然后,这些 logits 通过 softmax 函数,生成词汇表上的概率分布,进而用于预测序列中下一个词元。对于分类任务,输出头通常由一个线性层后跟一个 softmax 函数组成。线性层将模型的最终隐藏状态转换为每个类别的 logits,而 softmax 函数将这些 logits 转换为每个类别的概率。输出头的具体架构可能因模型和任务而异,但其主要功能都是将处理后的输入映射为所需的输出格式(如类别概率、词元概率等)。

最后,可以输出 GPT-2XL 模型的结构:

```
print(model)
```

输出如下:

```
GPT2XL(
  (transformer): ModuleDict(
    (wte): Embedding(50257, 1600)
    (wpe): Embedding(1024, 1600)
    (drop): Dropout(p=0.1, inplace=False)
    (h): ModuleList(
      (0-47): 48 x Block(
        (ln_1): LayerNorm((1600,), eps=1e-05, elementwise_affine=True)
        (attn): CausalSelfAttention(
          (c_attn): Linear(in_features=1600, out_features=4800, bias=True)
          (c_proj): Linear(in_features=1600, out_features=1600, bias=True)
          (attn_dropout): Dropout(p=0.1, inplace=False)
          (resid_dropout): Dropout(p=0.1, inplace=False)
        )
        (ln_2): LayerNorm((1600,), eps=1e-05, elementwise_affine=True)
        (mlp): ModuleDict(
          (c_fc): Linear(in_features=1600, out_features=6400, bias=True)
          (c_proj): Linear(in_features=6400, out_features=1600, bias=True)
          (act): GELU()
          (dropout): Dropout(p=0.1, inplace=False)
        )
      )
    )
    (ln_f): LayerNorm((1600,), eps=1e-05, elementwise_affine=True)
  )
  (lm_head): Linear(in_features=1600, out_features=50257, bias=False)
)
```

其中显示了 GPT-2XL 模型中详细的块和层。

至此,我们已经从零开始构建了一个 GPT-2XL 模型!

11.3 载入预训练权重并生成文本

尽管构建了 GPT-2XL 模型,但它尚未经过训练,因此还不能用它来生成任何有意义的文本。

考虑到模型参数的数量之巨大,如果没有超级算力的支持,要训练该模型几乎是不可能的,更不用说所需的训练数据量了。好在 OpenAI 在 2019 年 11 月 5 日向公众发布了 GPT-2 模型的预训练权重，包括最大的 GPT-2XL 模型的。① 因此，我们将载入预训练权重来生成文本。

11.3.1 载入 GPT-2XL 的预训练参数

我们将使用 Hugging Face 团队开发的 `transformers` 库来提取 GPT-2XL 中的预训练权重。

首先，在 Jupyter Notebook 的新单元格中运行以下代码行，从而在我们自己的计算机上安装 `transformers` 库：

```
!pip install transformers
```

接下来，从 `transformers` 库导入 GPT2 模型，并提取 GPT-2XL 中的预训练权重：

```
from transformers import GPT2LMHeadModel

model_hf = GPT2LMHeadModel.from_pretrained('gpt2-xl')    ❶
sd_hf = model_hf.state_dict()    ❷
print(model_hf)    ❸
```

❶ # 加载预训练的 GPT-2XL 模型
❷ # 提取模型权重
❸ # 输出原始的 OpenAI GPT-2XL 模型的结构

上述代码的输出如下：

```
GPT2LMHeadModel(
  (transformer): GPT2Model(
    (wte): Embedding(50257, 1600)
    (wpe): Embedding(1024, 1600)
    (drop): Dropout(p=0.1, inplace=False)
    (h): ModuleList(
      (0-47): 48 x GPT2Block(
        (ln_1): LayerNorm((1600,), eps=1e-05, elementwise_affine=True)
        (attn): GPT2Attention(
          (c_attn): Conv1D()
          (c_proj): Conv1D()          ❶
          (attn_dropout): Dropout(p=0.1, inplace=False)
          (resid_dropout): Dropout(p=0.1, inplace=False)
        )
        (ln_2): LayerNorm((1600,), eps=1e-05, elementwise_affine=True)
        (mlp): GPT2MLP(
          (c_fc): Conv1D()
          (c_proj): Conv1D()           ❷
          (act): NewGELUActivation()
          (dropout): Dropout(p=0.1, inplace=False)
        )
      )
    )
    (ln_f): LayerNorm((1600,), eps=1e-05, elementwise_affine=True)
  )
  (lm_head): Linear(in_features=1600, out_features=50257, bias=False)
)
```

❶ #OpenAI 使用了一个 Conv1d 层，而不是我们使用的线性层
❷ #OpenAI 使用了一个 Conv1d 层，而不是我们使用的线性层

比较上述模型结构与 11.2 节的模型结构，会注意到它们是相同的，只是线性层被 Conv1d 层所替代。正如在第 9 章和第 10 章中解释的那样，在前馈网络中，需要将输入的值视为独立元素，而非一个序列。因此通常将其称为一维卷积网络。OpenAI 的检查点在我们使用线性层的地方使用了 Conv1d 模块，因此，在从 Hugging Face 中提取模型权重并将它们放入我们的模型时，需要

---

① 参考 OpenAI 网站上的声明 "GPT-2: 1.5B release"（2019）和美国科技新闻网站 the Verge 的报道 "OpenAI has published the text-generating AI it said was too dangerous to share"（2019）。

转置某些权重矩阵。

为了理解这个过程的工作原理,我们看看 OpenAI GPT-2XL 模型中第一个解码器块中前馈网络的第一层权重。这样输出它的形状:

```
print(model_hf.transformer.h[0].mlp.c_fc.weight.shape)
```

输出如下:

```
torch.Size([1600, 6400])
```

Conv1d 层中的权重矩阵是一个大小为(1600, 6400)的张量。

接下来,如果查看刚刚构建的模型中相同的权重矩阵的形状:

```
print(model.transformer.h[0].mlp.c_fc.weight.shape)
```

这次的输出如下:

```
torch.Size([6400, 1600])
```

我们模型中线性层的权重矩阵是一个大小为 (6400, 1600) 的张量,这是 OpenAI GPT-2XL 中权重矩阵的转置。因此,在将它放入我们的模型前,需要转置 OpenAI GPT-2XL 模型中所有 Conv1d 层的权重矩阵。

接下来,将原始的 OpenAI GPT-2XL 模型中的参数命名为 keys,如下所示:

```
keys = [k for k in sd_hf if not k.endswith('attn.masked_bias')]
```

注意,上述代码排除了名称以 attn.masked_bias 结尾的参数。OpenAI GPT-2 使用这些参数实现对后续词元的掩码。由于我们已经在 PyTorch 的 CausalSelfAttention() 类中创建了自己的掩码并将其注册为缓冲区,因此并不需要从 OpenAI 加载名称以 attn.masked_bias 结尾的参数。

我们将从零开始创建的 GPT-2XL 模型中的参数命名为 sd:

```
sd=model.state_dict()
```

接下来,提取 OpenAI GPT-2XL 的预训练权重,并将其放入所构建的模型中,代码如下所示:

```
transposed = ['attn.c_attn.weight', 'attn.c_proj.weight',
              'mlp.c_fc.weight', 'mlp.c_proj.weight']     ❶
for k in keys:
    if any(k.endswith(w) for w in transposed):
        with torch.no_grad():
            sd[k].copy_(sd_hf[k].t())      ❷
    else:
        with torch.no_grad():
            sd[k].copy_(sd_hf[k])          ❸
```

❶ # 查找 OpenAI 检查点中使用 Conv1d 模块的层
❷ # 对于这些层,在将权重放入我们的模型之前转置权重矩阵
❸ # 直接从 OpenAI 复制权重并将其放入我们的模型中

我们从 Hugging Face 中提取 OpenAI 的预训练权重,并将其放入自己的模型中。在这个过程中,如果 OpenAI 检查点使用了 Conv1d 模块而非普通线性模块,此时别忘了还要转置权重矩阵。至此,我们的模型就配备了 OpenAI 的预训练权重,可以用该模型生成连贯的文本了。

11.3.2 定义用于生成文本的 `generate()` 函数

有了来自 OpenAI GPT-2XL 模型的预训练权重,我们将使用自己从零开始构建的 GPT2 模型

生成文本。

生成文本时，需要向模型提供与提示词中的词元对应的索引序列。模型会预测下一个词元对应的索引，并将预测附加到序列末尾以形成新序列。然后模型会使用新序列再次进行预测。这个操作将不断重复，直到模型生成了指定数量的新词元，或者对话结束（由特殊词元<|endoftext|>表示）。

GPT中的特殊词元<|endoftext|>

GPT模型使用各种来源的文本进行训练。这一过程中可使用一种特殊词元<|endoftext|>来区分不同来源的文本。在文本生成阶段，遇到这个特殊词元时一定要停止对话。否则可能会触发启动一个无关的新话题，导致后续生成的文本与当前的讨论毫无关联。

为此，我们定义了一个sample()函数向当前序列添加一定数量的新索引。该函数接收一个索引序列作为输入，并输入给GPT-2XL模型。这个函数可以一次预测一个索引，并将新索引添加到正在运行的序列末尾。这个操作会持续进行，直到到达指定时间步数max_new_tokens，或预测出的下一个词元是<|endoftext|>（这表示对话结束）。如果此时还不停止，模型将随机开始一个无关的新话题。

sample()函数的定义如清单11.7所示。

清单11.7 以迭代的方式预测下一个索引

```
model.eval()
def sample(idx, max_new_tokens, temperature=1.0, top_k=None):
    for _ in range(max_new_tokens):          ❶
        if idx.size(1) <= config.block_size:
            idx_cond = idx
        else:
            idx_cond = idx[:, -config.block_size:]
        logits, _ = model(idx_cond)          ❷
        logits = logits[:, -1, :] / temperature
        if top_k is not None:
            v, _ = torch.topk(logits, top_k)
            logits[logits < v[:, [-1]]] = -float('Inf')   ❸
        probs = F.softmax(logits, dim=-1)
        idx_next = torch.multinomial(probs, num_samples=1)
        if idx_next.item()==tokenizer.encoder.encoder['<|endoftext|>']:
            break                            ❹
        idx = torch.cat((idx, idx_next), dim=1)          ❺
    return idx
```

❶ # 生成固定数量的新索引
❷ # 用GPT-2XL预测下一个索引
❸ # 如果用top-K采样，则将低于前 k 个选择的logits设置为 $-\infty$
❹ # 如果下一个词元是<|endoftext|>，则停止预测
❺ # 将新的预测附加到序列末尾

sample()函数利用GPT-2XL向正在运行的序列添加新的索引。它包含两个参数：temperature和top_k，这两个参数可调节所生成输出的创造性，操作方式与第8章介绍的方式相同。该函数返回一个新的索引序列。

接下来，我们定义一个generate()函数，根据提示词生成文本，如清单11.8所示。它首先将提示词中的文本转换为一个索引序列，然后将该序列提供给刚定义的sample()函数，从而生成新的索引序列。最后，generate()将新的索引序列转换回文本。

清单 11.8 使用 GPT-2XL 生成文本的函数

```
def generate(prompt, max_new_tokens, temperature=1.0,
             top_k=None):
    if prompt == '':
        x=torch.tensor([[tokenizer.encoder.encoder['<|endoftext|>']]],
                       dtype=torch.long)        ❶
    else:
        x = tokenizer(prompt)     ❷
    y = sample(x, max_new_tokens, temperature, top_k)    ❸
    out = tokenizer.decode(y.squeeze())    ❹
    print(out)
```

❶ # 如果提示词为空，则用 <|endoftext|> 作为提示词
❷ # 将提示词转换为索引序列
❸ # 用 sample() 函数生成新的索引序列
❹ # 将新索引序列转换回文本

generate() 函数与第 8 章介绍的同类函数相似，但有一个显著区别：它使用 GPT-2XL 进行预测，而不像第 8 章使用 LSTM 模型。该函数接收一个提示词作为初始输入，将此提示词转换为一系列索引，然后将索引输入模型从而预测下一个索引。在生成了预定数量的新索引后，该函数将整个索引序列转换回文本形式。

11.3.3 用 GPT-2XL 生成文本

至此，我们已经定义了 generate() 函数，接下来可以用它生成文本。特别需要注意的是，generate() 函数允许无条件地生成文本，这意味着提示词可以是空的。在这种情况下，模型将随机生成文本。这在创意写作中可能是有益的：生成的文本可用作灵感或自己创作工作的起点。让我们试试看执行如下操作：

```
prompt=""
torch.manual_seed(42)
generate(prompt, max_new_tokens=100, temperature=1.0,
         top_k=None)
```

输出如下：

```
<|endoftext|>Feedback from Ham Radio Recalls

I discovered a tune sticking in my head -- I'd heard it mentioned on several
occasions, but hadn't investigated further.

The tune sounded familiar to a tune I'd previously heard on the 550 micro.
During that same time period I've heard other people's receipients drone on
the idea of the DSH-94013, notably Kim Weaver's instructions in her
Interview on Radio Ham; and both Scott Mcystem and Steve Simmons' concepts.
```

如上所示，输出的内容连贯且语法正确，但可能不准确。用上述文字简单进行在线搜索，这段文本似乎不是从任何在线来源直接复制的。

练习 11.4
　　将提示词设置为空字符串，温度设置为 0.9，最大新词元数量设置为 100，并将 top_k 设置为 40，根据这样的设置无条件生成文本。在 PyTorch 中将随机种子数设置为 42。看看能输出什么。

　　为了评估 GPT-2XL 是否能基于之前的词元产生连贯的文本，我们将使用提示词"I went to

the kitchen and"，并在提示词之后生成 10 个额外的词元。将该过程重复执行 5 次，以确定生成的文本是否与典型的厨房活动相关，具体实现代码如下：

```
prompt="I went to the kitchen and"
for i in range(5):
    torch.manual_seed(i)
    generate(prompt, max_new_tokens=10, temperature=1.0,
             top_k=None)
```

输出如下：

```
I went to the kitchen and said, you're not going to believe this.
I went to the kitchen and noticed a female producer open a drawer in which was
I went to the kitchen and asked who was going to be right there and A
I went to the kitchen and took a small vial of bourbon and a little
I went to the kitchen and found the bottle of wine, and poured it into
```

以上结果表明，生成的文本包括与他人交谈、注意到某事，以及拿饮料等典型的厨房活动。这表明 GPT-2XL 可以生成与给定上下文相关的文本。

接下来，我们将"Lexington is the second largest city in the state of Kentucky"作为提示词，要求 generate() 函数添加最多 100 个新词元，具体实现代码如下：

```
prompt="Lexington is the second largest city in the state of Kentucky"
torch.manual_seed(42)
generate(prompt, max_new_tokens=100, temperature=1.0,
         top_k=None)
```

输出如下：

```
Lexington is the second largest city in the state of Kentucky. It caters to
those who want to make everything in tune with being with friends and
enjoying a jaunt through the down to Earth lifestyle. To do so, they are
blessed with several venues large and small to fill their every need while
residing micro- cozy with nature within the landmarks of the city.

In a moment we look at ten up and coming suchache music acts from the
Lexington area to draw upon your attention.

Lyrikhop


This Lexington-based group
```

同样，上述文本是连贯的，尽管生成的内容可能在事实方面并不准确。从本质上看，GPT-2XL 模型通过训练，可以基于句子中之前的词元来预测下一个词元。上述输出表明，模型已经达到了这个目标：生成的文本在语法上是正确的，并且看起来合乎逻辑的。这些结果还体现了模型这样的一种能力：能记住序列早期部分的文本，并生成与上下文相关的后续单词。例如，第一句讨论了列克星敦市（Lexington），大约 90 个词元后，模型提到了列克星敦地区（Lexington area）的音乐表演。

此外，正如本章开篇指出的，GPT-2 也有其局限性。鉴于它的规模不到 ChatGPT 的 1%，不到 GPT-4 的 0.1%，因此不应将其与 ChatGPT 或 GPT-4 相提并论。GPT-3 有 1750 亿个参数，能生成比 GPT-2 更连贯的文本，但其预训练权重并未公开发布。

接下来，我们将探讨温度和 top-K 采样如何影响 GPT-2XL 生成的文本。我们将 temperature 设置为 0.9，top_k 设置为 50，其他参数保持不变。看看生成的文本是什么样的：

```
torch.manual_seed(42)
generate(prompt, max_new_tokens=100, temperature=0.9,
         top_k=50)
```

输出如下：

```
Lexington is the second largest city in the state of Kentucky. It is also
the state capital. The population of Lexington was 1,731,947 in the 2011
Census. The city is well-known for its many parks, including Arboretum,
Zoo, Aquarium and the Kentucky Science Center, as well as its restaurants,
such as the famous Kentucky Derby Festival.

In the United States, there are at least 28 counties in this state with a
population of more than 100,000, according to the 2010 census.
```

这次生成的文本似乎比前一次更连贯，然而内容在事实上并不准确。它编造了关于肯塔基州列克星敦市的许多事实，如"The population of Lexington was 1,731,947 in the 2011 Census"（2011年人口普查显示，列克星敦市人口为1731947人）。

练习 11.5

将 temperature 设置为 1.2，top_k 设置为 None，并以 "Lexington is the second largest city in the state of Kentucky" 作为初始提示词来生成文本。在 PyTorch 中将随机种子数设置为 42，最大新词元数设置为 100。

本章介绍了如何从零开始构建 GPT-2（ChatGPT 和 GPT-4 的前身）。随后，我们从 OpenAI 发布的 GPT-2XL 模型中提取了预训练权重，并将它们加载到自己的模型中。我们还使用模型生成的连贯文本。

由于 GPT-2XL 模型规模庞大（15 亿个参数），在没有超级算力的情况下几乎无法训练。在第 12 章中，我们将创建一个较小版本的 GPT 模型，其架构与 GPT-2 相同，但只有大约 512 万个参数。我们将使用海明威的小说文本来训练这个模型。训练好的模型将生成与海明威写作风格相似的连贯文本。

11.4 小结

- GPT-2 是由 OpenAI 于 2019 年 2 月发布的一款大语言模型（LLM）。它是自然语言处理（NLP）领域的一个重要里程碑，为开发更复杂的模型（包括其后继者 ChatGPT 和 GPT-4）铺平了道路。
- GPT-2 是一个仅解码器 Transformer 模型，这意味着模型中没有编码器栈。与其他 Transformer 模型一样，GPT-2 使用自注意力机制并行处理输入的数据，显著提高了训练 LLM 的效率和效果。
- GPT-2 采用了一种与 2017 年发表的开创性论文 "Attention Is All You Need" 中所用位置编码截然不同的方法。GPT-2 的位置编码技术类似于词嵌入。
- GPT-2 的前馈子层使用了高斯误差线性单元（GELU）激活函数。GELU 提供了线性和非线性激活特性的结合，这些特性已被证明能提高深度学习任务中模型的性能，特别是 NLP 任务和 LLM 的训练任务中模型的性能。
- 我们可以从零开始构建一个 GPT-2 模型，并加载 OpenAI 发布的预训练权重。我们创建的 GPT-2 模型可以像原始的 OpenAI GPT-2 模型一样生成连贯的文本。

第 12 章 训练生成文本的 Transformer

本章内容
- 构建一个根据需求量身定制的简化版 GPT-2XL 模型
- 为训练 GPT 风格的 Transformer 准备数据
- 从零开始训练一个 GPT 风格的 Transformer
- 使用训练好的 GPT 模型生成文本

在第 11 章中,我们从零开始构建了一个 GPT-2XL 模型,但由于参数量庞大,无法训练这个模型。训练一个拥有 15 亿个参数的模型需要超级算力和大量数据。因此我们将 OpenAI 的预训练权重加载到自己的模型中,然后使用 GPT-2XL 模型生成了文本。

然而,学习如何从零开始训练一个 Transformer 模型至关重要,原因有几个。首先,虽然本书没有直接涵盖有关预训练模型微调的内容,但理解如何训练一个 Transformer,能让我们熟悉微调所需的技能。模型训练涉及随机初始化参数,而微调则需要加载预训练权重并进一步训练模型。其次,训练或微调一个 Transformer,使我们能定制模型以满足自己特定的需求和领域,显著提高模型的性能和与用例的相关性。最后,训练自己的 Transformer 或微调现有模型可以更好地控制数据和隐私,这对于敏感应用或专有数据的处理尤为重要。总之,掌握 Transformer 的训练和微调,对希望利用语言模型的能力开发特定应用,并同时保持数据隐私和控制权的人来说是至关重要的。

因此,在本章中,我们将构建一个约有 500 万个参数的简化版 GPT 模型。这个较小的模型遵循 GPT-2XL 模型架构,与由 48 个解码器块和一个维度为 1600 的嵌入组成的原始 GPT-2XL 模型相比,其显著差异在于仅由 3 个解码器块和 1 个维度为 256 的嵌入组成。通过将 GPT 模型的规模缩小到约 500 万个参数,已经可以在普通计算机上对其进行训练了。

模型所生成文本的风格取决于训练数据。当从零开始训练文本生成模型时,文本长度和变化都至关重要。训练材料必须足够广泛,以便模型能有效学习并模仿特定写作风格。但如果训练材料缺乏变化,模型也许只能简单地复制训练文本中的段落。另外,如果材料太长,训练可能需要过多的算力资源。因此,我们将使用海明威的 3 部小说:《老人与海》(*The Old Man and the Sea*)、《永别了,武器》(*A Farewell to Arms*) 和《丧钟为谁而鸣》(*For Whom the Bell Tolls*) 作为训练材料。这个选择保证了训练数据具备有效学习所必需的足够长度和变化,同时又不至于太长以致训练变得难以进行。

由于 GPT 模型不能直接处理原始文本,首先要将文本转换为词元,然后创建一个词典,将每个唯一词元映射为不同的索引。借助这个词典，即可将文本转换为一个长的整数序列，随后就可以输入神经网络了。

我们将使用长度为 128 的索引序列作为训练 GPT 模型的输入。与第 8 章和第 10 章一样，还要将输入序列向右移动一个词元，并将其用作输出。这种方法迫使模型基于当前词元和序列中之前所有的词元预测句子中的下一个单词。

这次的一个关键挑战是确定训练模型的最佳轮次数。我们的目标不仅是最小化训练集的交叉熵损失，因为这样做可能会导致过拟合，即模型只是复制训练文本中的原有段落。为解决这个问题，我们计划将模型训练 40 个轮次。我们会每隔 10 个轮次保存一次模型，并评估哪个版本能生成连贯的文本，而不仅是复制训练材料中的段落。另外，还可以使用验证集来评估模型性能，并决定何时停止训练，这有些类似第 2 章中的做法。

一旦 GPT 模型训练好了，即可使用类似第 11 章的做法，用它以自回归的方式生成文本。我们将测试不同版本的模型。经过 40 个轮次训练的模型产生了非常连贯的文本，并且捕捉到了海明威独特的写作风格。然而，如果提示词与训练文本中的段落相似，模型也可能直接复制训练材料中的现有文本。经过 20 个轮次训练的模型也可以生成连贯的文本，不过偶尔会有语法错误，但已经不太可能直接复制训练材料了。

本章的主要目标并不一定是生成尽可能连贯的文本，毕竟这会带来重大挑战。相反，我们的目标是教会读者如何从零开始构建一个适用于真实应用和特定需求的 GPT 风格的模型。更重要的是，本章介绍了从零开始训练 GPT 模型的所有步骤。读者将学习如何根据自己的目标选择训练文本，将文本词元化并转换为索引，准备训练数据批次。读者还将学习如何确定训练轮次数。一旦模型训练完成，还将学习如何使用模型生成文本，以及如何避免直接从训练材料中复制文本。

12.1 从零开始构建并训练 GPT

我们的目标是掌握如何围绕特定任务的需求，从零开始构建和训练 GPT 模型。这项技能对于将本书中的概念应用于实际问题至关重要。

假设我们是海明威的忠实粉丝，希望训练一个 GPT 模型来以海明威的写作风格生成文本。应该如何解决这个问题？本节介绍了完成此任务涉及的步骤。

第一步是配置一个适合训练的 GPT 模型。我们将创建一个与第 11 章中构建的 GPT-2 模型类似的 GPT 模型，但参数量会显著减少，这样，训练过程仅需几个小时即可完成。因此，需要确定模型的关键超参数，如序列长度、嵌入维度、解码器块数量和丢弃率。这些超参数很重要，它们影响着训练后模型输出的质量和训练速度。

接下来，收集几部海明威小说的原始文本，进行清理以确保这些内容适合训练。我们需要对文本进行词元化，并为每个唯一词元分配一个不同的整数，以便将其输入模型。为了准备训练数据，还要把文本分解为一定长度的整数序列，并将其用作输入。然后，需要把输入向右移动一个词元，并将其用作输出。这种方法可以迫使模型基于当前词元和序列中的所有原有词元预测下一个词元。

模型训练好以后，将使用它根据提示词生成文本。为此首先要将提示词中的文本转换为一个索引序列，并将其输入训练好的模型。模型使用这个序列，以迭代的方式预测最有可能的下一个词元，然后将模型生成的词元序列转换回文本。

本节将首先讨论用于此任务的 GPT 模型架构，之后将讨论模型训练的步骤。

12.1.1 文本生成 GPT 的架构

尽管 GPT-2 有各种规模,但它们的核心架构较为相似。本章构建的 GPT 模型遵循与 GPT-2 相同的结构设计,但规模明显更小,不需要超级算力即可进行训练。表 12.1 比较了本书的 GPT 模型和 4 个版本的 GPT-2 模型。

表 12.1 本书的 GPT 与不同版本的 GPT-2 模型对比

版本	指标					
	嵌入维度	解码器层数量	头数量	序列长度	词汇表大小	参数数量
GPT-2S	768	12	12	1024	50257	1.24 亿
GPT-2M	1024	24	16	1024	50257	3.5 亿
GPT-2L	1280	36	20	1024	50257	7.74 亿
GPT-2XL	1600	48	25	1024	50257	15.58 亿
本书的 GPT	256	3	4	128	10600	512 万

本章将构建一个具有 3 个解码器层和 256 维嵌入的 GPT 模型(意味着每个词元在词嵌入之后将由一个 256 值的向量表示)。正如第 11 章中提到的,GPT 模型使用的位置编码方法与 2017 年的论文"Attention Is All You Need"中所使用的方法有所不同。我们会使用嵌入层来学习序列中不同位置的位置编码,因此,序列中的每个位置也由一个 256 值的向量表示。在计算因果自注意力时,使用了 4 个并行注意力头来捕捉序列中词元在不同方面的含义。因此,每个注意力头的维度为 256/4=64,与 GPT-2 模型类似。例如在 GPT-2XL 中,每个注意力头的维度是 1600/25=64。

我们的 GPT 模型最大序列长度为 128,远小于 GPT-2 模型的最大序列长度 1024。这种缩短是为了保持模型中参数量的可管理性。然而,即便序列中只有 128 个元素,模型同样可以学习序列中词元之间的关系并生成连贯的文本。

GPT-2 模型的词汇表大小为 50257,但本书的 GPT 模型的词汇表要小得多,仅 10600。需要注意的是,词汇表大小主要由训练数据决定,而非预定义的选择。如果选择使用更多文本进行训练,最终可能得到更大的词汇表。

图 12.1 展示了我们将在本章创建的仅解码器 Transformer 的架构。它类似于在第 11 章中看到的 GPT-2 的架构,只是规模较小。因此,我们的模型的参数总数为 512 万个,而第 11 章构建的 GPT-2XL 模型的参数总数为 15.58 亿个。图 12.1 展示了每个训练步骤的训练数据大小。

本书的 GPT 模型,其输入由输入嵌入组成,图 12.1 底部展示的就是这部分内容。简单来说,输入嵌入是来自输入序列的词嵌入和位置编码的和。

然后,输入嵌入依次通过 3 个解码器层。与第 11 章构建的 GPT-2XL 模型类似,每个解码器层由两个子层组成:一个因果自注意力层和一个前馈网络。此外,我们会对每个子层应用层归一化和残差连接。在此之后,输出会经过层归一化和一个线性层。我们 GPT 模型的输出数量与词汇表中唯一词元的数量一致,即 10600。模型的输出是下一个词元的 logits。稍后会对这些 logits 应用 softmax 函数,从而获得词汇表上的概率分布。按照设计,该模型可以基于当前词元和序列中之前的所有词元预测下一个词元。

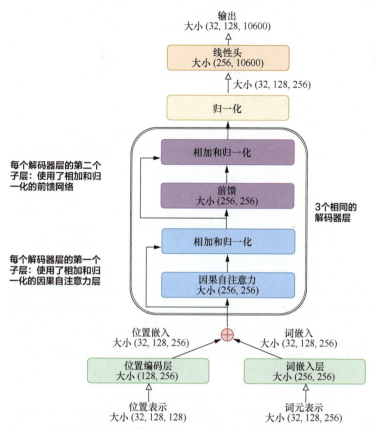

图 12.1 用于生成文本的仅解码器 Transformer 架构。3 部海明威小说的文本被词元化,然后转换为索引。将 128 个索引排成一个序列,每个批次包含 32 个这样的序列。输入首先通过词嵌入和位置编码,输入嵌入是这两个分量的和。然后,这个输入嵌入通过 3 个解码器层处理。此后,输出经过层归一化,并通过一个线性层,得到一个大小为 10600 的输出,这与词汇表中唯一词元的数量一致

12.1.2 文本生成 GPT 模型的训练过程

至此,我们已经知道如何构建用于文本生成的 GPT 模型,接下来将探讨训练模型的步骤。在深入了解相关代码之前,需要概括地看看训练的整个过程。

所生成文本的风格会受到训练文本的影响。由于我们的目标是训练模型以海明威的写作风格生成文本,因此将使用他的 *The Old Man and the Sea*、*A Farewell to Arms* 和 *For Whom the Bell Tolls* 这 3 部小说的文本进行训练。如果只选择一部小说,训练数据将缺乏变化,导致模型记住小说中的段落并生成与训练数据相同的文本。而如果使用太多小说,则会增加唯一词元数量,使得难以在短时间内有效训练模型。因此我们采取折中的方式,选择 3 部小说,并将它们组合作为训练数据。

图 12.2 演示了训练文本生成 GPT 模型的步骤。

与前 3 章一样,训练过程的第一步是将文本转换为数值形式,以便将训练数据输入模型。具体来说,首先使用单词词元化将 3 部小说的文本分解为词元(具体做法与第 8 章的类似)。这样,每个词元都是一个完整的单词或标点符号(如冒号、括号或逗号)。单词词元化易于实现,可以控制唯一词元的数量。词元化之后,为每个词元分配一个唯一索引(一个整数),并将训练文本转换为一个整数序列(见图 12.2 中的步骤 1)。

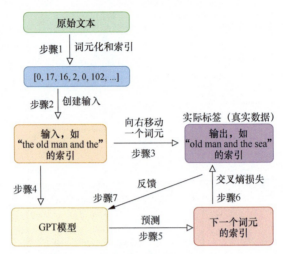

图 12.2　可生成海明威写作风格的文本的仅解码器 Transformer 训练过程

接下来，将整数序列转换为训练数据，为此，先将这个序列分成相等长度的序列（图 12.2 中的步骤 2）。我们让每个序列的最大长度为 128。选择"128"的长度足以捕捉句子中词元之间的长程依赖关系，同时维持了模型大小的可管理性。然而，128 这个数字也并非固定不变的，完全可以将其改为 100 或 150，都可以获得类似的效果。这些序列形成了模型的特征（x 变量）。与前几章的做法相同，我们将输入序列向右移动一个词元，并将其用作训练数据的输出（y 变量；图 12.2 中的步骤 3）。

输入和输出的配对构成了训练数据 (x, y)。以句子"the old man and the sea"（老人与海）为例，使用"the old man and the"对应的索引作为输入 x，随后将输入向右移动一个词元，使用"old man and the sea"对应的索引作为输出 y。在第一个时间步中，模型使用"the"预测"old"；在第二个时间步中，模型使用"the old"预测"man"，以此类推。

在训练过程中，我们将对训练数据进行迭代。在前向传递中，将输入序列 x 提供给 GPT 模型（步骤 4）。然后，GPT 根据模型中的当前参数进行预测（步骤 5）。通过将预测的下一个词元与步骤 3 中获得的输出进行比较，即可计算出交叉熵损失。换句话说，我们将模型的预测与实际标签进行比较（步骤 6）。最后将调整 GPT 模型的参数，从而在下次迭代时让模型的预测更接近实际输出，最小化交叉熵损失（步骤 7）。注意，该模型本质上是在执行一个多类别分类问题：从词汇表中的所有唯一词元中预测下一个词元。

我们将通过多次迭代重复步骤 3 至步骤 7。每次迭代后，还会调整模型参数以改善下一个词元的预测。重复此过程 40 个轮次，并在每 10 个轮次后保存训练好的模型。稍后读者会看到，如果训练时间过长，模型将过拟合，此时模型会直接记住训练数据中的文字段落，导致生成的文本与原始小说中的内容相同。我们会在事后测试哪个版本的模型可以生成连贯的文本，并且不会简单地直接复制训练数据。

12.2　海明威小说的文本词元化

在了解了 GPT 模型的架构和训练过程后，让我们从第一步开始：对海明威小说的文本进行词元化并创建索引。

首先需要处理文本数据，为后续的训练做好准备。我们要将文本分解为单个词元，具体做法与第 8 章类似。由于深度神经网络无法直接处理原始文本，还需要创建一个词典，为每个词元分配一个索引,从而将词元映射为整数。之后要将这些索引组织成训练数据批次,这对后续步骤中 GPT 模型的训练至关重要。

我们将使用单词词元化,这种方式能简单地将文本分成单词,而不像更复杂的子词词元化那样需要对语言结构有细致的理解。此外,单词词元化不会导致唯一词元的数量过多,从而减少了 GPT 模型的参数数量。

12.2.1 对文本进行词元化

我们将使用海明威的 *The Old Man and the Sea*、*A Farewell to Arms* 和 *For Whom the Bell Tolls* 这 3 部小说的原始文本来训练 GPT 模型。文本文件下载自 Faded Page 网站。我们已经清理了文本,删除了其中不属于原著的内容。在准备自己的训练文本时,一定要清除所有无关信息(如供应商信息、格式和版权信息等),这确保了模型可以专注地学习文本中蕴含的写作风格。我们还删除了章节之间与正文无关的文本。读者可以在本书的配套资源中查找 OldManAndSea.txt、FarewellToArms.txt 和 ToWhomTheBellTolls.txt 这 3 个文件,将其保存在计算机上的 /files/ 文件夹中。

在 *The Old Man and the Sea* 的文本文件中,左双引号(")和右双引号(")都用直双引号(")来表示。而另外两部小说的文本文件中不是这样的。因此,我们加载 *The Old Man and the Sea* 的文本,将直双引号替换为区分左右的双引号。我们还将删除左引号之后和右引号之前的空格,这样做既有助于区分引号的开始和结束位置,又有助于让后续的文本格式保持统一。将直引号改为区分左右的引号操作的代码如清单 12.1 所示。

清单 12.1　将直引号改为区分左右的引号

```
with open("files/OldManAndSea.txt","r", encoding='utf-8-sig') as f:
    text=f.read()
text=list(text)        ❶
for i in range(len(text)):
    if text[i]=='"':
        if text[i+1]==' ' or text[i+1]=='\n':
            text[i]='"'
        if text[i+1]!=' ' and text[i+1]!='\n':
            text[i]='"'       ❸
    if text[i]=="'":
        if text[i-1]!=' ' and text[i-1]!='\n':
            text[i]="'"       ❹
text="".join(text)     ❺
```

❶ # 载入原始文本并将其分解为单个字符
❷ # 若直双引号后跟一个空格或换行符,则将其更改为右双引号
❸ # 否则,将其更改为左双引号
❹ # 将直单引号转换为撇号
❺ # 将单个字符重新组合成文本

如果双引号后跟一个空格或换行符,我们会将其更改为右双引号;否则,将其更改为左双引号。撇号是以单引号形式输入的,上述代码中已将直单引号更改为撇号。

接下来要做的是加载另外两部小说的文本,并将这 3 部小说合并成一个文件。代码如清单 12.2 所示。

清单 12.2　合并 3 部小说的文本

```
with open("files/ToWhomTheBellTolls.txt","r", encoding='utf-8-sig') as f:
    text1=f.read()     ❶
```

```
with open("files/FarewellToArms.txt","r", encoding='utf-8-sig') as f:
    text2=f.read()       ❷

text=text+" "+text1+" "+text2      ❸

with open("files/ThreeNovels.txt","w",
        encoding='utf-8-sig') as f:
    f.write(text)        ❹
print(text[:250])
```

❶ # 从第二部小说中读取文本
❷ # 从第三部小说中读取文本
❸ # 将 3 部小说的文本合并
❹ # 将合并后的文本保存在本地文件夹中

加载另外两部小说 *A Farewell to Arms* 和 *For Whom the Bell Tolls* 的文本，然后将全部 3 部小说的文本合并起来充当训练数据。我们会将合并后的文本保存在一个名为 ThreeNovels.txt 的本地文件中，以便稍后验证生成的文本是否直接复制自原始文本。

清单 12.2 的输出如下所示：

```
He was an old man who fished alone in a skiff in the Gulf Stream and he
had gone eighty-four days now without taking a fish. In the first
forty days a boy had been with him. But after forty days without a
fish the boy's parents had told him that th
```

该输出是合并后的文本中的前250个字符。

我们将使用空格作为分隔符来对文本进行词元化。如上述输出所示，句号（.）、连字符（-）和撇号（'）等标点符号都直接附在前面的单词上，没有添加空格。因此，需要在所有标点符号前后添加一个空格。

另外，我们会将换行符（\n）转换为空格，以确保它们不包含在词汇表中。将所有单词转换为小写也有益于我们的环境，因为这可以确保"The"和"the"这样的单词被识别为相同的词元，这一步有助于减少唯一词元的数量，从而使训练过程更高效。为了解决这些问题，我们将通过在标点符号前后添加空格的方式清理文本，如清单 12.3 所示。

清单 12.3　在标点符号前后添加空格

```
text=text.lower().replace("\n", " ")    ❶

chars=set(text.lower())
punctuations=[i for i in chars if i.isalpha()==False
            and i.isdigit()==False]     ❷
print(punctuations)

for x in punctuations:
    text=text.replace(f"{x}", f" {x} ")  ❸
text_tokenized=text.split()

unique_tokens=set(text_tokenized)
print(len(unique_tokens))       ❹
```

❶ # 将换行符替换为空格
❷ # 找出所有标点符号
❸ # 在标点符号前后添加空格
❹ # 统计唯一词元的数量

我们使用 set() 方法获取文本中的所有唯一字符，然后使用 isalpha() 方法和 isdigit() 方法从唯一字符集中识别并移除字母和数字，仅留下标点符号。

12.2 海明威小说的文本词元化

执行清单 12.3 将获得如下所示的输出：

```
[')', '.', '&', ':', '(', ';', '-', '!', '"', ' ', "'", '"', '?', ',', '"']
10599
```

上述列表包括文本中的所有标点符号。在标点符号前后添加空格，并使用 split() 方法将文本拆分成单个词元。通过输出可以看到，海明威这 3 部小说中的文本共有 10599 个唯一词元，远小于 GPT-2 的 50257 个词元。这将显著减小模型的大小并缩短训练时间。

另外，我们还将添加一个额外的词元"UNK"来表示未知词元。当遇到包含未知词元的提示词时，"UNK"词元将非常有用，我们可以将未知词元转换为索引并输入模型。否则就只能使用上述 10599 个词元所组成的提示词。假设在提示词中包含了单词"technology"，由于"technology"不是词典 word_to_int 中的词元，此时程序将崩溃。但通过包含"UNK"词元，即可避免程序在这种情况下崩溃。在训练自己的 GPT 时，应始终包含"UNK"词元，毕竟我们的词汇表不可能囊括所有词元。为此，我们需要将"UNK"添加到唯一词元列表，并将其映射到索引中，如清单 12.4 所示。

清单 12.4 将词元映射到索引

```
from collections import Counter

word_counts=Counter(text_tokenized)
words=sorted(word_counts, key=word_counts.get,
                          reverse=True)
words.append("UNK")                                    ❶
text_length=len(text_tokenized)
ntokens=len(words)            ❷
print(f"the text contains {text_length} words")
print(f"there are {ntokens} unique tokens")
word_to_int={v:k for k,v in enumerate(words)}          ❸
int_to_word={v:k for k,v in word_to_int.items()}       ❹
print({k:v for k,v in word_to_int.items() if k in words[:10]})
print({k:v for k,v in int_to_word.items() if v in words[:10]})
```

❶ # 将 "UNK" 添加到唯一词元列表中
❷ # 计算词汇表大小 ntokens，这是模型的一个超参数
❸ # 将词元映射到索引
❹ # 将索引映射到词元

清单 12.4 的输出如下所示：

```
the text contains 698207 words
there are 10600 unique tokens
{'.': 0, 'the': 1, ',': 2, '"': 3, '"': 4, 'and': 5, 'i': 6, 'to': 7, 'he': 8, 'it': 9}
{0: '.', 1: 'the', 2: ',', 3: '"', 4: '"', 5: 'and', 6: 'i', 7: 'to', 8: 'he', 9: 'it'}
```

3 部小说的文本包含 698207 个单词。在将 "UNK" 加入词汇表后，唯一词元总数变成了 10600。词典 word_to_int 为每个唯一词元分配不同的索引。例如，最频繁出现的词元是句号（.），其索引为 0；单词"the"的索引为 1。词典 int_to_word 将索引转换回词元。例如，索引 3 可转换回左引号（"），索引 4 可转换回右引号（"）。

输出文本中的前 20 个词元及其对应的索引，具体操作如下：

```
print(text_tokenized[0:20])
wordidx=[word_to_int[w] for w in text_tokenized]
print([word_to_int[w] for w in text_tokenized[0:20]])
```

输出如下：

```
['he', 'was', 'an', 'old', 'man', 'who', 'fished', 'alone', 'in', 'a',
 'skiff', 'in', 'the', 'gulf', 'stream', 'and', 'he', 'had', 'gone',
 'eighty']
[8, 16, 98, 110, 67, 85, 6052, 314, 14, 11, 1039, 14, 1, 3193, 507, 5, 8,
25, 223, 3125]
```

接下来需要将索引分成相等长度的序列,从而将其用作训练数据。

12.2.2 创建训练批次

我们将使用长度为 128 的词元序列作为模型的输入,随后将序列向右移动一个词元,并将其用作输出。

具体来说,我们以训练为目的创建了多个 (*x*, *y*) 对,其中每个 *x* 都是一个包含 128 个索引的序列。选择"128"这个数量是为了在训练速度和模型捕捉长程依赖的能力之间取得平衡。该数值设置得太高可能会减慢训练速度,而设置得太低可能会阻止模型有效地捕获长程依赖。

有了序列 *x* 后,将序列窗口向右滑动一个词元,并将其用作目标 *y*。在序列生成过程中,将序列向右移动一个词元并将其用作输出,这是训练语言模型(包括 GPT)的常用技术。第 8 章到第 10 章已经这样做过了。以下代码创建了所需的训练数据:

```
import torch

seq_len=128                                          ❶
xys=[]
for n in range(0, len(wordidx)-seq_len-1):
    x = wordidx[n:n+seq_len]                         ❷
    y = wordidx[n+1:n+seq_len+1]                     ❸
    xys.append((torch.tensor(x),(torch.tensor(y))))  ❹
```

❶ # 将序列长度设置为 128 个索引
❷ # 输入序列 x 包含训练文本中的 128 个连续索引
❸ # 将 x 向右移动一个位置,将其用作输出 y
❹ # 将 (x, y) 对添加到训练数据中

我们还创建了一个 xys 列表,在其中包含了充当训练数据的 (*x*, *y*) 对。与前几章的做法相同,接下来要将训练数据组织成批次,从而让训练过程更稳定。所选批次大小为 32。

```
from torch.utils.data import DataLoader

torch.manual_seed(42)
batch_size=32
loader = DataLoader(xys, batch_size=batch_size, shuffle=True)

x,y=next(iter(loader))
print(x)
print(y)
print(x.shape,y.shape)
```

以上代码输出一对 *x* 和 *y* 作为示例,输出如下:

```
tensor([[   3,  129,    9,  ...,   11,  251,   10],
        [   5,   41,   32,  ...,  995,   52,   23],
        [   6,   25,   11,  ...,   15,    0,   24],
        ...,
        [1254,   0,    4,  ...,   15,    0,    3],
        [  17,   8, 1388,  ...,    0,    8,   16],
        [  55,  20,  156,  ...,   74,   76,   12]])
tensor([[ 129,   9,   23,  ...,  251,   10,    1],
        [  41,  32,   34,  ...,   52,   23,    1],
```

```
       [   25,    11,    59,  ...,     0,    24,    25],
       ...,
       [    0,     4,     3,  ...,     0,     3,    93],
       [    8,  1388,     1,  ...,     8,    16,  1437],
       [   20,   156,   970,  ...,    76,    12,    29]])
torch.Size([32, 128]) torch.Size([32, 128])
```

每个 *x* 和 *y* 的形状都是(32, 128)。这意味着在每个训练数据批次中，有32对序列，每个序列包含128个索引。当一个索引通过 nn.Embedding() 层时，PyTorch 会在嵌入矩阵中查找相应的行，并返回该索引的嵌入向量，从而避免创建出非常大的独热向量。因此，当 *x* 通过词嵌入层时，就好像 *x* 先被转换成了维度为(32, 128, 256)的独热张量。同样，当 *x* 通过位置编码层（由 nn.Embedding() 层实现）时，就好像 *x* 先被转换成了维度为(32, 128, 128)的独热张量。

12.3 构建用于生成文本的 GPT

至此已经准备好训练数据，接着即可从零开始构建一个用于生成文本的 GPT 模型。在这里构建的模型，与第 11 章构建的 GPT-2XL 模型具有类似架构。不过在此只使用 3 个解码器层，而不是 48 个解码器层。正如 12.1 节解释的那样，这次的 GPT 模型的嵌入维度和词汇表都要小得多，因此，模型的参数量要比 GPT-2XL 少很多。

我们将按照第 11 章中构建 GPT-2XL 模型的步骤进行。在后续过程中，将重点介绍我们的 GPT 模型与 GPT-2XL 之间的区别，并解释做这些修改的原因。

12.3.1 模型超参数

解码器块中的前馈网络使用了高斯误差线性单元（GELU）激活函数。GELU 已被证明能提高深度学习任务中模型的性能，特别是自然语言处理（NLP）任务中模型的性能，这也已经成为 GPT 模型的标准做法。因此，就像在第 11 章中所做的那样，我们要定义一个 GELU 类：

```
import torch
from torch import nn
import math

device="cuda" if torch.cuda.is_available() else "cpu"
class GELU(nn.Module):
    def forward(self, x):
        return 0.5*x*(1.0+torch.tanh(math.sqrt(2.0/math.pi)*\
                      (x + 0.044715 * torch.pow(x, 3.0))))
```

在第 11 章中，即便在文本生成阶段也没有使用 GPU，因为模型实在太大了，如果将模型加载到普通 GPU 上，会因为内存不足而无法运行。

然而，在本章中，我们的模型要小得多，因此，我们把模型移到 GPU 上以实现更快速的训练。我们还将在 GPU 上运行模型来生成文本。

我们使用 Config() 类来包含模型中使用的所有超参数，如下所示：

```
class Config():
    def __init__(self):
        self.n_layer = 3
        self.n_head = 4
        self.n_embd = 256
        self.vocab_size = ntokens
        self.block_size = 128
        self.embd_pdrop = 0.1
        self.resid_pdrop = 0.1
```

```
                self.attn_pdrop = 0.1
config=Config()
```

Config() 类中的属性被用作 GPT 模型的超参数。n_layer 属性设置为 3，表示 GPT 模型有 3 个解码器层。n_head 属性设置为 4，意味着在计算因果自注意力时，会把查询向量 *Q*、键向量 *K* 和值向量 *V* 分成 4 个并行头。n_embd 属性设置为 256，意味着嵌入维度为 256，也就是说每个词元将由一个 256 值的向量来表示。vocab_size 属性由词汇表中唯一词元的数量决定。如前所述，我们的训练文本包含 10600 个唯一词元。block_size 属性设置为 128，这意味着输入序列最多包含 128 个词元。和第 11 章一样，此处的丢弃率也设置为 0.1。

12.3.2　构建因果自注意力机制模型

因果自注意力的定义方式与我们在第 11 章中的做法相同：

```
import torch.nn.functional as F
class CausalSelfAttention(nn.Module):
    def __init__(self, config):
        super().__init__()
        self.c_attn = nn.Linear(config.n_embd, 3 * config.n_embd)
        self.c_proj = nn.Linear(config.n_embd, config.n_embd)
        self.attn_dropout = nn.Dropout(config.attn_pdrop)
        self.resid_dropout = nn.Dropout(config.resid_pdrop)
        self.register_buffer("bias", torch.tril(torch.ones(\
                    config.block_size, config.block_size))
                .view(1, 1, config.block_size, config.block_size))
        self.n_head = config.n_head
        self.n_embd = config.n_embd

    def forward(self, x):
        B, T, C = x.size()
        q, k ,v = self.c_attn(x).split(self.n_embd, dim=2)
        hs = C // self.n_head
        k = k.view(B, T, self.n_head, hs).transpose(1, 2)
        q = q.view(B, T, self.n_head, hs).transpose(1, 2)
        v = v.view(B, T, self.n_head, hs).transpose(1, 2)

        att = (q @ k.transpose(-2, -1)) *\
                    (1.0 / math.sqrt(k.size(-1)))
        att = att.masked_fill(self.bias[:,:,:T,:T] == 0, \
                            float(,-inf'))
        att = F.softmax(att, dim=-1)
        att = self.attn_dropout(att)
        y = att @ v
        y = y.transpose(1, 2).contiguous().view(B, T, C)
        y = self.resid_dropout(self.c_proj(y))
        return y
```

在计算因果自注意力时，输入嵌入通过 3 个神经网络，获得查询 *Q*、键 *K* 和值 *V*。然后将它们中的每一个分成 4 个并行头，并在每个头中计算掩码自注意力。随后将 4 个注意力向量重新连接成一个单一的注意力向量，并将新向量用作 CausalSelfAttention() 类的输出。

12.3.3　构建 GPT 模型

将一个前馈网络与因果自注意力子层组合在一起，即可形成一个解码器块。前馈网络为模型注入了非线性的特点。如果没有前馈网络，Transformer 将只是一系列线性操作，捕捉复杂数据关系的能力也会受到一定限制。此外，前馈网络以独立且统一的方式处理每个位置，从而能转换由自注意力机制识别出的特征。这有助于捕捉输入数据的各个方面，从而增强模型表示信息的能力。解码器块的定义如下：

```
class Block(nn.Module):
    def __init__(self, config):
        super().__init__()
        self.ln_1 = nn.LayerNorm(config.n_embd)
        self.attn = CausalSelfAttention(config)
        self.ln_2 = nn.LayerNorm(config.n_embd)
        self.mlp = nn.ModuleDict(dict(
            c_fc    = nn.Linear(config.n_embd, 4 * config.n_embd),
            c_proj  = nn.Linear(4 * config.n_embd, config.n_embd),
            act     = GELU(),
            dropout = nn.Dropout(config.resid_pdrop),
        ))
        m = self.mlp
        self.mlpf=lambda x:m.dropout(m.c_proj(m.act(m.c_fc(x))))

    def forward(self, x):
        x = x + self.attn(self.ln_1(x))
        x = x + self.mlpf(self.ln_2(x))
        return x
```

GPT 模型中的每个解码器块都由两个子层组成：一个因果自注意力子层和一个前馈网络。为提高稳定性和性能，还会对每个子层应用层归一化和残差连接。然后将 3 个解码器层堆叠在一起，即可形成 GPT 模型的主体，如清单 12.5 所示。

清单 12.5　构建一个 GPT 模型

```
class Model(nn.Module):
    def __init__(self, config):
        super().__init__()
        self.block_size = config.block_size
        self.transformer = nn.ModuleDict(dict(
            wte = nn.Embedding(config.vocab_size, config.n_embd),
            wpe = nn.Embedding(config.block_size, config.n_embd),
            drop = nn.Dropout(config.embd_pdrop),
            h = nn.ModuleList([Block(config)
                               for _ in range(config.n_layer)]),
            ln_f = nn.LayerNorm(config.n_embd),))
        self.lm_head = nn.Linear(config.n_embd,
                                 config.vocab_size, bias=False)
        for pn, p in self.named_parameters():
            if pn.endswith('c_proj.weight'):
                torch.nn.init.normal_(p, mean=0.0,
                    std=0.02/math.sqrt(2 * config.n_layer))
    def forward(self, idx, targets=None):
        b, t = idx.size()
        pos=torch.arange(0,t,dtype=\
            torch.long).unsqueeze(0).to(device)         ❶
        tok_emb = self.transformer.wte(idx)
        pos_emb = self.transformer.wpe(pos)
        x = self.transformer.drop(tok_emb + pos_emb)
        for block in self.transformer.h:
            x = block(x)
        x = self.transformer.ln_f(x)
        logits = self.lm_head(x)
        return logits
```

❶ # 如果可用，将位置编码移到支持 CUDA 的 GPU 上

位置编码是在 Model() 类中创建的。因此，为确保模型的所有输入都在同一设备上，需要将它移到支持计算统一设备体系结构（CUDA）的 GPU 上（如果可用）。不这样做会收到错误消息。

模型的输入内容由词汇表中词元对应的索引序列组成。将输入通过词嵌入和位置编码，并将两者相加形成输入嵌入。然后，输入嵌入通过 3 个解码器块。之后，对输出应用层归一化，并将

一个线性头连接到输出，以使输出的数量等于 10600，与词汇表的大小相同。输出的内容是与词汇表中的 10600 个词元对应的 logits。稍后在生成文本时，会对这些 logits 应用 softmax 激活函数，以获得词汇表中唯一词元的概率分布。

接下来，可将在清单 12.5 中定义的 `Model()` 类实例化，从而创建 GPT 模型：

```
model=Model(config)
model.to(device)
num=sum(p.numel() for p in model.transformer.parameters())
print("number of parameters: %.2fM" % (num/1e6,))
print(model)
```

输出如下：

```
number of parameters: 5.12M
Model(
  (transformer): ModuleDict(
    (wte): Embedding(10600, 256)
    (wpe): Embedding(128, 256)
    (drop): Dropout(p=0.1, inplace=False)
    (h): ModuleList(
      (0-2): 3 x Block(
        (ln_1): LayerNorm((256,), eps=1e-05, elementwise_affine=True)
        (attn): CausalSelfAttention(
          (c_attn): Linear(in_features=256, out_features=768, bias=True)
          (c_proj): Linear(in_features=256, out_features=256, bias=True)
          (attn_dropout): Dropout(p=0.1, inplace=False)
          (resid_dropout): Dropout(p=0.1, inplace=False)
        )
        (ln_2): LayerNorm((256,), eps=1e-05, elementwise_affine=True)
        (mlp): ModuleDict(
          (c_fc): Linear(in_features=256, out_features=1024, bias=True)
          (c_proj): Linear(in_features=1024, out_features=256, bias=True)
          (act): GELU()
          (dropout): Dropout(p=0.1, inplace=False)
        )
      )
    )
    (ln_f): LayerNorm((256,), eps=1e-05, elementwise_affine=True)
  )
  (lm_head): Linear(in_features=256, out_features=10600, bias=False)
)
```

我们的 GPT 模型有 512 万个参数，其结构与 GPT-2XL 的结构类似。如果将上述输出与第 11 章的输出进行比较，会发现唯一的区别在于超参数，如嵌入维度、解码器层数量、词汇表大小等。

12.4 训练 GPT 模型以生成文本

本节将使用在 12.2 节中准备的训练数据批次来训练构建的 GPT 模型。这会产生一个相关问题：应该对该模型训练多少个轮次？虽然训练轮次太少可能导致模型生成的文本不连贯，但训练太多轮次可能导致模型过拟合，从而产生与训练文本中的段落完全相同的文本。

因此，我们会对模型训练 40 个轮次，还会在每 10 个轮次的训练完成后保存模型，并评估哪个版本的模型能生成连贯的文本，而不是简单地复制训练文本中原有的段落。另外的可行的方法是创建一个验证集，当模型在验证集上的性能收敛时停止训练，这个方法与第 2 章的做法类似。

12.4.1 训练 GPT 模型

像往常一样，我们将使用 Adam 优化器。由于 GPT 模型本质上是在执行多类别分类，因此，

12.4 训练 GPT 模型以生成文本

使用交叉熵损失作为损失函数：

```
lr=0.0001
optimizer = torch.optim.Adam(model.parameters(), lr=lr)
loss_func = nn.CrossEntropyLoss()
```

对模型训练 40 个轮次，如清单 12.6 所示。

清单 12.6　训练 GPT 模型以生成文本

```
model.train()
for i in range(1,41):
    tloss = 0.
    for idx, (x,y) in enumerate(loader):        ❶
        x,y=x.to(device),y.to(device)
        output = model(x)
        loss=loss_func(output.view(-1,output.size(-1)),
                       y.view(-1))               ❷
        optimizer.zero_grad()
        loss.backward()
        nn.utils.clip_grad_norm_(model.parameters(),1)  ❸
        optimizer.step()    ❹
        tloss += loss.item()
    print(f'epoch {i} loss {tloss/(idx+1)}')
    if i%10==0:
        torch.save(model.state_dict(),f'files/GPTe{i}.pth')  ❺
```

❶ # 对所有训练数据批次进行迭代
❷ # 将模型预测与实际输出进行比较
❸ # 将梯度范数裁剪为 1
❹ # 调整模型参数以最小化损失
❺ # 每 5 个轮次后保存模型

在训练过程中，我们将批次中的所有输入序列 *x* 输入模型以获得预测。将这些预测与批次中的输出序列 *y* 进行比较，并计算交叉熵损失。然后调整模型参数以最小化该损失。注意，为避免可能出现的梯度爆炸，我们已将梯度范数裁剪为 1。

> **梯度范数裁剪**
>
> 梯度范数裁剪是训练神经网络时使用的一种技术，有助于防止梯度爆炸问题。当损失函数相对于模型参数的梯度变得过大时，就会出现梯度爆炸问题，导致训练不稳定以及模型性能不佳。在梯度范数裁剪过程中，如果梯度范数（幅度）超过一定阈值，会对梯度进行收缩。这确保了梯度不会变得过大，从而保持了训练的稳定并改善了收敛。

如果有支持 CUDA 的 GPU，该训练过程需要几个小时。训练结束后，计算机上将保存 4 个文件，即 GPTe10.pth、GPTe20.pth、GPTe30.pth 和 GPTe40.pth。

12.4.2　生成文本的函数

至此，我们已经有了多个版本的训练好的模型，我们可以继续生成文本，并比较不同版本的性能。我们可以评估哪个版本表现最佳，并使用该版本生成文本。

类似于 GPT-2XL 中的过程，文本生成始于将索引（表示词元）序列作为提示词输入模型。模型会预测下一个词元的索引，然后将其附加到提示词中以形成一个新序列。随后这个新序列会被再次输入模型以进一步预测，这个过程将重复进行，直到生成了指定数量的新词元。

为了简化上述过程，我们定义了一个 sample() 函数。该函数接收索引序列作为输入，表示文本的当前状态。然后该函数会以迭代的方式进行预测，并将新索引附加到序列中，直到达到指定数量的新词元。该函数的具体实现如清单 12.7 所示。

清单 12.7　用于预测后续索引的 `sample()` 函数

```
def sample(idx, weights, max_new_tokens, temperature=1.0, top_k=None):
    model.eval()
    model.load_state_dict(torch.load(weights,
        map_location=device))    ❶
    original_length=len(idx[0])
    for _ in range(max_new_tokens):    ❷
        if idx.size(1) <= config.block_size:
            idx_cond = idx
        else:
            idx_cond = idx[:, -config.block_size:]
        logits = model(idx_cond.to(device))    ❸
        logits = logits[:, -1, :] / temperature
        if top_k is not None:
            v, _ = torch.topk(logits, top_k)
            logits[logits < v[:, [-1]]] = -float('Inf')
        probs = F.softmax(logits, dim=-1)
        idx_next=torch.multinomial(probs,num_samples=1)
        idx = torch.cat((idx, idx_next.cpu()), dim=1)    ❹
    return idx[:, original_length:]    ❺
```

❶ # 载入训练好的模型的一个版本
❷ # 生成固定数量的新索引
❸ # 用模型进行预测
❹ # 将新索引附加到序列末尾
❺ # 仅输出新索引

sample() 函数的一个参数是 weights，该参数表示保存在计算机上的模型的训练权重。与第 11 章定义的 sample() 函数不同，此处的函数仅返回新生成的索引，不包括提供给 sample() 函数的原始索引。做出这个改变是为了适应提示词包含未知词元的情况。在这种情况下，sample() 函数可保证在最终输出中保留原始提示词。否则，所有未知词元将在最终输出中被替换为"UNK"。

接下来，我们需要定义一个 generate() 函数来根据提示词生成文本。该函数首先将提示词转换为索引序列，然后使用 sample() 函数生成新的索引序列。之后，generate() 函数将所有索引连接在一起并将它们转换回文本。该函数的实现如清单 12.8 所示。

清单 12.8　利用训练好的 GPT 模型生成文本的函数

```
UNK=word_to_int["UNK"]
def generate(prompt, weights, max_new_tokens, temperature=1.0,
        top_k=None):
    assert len(prompt)>0, "prompt must contain at least one token"    ❶
    text=prompt.lower().replace("\n", " ")
    for x in punctuations:
        text=text.replace(f"{x}", f" {x} ")
    text_tokenized=text.split()
    idx=[word_to_int.get(w,UNK) for w in text_tokenized]    ❷
    idx=torch.LongTensor(idx).unsqueeze(0)
    idx=sample(idx, weights, max_new_tokens,
        temperature=1.0, top_k=None)    ❸
    tokens=[int_to_word[i] for i in idx.squeeze().numpy()]    ❹
    text=" ".join(tokens)
    for x in '''").:;!?,-'''':
        text=text.replace(f" {x}", f"{x}")
```

```
    for x in '''"(-''''':
        text=text.replace(f"{x} ", f"{x}")
    return prompt+" "+text
```

❶ # 确保提示词不为空
❷ # 将提示词转换为索引序列
❸ # 用 sample() 函数生成新的索引
❹ # 将新索引序列转换回文本

我们需要保证提示词不为空。如果为空，将会收到一条错误消息，提示"prompt must contain at least one token."（提示词必须包含至少一个词元）。generate() 函数允许我们通过指定保存在计算机上的权重来选择要使用的模型版本。例如，可以选择"files/GPTe10.pth"作为函数的 weights 参数值。该函数会将提示词转换为索引序列，然后将索引序列输入模型以预测下一个索引。在生成固定数量的新索引后，generate() 函数会将整个索引序列转换回文本形式。

12.4.3 使用不同版本的训练好的模型生成文本

接下来，我们将尝试使用不同版本的训练好的模型生成文本。

我们可以使用未知词元"UNK"作为无条件文本生成的提示词。这对于我们的使用场景非常实用，因为我们想检查生成的文本是否直接复制了训练文本中的原文。虽然一个与训练文本截然不同的独特提示词不太可能导致模型直接从训练文本中复制完全一样的段落，但无条件生成的文本更有可能直接来自训练文本。

首先使用经过 20 个训练轮次的模型无条件生成文本：

```
prompt="UNK"
for i in range(10):
    torch.manual_seed(i)
    print(generate(prompt,'files/GPTe20.pth',max_new_tokens=20)[4:]))
```

输出如下：

```
way." "kümmel," i said. "it's the way to talk about it
--------------------------------------------------
," robert jordan said. "but do not realize how far he is ruined." "pero
--------------------------------------------------
in the fog, robert jordan thought. and then, without looking at last, so good, he
--------------------------------------------------
pot of yellow rice and fish and the boy loved him. "no," the boy said.
--------------------------------------------------
the line now. it's wonderful." "he's crazy about the brave."
--------------------------------------------------
candle to us. "and if the maria kisses thee again i will commence kissing thee myself. it
--------------------------------------------------
?" "do you have to for the moment." robert jordan got up and walked away in
--------------------------------------------------
. a uniform for my father, he thought. i'll say them later. just then he
--------------------------------------------------
and more practical to read and relax in the evening; of all the things he had enjoyed the next
--------------------------------------------------
in bed and rolled himself a cigarette. when he gave them a log to a second grenade. "
--------------------------------------------------
```

将提示词设置为"UNK"，并要求 generate() 函数无条件生成 20 个新词元，将该过程重复执行 10 次。我们使用 manual_seed() 方法固定随机种子，以便结果可以重现。从输出中可见，生成的 10 段短文在语法上都是正确的，它们读起来确实像出自海明威的小说。例如，第一段短文中使用的单词"kummel"是在 *A Farewell to Arms* 中经常提到的一种烈酒。同时，以上 10 段短文中没有一个是直接从训练文本中照原样复制的。

接下来，我们改用经过 40 个训练轮次后的模型生成无条件文本，看看会发生什么：

```
prompt="UNK"
for i in range(10):
    torch.manual_seed(i)
    print(generate(prompt,'files/GPTe40.pth',max_new_tokens=20)[4:]))
```

输出如下：

```
way." "kümmel, and i will enjoy the killing. they must have brought me a spit
--------------------------------------------------
," robert jordan said. "but do not tell me that he saw anything." "not
--------------------------------------------------
in the first time he had bit the ear like that and held onto it, his neck
and jaws
--------------------------------------------------
pot of yellow rice with fish. it was cold now in the head and he could not
see the
--------------------------------------------------
the line of his mouth. he thought." "the laughing hurt him." "i can
--------------------------------------------------
candle made? that was the worst day of my life until one other day." "don'
--------------------------------------------------
?" "do you have to for the moment." robert jordan took the glasses and
opened the
--------------------------------------------------
. that's what they don't marry." i reached for her hand. "don
--------------------------------------------------
and more grenades. that was the last for next year. it crossed the river
away from the front
--------------------------------------------------
in a revolutionary army," robert jordan said. "that's really nonsense. it's
--------------------------------------------------
```

以上生成的 10 段短文再次语法正确，并且读起来像出自海明威的小说。然而，如果仔细检查会发现，第八段中的 they don't marry." i reached for her hand. "don 直接复制自小说 *A Farewell to Arms*。读者可以在之前保存到计算机上的 ThreeNovels.text 文件中搜索并加以验证。

练习 12.1

使用经过 10 个训练轮次的模型无条件生成由 50 个新词元组成的短文。将随机种子设置为 42，温度和 top-K 采样保持默认设置。检查生成的短文是否语法正确，以及是否有任何部分直接复制自训练文本。

也可以使用训练文本中不存在的独特提示词生成新文本。例如，可以使用"the old man saw the shark near the"（老人看到鲨鱼正游弋在）作为提示词，并要求 generate() 函数在提示词后添加 20 个新词元，将该过程重复进行 10 次：

```
prompt="the old man saw the shark near the"
for i in range(10):
    torch.manual_seed(i)
    print(generate(prompt,'files/GPTe40.pth',max_new_tokens=20))
    print("-"*50)
```

输出如下：

```
the old man saw the shark near the old man's head with his tail out and the old
man hit him squarely in the center of
--------------------------------------------------
the old man saw the shark near the boat with one hand. he had no feeling of
the morning but he started to pull on it gently
--------------------------------------------------
the old man saw the shark near the old man's head. then he went back to
another man in and leaned over and dipped the
--------------------------------------------------
the old man saw the shark near the fish now, and the old man was asleep in
the water as he rowed he was out of the
--------------------------------------------------
the old man saw the shark near the boat. it was a nice-boat. he saw the old
 man's head and he started
--------------------------------------------------
the old man saw the shark near the boat to see him clearly and he was
afraid that he was higher out of the water and the old
--------------------------------------------------
the old man saw the shark near the old man's head and then, with his tail
lashing and his jaws clicking, the shark plowed
--------------------------------------------------
the old man saw the shark near the line with his tail which was not sweet
smelling it. the old man knew that the fish was coming
--------------------------------------------------
the old man saw the shark near the fish with his jaws hooked and the old
man stabbed him in his left eye. the shark still hung
--------------------------------------------------
the old man saw the shark near the fish and he started to shake his head
again. the old man was asleep in the stern and he
--------------------------------------------------
```

生成的短文语法正确且连贯，与海明威小说 *The Old Man and the Sea* 中的段落高度相似。由于我们使用了经过 40 个训练轮次的模型，因此有更大可能性会生成完全照搬自训练数据的文本。然而，使用独特的提示词可以降低这种可能性。

通过设置温度并使用 top-K 采样，可以进一步控制所生成文本的多样性。在这种情况下，使用像 "the old man saw the shark near the" 这样的提示词，将温度设置为 0.9 并使用 top-50 采样，依然可以输出语法基本正确的内容。具体实现如下：

```
prompt="the old man saw the shark near the"
for i in range(10):
    torch.manual_seed(i)
    print(generate(prompt,'files/GPTe20.pth',max_new_tokens=20,
                   temperature=0.9,top_k=50))
    print("-"*50)
```

输出如下：

```
 The old man saw the shark near the boat. then he swung the great fish that
was more comfortable in the sun. the old man could
--------------------------------------------------
the old man saw the shark near the boat with one hand. he wore his overcoat
 and carried the submachine gun muzzle down, carrying it in
--------------------------------------------------
the old man saw the shark near the boat with its long dip sharply and the
old man stabbed him in the morning. he could not see
--------------------------------------------------
the old man saw the shark near the fish that was now heavy and long and
grave he had taken no part in. he was still under
--------------------------------------------------
the old man saw the shark near the boat. it was a nice little light. then
he rowed out and the old man was asleep over
```

```
------------------------------------------------
the old man saw the shark near the boat to come. "old man's shack and i'll
fill the water with him in
------------------------------------------------
the old man saw the shark near the boat and then rose with his lines close
him over the stern. "no," the old man
------------------------------------------------
the old man saw the shark near the line with his tail go under. he was
cutting away onto the bow and his face was just a
------------------------------------------------
the old man saw the shark near the fish with his tail that he swung him in.
 the shark's head was out of water and
------------------------------------------------
the old man saw the shark near the boat and he started to cry. he could
almost have them come down and whipped him in again.
------------------------------------------------
```

由于我们使用的是经过 20 个训练轮次而非 40 个训练轮次的模型，因此输出不太连贯，会出现一些语法错误。例如，第三段中的"with its long dip sharply"在语法上是错误的。然而，此时直接照搬训练数据生成文本的风险也较低。

练习12.2

使用经过 40 个训练轮次的模型生成一段包含 50 个新词元的短文。将"the old man saw the shark near the"作为提示词，随机种子设置为 42，温度设置为 0.95，将 top_K 设置为 100。检查生成的短文是否语法正确，以及是否有任何部分直接复制自训练文本。

本章介绍了如何从零开始构建和训练一个 GPT 风格的 Transformer 模型。具体来说，我们创建了一个只有 512 万个参数的简化版 GPT-2 模型。使用海明威的 3 部小说作为训练数据，我们成功训练了模型，并生成了与海明威写作风格一致且连贯的文本。

12.5 小结

- GPT 模型生成文本的风格在很大程度上取决于训练数据。为了有效生成文本，重要的是在训练数据的文本长度和变化之间保持平衡。训练数据集应足够大，以使模型能准确学习和模仿特定的写作风格。然而，如果数据集缺乏多样性，模型可能最终会直接照搬训练文本中的段落。过长的训练数据集可能需要大量计算资源以进行训练。
- 为 GPT 模型选择正确的超参数对于成功的模型训练和文本生成很重要。超参数设置过大可能导致参数过多，致使训练需要更长时间并且模型很可能会过拟合；超参数设置过小可能会妨碍模型有效学习、捕捉训练数据中的写作风格，从而导致生成的文本不够连贯。
- 适当的训练轮次数对文本生成同样重要。训练轮次太少可能导致所生成的文本不连贯；而过多的轮次可能导致模型过拟合，也就是生成的文本完全照搬训练文本中的段落。

第四部分

实际应用和新进展

这一部分介绍前几章中提到的生成模型的一些应用,以及生成式人工智能领域的新进展。

在第 13 章和第 14 章中,我们将介绍两种生成音乐的方法:MuseGAN(将乐曲视为类似图像的多维对象)和 Music Transformer(将乐曲视为音乐事件序列)。在第 15 章中,我们将介绍扩散模型,它是所有流行的文生图 Transformer(如 DALL·E 2 或 Imagen)的基础。在第 16 章中,我们使用 LangChain 库将预训练的大语言模型与 Wolfram Alpha API 或 Wikipedia API 结合起来,创建一个"无所不知"的个人助理。

第 13 章 使用 MuseGAN 生成音乐

本章内容
- 使用乐器数字接口（MIDI）的音乐表示
- 将音乐生成看作类似于图像生成的对象创建问题
- 构建并训练可生成音乐的生成对抗网络（GAN）
- 使用训练好的 MuseGAN 模型生成音乐

到目前为止，我们已经成功生成了形状、数字、图像和文本。本章和第 14 章将探索用两种不同方法来生成音乐。本章将应用源自图像 GAN 的技术，将音乐视为类似图像的多维对象。生成器将生成一首完整的音乐作品，并将其提交给批评者（因为使用了带有梯度惩罚的沃瑟斯坦距离，批评者在其中起着判别器的作用，详见第 5 章的讨论）进行评估。然后，生成器将根据批评者的反馈修改音乐，直到它与训练数据集中的真实音乐非常相似。在第 14 章中，我们将音乐视为音乐事件序列，并通过自然语言处理（NLP）技术来处理。我们将使用类似 GPT 的 Transformer，基于之前的事件预测最有可能的音乐事件。这个 Transformer 将生成一长串音乐事件，这些事件通过转换即可变成非常动听的音乐。

使用人工智能（AI）技术生成音乐，这一领域已经受到了极大关注。MuseGAN 是一个著名模型，由 Dong、Hsiao、Yang 和 Yang 在 2017 年提出。[①] MuseGAN 是一种深度神经网络，可利用生成对抗网络（GAN）创建多轨道音乐，其中 Muse 一词表示音乐背后的创造性灵感。该模型擅长理解代表不同乐器或不同声音（训练数据）的轨道间的复杂互动。因此，MuseGAN 可以生成和谐、风格统一的音乐作品。

与其他 GAN 模型类似，MuseGAN 主要由两个组件组成：生成器和批评者（负责持续衡量样本的真实程度，而非简单地将样本分类为真实或虚假）。生成器的任务是生成音乐，而批评者负责评估音乐质量并向生成器提供反馈。这种对抗性互动使生成器逐渐改进，从而创作出更逼真、更吸引人的音乐。

假设我们是巴赫的忠实粉丝，已经听过他的所有作品，那么我们想知道能否使用 MuseGAN 创建模仿巴赫风格的合成音乐。答案是肯定的，关于如何做，正是本章的主要内容。

具体来说，首先需要探索如何用多维对象来表示一首多轨音乐。一条轨道（track），其本质

---

① DONG H W, HSIAO W Y, YANG L C, et al. MuseGAN: multi-track sequential generative adversarial networks for symbolic music generation and accompaniment[C]//Proceedings of the 32nd AAAI Conference on Artificial Intelligence, Feb 2-7, 2018, New Orleans. AAAI-2018: 34-41.

上是一条音乐或声音组成的独立线路，其中可以是不同乐器（如钢琴、贝斯或鼓）也可以是不同声部（如女高音、女低音、男高音或男低音）。当使用电子音乐技术谱写轨道时，通常需要将轨道组织成小节（bar，即时间段），随后将每个小节进一步细分为多个步进（step），从而更精细地控制节奏，然后为每个步进分配一个特定的音符（note）来形成旋律和节奏。因此，训练集中的每首音乐都具有 (4, 2, 16, 84) 的结构，也就是说，每首音乐有 4 条轨道，每条轨道包含 2 个小节，每个小节包含 16 个步进，每个步进可以演奏 84 种音符中的一种。

MuseGAN 生成的音乐风格将受到训练数据的影响。由于我们感兴趣的是巴赫的作品，因此可以使用 JSB Chorales 数据集来训练 MuseGAN，该数据集是巴赫创作的众赞歌集，总共编排为 4 条轨道。这些众赞歌已转换为钢琴卷谱表示法，这是一种用于对音乐进行可视化和编码的方法，特别适用于数字音乐的处理。我们会学习如何将以 (4, 2, 16, 84) 形式表示的音乐转换为能在计算机上播放的乐器数字接口（musical instrument digital interface，MIDI）文件。

在前几章中，我们使用的生成器仅使用来自潜空间的一个噪声向量来生成不同格式的内容，如形状、数字和图像。而在 MuseGAN 中，生成器在生成音乐时将使用 4 个噪声向量。使用 4 个单独的噪声向量（和弦、风格、旋律、节奏，详见本章稍后的解释）是一种设计选择，借此可以在音乐生成过程中获得更大的控制力和多样性。这些噪声向量中的每一个都代表着音乐的不同方面，单独操控一方面，模型可以生成更复杂、更微妙的作品。

一旦模型训练好了，将丢弃批评者网络，这是 GAN 模型中的常见做法。然后即可利用训练好的生成器，通过输入来自潜空间的 4 个噪声向量来生成音乐片段。以这种方式生成的音乐与巴赫作品的风格非常相似。

13.1 音乐的数字化表示

我们的目标是从零开始构建和训练一个能生成音乐的 GAN 模型。为了实现这一目标，首先需要理解乐理基础知识，包括音乐的音符、八度音阶和音高。之后，我们将深入研究数字音乐，尤其是 MIDI 文件的内部工作原理。

根据生成音乐所用的机器学习模型的具体类别，音乐作品数字形式的表示也会有所差异。例如，本章将音乐表示为一种多维对象，而第 14 章将使用索引序列这种格式来表示音乐。

本节将介绍一些基本乐理，然后使用钢琴卷谱对音乐进行数字化表示。我们将学习如何在计算机上加载和播放 MIDI 示例文件，另外还将介绍 music21 这个 Python 库，我们将安装并使用它来对与音乐作品相关联的谱子和音符进行可视化。最后，还将学习如何用一个形状为 (4, 2, 16, 84) 的多维对象来表示音乐。

13.1.1 音符、八度音阶和音高

本章将使用一个将音乐作品表示为四维对象的训练数据集。为了理解训练数据集中这些音乐作品的含义，首先要熟悉一些乐理中的基本概念，如音符（musical note）、八度音阶（octaves）和音高（pitch，也称作音高编号或音符编号）。这些概念是相互关联的，对于理解数据集本身很重要。

图 13.1 展示了这些概念之间的关系。

音符是音乐中代表特定声音的符号。作为音乐最基本的元素，音符可用于形成旋律、和弦和节奏。每个音符都有一个名称（如 A、B、C、D、E、F、G），并对应一个特定的频率，这决定了音符的音高，即音符到底是高音还是低音。例如，中央 C（C4）通常具有约 262Hz 的频率，这

意味着它的声波每秒振动 262 次。

那么"中央 C（C4）"这个术语又是什么意思？"C4"中的数字 4 是八度音阶，也就是从一个音高级别到下一个音高级别之间的距离。在图 13.1 中，最左侧的列显示了从 -1 到 9 的 11 个八度音阶。随着从一个八度音阶移动到下一个八度音阶，声音的频率会翻倍。例如，音符 A4 通常调为 440Hz，而比 A4 高一个八度音阶的 A5 调为 880Hz。

在西方音乐中，一个八度音阶可分为 12 个半音，每个半音对应一个特定的音符。图 13.1 的顶部行列出了这 12 个半音：C、C#、D、D#……B。向上或向下移动 12 个半音就可以得到高八度或低八度的同名音符。正如前面提到的，A5 比 A4 高了一个八度音阶。

特定八度音阶中的每个音符都有一个音高编号，范围从 0 到 127，如图 13.1 所示。例如，音符 C4 的音高编号为 60，而 F3 的音高编号为 53。音高编号是表示音符的一种更有效的方式，因为它同时指定了八度音阶和半音。正是出于这个原因，本章使用的训练数据选择基于音高编号编码。

八度音阶	音符编号											
	C	C#	D	D#	E	F	F#	G	G#	A	A#	B
-1	0	1	2	3	4	5	6	7	8	9	10	11
0	12	13	14	15	16	17	18	19	20	21	22	23
1	24	25	26	27	28	29	30	31	32	33	34	35
2	36	37	38	39	40	41	42	43	44	45	46	47
3	48	49	50	51	52	53	54	55	56	57	58	59
4	60	61	62	63	64	65	66	67	68	69	70	71
5	72	73	74	75	76	77	78	79	80	81	82	83
6	84	85	86	87	88	89	90	91	92	93	94	95
7	96	97	98	99	100	101	102	103	104	105	106	107
8	108	109	110	111	112	113	114	115	116	117	118	119
9	120	121	122	123	124	125	126	127				

图 13.1　音符、八度音阶和音高（也叫作音符编号）之间的关系。第一列显示了 11 个八度音阶（从 -1 到 9），代表不同级别的音乐声音。每个八度音阶可分为 12 个半音，分别显示在顶部行中，即 C、C#、D、D#……B。在每个八度音阶内，每个音符都有一个特定的音高编号，范围从 0 到 127

13.1.2　多轨音乐简介

首先让我们谈谈多轨音乐的工作原理以及它如何以数字形式表示。在电子音乐制作中，"轨道"通常是指音乐的一个个独立层或组件，如鼓轨、贝斯轨或旋律轨。在古典音乐中，轨道可能代表不同声部，如女高音、女低音、男高音和男低音。举例来说，本章我们使用的训练数据集 JSB Chorales 数据集由对应 4 个声部的 4 条轨道组成。在制作音乐时，每个轨道都可以在数字音频工作站（DAW）中单独编辑和处理。这些轨道由各种音乐元素组成，包括小节、步进和音符。

小节（或拍子）是由特定数量的节拍（beat）所定义的时间段，每个节拍具有一定的音符持续时间。在许多流行音乐流派中，一个小节通常包含 4 个节拍，不过这可能会因为乐谱的拍号（time signature）而异。一条轨道中的小节总数由轨道长度和结构决定。例如，在我们的训练数据集中，每个轨道包含 2 个小节。

至于步进序列，这种技术常用于在电子音乐中对节奏和旋律进行编程。一个步进代表小节中的一个的细分。在标准的 4/4 拍号（一个小节有 4 个节拍，一个节拍有 4 个步进）中，每个小节

13.1 音乐的数字化表示

有 16 个步进,每个步进对应一个小节的 1/16。

每个步进还包含一个音符。我们的数据集将范围限制为最常用的 84 个音符(音高编号从 0 到 83)。因此,步进中的音符可被编码为一个 84 值的独热向量。

为了用一个实例来说明这些概念,请在本书的配套资源中查找文件 example.midi 并将其保存在计算机的 /files/ 目录中。.midi 扩展名的文件是音乐数字接口(MIDI)文件。MIDI 是一种技术标准,它规定了使电子乐器、计算机和其他相关设备能够相互连接和通信的协议、数字接口和连接器。

MIDI 文件可以在计算机上的大多数音乐播放器中播放。要了解我们训练数据中的音乐类型,可打开下载的 example.midi 文件,并使用计算机上的音乐播放器播放。文件 example.midi 是从本章训练数据集中的一首音乐转换而来的。稍后,我们将学习如何将训练数据集中形状为 (4, 2, 16, 84) 的音乐转换为可在计算机上播放的 MIDI 文件。

我们还将使用 Python 的 music21 库,这是一个功能强大且全面的工具包,专门用于音乐分析、作曲和处理,能对各种音乐概念的工作原理进行可视化。在 Jupyter Notebook 的新单元格中运行以下代码可安装 music21:

```
!pip install music21
```

music21 库可以将音乐可视化为五线谱,从而更好地理解轨道、小节、步进和音符。要实现这些,必须先在计算机上安装 MuseScore 应用登录 MuseScore 官方网站并下载适用于所用操作系统的最新版 MuseScore 应用。在撰写本书时,MuseScore 的最新版是 MuseScore 4,下文将以该版本为例进行介绍。记住 MuseScore 应用在计算机上的文件路径,例如,在 Windows 计算机上,路径是 C:\Program Files\MuseScore 4\bin\MuseScore4.exe。运行清单 13.1 所示的代码,将文件 example.midi 的内容可视化为五线谱。

清单 13.1　使用 music21 库将音乐可视化为五线谱

```
%matplotlib inline      ❶
from music21 import midi, environment

mf = midi.MidiFile()
mf.open("files/example.midi")     ❷
mf.read()
mf.close()
stream = midi.translate.midiFileToStream(mf)
us = environment.Environment()
path = r'C:\Program Files\MuseScore 4\bin\MuseScore4.exe'
us['musescoreDirectPNGPath'] = path      ❸
stream.show()      ❹
```

❶ # 在 Jupyter Notebook 中而非原应用中显示图像
❷ # 打开 MIDI 文件
❸ # 定义 MuseScore 应用的路径
❹ # 显示五线谱

对于 macOS 操作系统用户,应将上述代码中的路径更改为 /Applications/MuseScore 4.app/Contents/macOS/mscore。对于 Linux 用户,应将路径更改为 /home/[user name]/.local/bin/mscore4portable,并记得将 [user name] 替换为自己的实际用户名。例如,如果用户名是 mark,那么路径就是 /home/mark/.local/bin/mscore4portable。

执行上述代码将看到类似图 13.2 所示的五线谱。注意,图中的注释是为方便理解而添加的,读者在运行代码后只会看到五线谱,不会显示任何注释。

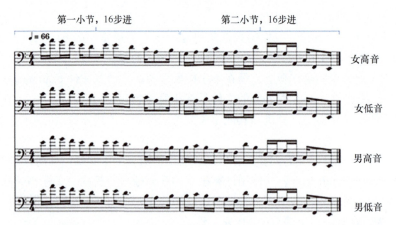

图 13.2　JSB Chorales 数据集中一段音乐的五线谱。这段音乐有 4 条轨道，代表了众赞歌的 4 个声部：女高音、女低音、男高音和男低音。五线谱在结构上为每个轨道 2 个小节，左半部分和右半部分分别对应第一小节和第二小节。每个小节包含 16 个步进，与 4/4 拍号对齐，其中，一个小节包含 4 个节拍，每个节拍可进一步细分为 4 个十六分音符。共有 84 种音高，每个音符都可以表示为一个 84 值的独热向量

JSB Chorales 数据集由巴赫创作的众赞歌音乐片段组成，经常被用于训练执行音乐生成任务的机器学习模型。数据集中每个音乐片段的形状 (4, 2, 16, 84) 可以解释如下。4 代表众赞歌的 4 个声部：女高音、女低音、男高音和男低音。数据集中每个声部被视为一个单独的轨道。每个音乐片段被划分为 2 个小节（也称为拍子）。数据集呈现为这种格式，主要是为了实现音乐片段长度的标准化，从而更好地将其用于训练。数字 16 代表每个小节中步进（或细分）的数量。音符使用 84 个值进行独热编码，这代表了每个步进可以演奏的音高（或音符）的可能数量。

13.1.3　音乐的数字化表示：钢琴卷谱

钢琴卷谱是音乐的一种可视化表示，经常用于 MIDI 序列软件和数字音频工作站（DAW）中。它的名称源自传统自奏钢琴所使用的钢琴卷谱，其中包含一个纸卷，上面通过打孔来表示要弹奏的音符。数字环境中的钢琴卷谱也有类似功能，不过是以虚拟格式呈现的。

钢琴卷谱会显示为一个网格，水平方向代表时间（从左到右），垂直方向代表音高（从下到上）。每行对应一个特定的音符，高音在顶部，低音在底部，有些类似于钢琴键盘的布局。

音符在网格上以条形或块状表示。音符块沿垂直轴的位置表示其音高，而沿水平轴的位置表示其在音乐中出现的时机。音符块的长度表示音符的持续时间。

让我们以 music21 库为例来看看钢琴卷谱是什么样子的。在 Jupyter Notebook 的新单元格中运行以下代码：

```
stream.plot()
```

输出应该类似图 13.3 所示。

music21 库还可以让我们查看与上述钢琴卷谱对应的量化音符，具体做法如下：

```
for n in stream.recurse().notes:
    print(n.offset, n.pitches)
```

输出如下：

```
0.0 (<music21.pitch.Pitch E4>,)
0.25 (<music21.pitch.Pitch A4>,)
0.5 (<music21.pitch.Pitch G4>,)
```

```
0.75 (<music21.pitch.Pitch F4>,)
1.0 (<music21.pitch.Pitch E4>,)
1.25 (<music21.pitch.Pitch D4>,)
1.75 (<music21.pitch.Pitch E4>,)
2.0 (<music21.pitch.Pitch E4>,)
2.5 (<music21.pitch.Pitch D4>,)
3.0 (<music21.pitch.Pitch C4>,)
3.25 (<music21.pitch.Pitch A3>,)
3.75 (<music21.pitch.Pitch B3>,)
0.0 (<music21.pitch.Pitch G3>,)
0.25 (<music21.pitch.Pitch A3>,)
0.5 (<music21.pitch.Pitch B3>,)
…
3.25 (<music21.pitch.Pitch F2>,)
3.75 (<music21.pitch.Pitch E2>,)
```

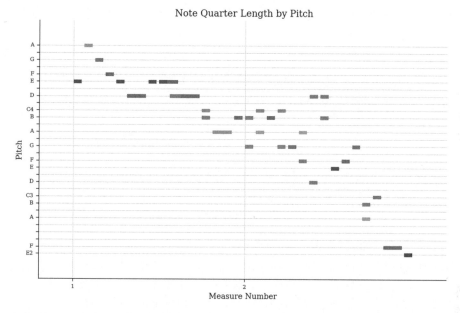

图 13.3　音乐片段的钢琴卷谱。钢琴卷谱是对音乐片段的图形化表示，会显示为一个网格，时间水平地从左到右推进，音高垂直地从下到上表示。网格中每行对应一个特定的音符，排列方式类似于钢琴键盘，高音在顶部，低音在底部。图中呈现的这段音乐由 2 个小节组成，在图中可见两个截然不同的部分。音符块的垂直位置表示其音高，而水平位置表示音符在乐曲中的演奏时机。此外，音符块的长度反映了音符的持续时间

受限于版面，输出有所省略。上述输出中每行的第一个值表示时间。在大多数情况下，下一行的时间会在上一行的时间后增加 0.25 秒。如果下一行增加的时间超过 0.25 秒，则意味着音符持续时间超过 0.25 秒。如上所示，起始音符是 E4。经过 0.25 秒，音符变为 A4，然后是 G4，以此类推。这也解释了图 13.3 中的前 3 个块（最左侧）为什么分别为 E、A 和 G。

读者可能会好奇：如何将音符序列转换为形状为 (4, 2, 16, 84) 的对象。为了理解这一点，让我们按以下方式查看音符中每个时间步进的音高编号：

```
for n in stream.recurse().notes:
    print(n.offset,n.pitches[0].midi)
```

输出如下：

```
0.0 64
0.25 69
0.5 67
0.75 65
```

```
1.0   64
1.25  62
1.75  64
2.0   64
2.5   62
3.0   60
3.25  57
3.75  59
0.0   55
0.25  57
0.5   59
…
3.25  41
3.75  40
```

根据图 13.1 中使用的映射，上述代码已将每个时间步进中的音符转换为 0 到 83 之间的音高编号。然后，每个音高编号会被转换为一个 84 值的独热变量，该变量中除了一个位置的值为 1，其他位置的值均为 -1。在独热编码中使用 -1 和 1（而非 0 和 1）是因为将值置于 -1 和 1 之间可使数据以 0 为中心，从而使训练更稳定、更快速。很多激活函数和权重初始化方法都会假定输入数据以 0 为中心。图 13.4 展示了将一段 MIDI 音乐编码成形状为 (4, 2, 16, 84) 的对象的过程。

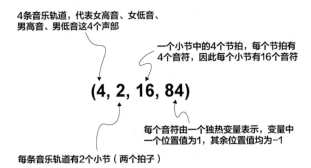

图 13.4　如何使用四维对象表示音乐片段。在我们的训练数据中，每个音乐片段都由一个形状为 (4, 2, 16, 84) 的四维对象表示。第一维表示 4 条轨道，即音乐中的 4 个声部（女高音、女低音、男高音和男低音）。每条音乐轨道划分为 2 个小节。每个小节有 4 个节拍，每个节拍有 4 个音符，因此一个小节有 16 个音符。每个音符都由一个 84 值的独热变量表示，该变量中除了一个位置的值为 1，其他位置的值均为 −1

图 13.4 解释了形状为 (4, 2, 16, 84) 的音乐对象的维度。从本质上看，每个音乐片段都由 4 条轨道组成，每条轨道包含 2 个小节。每个小节被细分为 16 个音符。鉴于训练集中的音高编号范围为 0 到 83，每个音符都由一个 84 值的独热向量表示。

在后续关于准备训练数据的讨论中，我们会探讨如何将形状为 (4, 2, 16, 84) 的对象转换回 MIDI 格式的音乐片段，以便在计算机上播放。

13.2　音乐生成所用的蓝图

在创作音乐时，为了提高控制力和变化幅度，我们需要加入更详细的输入。与利用潜空间中单个噪声向量生成形状、数字和图像的方法不同，我们将在音乐生成过程中使用 4 个噪声向量。由于每个音乐片段包含 4 条轨道和 2 个小节，我们将利用 4 个向量来管理这种结构。第一个向量统一管理所有轨道和小节，第二个向量跨越所有小节控制所有轨道，第三个向量跨越小节监督所有轨道，第四个向量管理每条轨道中每个单独的小节。本节将介绍并解释和弦（chord）、风格（style）、旋律（melody）和节奏（groove）等概念，以及它们对音乐生成过程中各方面的影响。最后，我们将讨论构建和训练 MuseGAN 模型的步骤。

13.2.1 用和弦、风格、旋律和节奏构建音乐

在稍后的音乐生成阶段，我们会从潜空间中获得 4 个噪声向量（和弦、风格、旋律和节奏），并将它们输入生成器来创建一段音乐。读者可能想知道这 4 个信息的含义。在音乐中，和弦、风格、旋律和节奏是影响乐曲整体声音和感觉的关键元素。下文将简要介绍每个元素。

风格是指音乐创作、演奏和体验等方面有代表性的方式。风格包括了音乐流派（如爵士、古典、摇滚等）、音乐创作的时代，以及作曲家或演奏者的独特方法。风格受到文化、历史和个人因素的影响，它有助于定义音乐的身份。

节奏是指音乐中的节奏感或律动感，特别是放克、爵士和灵魂乐等风格中的这种感觉。正是它，让听到音乐的我们想要抖腿或起舞。节奏是由重音的模式、节奏部分（鼓、贝斯等）的互动和演奏速度共同决定的，它是赋予音乐运动感和流动感的元素。

和弦是指两个或更多音符同时演奏的组合，为音乐提供了和声基础。和弦基于音阶建立，可用于创建能给音乐带来结构和情感深度的"进行"（progression）。不同的和弦类型（大和弦、小和弦、减和弦、增和弦等）及其编排方式可以唤起听者各种情绪和感觉。

旋律是音乐作品中最容易识别的音符序列。听歌时，我们就是跟着旋律进行哼唱或跟唱的。旋律通常由音阶构成，其特点在于音高、节奏和轮廓（音高的升降模式）。好的旋律令人难忘且富有表现力，传达了作品主要的音乐主题和情感主题。

这些元素共同协调，创造出音乐作品的整体声音和体验。每个元素都有各自的作用，但它们也会相互作用并相互影响，从而形成最终的作品。具体来说，一首音乐作品由 4 条轨道组成，每条轨道有 2 个小节，因此总共可以产生 8 种不同的轨道/小节组合。我们将使用一个噪声向量表示风格，并将其应用于所有 8 个小节。此外会为旋律使用 8 个不同的噪声向量，每个噪声向量应用于 1 个小节。为节奏使用 4 个噪声向量，每个向量应用于 1 条轨道，并且在同一条轨道的 2 个小节上保持不变。和弦将使用 2 个噪声向量，每个向量应用于 1 个小节。图 13.5 展示了这 4 个元素如何共同促成一首完整音乐作品的创作过程。

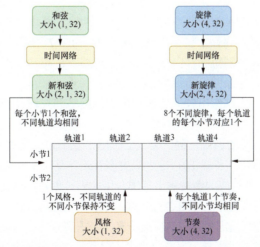

图 13.5 使用和弦、风格、旋律和节奏生成音乐。每首音乐作品由 4 条轨道组成，跨越 2 个小节。为此，我们从潜空间提取 4 个噪声向量。第一个向量表示和弦，维度为 (1, 32)。此向量将通过一个时间网络进行处理，扩展为 2 个 (1, 32) 向量，对应于 2 个小节，并且在所有轨道上该值都相同。第二个向量表示风格，也具有 (1, 32) 的维度，在所有轨道和小节上保持不变。第三个向量表示旋律，其维度为 (4, 32)，它将通过时间网络拉伸为两个 (4, 32) 向量，产生 8 个 (1, 32) 向量，每个向量表示一个唯一的轨道和小节的组合。第四个向量表示节奏，维度为 (4, 32)，将应用于 4 条轨道，在每条轨道的 2 小节上都保持相同的值

生成器通过逐一生成每条轨道中的 1 个小节来创建一段音乐。为此，它需要 4 个噪声向量作为输入。这些向量分别表示和弦、风格、旋律和节奏，而正如之前解释的那样，每个向量控制了音乐的不同方面。由于音乐作品由 4 条轨道组成，每条轨道有 2 个小节，因此共有 8 种小节/轨道组合。因此，我们需要 8 组和弦、风格、旋律和节奏来生成音乐作品的所有部分。

我们将从潜空间中获得与和弦、风格、旋律和节奏对应的 4 个噪声向量。稍后还将引入一个时间网络，其作用是沿着小节维度扩展输入。对于有两个小节的情况，这意味着会将输入的大小翻倍。音乐本质上是时间性的，具有随时间展开的模式和结构。MuseGAN 中的时间网络旨在捕捉这些时间依赖关系，确保生成的音乐具有连贯且逻辑的进行。

和弦的噪声向量的形状为 (1, 32)。通过时间网络处理后，将获得 2 个大小为 (1, 32) 的向量。第一个向量用于第一小节中的所有 4 条轨道，第二个向量用于第二小节中的所有 4 条轨道。

风格的噪声向量的形状也是 (1, 32)，会统一应用于所有 8 个轨道/小节组合。注意，风格向量无须通过时间网络处理，因为风格向量在设计上需要在小节上保持不变。

旋律的噪声向量的形状为 (4, 32)。通过时间网络处理后，它会产生 2 个 (4, 32) 向量，并进一步分解为 8 个 (1, 32) 向量。每个向量在一个唯一的轨道/小节组合中使用。

节奏的噪声向量的形状为 (4, 32)，应用时，会将每个大小为 (1, 32) 的向量应用于不同轨道，并在每条轨道的 2 个小节上保持不变。节奏向量无须通过时间网络处理，因为节奏向量在设计上需要在小节上保持不变。

在为 8 个轨道/小节组合中的每一组生成一小节音乐后，我们将它们合并以创建一段完整的音乐作品，其中包含 4 条轨道，每条轨道包含 2 个唯一的小节。

13.2.2　训练 MuseGAN 所用的蓝图

本书的第 1 章概括介绍了 GAN 背后的基本概念。第 3～5 章，介绍了如何构建和训练一个能生成形状、数字和图像的 GAN。本节将介绍构建和训练 MuseGAN 的步骤，重点会介绍与前几章的不同之处。

MuseGAN 生成的音乐风格会受到训练数据风格的影响。因此，首先应该收集一组巴赫作品数据集，并以适合训练的格式存储。接下来创建一个 MuseGAN 模型，其中包括一个生成器和一个批评者。生成器网络以 4 个随机噪声向量（和弦、风格、旋律和节奏）作为输入，并输出一段音乐。批评者网络评估音乐作品并给出评分，对于真实音乐（来自训练集）会给出较高分数，对于虚假音乐（由生成器产生）则给出较低分数。生成器网络和批评者网络都利用深度卷积层来捕捉输入的空间特征。

图 13.6 展示了 MuseGAN 的训练过程。生成器（图中左下角）接收 4 个随机噪声向量（和弦、风格、旋律和节奏）作为输入（步骤 1），并生成虚假音乐作品（步骤 2）。这些噪声向量提取自潜空间，潜空间代表了 GAN 可生成的潜在输出范围，借此即可创建多样化的数据样本。这些虚假音乐作品，以及来自训练集的真实作品（图中右上角）随后由批评者进行评估（步骤 3）。批评者（图中底部中央）对所有音乐作品给出分数，它会给予真实音乐高分，给予虚假音乐低分（步骤 4）。

为了对模型参数的调整提供指导，还必须为生成器和批评者选择合适的损失函数。生成器的损失函数旨在鼓励生成接近训练数据集中数据点的数据。具体来说，生成器的损失函数是批评者评分的负值。通过最小化这个损失函数，生成器即可努力创建能得到批评者好评的音乐作品。另外，批评者的损失函数旨在鼓励准确评估真实数据点和虚假数据点。因此，如果音乐作品来自训练集，批评者的损失函数就是评分本身；如果音乐作品由生成器生成，那么批评者的损失函数就是评分的负值。实质上，批评者的目标是给真实音乐作品打高分，给虚假音乐作品打低分。

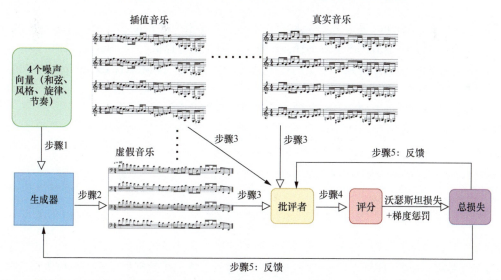

图 13.6　训练 MuseGAN 生成音乐的步骤。生成器通过从潜空间提取 4 个随机噪声向量产生一段虚假音乐，并将其提供给批评者。批评者评估音乐作品并给出评分。高评分意味着音乐可能来自训练数据集，低评分表明音乐可能是虚假的（由生成器生成）。此外，还需要向批评者提供一个由真实样本和虚假样本混合而成的插值音乐作品。训练过程基于批评者对这个插值作品的评分进行了梯度惩罚，并将其添加到总损失中。然后将这些评分与实际标签（真实数据）进行比较，使批评者和生成器都能从这些评估结果中学习。经过多次训练迭代，生成器能够熟练生成几乎与真实样本难以区分的音乐作品

此外，像第 5 章对 GAN 模型的训练稳定性和性能进行增强时的做法那样，我们还为损失函数引入了沃瑟斯坦距离与梯度惩罚。为实现这一点，可由批评者评估一首由真实音乐和虚假音乐混合而来的插值音乐作品。在训练过程中，基于批评者对这个插值作品的评分，梯度惩罚会添加到总损失中。

在整个训练循环中，会交替训练批评者和生成器。在每个训练迭代中，从训练集中抽取一批真实音乐作品和由生成器生成的一批虚假音乐作品。通过将批评者的评分（分数）与真实标签（真实数据）进行比较，即可算出总损失（无论音乐作品是真实或是虚假）。然后，略微调整生成器网络和批评者网络的权重，以便在后续迭代中让生成器生成更接近指定音乐家风格的音乐作品，并让批评者给真实音乐作品更高的分数，给虚假音乐作品更低的分数。

MuseGAN 完全训练好后，只需将 4 个随机噪声向量输入训练好的生成器即可创建音乐。

13.3　准备 MuseGAN 所需的训练数据

我们将使用巴赫的众赞歌作品作为训练数据集，从而生成与巴赫风格相似的音乐作品。如果更喜欢其他音乐家的风格，也可以使用他们的作品作为训练数据。本节将首先下载训练数据，并将其组织成批次以便后续训练。

我们已经了解到训练集中的音乐作品将被表示为四维对象。在本节中，我们还将学习如何将这些多维对象转换为计算机可播放的音乐作品。这种转换是必要的，因为 MuseGAN 只能生成与训练集中对象类似的多维对象。在本章的后面，我们会把 MuseGAN 生成的多维对象转换成 MIDI 文件，从而在计算机上播放。

13.3.1 下载训练数据

我们使用 JSB Chorales 钢琴卷谱数据集作为训练集。访问 Cheng-Zhi Anna Huang 的 GitHub 代码库,下载音乐文件 Jsb16thSeparated.npz,将文件保存在计算机上的 /files/ 目录中。

随后从本书的配套资源找到两个实用程序模块 midi_util.py 和 MuseGAN_util.py,并将它们保存在计算机上的 /utils/ 目录中。本章代码是从 Azamat Kanametov 的 GitHub 代码库修改而来的。有了这些文件,我们就可以加载音乐文件,并将其组织成批次供后续处理:

```
from torch.utils.data import DataLoader
from utils.midi_util import MidiDataset

dataset = MidiDataset('files/Jsb16thSeparated.npz')
first_song=dataset[0]
print(first_song.shape)
loader = DataLoader(dataset, batch_size=64,
                    shuffle=True, drop_last=True)
```

将刚下载的数据集加载到Python中,然后提取第一首歌,将其命名为 `first_song`。由于歌曲被表示为多维对象,我们可以输出第一首歌的形状。最后,将训练数据以批次为单位组织成64个批次,以供本章后面使用。

上述代码的输出如下:

```
torch.Size([4, 2, 16, 84])
```

如输出所示,刚才下载的数据集中,每首歌的形状都是(4, 2, 16, 84)。这表明每首歌包含4条轨道,每条轨道有2个小节。每个小节包含16个时间步进,而在每个时间步进中,音符都可由一个84值的独热向量表示。在每个独热向量中,除了一个位置的值为1,其他位置的值都设置为-1,这表示存在一个音符。我们可以用如下的方式来验证数据集中值的范围:

```
flat=first_song.reshape(-1,)
print(set(flat.tolist()))
```

输出如下:

```
{1.0, -1.0}
```

从输出可以看到,每个音乐作品中的值要么是-1,要么是1。

13.3.2 将多维对象转换为音乐作品

至此,歌曲已经被格式化为 PyTorch 张量,并且可以准备好输入 MuseGAN 模型。然而,在继续之前,还需要了解该如何将这些多维对象转换为能在计算机上播放的音乐作品。这将有助于我们稍后将生成的音乐作品转换为可播放的文件。

首先,要将所有84值的独热变量转换为在0和83之间的音高数值,方法如下:

```
import numpy as np
from music21 import note, stream, duration, tempo

parts = stream.Score()
parts.append(tempo.MetronomeMark(number=66))
max_pitches = np.argmax(first_song, axis=-1)      ❶
midi_note_score = max_pitches.reshape([2 * 16, 4])  ❷
print(midi_note_score)
```

❶ # 将 84 值的独热向量转换为在 0 和 83 之间的数字

❷ # 将结果重塑为 (32, 4)

输出如下：

```
tensor([[74, 74, 74, 74],
…
        [70, 70, 69, 69],
        [67, 67, 69, 69],
        [70, 70, 70, 70],
        [69, 69, 69, 69],
        [69, 69, 69, 69],
        [65, 65, 65, 65],
        [58, 58, 60, 60],
…
        [53, 53, 53, 53]])
```

在上述输出中，每列代表一条音乐轨道，数值在0和83之间。这些数值对应于音高数值，和我们在图13.1中看到的类似。

随后，继续将上述代码中的张量 `midi_note_score` 转换为实际的 MIDI 文件（见清单 13.2），这样就可以在计算机上播放了。

清单 13.2　将音高数值转换为 MIDI 文件

```
for i in range(4):                                          ❶
    last_x = int(midi_note_score[:, i][0])
    s = stream.Part()
    dur = 0
    for idx, x in enumerate(midi_note_score[:, i]):         ❷
        x = int(x)
        if (x != last_x or idx % 4 == 0) and idx > 0:
            n = note.Note(last_x)
            n.duration = duration.Duration(dur)
            s.append(n)
            dur = 0
        last_x = x
        dur = dur + 0.25                                    ❸
    n = note.Note(last_x)
    n.duration = duration.Duration(dur)
    s.append(n)                                             ❹
    parts.append(s)
parts.write("midi","files/first_song.midi")
```

❶ # 对 4 条音乐轨道进行迭代
❷ # 对每个轨道中的所有音符进行迭代
❸ # 每个时间步进增加 0.25 秒
❹ # 将音符添加到音乐流中

运行上述代码后，会在计算机上看到一个名为 `first_song.midi` 的 MIDI 文件。使用计算机上的音乐播放器播放，即可了解我们正在用哪种类型的音乐来训练 MuseGAN。

练习13.1

将训练数据集中的第二首歌曲转换为 MIDI 文件。将其保存为 second_song.midi，并使用计算机上的音乐播放器播放。

13.4　构建 MuseGAN

从本质上看，我们将把音乐作品视为具有多个维度的对象。使用第 4～6 章介绍的技术，即可利用深度卷积神经网络（CNN）来实现这个任务，因为 CNN 能有效地从多维对象中提取空间特征。在 MuseGAN 中，我们将构建一个生成器和一个批评者，类似于在图像生成任务中那样，让生成器根据批评者的反馈来优化所生成的图像。生成器会以四维对象的形式产生音乐作品。

我们会将来自训练集的真实音乐作品和生成器产生的虚假音乐作品一起呈现给批评者。批评者将为每个作品打分，分数在 $-\infty$ 和 $+\infty$ 之间，分数越高意味着音乐越可能是真实的。批评者的目标是为真实音乐给出高分，为虚假音乐给出低分。相反，生成器的目标是产生与真实音乐无法区分的音乐，从而获得批评者的高分。

在本节中，我们将构建一个 MuseGAN 模型，其中包含一个生成器网络和一个批评者网络。批评者网络会利用深度卷积层从多维对象中提取不同的特征，从而增强自己评估音乐作品的能力。生成器网络会利用深度转置卷积层产生特征图，旨在生成接近指定音乐家风格的音乐作品。最后，我们则会使用训练集中的音乐作品来训练 MuseGAN 模型。

13.4.1　MuseGAN 中的批评者

如第 5 章所述，将沃瑟斯坦距离纳入损失函数，这有助于稳定训练过程。因此，在 MuseGAN 中我们采用了类似的方法，使用批评者而非判别器。批评者不是一种二分类器，实际上，它会评估生成器的输出（音乐作品），并分配一个在 $-\infty$ 和 $+\infty$ 之间的分数。更高的分数表示音乐真实（来自训练集）的可能性更大。

我们将构建一个音乐批评者神经网络（见清单 13.3），其定义可在下载的 MuseGAN_util.py 文件中找到。

清单 13.3　MuseGAN 中的批评者神经网络

```
class MuseCritic(nn.Module):
    def __init__(self,hid_channels=128,hid_features=1024,
        out_features=1,n_tracks=4,n_bars=2,n_steps_per_bar=16,
        n_pitches=84):
        super().__init__()
        self.n_tracks = n_tracks
        self.n_bars = n_bars
        self.n_steps_per_bar = n_steps_per_bar
        self.n_pitches = n_pitches
        in_features = 4 * hid_channels if n_bars == 2\
            else 12 * hid_channels
        self.seq = nn.Sequential(
            nn.Conv3d(self.n_tracks, hid_channels,
                    (2, 1, 1), (1, 1, 1), padding=0),      ❶
            nn.LeakyReLU(0.3, inplace=True),
            nn.Conv3d(hid_channels, hid_channels,
              (self.n_bars - 1, 1, 1), (1, 1, 1), padding=0),
            nn.LeakyReLU(0.3, inplace=True),
            nn.Conv3d(hid_channels, hid_channels,
                    (1, 1, 12), (1, 1, 12), padding=0),
            nn.LeakyReLU(0.3, inplace=True),
            nn.Conv3d(hid_channels, hid_channels,
                    (1, 1, 7), (1, 1, 7), padding=0),
            nn.LeakyReLU(0.3, inplace=True),
            nn.Conv3d(hid_channels, hid_channels,
                    (1, 2, 1), (1, 2, 1), padding=0),
            nn.LeakyReLU(0.3, inplace=True),
            nn.Conv3d(hid_channels, hid_channels,
                    (1, 2, 1), (1, 2, 1), padding=0),
            nn.LeakyReLU(0.3, inplace=True),
            nn.Conv3d(hid_channels, 2 * hid_channels,
```

```
                    (1, 4, 1), (1, 2, 1), padding=(0, 1, 0)),
                nn.LeakyReLU(0.3, inplace=True),
                nn.Conv3d(2 * hid_channels, 4 * hid_channels,
                    (1, 3, 1), (1, 2, 1), padding=(0, 1, 0)),
                nn.LeakyReLU(0.3, inplace=True),
                nn.Flatten(),                            ❷
                nn.Linear(in_features, hid_features),
                nn.LeakyReLU(0.3, inplace=True),
                nn.Linear(hid_features, out_features))   ❸
    def forward(self, x):
        return self.seq(x)
```

❶ # 将输入通过多个 Conv3d 层
❷ # 将输出结果展平
❸ # 将输出通过 2 个线性层

批评者网络的输入是一个维度为 (4, 2, 16, 84) 的音乐作品。该网络主要由几个 Conv3d 层组成。这些层将音乐作品中的每条轨道视为一个三维对象，并应用过滤器来提取空间特征。Conv3d 层的运作类似于前几章讨论的图像生成中使用的 Conv2d 层。

需要注意的是，批评者模型的最后一层是线性的，无须对其输出应用任何激活函数。因此，批评者模型的输出是一个在 $-\infty$ 和 $+\infty$ 之间的值，可理解为批评者对音乐作品的评分。

13.4.2 MuseGAN 中的生成器

如 13.2 节所述，生成器将逐个生成每一小节音乐，然后将这 8 个小节组合在一起，即可形成完整的音乐作品。

生成器在 MuseGAN 中采用 4 个独立噪声向量作为输入，以控制正在生成的音乐的各个方面，而不是只使用一个单一噪声向量。其中 2 个向量将通过一个时间网络进行处理，从而沿着小节维度进行扩展。虽然风格向量和节奏向量按照设计会在 2 个小节间保持不变，但和弦向量和旋律向量按照设计会在小节之间产生变化。因此，首先需要构建一个时间网络，在 2 个小节之间对和弦向量和旋律向量进行扩展，这样可以确保生成的音乐随时间的推移具有连贯且逻辑的行进。

在下载的本地模块 `MuseGAN_util` 中，我们定义了 `TemporalNetwork()` 类，具体实现如下：

```
class TemporalNetwork(nn.Module):
    def __init__(self,z_dimension=32,hid_channels=1024,n_bars=2):
        super().__init__()
        self.n_bars = n_bars
        self.net = nn.Sequential(
            Reshape(shape=[z_dimension, 1, 1]),       ❶
            nn.ConvTranspose2d(z_dimension,hid_channels,
                kernel_size=(2, 1),stride=(1, 1),padding=0,),
            nn.BatchNorm2d(hid_channels),
            nn.ReLU(inplace=True),
            nn.ConvTranspose2d(hid_channels,z_dimension,
                kernel_size=(self.n_bars - 1, 1),stride=(1, 1),
                padding=0,),
            nn.BatchNorm2d(z_dimension),
            nn.ReLU(inplace=True),
            Reshape(shape=[z_dimension, self.n_bars]),)  ❷
    def forward(self, x):
        return self.net(x)
```

❶ # TemporalNetwork() 类的输入维度是 (1, 32)
❷ # 输出维度是 (2, 32)

上述 `TemporalNetwork()` 类采用了 2 个 ConvTranspose2d 层,从而将单个噪声向量扩展为 2 个不同的噪声向量,每个噪声向量对应于 2 个小节中的 1 个。正如第 4 章所述,转置卷积层可用于实现上采样和生成特征图。本例则使用它们在不同小节之间扩展噪声向量。

我们不会一次性生成所有轨道中的所有小节,而是会逐小节地生成音乐。这样做可以让 MuseGAN 在计算效率、灵活性和音乐连贯性之间取得平衡,从而产生结构更优、更具吸引力的音乐作品。因此,我们需要继续构建一个负责生成音乐片段的小节生成器,用它生成每条轨道内的每一个小节。在本地 MuseGAN_util 模块中引入如下所示的 `BarGenerator()` 类:

```
class BarGenerator(nn.Module):
    def __init__(self,z_dimension=32,hid_features=1024,hid_channels=512,
        out_channels=1,n_steps_per_bar=16,n_pitches=84):
        super().__init__()
        self.n_steps_per_bar = n_steps_per_bar
        self.n_pitches = n_pitches
        self.net = nn.Sequential(
            nn.Linear(4 * z_dimension, hid_features),         ❶
            nn.BatchNorm1d(hid_features),
            nn.ReLU(inplace=True),
            Reshape(shape=[hid_channels,hid_features//hid_channels,1]),
            nn.ConvTranspose2d(hid_channels,hid_channels,
                kernel_size=(2, 1),stride=(2, 1),padding=0),  ❷
            nn.BatchNorm2d(hid_channels),
            nn.ReLU(inplace=True),
            nn.ConvTranspose2d(hid_channels,hid_channels // 2,
                kernel_size=(2, 1),stride=(2, 1),padding=0),
            nn.BatchNorm2d(hid_channels // 2),
            nn.ReLU(inplace=True),
            nn.ConvTranspose2d(hid_channels // 2,hid_channels // 2,
                kernel_size=(2, 1),stride=(2, 1),padding=0),
            nn.BatchNorm2d(hid_channels // 2),
            nn.ReLU(inplace=True),
            nn.ConvTranspose2d(hid_channels // 2,hid_channels // 2,
                kernel_size=(1, 7),stride=(1, 7),padding=0),
            nn.BatchNorm2d(hid_channels // 2),
            nn.ReLU(inplace=True),
            nn.ConvTranspose2d(hid_channels // 2,out_channels,
                kernel_size=(1, 12),stride=(1, 12),padding=0),
            Reshape([1, 1, self.n_steps_per_bar, self.n_pitches]))  ❸
    def forward(self, x):
        return self.net(x)
```

❶ # 将和弦向量、风格向量、旋律向量和节奏向量连接成一个向量,大小为 4×32
❷ # 将输入重塑为二维,并用多个 ConvTranspose2d 层进行上采样和音乐特征生成
❸ # 输出的形状为 (1, 1, 16, 84): 1 条轨道,1 个小节,16 个音符,每个音符由一个 84 值的向量表示

`BarGenerator()` 类可接收 4 个噪声向量作为输入,这些向量分别表示不同轨道中特定小节的和弦、风格、旋律和节奏,且每个向量形状均为 (1, 32)。在提供给 `BarGenerator()` 类之前,这些向量会被连接成一个 128 值的向量。`BarGenerator()` 类的输出是音乐的一个小节,维度为 (1, 1, 16, 84),这代表 1 条轨道、1 个小节、16 个音符,每个音符由一个 84 值的向量表示。

最后,使用 `MuseGenerator()` 类生成完整音乐作品,其中包括 4 条轨道,每条轨道有 2 个小节。每个小节均使用上述 `BarGenerator()` 类构建。

为此,我们在本地 MuseGAN_util 模块中定义了如清单 13.4 所示的 `MuseGenerator()` 类。

清单 13.4 MuseGAN 中的音乐生成器

```
class MuseGenerator(nn.Module):
    def __init__(self,z_dimension=32,hid_channels=1024,
```

13.4 构建 MuseGAN

```
            hid_features=1024,out_channels=1,n_tracks=4,
            n_bars=2,n_steps_per_bar=16,n_pitches=84):
        super().__init__()
        self.n_tracks = n_tracks
        self.n_bars = n_bars
        self.n_steps_per_bar = n_steps_per_bar
        self.n_pitches = n_pitches
        self.chords_network=TemporalNetwork(z_dimension,
                            hid_channels, n_bars=n_bars)
        self.melody_networks = nn.ModuleDict({})
        for n in range(self.n_tracks):
            self.melody_networks.add_module(
                "melodygen_" + str(n),
                TemporalNetwork(z_dimension,
                 hid_channels, n_bars=n_bars))
        self.bar_generators = nn.ModuleDict({})
        for n in range(self.n_tracks):
            self.bar_generators.add_module(
                "bargen_" + str(n),BarGenerator(z_dimension,
                hid_features,hid_channels // 2,out_channels,
                n_steps_per_bar=n_steps_per_bar,n_pitches=n_pitches))
    def forward(self,chords,style,melody,groove):
        chord_outs = self.chords_network(chords)
        bar_outs = []
        for bar in range(self.n_bars):          ❶
            track_outs = []
            chord_out = chord_outs[:, :, bar]
            style_out = style
            for track in range(self.n_tracks):  ❷
                melody_in = melody[:, track, :]
                melody_out = self.melody_networks["melodygen_"\
                        + str(track)](melody_in)[:, :, bar]
                groove_out = groove[:, track, :]
                z = torch.cat([chord_out, style_out, melody_out,\
                            groove_out], dim=1)  ❸
                track_outs.append(self.bar_generators["bargen_"\
                                    + str(track)](z))  ❹
            track_out = torch.cat(track_outs, dim=1)
            bar_outs.append(track_out)
        out = torch.cat(bar_outs, dim=2)         ❺
        return out
```

❶ # 迭代 2 个小节
❷ # 迭代 4 条轨道
❸ # 将和弦向量、风格向量、旋律向量和节奏向量连接成一个输入
❹ # 用小节生成器生成一个小节
❺ # 将 8 个小节连接成一完整段音乐

生成器以 4 个噪声向量作为输入。它会迭代 4 条轨道和 2 个小节。在每次迭代中，利用小节生成器创建一小节音乐，完成所有迭代后，MuseGenerator() 类将这 8 个小节合并为一个连贯的音乐作品，其维度为 (4, 2, 16, 84)。

13.4.3 优化器和损失函数

我们根据本地模块中的 MuseGenerator() 和 MuseCritic() 类创建了一个生成器和一个批评者，具体如下：

```
import torch
from utils.MuseGAN_util import (init_weights, MuseGenerator, MuseCritic)
```

```
device = "cuda" if torch.cuda.is_available() else "cpu"
generator = MuseGenerator(z_dimension=32, hid_channels=1024,
            hid_features=1024, out_channels=1).to(device)
critic = MuseCritic(hid_channels=128,
                    hid_features=1024,
                    out_features=1).to(device)
generator = generator.apply(init_weights)
critic = critic.apply(init_weights)
```

正如第 5 章讨论的那样，批评者会生成评分而非进行分类，因此损失函数定义为预测和目标的平均乘积的负值。因此，我们在本地模块 MuseGAN_util 中定义了如下的 loss_fn() 函数：

```
def loss_fn(pred, target):
    return -torch.mean(pred*target)
```

在训练过程中，对于生成器，我们将为 loss_fn() 函数中的 target 参数赋值1。该设置旨在指导生成器产生能够获得最高评分（损失函数 loss_fn() 中的变量 pred）的音乐。对于批评者，我们将在损失函数中为真实音乐设置 target 值为1，并为虚假音乐设置 target 值为-1。此设置旨在指导批评者为真实音乐打高分，为虚假音乐打低分。

与第 5 章的方法类似，我们将沃瑟斯坦距离与梯度惩罚结合到批评者的损失函数中，以确保训练的稳定性。MuseGAN_util.py 文件中定义了如下的梯度惩罚：

```
class GradientPenalty(nn.Module):
    def __init__(self):
        super().__init__()
    def forward(self, inputs, outputs):
        grad = torch.autograd.grad(
            inputs=inputs,
            outputs=outputs,
            grad_outputs=torch.ones_like(outputs),
            create_graph=True,
            retain_graph=True,
        )[0]
        grad_=torch.norm(grad.view(grad.size(0),-1),p=2,dim=1)
        penalty = torch.mean((1. - grad_) ** 2)
        return penalty
```

GradientPenalty() 类需要两个输入：插值音乐（真实音乐和虚假音乐的组合）和批评者网络对该插值音乐的评分。这个类计算批评者对插值音乐评分的梯度，然后根据这些梯度的范数与目标值1之间的平方差算出梯度惩罚，具体方法与我们在第5章中所做的类似。

像往常一样，我们将继续使用 Adam 优化器来优化批评者和生成器：

```
lr = 0.001
g_optimizer = torch.optim.Adam(generator.parameters(),
                               lr=lr, betas=(0.5, 0.9))
c_optimizer = torch.optim.Adam(critic.parameters(),
                               lr=lr, betas=(0.5, 0.9))
```

至此，我们成功构建了一个 MuseGAN，现在可以使用在 13.3 节中准备的数据进行训练了。

13.5 训练 MuseGAN 以生成音乐

我们已经有了 MuseGAN 模型和训练数据，接下来将开始训练模型。

与第 3 章和第 4 章训练 GAN 时采用的方法类似，我们将交替训练批评者和生成器。在每次训练迭代中，将从训练数据集中采样一批真实音乐，从生成器中采样一批生成的音乐，然后将它们提供给批评者进行评估。在批评者训练期间，我们将批评者的评分与实际标签（真实数据）进行比较，并酌情调整批评者网络的权重，以便在下次迭代时，对于真实音乐的评分尽可能高，对生成的虚假音乐的评分尽可能低。在生成器训练期间，我们将生成的音乐输入批评者模型并获得评分，然后酌情调整生成器网络权重，以便在下次迭代中评分会更高（因为生成器旨在创建能欺骗批评者，让它将虚假音乐错认为真实音乐）。重复这个过程多次，逐渐使生成器网络能够创建更逼真的音乐片段。

模型训练好后，即可丢弃批评者网络，使用训练好的生成器，通过将 4 个噪声向量（和弦、风格、旋律和节奏）作为输入来创建音乐片段。

13.5.1 训练 MuseGAN

在为 MuseGAN 模型启动训练循环前，首先要定义一些超参数和辅助函数，如清单 13.5 所示。超参数 repeat 控制了每次迭代中训练批评者的次数，display_step 指定了以怎样的频率显示输出，epochs 则代表模型训练的轮次数。

清单 13.5　超参数和辅助函数

```
from utils.MuseGAN_util import loss_fn, GradientPenalty

batch_size=64
repeat=5
display_step=10
epochs=500        ❶
alpha=torch.rand((batch_size,1,1,1,1)).requires_grad_().to(device)    ❷
gp=GradientPenalty()      ❸

def noise():      ❹
    chords = torch.randn(batch_size, 32).to(device)
    style = torch.randn(batch_size, 32).to(device)
    melody = torch.randn(batch_size, 4, 32).to(device)
    groove = torch.randn(batch_size, 4, 32).to(device)
    return chords,style,melody,groove
```

❶ # 定义几个超参数
❷ # 定义创建插值音乐的 alpha
❸ # 定义计算梯度惩罚的 gp() 函数
❹ # 定义获取 4 个随机噪声向量的 noise() 函数

批次大小设置为 64，这有助于确定要检索多少组随机噪声向量才能创建一批虚假音乐。我们将为批评者进行 5 次迭代训练，在每个训练迭代中仅对生成器进行一次训练，因为有效的批评者对生成器的训练至关重要。我们将在每经过 10 个轮次的训练后输出训练损失。对模型总共进行 500 个轮次的训练。

在本地模块中对 GradientPenalty() 类进行实例化，从而创建 gp() 函数来计算梯度惩罚。我们还定义了一个 noise() 函数，用于生成 4 个随机噪声向量以供生成器使用。

接下来，定义如清单 13.6 所示的 train_epoch() 函数，对模型进行一个轮次的训练。

清单 13.6　对 MuseGAN 模型训练一个轮次

```
def train_epoch():
    e_gloss = 0
    e_closs = 0
    for real in loader:          ❶
        real = real.to(device)
        for _ in range(repeat):  ❷
```

```
            chords,style,melody,groove=noise()
            c_optimizer.zero_grad()
            with torch.no_grad():
                fake = generator(chords, style, melody,groove).detach()
            realfake = alpha * real + (1 - alpha) * fake
            fake_pred = critic(fake)
            real_pred = critic(real)
            realfake_pred = critic(realfake)
            fake_loss =  loss_fn(fake_pred,-torch.ones_like(fake_pred))
            real_loss = loss_fn(real_pred,torch.ones_like(real_pred))
            penalty = gp(realfake, realfake_pred)
            closs = fake_loss + real_loss + 10 * penalty      ❸
            closs.backward(retain_graph=True)
            c_optimizer.step()
            e_closs += closs.item() / (repeat*len(loader))
        g_optimizer.zero_grad()
        chords,style,melody,groove=noise()
        fake = generator(chords, style, melody, groove)
        fake_pred = critic(fake)
        gloss = loss_fn(fake_pred, torch.ones_like(fake_pred))      ❹
        gloss.backward()
        g_optimizer.step()
        e_gloss += gloss.item() / len(loader)
    return e_gloss, e_closs
```

❶ # 迭代所有批次
❷ # 在每次迭代中训练批评者 5 次
❸ # 批评者的总损失分为 3 部分：评估真实音乐的损失、评估虚假音乐的损失、梯度惩罚损失
❹ # 训练生成器

训练过程与第 5 章对带有梯度惩罚的条件 GAN 的训练过程非常相似。

随后需要对模型训练 500 个轮次：

```
for epoch in range(1,epochs+1):
    e_gloss, e_closs = train_epoch()
    if epoch % display_step == 0:
        print(f"Epoch {epoch}, G loss {e_gloss} C loss {e_closs}")
```

如果使用 GPU，训练过程大约需要 1 小时，否则可能需要几个小时。完成后，可以将训练好的生成器保存到本地文件夹中，如下所示：

```
torch.save(generator.state_dict(),'files/MuseGAN_G.pth')
```

接下来，我们需要丢弃批评者网络，用训练好的生成器创建模仿巴赫风格的音乐。

13.5.2　使用训练好的 MuseGAN 生成音乐

要使用训练好的生成器生成音乐，需要从潜空间中提取 4 个噪声向量，然后将其输入生成器。注意，我们可以同时生成多个音乐对象，并将它们一起解码以形成一段连续的音乐。本节将介绍具体做法。

首先将训练好的权重加载到生成器中，方法如下：

```
generator.load_state_dict(torch.load('files/MuseGAN_G.pth',
    map_location=device))
```

我们可以同时生成多个四维音乐对象，然后将它们转换成一段连续的音乐，而不是生成单个四维音乐对象。例如，如果要创建 5 个音乐对象，可以先从潜空间中采样 5 组噪声向量，每组包含 4 个向量：和弦向量、风格向量、旋律向量和节奏向量，如下所示：

```
num_pieces = 5
chords = torch.rand(num_pieces, 32).to(device)
style = torch.rand(num_pieces, 32).to(device)
melody = torch.rand(num_pieces, 4, 32).to(device)
groove = torch.rand(num_pieces, 4, 32).to(device)
```

生成的每个音乐对象可以转换为大约 8 秒的音乐片段。在这种情况下，选择生成 5 个音乐对象，并稍后将它们解码成一段音乐，音乐的持续时间约为 40 秒。我们可以根据自己的偏好调整 `num_pieces` 变量值，具体取决于音乐片段的期望长度。

接下来将这 5 组潜变量提供给生成器，以产生一组音乐对象，如下所示：

```
preds = generator(chords, style, melody, groove).detach()
```

输出（`preds`）包含5个音乐对象。接下来要将这些对象解码为一段音乐，以MIDI文件的形式表示，具体操作如下：

```
from utils.midi_util import convert_to_midi

music_data = convert_to_midi(preds.cpu().numpy())
music_data.write('midi', 'files/MuseGAN_song.midi')
```

从本地模块`midi_util`中导入`convert_to_midi()`函数。打开之前下载的`midi_util.py`文件，查看`convert_to_midi()`函数的定义。这个过程类似于在13.3节中将训练集中的第一个音乐对象转换为`first_song.midi`文件时所做的操作。由于MIDI文件表示了随时间变化的音符序列，只需将对应于5个音乐对象的5个音乐片段连接成一个扩展的音符序列，然后将这个组合序列保存为`MuseGAN_song.midi`，存储在自己的计算机上。

在计算机上找到生成的音乐片段 `MuseGAN_song.midi`。使用音乐播放器打开，并听听它是否与训练集中的音乐片段相似。注意，由于输入生成器的噪声向量是从潜空间中随机采样的，因此读者自行生成的音乐片段听起来可能会有所不同。

练习13.2

从潜空间获得3组随机噪声向量（每组应包含和弦向量、风格向量、旋律向量和节奏向量），然后将它们输入训练好的生成器，生成3个音乐对象。将生成的对象解码为一个单一音乐片段，以 MIDI 文件形式保存在计算机上，并使用音乐播放器播放。

本章介绍了如何构建并训练 MuseGAN 来生成巴赫风格的音乐。具体来说，我们可以将一段音乐视为一个四维对象，并应用第 4 章介绍的深度卷积层技术来开发 GAN 模型。在第 14 章中，我们将探索一种不同的音乐生成方法：将音乐视为索引序列，并利用自然语言处理（NLP）技术来逐个预测索引，从而生成音乐片段。

13.6　小结

- MuseGAN 将音乐视作一种类似于图像的多维对象。生成器可生成一段音乐，并将其与来自训练集的真实音乐片段一起提交给批评者进行评估。然后，生成器根据批评者的反馈修改音乐，直到它与训练数据集中的真实音乐非常相似。
- 乐理中的基本概念包括音符、八度音阶和音高。八度音阶代表不同级别的音乐声音。每个八度音阶可分成 12 个半音：C、C#、D、D#、E、F、F#、G、G#、A、A#、B。在一个八度音阶内，音符有一个特定的音高编号。
- 在电子音乐制作中，轨道通常是指音乐中一个单独的层或组件。每条轨道可包含多个小节（或拍子）。小节可进一步细分为多个步进。
- 为了将一段音乐表示为一个多维对象，可将其构造为 (4, 2, 16, 84) 的形状：4 条音乐轨道，每条轨道包含 2 个小节，每个小节包含 16 个步进，每个步进可演奏 84 种音符中的一种。
- 在音乐创作中，纳入更详细的输入有助于实现更大的控制和更多的变化。与前几章生成形状、数字和图像的单一潜空间噪声向量不同，我们在音乐生成过程中使用了 4 个噪声向量。鉴于每个音乐片段由 4 条轨道和 2 个小节组成，使用这 4 个向量可以有效管理这种结构。第一个向量统一控制所有轨道和小节，第二个向量跨越所有轨道控制每个小节，第三个向量跨越小节监督所有轨道，第四个向量管理每个轨道中的每个小节。

第 14 章 构建并训练音乐 Transformer

本章内容

- 通过控制消息和力度值来表示音乐
- 将音乐词元化为索引序列
- 构建并训练音乐 Transformer
- 使用训练好的音乐 Transformer 生成音乐事件
- 将音乐事件转换回可播放的 MIDI 文件

喜爱的音乐家离开了我们，你是否会伤心？不用再伤心了，生成式人工智能可以让他们重新登上舞台！

以伦敦的 Layered Reality 公司为例，他们正在进行一个名为 Elvis Evolution 的项目，[①] 旨在利用人工智能复活传奇歌手埃尔维斯·普雷斯利（Elvis Presley，"猫王"）。通过将埃尔维斯的大量官方档案材料（包括视频片段、照片和音乐）输入一个复杂的计算机模型，这个 AI 埃尔维斯学会了模仿"猫王"歌唱、说话、跳舞和行走，与其本人有惊人的相似之处。结果呢？一场数字表演展现出已故传奇"猫王"的精髓。

Elvis Evolution 项目体现了生成式人工智能在各个行业产生的变革性影响。在第 13 章中，我们探索了使用 MuseGAN 创建等同于多轨作品的音乐。MuseGAN 将一首音乐作品视为一个类似于图像的多维对象，并生成与训练数据集中的音乐作品类似的完整音乐作品。真实音乐和 AI 生成的虚假音乐都会由批评者进行评价，这有助于持续改进 AI 生成的音乐，直到最终结果与真实音乐完全无法区分。

本章我们将采用一种不同的方法来创建 AI 音乐：将音乐视为一系列音乐事件。我们将应用第 11 章和第 12 章讨论的文本生成技术，预测序列中的下一个元素。具体来说，我们将开发一个 GPT 风格的模型，根据序列中之前的所有事件预测下一个音乐事件。由于可伸缩性和自注意力机制的存在，GPT 风格的 Transformer 非常适合这个任务，这些机制可以帮助 Transformer 捕捉长程依赖关系并理解上下文，从而在包括音乐生成在内的各种内容序列预测和生成任务中获得不错的效果。我们创建的音乐 Transformer 有 2016 万个参数，足以捕捉音乐作品中不同音符的长期关系，但也足够小，可以在合理的时间内完成训练。

我们将使用谷歌 Magenta 团队的 MAESTRO 钢琴音乐作为训练数据。本章将介绍如何先将 MIDI 文件转换为音符序列，类似于自然语言处理（NLP）中的原始文本数据。然后，将音符分

---
① 参考 Chloe Veltman 的文章 "Just because your favorite singer is dead doesn't mean you can't see them live"（2024）。

解成称为"音乐事件"的小块，类似于 NLP 中的词元。由于神经网络只能接收数字输入，因此还需要将每个唯一事件词元映射到一个索引。这样，训练数据中的音乐作品就被转换为索引序列，可以输入神经网络了。

为了训练音乐 Transformer 根据当前词元和序列中之前的所有词元来预测下一个词元，我们将创建包含 2048 个索引的序列作为输入（特征 x）。然后将这个序列向右移动一个索引，并将其用作输出（目标 y）。将 (x, y) 对输入音乐 Transformer 来训练模型。模型训练好后，使用短序列索引作为提示词，将其输入音乐 Transformer 以预测下一个词元，这个词元会被附加到提示词中形成一个新序列。这个新序列则被继续输入模型进行进一步预测，整个过程将重复进行，直到序列达到所需的长度。

读者会发现，训练好的音乐 Transformer 可以模仿训练数据集中的风格生成风格相近的音乐。此外，与第 13 章生成的音乐不同，我们将学会控制音乐作品的创造性。为此需要使用温度参数调整预测的 logits，这有点类似前几章中的控制生成文本的创造性。

14.1 音乐 Transformer 简介

音乐 Transformer 的概念诞生于 2018 年。[1] 这种创新性方法将原本设计用于 NLP 任务的 Transformer 架构扩展到音乐生成领域。正如前几章讨论的，Transformer 可利用自注意力机制有效掌握上下文，并捕捉序列中元素之间的长程依赖关系。

类似地，音乐 Transformer 旨在通过学习现有音乐的大量数据集生成一系列音符。这种模型经过训练，可理解训练数据中不同音乐元素之间的模式、结构和关系，这样就可以根据之前的事件预测序列中的下一个音乐事件。

训练音乐 Transformer 的关键步骤之一在于弄清楚如何将音乐表示为一系列独特的音乐事件（类似于 NLP 中的词元）。在第 13 章中，我们学习了用四维对象来表示音乐。在本章中，我们将探索一种表示音乐的替代方法，具体来说就是通过控制消息和力度值来表示基于演奏的音乐。[2] 我们会根据这种方法将音乐转换为 4 种类型的音乐事件：按下音符（note-on）、释放音符（note-off）、时间偏移（time-shift）和力度（velocity）。

按下音符代表开始演奏一个音符，需指定音符的音高。释放音符代表音符的结束，需告诉乐器停止演奏该音符。时间偏移代表两个音乐事件之间流逝的时间量。力度衡量了演奏音符的力度或速度，较高的值对应了更强、更响亮的声音。每种类型的音乐事件都有许多不同值。每个唯一事件将被映射为一个索引，借此即可有效地将一段音乐转换为一个索引序列。然后，使用第 11 章和第 12 章中讨论过的 GPT 模型，创建一个仅解码器音乐 Transformer，借此预测序列中的下一个音乐事件。

本节首先介绍如何通过控制消息和力度值来表示基于演奏的音乐，然后探讨如何将音乐作品表示为音乐事件序列，最后介绍构建和训练 Transformer 生成音乐的步骤。

14.1.1 表示基于演奏的音乐

基于演奏的音乐通常可使用 MIDI 格式来表示，该格式通过控制消息和力度值捕捉了音乐演

---

[1] HUANG C Z A, VASWANI A, USZKOREIT J, et al. Music transformer: generating music with long-term structure[C]//Proceedings of the 6th International Conference on Learning Representations, 2018: 123-131.

[2] HAWTHORNE C, STASYUK A, ROBERTS A, et al. Enabling factorized piano music modeling and generation with the maestro dataset[C]//Proceedings of the 7th International Conference on Learning Representations, May 6-9, 2019, New Orleans.

奏中蕴含的细微差别。在 MIDI 中，音符由"按下音符"和"释放音符"消息来表示，这些消息还包含了每个音符的音高和力度消息。

正如第 13 章讨论的那样，音高值在 0 和 127 之间，每个值对应一个八度音阶中的一个半音。例如，音高值 60 对应 C4 音符，而音高值 74 对应 D5 音符。力度值也在 0 和 127 之间，表示了音符的动态，较高的力度值表示更响亮或更有力的演奏。通过结合这些控制消息和力度值，MIDI 序列可以捕捉现场演奏的表现细节，随后即可通过兼容 MIDI 的乐器和软件进行富有表现力的演奏。

为了通过一个具体的例子说明如何用控制消息和力度值来表示一段音乐，我们先来看一下清单 14.1 中所示的 5 个音符。

清单 14.1　基于演奏的音乐表示的范例音符

```
<[SNote] time: 1.0325520833333333 type: note_on, value: 74, velocity: 86>
<[SNote] time: 1.0442708333333333 type: note_on, value: 38, velocity: 77>
<[SNote] time: 1.2265625 type: note_off, value: 74, velocity: None>
<[SNote] time: 1.2395833333333333 type: note_on, value: 73, velocity: 69>
<[SNote] time: 1.2408854166666665 type: note_on, value: 37, velocity: 64>
```

这是一段音乐中的前 5 个音符，来自我们将在本章使用的训练数据集。第一个音符的时间戳约为 1.03 秒，音高值 74（D5）的音符以 86 的力度开始演奏。看第二个音符即可推断，在大约 0.01 秒后（因为时间戳现在变成了 1.04 秒），一个音高值为 38 的音符将以 77 的力度开始演奏，以此类推。

这些音符类似于 NLP 中的原始文本。我们不能直接将其输入音乐 Transformer 来训练模型，而是需要先对音符进行"词元化"，然后再将词元转换为索引，这样才能输入模型。

为了对音符进行"词元化"，我们将以 0.01 秒的增量来表示音乐，从而减少音乐片段中时间步进的数量。此外，我们将控制消息与力度值分开，并将它们视为音乐片段的不同元素。具体来说，我们将使用按下音符、释放音符、时间偏移和力度事件的组合来表示音乐。完成后，上述 5 个音符就可以被清单 14.2 所示的事件表示（为节约版面，省略了一些事件）。

清单 14.2　音乐片段的词元化表示

```
<Event type: time_shift, value: 99>,
<Event type: time_shift, value: 2>,
<Event type: velocity, value: 21>,
<Event type: note_on, value: 74>,
<Event type: time_shift, value: 0>,
<Event type: velocity, value: 19>,
<Event type: note_on, value: 38>,
<Event type: time_shift, value: 17>,
<Event type: note_off, value: 74>,
<Event type: time_shift, value: 0>,
<Event type: velocity, value: 17>,
<Event type: note_on, value: 73>,
<Event type: velocity, value: 16>,
<Event type: note_on, value: 37>,
<Event type: time_shift, value: 0>
…
```

我们将以 0.01 秒的增量计算时间偏移，并将从 0.01 秒到 1 秒的时间偏移划分成 100 个值进行词元化。因此，时间偏移事件可被词元化为 100 个唯一的事件词元之一：值为 0 表示总共经过了 0.01 秒，值为 1 表示总共经过了 0.02 秒，以此类推，直到值 99 表示总共经过了 1 秒。如果一个时间偏移持续超过 1 秒，则可以用多个时间偏移词元来表示。例如，清单 14.2 中的前 2 个词元都是时间偏移词元,值分别为 99 和 2,表示经过了 1 秒和 0.03 秒。这与清单 14.1 中第一个音符的时间戳 1.0326 秒是相符的。

从清单 14.2 还可以看出,力度也是一种单独的音乐事件类型。我们将力度值放入 32 个等距区间中,将原始力度值(在 0 和 127 之间)转换为 32 个值(在 0 和 31 之间)之一。因此,清单 14.1 中第一个音符的原始力度值 86,在清单 14.2 中被表示为值为 21 的力度事件(数字 86 属于第 22 个"区间",因为 Python 的索引从零开始)。

表 14.1 列出了事件词元的类型、值范围及每种事件词元的含义。

表 14.1 不同的事件词元的含义

事件词元类型	事件词元值范围	事件词元的含义
按下音符(note_on)	0 ~ 127	用某个音高值开始演奏。例如,note_on 值为 74 意味着开始演奏 D5 音符
释放音符(note_off)	0 ~ 127	释放某个音符。例如,note_off 值为 60 意味着停止演奏 C4 音符
时间偏移(time_shift)	0 ~ 99	时间偏移值以 0.01 秒为增量。例如,0 表示 0.01 秒,2 表示 0.03 秒,99 表示 1 秒
力度(velocity)	0 ~ 31	原始力度值被放入 32 个区间,并使用区间值表示力度事件。例如,原始力度值 86 可词元化为值为 21 的力度事件

类似于 NLP 中采取的方法,我们将每个唯一词元转换为一个索引,以便将数据输入神经网络。根据表 14.1 可知,有 128 个唯一的按下音符事件词元,128 个释放音符事件词元,32 个力度事件词元,100 个时间偏移事件词元。这一共可以形成 388(128+128+32+100)个唯一词元。因此,根据表 14.2 中提供的映射,我们将这 388 个唯一词元映射为 0 到 387 的索引。

表 14.2 将事件词元映射为索引,并将索引转换回事件词元

词元类型	索引范围	事件词元到索引	索引到事件词元
按下音符(note_on)	0 ~ 127	note_on 词元的值。例如,note_on 词元值为 74,则分配的索引值为 74	如果索引范围是 0 ~ 127,将词元类型设置为 note_on,值设为索引值。例如,索引值 63 可映射到一个值为 63 的 note_on 词元
释放音符(note_off)	128 ~ 255	128 加上 note_off 词元的值。例如,note_off 词元的值为 60,则分配的索引值为 188(因为 128+60=188)	如果索引范围是 128 ~ 255,将词元类型设置为 note_off,值设为索引值减去 128 后的结果。例如,索引值 180 可映射到一个值为 52 的 note_off 词元
时间偏移(time_shift)	256 ~ 355	256 加上 time_shift 词元的值。例如,time_shift 词元值为 16,则分配的索引值为 272(因为 256+16=272)	如果索引范围是 256 ~ 355,将词元类型设置为 time_shift,值设为索引值减去 256 后的结果。例如,索引值 288 可映射到一个值为 32 的 time_shift 词元
力度(velocity)	356 ~ 387	356 加上 velocity 词元的值。例如,velocity 词元值为 21,则分配的索引值为 377(因为 356+21=377)	如果索引范围是 356 ~ 387,将词元类型设置为 velocity,值设为索引值减去 356 后的结果。例如,索引值 380 可映射到一个值为 24 的 velocity 词元

表 14.2 的第三列指出了事件词元到索引的转换方式。按下音符词元被分配了从 0 到 127 的索引值，其中索引值与词元中的音高编号一一对应。释放音符词元被分配了从 128 到 255 的索引值，索引值的实际数值为音高编号与 128 的和。时间偏移词元被分配了从 256 到 355 的索引值，索引值的实际数值为时间偏移值与 256 的和。力度词元被分配了从 356 到 387 的索引值，索引值的实际数值为力度区间号与 356 的和。

利用这种词元到索引的映射，就能将每段音乐转换为一个索引序列。对训练数据集中的所有音乐片段进行这样的转换，并使用生成的序列来训练我们的音乐 Transformer（稍后将解释其细节）。训练好之后，即可使用这个 Transformer 生成音乐，但此时生成的结果也是一个索引序列。最后还需要将这个序列转换回 MIDI 格式，以便在计算机上播放和欣赏。

表 14.2 的最后一列提供了将索引转换回事件词元的方法。首先需要根据索引值的范围确定词元类型。表 14.2 第二列的 4 个范围对应了 4 种词元类型。为获取每种词元的值，需要分别从索引值中减去 0、128、256 和 356。然后，这些词元化的事件将被转换为 MIDI 格式中的音符，接着就可以在计算机上播放了。

14.1.2　音乐 Transformer 的架构

在第 9 章中，我们构建了一个编码器 - 解码器 Transformer；在第 11 章和第 12 章中，我们专注于仅解码器 Transformer。语言翻译任务中，需要由编码器捕捉源语言的含义并将其传递给解码器以生成译文，但音乐生成任务不需要编码器理解不同语言。相反，音乐生成任务中的模型需要基于音乐序列中之前的事件词元来生成后续事件词元。因此，我们将为音乐生成任务构建一个仅解码器 Transformer。

音乐 Transformer 与其他 Transformer 模型一样，将利用自注意力机制捕捉音乐作品中不同音乐事件之间的长程依赖关系，从而生成连贯且接近指定音乐家风格的音乐。尽管我们的音乐 Transformer 在规模上与第 11 章和第 12 章中构建的 GPT 模型不同，但它们共享了相同的核心架构。音乐 Transformer 遵循与 GPT-2 模型相同的结构设计，但规模明显小得多，因此不需要超级算力即可进行训练。

具体而言，我们的音乐 Transformer 由 6 个解码器层组成，嵌入维度为 512，这意味着在词嵌入后，每个词元可由一个 512 值的向量表示。与 2017 年的论文"Attention Is All You Need"中使用正弦函数和余弦函数进行位置编码的做法不同，这里我们使用嵌入层来学习序列中不同位置的位置编码。因此序列中的每个位置也由一个 512 值的向量表示。为了计算因果自注意力，我们使用了 8 个并行注意力头来捕捉序列中一个词元在不同方面的含义，这使得每个注意力头的维度为 64（512/8）。

与 GPT-2 模型中的 50257 个词汇量相比，我们这个模型的词汇量要小得多，仅 390 个（388 个不同的事件词元，外加一个表示序列结束的词元和一个用于填充较短序列的词元，稍后将介绍必须进行填充的原因）。这使我们能将音乐 Transformer 的最大序列长度设置为 2048，远超 GPT-2 模型的最大序列长度 1024。为了捕捉序列中音符之间的长期关系，这种选择是必要的。在使用上述超参数值的情况下，我们的音乐 Transformer 有 2016 万个参数。

图 14.1 展示了本章将要创建的音乐 Transformer 的架构。它与我们在第 11 章和第 12 章中构建的 GPT 模型架构相似。在图 14.1 中，我们还展示了训练数据在训练过程中通过模型训练时的大小。

如图 14.1 底部所示，我们构建的音乐 Transformer 的输入，实际上由输入嵌入组成。输入嵌入是输入序列的词嵌入和位置编码的和。然后，这个输入嵌入将依次通过 6 个解码器块。

如第 11 章和第 12 章中所讨论的，每个解码器层包含两个子层：一个因果自注意力层和一个前馈网络。此外，我们会对每个子层应用层归一化和残差连接，以增强模型的稳定性和学习能力。

经过解码器层处理后，输出会经过层归一化，然后传入一个线性层。模型的输出数量对应于词汇表中唯一音乐事件词元的数量，即 390。模型的输出是下一个音乐事件词元的 logits。

随后对这些 logits 应用 softmax 函数，以获得所有可能事件词元的概率分布。按照设计，该模型会根据当前词元和音乐序列中之前的所有词元来预测下一个事件词元，从而生成连贯且乐感强的序列。

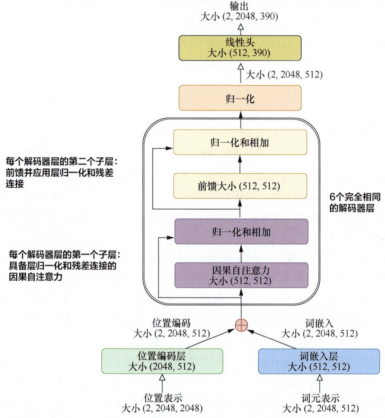

图 14.1 音乐 Transformer 的架构。首先将 MIDI 格式的音乐文件转换为音乐事件序列，然后对这些事件进行词元化并转换为索引。将这些索引组织成 2048 个元素的序列，每个批次包含 2 个这样的序列。输入序列首先经过词嵌入和位置编码，输入嵌入是这两个分量的和。然后将这个输入嵌入通过 6 个解码器层处理，每个解码器层都利用自注意力机制捕捉序列中不同音乐事件之间的关系。通过解码器层后，输出经过层归一化以确保训练过程的稳定性。然后，输出通过一个线性层，随后获得大小为 390 的输出，这对应于词汇表中唯一词元的数量。这个最终输出表示序列中下一个音乐事件的预测 logits

14.1.3　训练音乐 Transformer 的过程

至此，我们已经了解了如何构建用于音乐生成的音乐 Transformer，接着一起看看音乐 Transformer 的训练过程。

模型生成的音乐风格受到训练数据中音乐作品的影响。我们将使用谷歌 Magenta 团队的钢琴演奏来训练我们的模型。图 14.2 展示了音乐 Transformer 的训练过程。

与我们在自然语言处理任务中采取的方法类似，音乐 Transformer 训练过程的第一步也是将原始训练数据转换为数值形式，以便输入模型。具体来说，首先将训练集中的 MIDI 文件转换为音符序列，然后进一步对这些音符进行词元化，将它们转换为 388 个唯一事件/词元之一。词元化完成后，为每个词元分配一个唯一索引（整数），这就可以将训练集中的音乐作品转换为整数序列（见图 14.2 中的步骤 1）。

接下来将整数序列转换为训练数据，为此需要将整数序列划分为相等长度的序列（图 14.2 中的步骤 2）。每个序列的最大长度为 2048 个索引。选择 2048 这个长度，使我们能捕捉音乐序列中音乐事件之间的长程依赖关系，从而创作出逼真的音乐。这些序列构成了模型的特征（x 变量）。与在前几章中训练 GPT 模型生成文本时一样，将输入序列窗口向右滑动一个索引，并将其用作训练数据的输出（y 变量；图 14.2 中的步骤 3）。这样做可以迫使模型基于音乐序列中当前词元和之前的所有词元来预测序列中的下一个音乐词元。

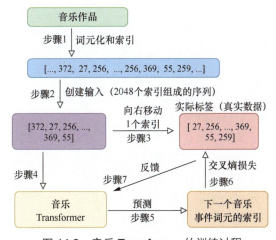

图 14.2 音乐 Transformer 的训练过程

输入和输出对组成了音乐 Transformer 的训练数据 (x, y)。在训练期间，将通过训练数据进行迭代。在前向传递过程中，会将输入序列 x 输入音乐 Transformer（步骤 4），然后，音乐 Transformer 根据模型中的当前参数进行预测（步骤 5）。通过将预测的下一个词元与上述步骤 3 中获得的输出进行比较，即可计算出交叉熵损失。换句话说，我们要将模型的预测与实际标签（真实数据）进行比较（步骤 6）。最后，需要调整音乐 Transformer 的参数，以便在下次迭代中，模型的预测更接近实际输出，最小化交叉熵损失（步骤 7）。该模型本质上执行的是一个多类别分类问题：根据词汇表中所有唯一音乐词元来预测下一个词元。

我们将通过多次迭代重复步骤 3 至步骤 7。每次迭代后，需要调整模型参数以改善对下一个词元的预测。此过程将重复进行 50 个轮次。

为了用训练好的模型生成新的音乐作品，我们从测试集中获取一首音乐作品，对其进行词元化，然后将其转换为长序列索引。我们将使用（举例来说）前 250 个索引作为提示词（使用前 200 或前 300 个索引也可以得到类似结果）。然后，要求训练好的音乐 Transformer 生成新索引，直到序列达到一定长度（如 1000 个索引）。接着将索引序列转换回 MIDI 文件，就可以在计算机上播放了。

14.2 词元化音乐作品

在掌握了音乐 Transformer 的架构和训练方法后,我们将从第一步开始:对训练数据集中的音乐作品进行词元化和索引化。

首先需要采用基于演奏的表示方法(见 14.1 节),用音符表示音乐作品(音符有些类似于自然语言处理中的原始文本)。然后需要将这些音符分解为一系列事件(类似于自然语言处理中的词元)。每个唯一事件将被分配一个独特索引。利用这种映射,即可将训练数据集中的所有音乐作品转换为索引序列。

接下来将这些索引序列标准化为固定长度,具体来说是包含 2048 个索引的序列,并将它们用作特征输入(x)。通过将窗口向右移动一个索引,可以生成相应的输出序列(y)。然后将输入和输出 (x, y) 成对编组形成批次,为后续训练音乐 Transformer 做好准备。

由于需要使用 `pretty_midi` 和 `music21` 库来处理 MIDI 文件,应在 Jupyter Notebook 的新单元格中执行以下代码行:

```
!pip install pretty_midi music21
```

14.2.1 下载训练数据

我们将从谷歌 Magenta 团队提供的 MAESTRO 数据集中获取钢琴演奏曲。在本书配套资源中查找相应的 ZIP 文件,解压缩后将得到的 /maestro-v2.0.0/ 文件夹移至计算机上的 /files/ 目录中。

确认 /maestro-v2.0.0/ 文件夹包含 4 个文件(其中一个文件的名称应该是 maestro-v2.0.0.json)和 10 个子文件夹。每个子文件夹应包含 100 多个 MIDI 文件。为了熟悉训练数据中音乐作品的声音,可尝试用自己惯用的音乐播放器打开并播放这些 MIDI 文件。

接下来,把 MIDI 文件分成训练集、验证集和测试集这 3 个子集。先在 /files/maestro-v2.0.0/ 中创建 3 个子文件夹,如下所示:

```
import os

os.makedirs("files/maestro-v2.0.0/train", exist_ok=True)
os.makedirs("files/maestro-v2.0.0/val", exist_ok=True)
os.makedirs("files/maestro-v2.0.0/test", exist_ok=True)
```

为便于处理 MIDI 文件,可以访问 Kevin Yang 的 GitHub 代码库,下载 processor.py 文件,并将其放置在计算机上的 /utils/ 文件夹中。也可以从本书的配套资源中获取该文件。我们将使用该文件作为本地模块将 MIDI 文件转换为索引序列,反之亦然。这种方法使我们能集中精力开发、训练和使用音乐 Transformer,而无须费心于音乐格式转换的细节。同时,我们将提供一个简单的示例来说明这个过程是如何工作的,这样读者就可以用该模块在 MIDI 文件和索引序列之间进行转换。

此外,读者需要在本书的配套资源中查找 ch14util.py 文件,并将其放置在计算机上的 /utils/ 目录中。我们将使用 ch14util.py 文件作为另一个本地模块来定义音乐 Transformer 模型。

位于 /maestro-v2.0.0/ 文件夹内的 maestro-v2.0.0.json 文件包含所有 MIDI 文件的名称及其指定的子集(训练、验证或测试)的名称。根据这些信息把 MIDI 文件分组到 3 个相应的子文件夹中,如清单 14.3 所示。

清单 14.3 将训练数据分为训练集、验证集和测试集

```
import json
import pickle
```

14.2 词元化音乐作品

```
from utils.processor import encode_midi

file="files/maestro-v2.0.0/maestro-v2.0.0.json"

with open(file,"r") as fb:
    maestro_json=json.load(fb)        ❶

for x in maestro_json:                ❷
    mid=rf'files/maestro-v2.0.0/{x["midi_filename"]}'
    split_type = x["split"]           ❸
    f_name = mid.split("/")[-1] + ".pickle"
    if(split_type == "train"):
        o_file = rf'files/maestro-v2.0.0/train/{f_name}'
    elif(split_type == "validation"):
        o_file = rf'files/maestro-v2.0.0/val/{f_name}'
    elif(split_type == "test"):
        o_file = rf'files/maestro-v2.0.0/test/{f_name}'
    prepped = encode_midi(mid)
    with open(o_file,"wb") as f:
        pickle.dump(prepped, f)
```

❶ # 加载 JSON 文件
❷ # 迭代训练数据中的所有文件
❸ # 根据 JSON 文件中的指示将文件放入训练子文件夹、验证子文件夹或测试子文件夹

所下载的 JSON 文件将训练数据集中的每个文件分类到训练集、验证集和测试集这 3 个子集之一。执行清单 14.3 后，如果在计算机上查看 /train/、/val/ 和 /test/ 文件夹，应该会在每个文件夹中找到大量文件。为了验证这 3 个文件夹中文件的数量，可以进行以下操作：

```
train_size=len(os.listdir('files/maestro-v2.0.0/train'))
print(f"there are {train_size} files in the train set")
val_size=len(os.listdir('files/maestro-v2.0.0/val'))
print(f"there are {val_size} files in the validation set")
test_size=len(os.listdir('files/maestro-v2.0.0/test'))
print(f"there are {test_size} files in the test set")
```

上述代码的输出如下：

```
there are 967 files in the train set
there are 137 files in the validation set
there are 178 files in the test set
```

结果显示，在训练集、验证集和测试集中分别有967、137和178首音乐作品。

14.2.2 词元化 MIDI 文件

接下来，我们需要将每个 MIDI 文件表示为音符序列。代码如清单 14.4 所示。

清单 14.4 将 MIDI 文件转换为音符序列

```
import pickle
from utils.processor import encode_midi
import pretty_midi
from utils.processor import (_control_preprocess,
    _note_preprocess,_divide_note,
    _make_time_sift_events,_snote2events)

file='MIDI-Unprocessed_Chamber1_MID--AUDIO_07_R3_2018_wav--2'
name=rf'files/maestro-v2.0.0/2018/{file}.midi'        ❶

events=[]
notes=[]
song=pretty_midi.PrettyMIDI(name)
for inst in song.instruments:
```

```
        inst_notes=inst.notes
        ctrls=_control_preprocess([ctrl for ctrl in
            inst.control_changes if ctrl.number == 64])
        notes += _note_preprocess(ctrls, inst_notes)       ❷
dnotes = _divide_note(notes)       ❸
dnotes.sort(key=lambda x: x.time)
for i in range(5):
    print(dnotes[i])
```

❶ # 从训练数据集中选择一个 MIDI 文件
❷ # 从音乐中提取音乐事件
❸ # 将所有音乐事件放入列表 dnotes

从训练数据集中选择一个 MIDI 文件，用 processor.py 本地模块将其转换为音符序列。上述代码的输出如下：

```
<[SNote] time: 1.03255208333333333 type: note_on, value: 74, velocity: 86>
<[SNote] time: 1.04427083333333333 type: note_on, value: 38, velocity: 77>
<[SNote] time: 1.2265625 type: note_off, value: 74, velocity: None>
<[SNote] time: 1.23958333333333333 type: note_on, value: 73, velocity: 69>
<[SNote] time: 1.2408854166666665 type: note_on, value: 37, velocity: 64>
```

输出展示了 MIDI 文件中的前 5 个音符。读者可能注意到了，输出中的时间表示是连续的。时间表示的连续性导致产生了大量独特的音乐事件，某些音符同时包含了 note_on 和 velocity 属性，这使得词元化过程变得复杂。此外，note_on 和 velocity 值的不同组合结果也很多（每个属性可以有 128 个在 0 和 127 之间的值），从而导致词汇表过大。这会让训练更难以进行。

为了缓解这个问题并减少词汇量，我们将这些音符进一步转换为词元化事件，方法如下：

```
cur_time = 0
cur_vel = 0
for snote in dnotes:
    events += _make_time_sift_events(prev_time=cur_time,
                                     post_time=snote.time)       ❶
    events += _snote2events(snote=snote, prev_vel=cur_vel)       ❷
    cur_time = snote.time
    cur_vel = snote.velocity
indexes=[e.to_int() for e in events]
for i in range(15):       ❸
    print(events[i])
```

❶ # 将时间离散化，以减少唯一事件的数量
❷ # 将音符转换为事件
❸ # 输出前 15 个事件

输出如下所示：

```
<Event type: time_shift, value: 99>
<Event type: time_shift, value: 2>
<Event type: velocity, value: 21>
<Event type: note_on, value: 74>
<Event type: time_shift, value: 0>
<Event type: velocity, value: 19>
<Event type: note_on, value: 38>
<Event type: time_shift, value: 17>
<Event type: note_off, value: 74>
<Event type: time_shift, value: 0>
<Event type: velocity, value: 17>
<Event type: note_on, value: 73>
<Event type: velocity, value: 16>
<Event type: note_on, value: 37>
<Event type: time_shift, value: 0>
```

至此，已经可以用 note-on、note-off、time-shift 和 velocity 这 4 种类型的事件来表示音乐作

品。每种事件类型包含不同的值，共计 388 个唯一事件，详见表 14.2。将 MIDI 文件转换为一系列这样的唯一事件，该过程的细节对于构建和训练音乐 Transformer 并不重要。因此，我们不会深入探讨这个话题。感兴趣的读者可参考 Huang 等 2018 发布的论文[①]。读者只需要知道如何使用 processor.py 模块将 MIDI 文件转换为索引序列，以及如何反向转换。14.2.3 节将介绍具体做法。

14.2.3 准备训练数据

我们已经学习了将音乐作品转换为词元和索引，接下来需要准备训练数据，以便稍后用它来训练音乐 Transformer。为实现这一目标，我们定义了如清单 14.5 所示的 `create_xys()` 函数。

清单 14.5 创建训练数据

```
import torch,os,pickle

max_seq=2048
def create_xys(folder):
    files=[os.path.join(folder,f) for f in os.listdir(folder)]
    xys=[]
    for f in files:
        with open(f,"rb") as fb:
            music=pickle.load(fb)
        music=torch.LongTensor(music)
        x=torch.full((max_seq,),389, dtype=torch.long)
        y=torch.full((max_seq,),389, dtype=torch.long)    ❶
        length=len(music)
        if length<=max_seq:
            print(length)
            x[:length]=music           ❷
            y[:length-1]=music[1:]     ❸
            y[length-1]=388            ❹
        else:
            x=music[:max_seq]
            y=music[1:max_seq+1]
        xys.append((x,y))
    return xys
```

❶ # 创建长度为 2048 索引的 (x, y) 序列，并将索引 399 设置为填充索引
❷ # 用最多 2048 个索引的序列作为输入
❸ # 将窗口向右滑动一个索引，并将其用作输出
❹ # 将结束索引设置为 388

正如本书多次提到的，在序列预测任务中，需要使用一个序列 *x* 作为输入，随后将该序列向右移动一个位置，以创建输出序列。这种方法迫使模型基于序列中的当前元素和之前的所有元素来预测下一个元素。为了准备音乐 Transformer 所需的训练数据，我们将构建多个 (*x*, *y*) 对，其中 *x* 是输入，*y* 是输出。*x* 和 *y* 都包含 2048 个索引，这个长度足以捕捉序列中音符的长期关系，但又不太长，不至于难以训练。

我们将迭代下载的训练数据集中的所有音乐作品。如果一首音乐作品长度超过 2048 个索引，将使用前 2048 个索引作为输入 *x*。对于输出 *y*，将使用从第二个位置到第 2049 个位置的索引内容。在音乐作品长度小于或等于 2048 个索引的罕见情况下，将使用索引 389 来填充序列，以确保 *x* 和 *y* 长度均为 2048 个索引。此外，我们还会用索引 388 表示序列 *y* 的结束。

如 14.1 节所述，共有 388 个唯一事件词元，对应了从 0 到 387 的索引。由于使用索引 388 表示 *y* 序列的结束，并使用索引 389 来填充序列，因此共有 390 个唯一索引，范围从 0 到 389。

[①] HUANG C Z A, VASWANI A, USZKOREIT J, et al. Music transformer: generating music with long-term structure[C]// Proceedings of the 6th International Conference on Learning Representations, 2018: 123-131.

随后即可将 `create_xys()` 函数应用于训练子集，方法如下：

```
trainfolder='files/maestro-v2.0.0/train'
train=create_xys(trainfolder)
```

输出如下：

```
15
5
1643
1771
586
```

从上述输出可知，在训练子集的967首音乐作品中，只有5首的长度小于2048个索引。它们的长度已经显示在上述输出中。

我们也将 `create_xys()` 函数应用于验证子集和测试子集，方法如下：

```
valfolder='files/maestro-v2.0.0/val'
testfolder='files/maestro-v2.0.0/test'
print("processing the validation set")
val=create_xys(valfolder)
print("processing the test set")
test=create_xys(testfolder)
```

输出如下：

```
processing the validation set
processing the test set
1837
```

输出表明验证子集中的所有音乐作品都长于2048个索引。测试子集中只有1首音乐作品的长度小于2048个索引。

让我们输出验证子集中的一个文件，看看它的样子：

```
val1, _ = val[0]
print(val1.shape)
print(val1)
```

输出如下：

```
torch.Size([2048])
tensor([324, 366,  67,  ...,  60, 264, 369])
```

验证集中第一对中的 *x* 序列长度为 2048 个索引，其中包含类似 324、367 这样的值。使用 **processor.py** 模块将该序列解码为 MIDI 文件，这样就可以听到它的声音了：

```
from utils.processor import decode_midi

file_path="files/val1.midi"
decode_midi(val1.cpu().numpy(), file_path=file_path)
```

`decode_midi()` 函数可将索引序列转换为MIDI文件，随后即可在计算机上播放。运行上述代码后，使用计算机上的音乐播放器打开val1.midi文件，听听它的声音。

练习14.1

使用本地模块 processor.py 中的 `decode_midi()` 函数，将训练子集中第一首音乐作品转换为 MIDI 文件。将其以 train1.midi 为名保存在计算机上。在计算机上使用音乐播放器打开它，从而了解我们用于训练数据的音乐类型。

最后，还要创建一个数据加载器，以便将数据分批次用于训练：

```
from torch.utils.data import DataLoader

batch_size=2
trainloader=DataLoader(train,batch_size=batch_size,
                    shuffle=True)
```

为防止 GPU 内存不足，我们选择批次大小为 2，因为已经创建了非常长的序列，每个序列包含 2048 个索引。如果需要，可将批次大小减小到 1 或切换到 CPU 上进行训练。

至此，训练数据已经准备好。在接下来的两节中，我们将从零开始构建一个音乐 Transformer，然后使用刚准备好的数据进行训练。

14.3 构建用于生成音乐的 GPT

至此，我们的训练数据已经准备好了，接下来将从零开始构建一个用于生成音乐的 GPT 模型。这个模型的架构与第 11 章的 GPT-2XL 模型和第 12 章的文本生成器类似。然而由于选择了特定超参数，音乐 Transformer 的大小将有所差异。

为了节省空间，我们将模型构建在本地模块 ch14util.py 中。此处的重点在于为音乐 Transformer 选择超参数。具体来说，我们将决定模型中解码器层的数量 n_layer、用于计算因果自注意力的并行头数 n_head、嵌入维度 n_embd，以及输入序列中的词元数量 block_size 这几个参数的值。

14.3.1 音乐 Transformer 中的超参数

在本书的配套资源中找到 ch14util.py 文件。在这个文件中有几个，与第 12 章中定义的相同的函数和类。

与本书中的所有 GPT 模型一样，解码器块中的前馈网络使用了高斯误差线性单元（GELU）激活函数。因此我们在 ch14util.py 中定义了一个 GELU 类，这与第 12 章中所做的完全相同。

使用一个 Config() 类来包含音乐 Transformer 使用的所有超参数，如下所示：

```
from torch import nn
class Config():
    def __init__(self):
        self.n_layer = 6
        self.n_head = 8
        self.n_embd = 512
        self.vocab_size = 390
        self.block_size = 2048
        self.embd_pdrop = 0.1
        self.resid_pdrop = 0.1
        self.attn_pdrop = 0.1
config=Config()
device="cuda" if torch.cuda.is_available() else "cpu"
```

Config() 类中的属性用作音乐 Transformer 的超参数。将 n_layer 属性的值设置为 6，表示音乐 Transformer 由 6 个解码器层组成。这比第 12 章构建的 GPT 模型中的解码器层数量多。每个解码器层负责处理输入序列并引入一级抽象或表示。随着信息通过更多层的处理，模型将能捕捉数据中更复杂的模式和关系。这种深度对于音乐 Transformer 理解和生成复杂音乐作品不可或缺。

n_head 属性设置为 8，表示在计算因果自注意力时，我们将查询 Q、键 K 和值 V 向量分成 8 个并行头。n_embd 属性设置为 512，表示嵌入维度为 512：每个事件词元将由一个 512 值的向量表示。`vocab_size` 属性由词汇表中唯一词元的数量决定，值为 390。正如之前解释的那样，词汇表中有 388 个唯一事件词元，我们添加了一个词元来表示序列的结束，还有一个词元用于填充较短的序列，以使所有序列的长度都为 2048。`block_size` 属性设置为 2048，表示输入序列最多包含 2048 个词元。与第 11 章和第 12 章一样，这次的丢弃率还设置为 0.1。

与所有 Transformer 一样，音乐 Transformer 利用自注意力机制来捕捉序列中不同元素之间的关系。因此，我们在本地模块 ch14util 中定义了一个 `CausalSelfAttention()` 类，它与第 12 章定义的 `CausalSelfAttention()` 类完全相同。

14.3.2 构建音乐 Transformer

将一个前馈网络与因果自注意力子层结合起来形成一个解码器块（解码器层）。我们对每个子层应用层归一化和残差连接，以提高稳定性和性能。为此在本地模块中定义了一个用于创建解码器块的 `Block()` 类，这也与第 12 章中定义的 `Block()` 类完全相同。

然后将 6 个解码器块堆叠在一起，形成音乐 Transformer 的主体部分。为此，我们在本地模块中定义了一个 `Model()` 类。与本书中的所有 GPT 模型一样，我们通过在 PyTorch 中使用 `Embedding()` 类来使用学习到的位置编码，而没有使用 "Attention Is All You Need" 论文中的固定位置编码。有关这两种位置编码方法的差异，可参阅第 11 章。

模型的输入由对应于词汇表中音乐事件词元的索引序列组成。通过词嵌入和位置编码将输入传递进来，并将两者相加形成输入嵌入。然后，输入嵌入通过 6 个解码器层，之后对输出应用层归一化，并附加一个线性头，使输出数量为 390，与词汇表的大小相等。输出是与词汇表中的 390 个词元相对应的 logits。接下来对这些 logits 应用 softmax 激活函数，以获得词汇表中唯一音乐词元的概率分布，从而生成音乐。

接下来，将本地模块中定义的 `Model()` 类实例化，这就可以创建出音乐 Transformer 了：

```
from utils.ch14util import Model

model=Model(config)
model.to(device)
num=sum(p.numel() for p in model.transformer.parameters())
print("number of parameters: %.2fM" % (num/1e6,))
print(model)
```

输出如下所示：

```
number of parameters: 20.16M
Model(
  (transformer): ModuleDict(
    (wte): Embedding(390, 512)
    (wpe): Embedding(2048, 512)
    (drop): Dropout(p=0.1, inplace=False)
    (h): ModuleList(
      (0-5): 6 x Block(
        (ln_1): LayerNorm((512,), eps=1e-05, elementwise_affine=True)
        (attn): CausalSelfAttention(
          (c_attn): Linear(in_features=512, out_features=1536, bias=True)
          (c_proj): Linear(in_features=512, out_features=512, bias=True)
          (attn_dropout): Dropout(p=0.1, inplace=False)
          (resid_dropout): Dropout(p=0.1, inplace=False)
        )
        (ln_2): LayerNorm((512,), eps=1e-05, elementwise_affine=True)
        (mlp): ModuleDict(
          (c_fc): Linear(in_features=512, out_features=2048, bias=True)
          (c_proj): Linear(in_features=2048, out_features=512, bias=True)
          (act): GELU()
```

```
        (dropout): Dropout(p=0.1, inplace=False)
      )
    )
  )
  (ln_f): LayerNorm((512,), eps=1e-05, elementwise_affine=True)
)
(lm_head): Linear(in_features=512, out_features=390, bias=False)
)
```

这个音乐 Transformer 由 2016 万个参数组成，这个参数数量远小于 GPT-2XL 拥有的 15 亿个参数。尽管如此，它也超过了我们在第 12 章构建的文本生成器（只包含 512 万个参数）。尽管存在这些差异，但这 3 个模型都是基于仅解码器 Transformer 架构构建的。它们之间的差异仅在于超参数，如嵌入维度、解码器层数、词汇表大小等。

14.4 训练和使用音乐 Transformer

本节将使用在 14.2 节中准备的训练数据批次来训练我们构建的音乐 Transformer。为加快进程，将对模型训练 100 个轮次，然后停止训练。感兴趣的读者可以使用验证集，根据模型在验证集上的表现来决定应该在何时停止训练，这个方法与第 2 章中所做的类似。

模型训练好之后，将以索引序列的形式为其提供一个提示词。然后要求训练好的音乐 Transformer 生成下一个索引。新索引将附加到提示词上，并将更新后的提示词再次输入模型以进行下一次预测。这个过程将反复进行，直到序列达到一定长度。

与第 13 章中生成的音乐不同，这次我们可以通过不同温度来控制音乐作品的创新性。

14.4.1 训练音乐 Transformer

像之前一样，我们将使用 Adam 优化器进行训练。鉴于音乐 Transformer 本质上是在执行一个多类别分类任务，我们将利用交叉熵损失作为损失函数，如下所示：

```
lr=0.0001
optimizer = torch.optim.Adam(model.parameters(), lr=lr)
loss_func=torch.nn.CrossEntropyLoss(ignore_index=389)
```

上述损失函数中的 ignore_index=389 参数指示程序在目标序列（序列 y）中忽略所出现的索引 389，因为该索引仅用于填充序列，并不表示音乐作品中的任何特定事件词元。

然后，对模型进行 100 个轮次的训练。代码如清单 14.6 所示。

清单 14.6 训练音乐 Transformer

```
model.train()
for i in range(1,101):
    tloss = 0.
    for idx, (x,y) in enumerate(trainloader):         ❶
        x,y=x.to(device),y.to(device)
        output = model(x)
        loss=loss_func(output.view(-1,output.size(-1)),
                       y.view(-1))                    ❷
        optimizer.zero_grad()
        loss.backward()
        nn.utils.clip_grad_norm_(model.parameters(),1) ❸
        optimizer.step()                              ❹
    print(f'epoch {i} loss {tloss/(idx+1)}')
torch.save(model.state_dict(),f'files/musicTrans.pth') ❺
```

❶ # 迭代所有训练数据批次

❷ # 将模型预测与实际输出进行比较
❸ # 将梯度范数裁剪到 1
❹ # 调整模型参数，以最小化损失
❺ # 训练结束后，保存模型

在训练过程中，我们将批次中的所有输入序列 *x* 提供给模型以获得预测。然后将这些预测与批次中对应的输出序列 *y* 进行比较，并计算交叉熵损失。在这之后，调整模型参数以最小化这个损失。需要注意的是，为避免可能出现的梯度爆炸问题，已将梯度范数裁剪为 1。

如果具备支持 CUDA 的 GPU，上述训练大约需要耗费 3 小时。训练结束后，模型权重 musicTrans.pth 将保存在计算机上。

14.4.2 使用训练好的 Transformer 生成音乐

至此，我们已经有了一个训练好的音乐 Transformer，可以开始生成音乐了。

类似于文本生成过程，音乐生成也始于将索引序列（表示事件词元）作为提示词输入模型。从测试集中选择一首音乐作品，并使用前 250 个音乐事件作为提示词，如下所示：

```
from utils.processor import import decode_midi

prompt, _ = test[42]
prompt = prompt.to(device)
len_prompt=250
file_path = "files/prompt.midi"
decode_midi(prompt[:len_prompt].cpu().numpy(),
            file_path=file_path)
```

我们随机选择了一个索引（本例中是"42"）并用它从测试子集中检索了一首歌曲。仅保留前 250 个音乐事件，稍后将其输入训练好的模型，预测下一个音乐事件。为了进行比较，我们还将提示词保存为一个 MIDI 文件 prompt.midi，并放在本地文件夹中。

练习 14.2

使用 decode_midi() 函数将测试集中第二首音乐作品的前 250 个音乐事件转换为 MIDI 文件，将其以 prompt2.midi 为名称保存在计算机上。

为了简化音乐生成过程，我们将定义一个 sample() 函数。该函数接收索引序列作为输入，这些输入表示一小段音乐。然后，这个函数会以迭代的方式预测并将新的索引附加到序列中，直到达到指定的长度 seq_length。sample() 函数的实现代码如清单 14.7 所示。

清单 14.7　音乐生成过程中用到的 sample() 函数

```
softmax=torch.nn.Softmax(dim=-1)
def sample(prompt,seq_length=1000,temperature=1):
    gen_seq=torch.full((1,seq_length),389,dtype=torch.long).to(device)
    idx=len(prompt)
    gen_seq[..., :idx]=prompt.type(torch.long).to(device)
    while(idx < seq_length):           ❶
        y=softmax(model(gen_seq[..., :idx])/temperature)[...,:388]  ❷
        probs=y[:, idx-1, :]
        distrib=torch.distributions.categorical.Categorical(probs=probs)
        next_token=distrib.sample()     ❸
        gen_seq[:, idx]=next_token
        idx+=1
    return gen_seq[:, :idx]            ❹
```

14.4 训练和使用音乐 Transformer

❶ # 生成新索引,直到序列达到指定的长度
❷ # 将预测除以温度,然后在 logits 上应用 softmax 函数
❸ # 从预测的概率分布中采样以生成一个新索引
❹ # 输出整个序列

sample() 函数的参数之一是温度,它影响所生成音乐的创造性。可参考第 8 章了解其工作原理。由于仅通过温度参数即可调整所生成音乐的创造性和多样性,因此在本例中,为保持简单,我们省略了 top-K 采样。本书已经三次讨论过 top-K 采样(第 8 章、第 11 章和第 12 章),感兴趣的读者可尝试将 top-K 采样纳入上述 sample() 函数。

接下来,将训练好的权重加载到模型中:

```
model.load_state_dict(torch.load("files/musicTrans.pth",
    map_location=device))
model.eval()
```

随后调用 sample() 函数生成音乐作品:

```
from utils.processor import encode_midi

file_path = "files/prompt.midi"
prompt = torch.tensor(encode_midi(file_path))
generated_music=sample(prompt, seq_length=1000)
```

首先,用 processor.py 模块中的 encode_midi() 函数将 MIDI 文件 prompt.midi 转换为索引序列。然后将此序列作为 sample() 函数的提示词来生成包含 1000 个索引的音乐作品。

最后,将生成的索引序列转换为 MIDI 格式,如下所示:

```
music_data = generated_music[0].cpu().numpy()
file_path = 'files/musicTrans.midi'
decode_midi(music_data, file_path=file_path)
```

我们使用 processor.py 模块中的 decode_midi() 函数将生成的索引序列转换为 MIDI 文件 musicTrans.midi 并保存到计算机上。在计算机上打开 prompt.midi 和 musicTrans.midi 这两个文件并试听。prompt.midi 中的音乐会持续约 10 秒,musicTrans.midi 中的音乐会持续约 40 秒,其中后 30 秒的内容是由音乐 Transformer 生成的新内容。

上述代码可能会产生类似以下的输出:

```
info removed pitch: 52
info removed pitch: 83
info removed pitch: 55
info removed pitch: 68
```

在生成的音乐中,可能存在某些音符需要被移除的情况。例如,如果生成的音乐作品试图关闭音符 52,但一开始并没有打开音符 52,我们就无法将其关闭。此时需要移除这样的音符。

> **练习 14.3**
>
> 用训练好的音乐 Transformer 模型生成一首由 1200 个音符组成的音乐作品,将温度参数设置为 1。使用练习 14.2 中生成的 prompt2.midi 文件中的索引序列作为提示词。将生成的音乐保存在名为 musicTrans2.midi 的文件中。

我们可以通过将温度参数设为大于 1 的值来提升音乐的创造性,如下所示:

```
file_path = "files/prompt.midi"
```

```
prompt = torch.tensor(encode_midi(file_path))
generated_music=sample(prompt, seq_length=1000,temperature=1.5)
music_data = generated_music[0].cpu().numpy()
file_path = 'files/musicHiTemp.midi'
decode_midi(music_data, file_path=file_path)
```

将温度设置为1.5。生成的音乐将以musicHiTemp.midi为名保存在计算机上。打开该文件并试听，看看它与musicTrans.midi文件中的音乐是否有区别。

> **练习14.4**
>
> 使用训练好的音乐Transformer模型生成一首由1000个索引组成的音乐作品，将温度参数设置为0.7。使用文件prompt.midi中的索引序列作为提示词。将生成的音乐保存在名为musicLowTemp.midi的文件中。打开该文件并试听，看看新音乐与musicTrans.midi文件中的音乐是否有明显区别。

本章介绍了如何基于前几章使用的仅解码器Transformer架构，从零开始构建并训练一个音乐Transformer。第15章将探索基于扩散的模型，这些模型是文生图Transformer（如OpenAI的DALL·E 2和Google的Imagen）的核心。

14.5 小结

- 基于演奏的音乐表示方法使我们能将音乐作品表示为音符序列，其中包括了控制消息和力度值。这些音符可进一步缩减为4种音乐事件：按下音符、释放音符、时间偏移和力度。每种事件类型都可以采用不同的值。因此，我们可以将音乐作品转换为词元序列，然后转换为索引。
- 音乐Transformer采用了最初设计用于自然语言处理（NLP）任务的Transformer架构，借此生成音乐。这种模型旨在通过学习现有音乐的大型数据集来生成音符序列。它被训练为基于之前的音符预测序列中的下一个音符，并通过识别训练数据中各种音乐元素之间的模式、结构和关系来生成音乐。
- 与文本生成类似，我们可以使用温度参数来调节所生成音乐的创造性。

第 15 章　扩散模型和文生图 Transformer

本章内容
- 正向扩散和反向扩散的工作原理
- 如何构建并训练去噪 U-Net 模型
- 使用训练好的 U-Net 生成花朵图像
- 文生图 Transformer 背后的概念
- 编写一个 Python 程序，使用 DALL·E 2 实现文生图

　　近年来，多模态大语言模型因其处理各种格式内容（如文本、图像、视频、音频和代码）的卓越能力而受到重视。其中一个显著的例子就是文生图 Transformer，如 OpenAI 的 DALL·E 2、谷歌的 Imagen 和 Stability AI 的 Stable Diffusion。这些模型能根据文本描述生成高质量图像。

　　这种文生图模型通常由 3 个基本组件构成：将文本压缩为潜在表示的文本编码器、将文本信息融入图像生成过程的方法，以及逐渐改进图像以生成逼真输出的扩散机制。理解扩散机制对于理解文生图 Transformer 尤为重要，因为扩散模型构成了所有主要的文生图 Transformer 的基础。因此，本章将从构建并训练扩散模型生成花朵图像开始介绍。这将帮助读者深入了解正向扩散过程，即通过逐渐向图像中添加噪声，直到它们变成随机噪声。随后，我们将训练一个模型来逆转扩散过程，逐渐从图像中去除噪声，直到模型能够从随机噪声中生成干净的、类似于训练数据集中图像的新图像。

　　扩散模型已成为生成高分辨率图像的首选方法。扩散模型的成功之处在于，它能模拟和逆转复杂的噪声添加过程，进而模拟对图像结构的深刻理解，以及从抽象模式中构建图像的方法。这种方法不仅保证了高质量，而且在所生成图像的多样性和准确性之间维持了平衡。

　　随后，本章将介绍文生图 Transformer 的工作原理。我们将重点介绍 OpenAI 开发的 CLIP（contrastive language-image pre-training，对比语言－图像预训练）模型，该模型旨在理解和链接视觉与文本信息。CLIP 处理两类输入：图像和文本（通常是说明文字或描述的形式）。这些输入通过模型中的两个编码器分别加以处理。

　　CLIP 的图像分支采用 Vision Transformer（ViT）将图像编码到高维向量空间中，同时提取视觉特征；文本分支使用基于 Transformer 的语言模型将文本描述编码到相同向量空间中，从文本中捕获语义特征。CLIP 已在许多相互成对的图像和文本描述上进行了训练，从而可以在向量空间中紧密对齐匹配的图像和文本描述。

OpenAI 的文生图 Transformer（如 DALL·E 2）将 CLIP 作为核心组件。本章我们将学习如何获取 OpenAI API 密钥，并编写一个 Python 程序，调用 DALL·E 2 根据文本描述生成图像。

15.1　去噪扩散模型简介

　　扩散模型的概念可通过以下示例来说明。假设我们要使用基于扩散的模型生成高分辨率花朵图像。为此，首先需要获取一组高质量花朵图像来进行训练，然后指示模型逐渐向这些图像中引入少量随机噪声，这个过程称为正向扩散（forward diffusion）。经过多次添加噪声后，训练图像最终将完全变成随机噪声。接下来的阶段则需要训练模型对上述过程进行逆转，从纯噪声图像开始逐渐减少噪声，直到呈现出的图像与原始训练集中的图像无法区分。

　　训练好的模型即可处理随机噪声图像。模型会在多次迭代中系统地从图像中消除噪声，直到生成一个与训练集中图像相似的高分辨率花朵图像。这就是基于扩散的模型的基本原理。[①]

　　本节将首先探索扩散模型的数学基础。随后将深入研究 U-Net 架构，这是一种用于图像去噪和生成高分辨率花朵图像的模型。具体来说，U-Net 采用了一种缩放点积注意力（SDPA）机制，类似于我们在第 9 ~ 12 章中的 Transformer 模型中看到的 SDPA。最后，我们还将了解扩散模型的训练过程，以及训练好的模型生成图像的具体过程。

15.1.1　正向扩散过程

　　一些论文提出了多个具有类似基本机制的扩散模型。[①②③] 让我们以花朵图像为例来看看去噪扩散模型背后的理念。图 15.1 展示了正向扩散的过程。

图 15.1　正向扩散过程示意。从训练集中得到一个干净的图像 x_0，向其中添加噪声 ε_0，形成带噪声的图像 $x_1 = \sqrt{1-\beta_1} x_0 + \sqrt{\beta_1} \varepsilon_0$。将该过程重复 1000 个时间步，直到图像 x_{1000} 变成随机噪声

　　假设训练集中的花朵图像 x_0（图 15.1 中左侧的图像）遵循 $q(x)$ 分布。在正向扩散过程中，我们将在 $T = 1000$ 的每个时间步中向图像添加少量噪声。噪声张量服从正态分布，并且与花朵图像具有相同的形状 (3, 64, 64)，即共有 3 个颜色通道，高度和宽度均为 64 像素。

[①] SOHL-DICKSTEIN J, WEISS E. A, MAHESWARANATHAN N, et al. Deep unsupervised learning using nonequilibrium thermodynamics[C]//Proceedings of the 32nd International Conference on Machine Learning, July 6-11, 2015, Lile. PMLR 37:2256-2265.

[②] SONG Y, ERMON S. Generative modeling by estimating gradients of the data distribution[C]//Advances in Neural Information Processing Systems, 2019, 32: 11895-11907.

[③] HO J, JAIN A, ABBEEL P. Denoising diffusion probabilistic models[C]//Advances in Neural Information Processing Systems, 2020, 33: 6840-6851.

扩散模型中的时间步

在扩散模型中，时间步（time step）是指逐渐向数据添加噪声，随后逆转此过程以生成样本的离散阶段。扩散模型的正向阶段会在一系列时间步中逐渐添加噪声，将数据从原始的干净状态转换为带噪声的分布。在逆向阶段，模型会在类似的一系列时间步中执行操作，但顺序相反，这次会系统地从数据中去除噪声以重建原始样本，或生成新的高保真样本。在逆向过程中，每个时间步都需要预测相应正向时间步中添加的噪声，并将其减去，从而逐渐为数据去噪，直到达到干净状态。

在时间步 1 中，我们为图像 x_0 添加了噪声 ε_0，从而得到了包含噪声的图像 x_1，过程如式（15.1）所示。

$$x_1 = \sqrt{1-\beta_1}\,x_0 + \sqrt{\beta_1}\,\varepsilon_0 \tag{15.1}$$

也就是说，x_1 是 x_0 和 ε_0 的加权和，其中 β_1 表示时间步 1 中的噪声所占权重。噪声权重在不同时间步中会有所变化，因此，此处使用带下标的 β_1。如果假设 x_0 和 ε_0 彼此独立且服从标准正态分布（均值为0，方差为1），则噪声图像 x_1 也将服从标准正态分布。这很容易证明，因为

$$\mathrm{mean}(x_1) = \sqrt{1-\beta_1}\,\mathrm{mean}(x_0) + \sqrt{\beta_1}\,\mathrm{mean}(\varepsilon_0) = 0$$

并且

$$\mathrm{var}(x_1) = \mathrm{var}(\sqrt{1-\beta_1}\,x_0) + \mathrm{var}(\sqrt{\beta_1}\,\varepsilon_0) = (1-\beta_1)\mathrm{var}(x_0) + \beta_1\mathrm{var}(\varepsilon_0) = 1-\beta_1+\beta_1 = 1$$

我们可以在接下来的 T-1 个时间步中不断向图像添加噪声，以使得

$$x_{t+1} = \sqrt{1-\beta_{t+1}}\,x_t + \sqrt{\beta_{t+1}}\,\varepsilon_t \tag{15.2}$$

我们可以使用重新参数化的技巧，定义 $\alpha_t = 1-\beta_t$ 和 $\bar{\alpha}_t = \prod_{k=1}^{t}\alpha_k$，这样就能在任意时间步 t 采样 x_t，其中 t 可以取 $[1, 2,..., T\text{-}1, T]$ 内的任意值。由此可得

$$x_t = \sqrt{\bar{\alpha}_t}\,x_0 + \sqrt{1-\bar{\alpha}_t}\,\varepsilon \tag{15.3}$$

其中，ε 是 ε_0、ε_1……ε_{t-1} 的组合，这是因为可以将两个正态分布相加得到一个新的正态分布。相关证明可参考Lilian Weng在Github上发布的文章"What are Diffusion Models?"。

图 15.1 的最左边显示了训练集中的一张干净的花朵图像 x_0。在第一个时间步中，我们向其注入噪声 ε_0，形成一张带噪声的图像 x_1（图 15.1 中的第二张图像）。将这一过程重复 1000 个时间步，直到图像变成随机噪声（最右边的图像）。

15.1.2 使用 U-Net 模型为图像去噪

至此，我们已经了解了正向扩散过程，接着再来看看逆向扩散（去噪）过程。如果能训练一个可以逆转正向扩散过程的模型，就可以将随机噪声输入模型，要求模型生成一个带噪声的花朵图像。然后可以将带噪声的图像输入训练好的模型，从而产生一个更清晰，但仍然带有噪声的图像。只需通过多个时间步迭代重复这样的过程，就可以获得一个与训练集中图像一样的干净图

像。在逆向扩散过程中使用多个推断步骤，而不只是单一步骤，这对于逐渐从噪声分布中重建高质量数据至关重要。借此可获得更可控、稳定、高质量的数据。

为此，我们将创建一个去噪 U-Net 模型。U-Net 架构最初是为生物医学影像分割设计的，其特点是形状对称，有一个收缩路径（编码器）和一个扩张路径（解码器），这两者通过一个瓶颈层连接在一起。在去噪方面，U-Net 模型可调整为在保留重要细节的前提下从图像中去除噪声。由于可以高效捕获图像中的局部和全局特征，U-Net 在去噪任务中的效果往往优于简单的卷积网络。

图 15.2 是本章使用的去噪 U-Net 模型架构示意。该模型将一个带噪声的图像和该图像所在时间步［见式（15.3）中的 x_t 和 t］作为输入，并预测图像中的噪声（ε）。由于带噪声图像是原始干净图像和噪声的加权和［见式（15.3）］，因此了解噪声后，就可以推导并重建原始图像。

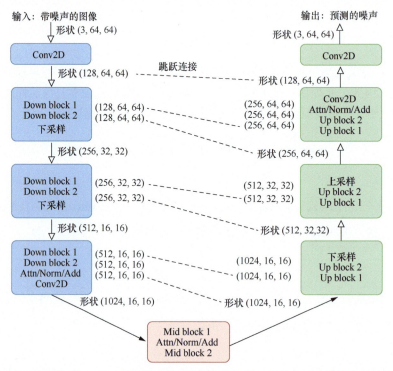

图 15.2　去噪 U-Net 模型架构。U-Net 架构以对称的形状而闻名，它具有一个收缩路径（编码器）和一个扩张路径（解码器），两者通过一个瓶颈层连接在一起。该模型在设计上可在保留重要细节的前提下从图像中去除噪声。模型的输入是一个带噪声的图像，以及图像所处的时间步，输出为图像中预测的噪声

收缩路径（编码器，位于图 15.2 左侧）由多个卷积层和池化层组成。它会逐渐对图像进行下采样，提取并编码不同抽象级的特征。网络的这部分会学习识别与去噪相关的模式和特征。

瓶颈层（图 15.2 底部）连接编码器和解码器路径。它由卷积层组成，负责捕获图像最抽象的表示。

扩张路径（解码器，位于图 15.2 右侧）由上采样层和卷积层组成。它会逐渐对特征图（feature map）进行上采样，重建图像并通过跳跃连接将来自编码器的特征纳入重建后的图像。在 U-Net 模型中，跳跃连接（图 15.2 中以虚线表示）很重要，这种连接允许模型通过组合低级和高级特征的方式保留输入图像蕴含的细粒度细节。下面会简要介绍跳跃连接的工作原理。

在 U-Net 模型中，通过将编码器路径中的特征图与解码器路径中相应的特征图进行串联，即可实现跳跃连接（skip connection）。这些特征图通常具有相同的空间维度，但由于它们所经历的

路径不同，可能会被进行不同的处理。在编码过程中，输入图像被逐渐下采样，一些空间信息（如边缘和纹理）可能会丢失。跳跃连接通过直接将编码器中的特征图传递给解码器，有助于保留这些信息，从而绕过信息瓶颈。

例如，图 15.2 顶部的虚线表示模型将编码器中 Conv2D 层的输出与解码器中 Conv2D 层的输入进行了串联，这两者的形状都是 (128, 64, 64)。因此，输入解码器中的 Conv2D 层的最终形状为 (256, 64, 64)。

通过将解码器中的高级抽象特征与编码器中的低级详细特征相结合，跳跃连接使模型能更好地重建去噪图像中的细节。这在去噪任务中尤为重要，因为保留微妙的图像细节很有必要。

在我们的去噪 U-Net 模型中，分别在收缩路径的最终块和扩张路径的最终块中实现了缩放点积注意力（SDPA）机制，以及相应的层归一化和残差连接（图 15.2 中标有 Attn/Norm/Add 的块）。这个 SDPA 机制基本上与第 9 章使用的 SDPA 相同，关键区别在于，此处会应用于图像像素而非文本词元。

跳跃连接的使用和模型的规模导致去噪 U-Net 中存在冗余的特征提取，进而确保在去噪过程中不会丢失重要特征。然而，模型的巨大规模也使识别相关特征的过程变得复杂，变成了类似于大海捞针的操作。注意力机制使模型能够强调重要特征并忽略不相关特征，从而增强学习过程的有效性。

15.1.3 去噪 U-Net 模型的训练蓝图

去噪 U-Net 输出的是注入带噪声图像中的噪声。该模型通过训练，可最小化输出（预测的噪声）与实际标签（实际噪声）之间的差异。

去噪 U-Net 模型可利用 U-Net 架构捕获局部和全局上下文的能力，在保留边缘和纹理等重要细节的同时有效去除噪声。这些模型已被广泛用于医学影像去噪、照片图像修复等各种应用。图 15.3 展示了去噪 U-Net 模型的训练过程。

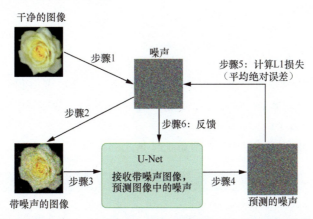

图 15.3　去噪 U-Net 模型的训练过程。首先获得干净的花朵图像，将其作为训练集。向干净的花朵图像添加噪声，并将其输入 U-Net 模型。模型预测带噪声的图像中的噪声。将预测的噪声与注入花朵图像中的实际噪声进行比较，并调整模型权重，从而最小化这两者的平均绝对误差

第一步是收集一组花朵图像数据集。我们将使用 Oxford 102 Flower 数据集作为训练集。将所有图像调整为固定的 64 像素 ×64 像素分辨率，并将像素值归一化到 [-1, 1]。为了去噪，我们需要干净的图像和带噪声的图像对。向干净的花朵图像中合成添加噪声，以创建对应的带噪声的图像（图 15.3 中的步骤 2），具体方法见式（15.3）。

然后构建一个去噪 U-Net 模型,其架构如图 15.2 所示。在每个训练轮次中,对数据集进行批次迭代。向花朵图像添加噪声并将带噪声的图像输入 U-Net 模型(步骤 3),同时还附带提供带噪声的图像所处的时间步 t。基于模型中的当前参数,U-Net 模型会预测带噪声的图像中的噪声(步骤 4)。

将预测的噪声与实际噪声进行比较,并在像素级计算 L1 损失(平均绝对误差)(步骤 5)。这种情况通常更适合使用 L1 损失,因为与 L2 损失(均方误差)相比,L1 损失对异常值不那么敏感。然后,调整模型参数以最小化 L1 损失(步骤 6),以便在下次迭代中,模型能做出更好的预测。重复上述过程直到模型参数收敛。

15.2 准备训练数据

我们将使用 Oxford 102 Flower 数据集作为训练数据,该数据集可在 Hugging Face 上免费获取。这个数据集包含约 8000 张花朵图像,可通过之前安装的 `datasets` 库直接下载。

为节约空间,我们将大部分辅助函数和类放在了 ch15util.py 和 unet_util.py 这两个本地模块中。从本书的配套资源中找到这两个文件,并将其保存在计算机上的 /utils/ 文件夹中。本章的 Python 程序改编自 Hugging Face 的 GitHub 代码库中的 "Diffusers" 项目和 Filip Basara 的 GitHub 代码库中的 "simple-diffusion" 项目。

先使用 Python 将数据集下载到自己的计算机上。然后,将实现正向扩散过程,通过逐渐向训练数据集中的干净图像添加噪声,将数据变成随机噪声。最后,我们将把训练数据分批次,以便稍后用它们来训练去噪 U-Net 模型。

本章将使用 datasets、einops、diffusers 和 openai 这几种 Python 库。要安装这些库,需要在 Jupyter Notebook 的新单元格中执行以下代码:

```
!pip install datasets einops diffusers openai
```

根据屏幕提示完成安装过程。

15.2.1 作为训练数据的花朵图像

之前安装的 `datasets` 库中提供的 `load_dataset()` 方法可供我们直接从 Hugging Face 下载 Oxford 102 Flower 数据集。然后可以使用 Matplotlib 库展示数据集中的一些花朵图像,以便对训练数据集中的图像有个概念。

在 Jupyter Notebook 的单元格中运行清单 15.1 所示的代码。

清单 15.1 下载和查看花朵图像

```
from datasets import load_dataset
from utils.ch15util import transforms

dataset = load_dataset("huggan/flowers-102-categories",
    split="train",)    ❶
dataset.set_transform(transforms)

import matplotlib.pyplot as plt
from torchvision.utils import make_grid

# Plot all the images of the 1st batch in grid
grid = make_grid(dataset[:16]["input"], 8, 2)    ❷
plt.figure(figsize=(8,2),dpi=300)
```

```
plt.imshow(grid.numpy().transpose((1,2,0)))
plt.axis("off")
plt.show()
```

❶ # 从 Hugging Face 下载图像
❷ # 绘制前 16 张图像

运行上述代码后，可以看到数据集中的前 16 张花朵图像，如图 15.4 所示。这些是各种类型花朵的高分辨率彩色图像。我们已将每张图像的大小标准化为 (3, 64, 64)。

图 15.4　Oxford 102 Flower 数据集中的前 16 张图像

将数据集分成 4 个批次，以便稍后用它们来训练去噪 U-Net 模型。选择批次大小为 4，这是为了保持内存需求足够小，以便在训练期间适应 GPU。如果 GPU 内存较小，可将批次大小调整为 2 甚至 1。具体实现如下：

```
import torch

resolution=64
batch_size=4
train_dataloader=torch.utils.data.DataLoader(
    dataset, batch_size=batch_size, shuffle=True)
```

接下来，我们可以着手编写并直观感受正向扩散过程了。

15.2.2　正向扩散过程的可视化

下载的本地模块 ch15util.py 中定义了一个类：DDIMScheduler()。读者可以看看这个类的定义，我们将用它向图像添加噪声。稍后还将使用该类配合训练好的去噪 U-Net 模型生成干净的图像。DDIMScheduler() 类管理去噪步骤的步的大小和顺序，从而让我们可以通过去噪过程进行确定性推断，进而生成高质量的样本。

首先从训练集中选择 4 张干净的图像，并生成与这些图像形状相同的噪声张量：

```
clean_images=next(iter(train_dataloader))["input"]*2-1    ❶
print(clean_images.shape)
nums=clean_images.shape[0]
noise=torch.randn(clean_images.shape)    ❷
print(noise.shape)
```

❶ # 获取 4 张干净的图像
❷ # 生成一个张量 noise，其形状与干净的图像相同，其中每个值都服从独立的标准正态分布

上述代码的输出如下：

```
torch.Size([4, 3, 64, 64])
torch.Size([4, 3, 64, 64])
```

图像和噪声张量的形状均为 (4, 3, 64, 64)，表示每个批次有 4 张图像，每张图像有 3 个颜色通道，图像的高度和宽度均为 64 像素。

在正向扩散过程中,介于干净的图像(15.1 节提到的 x_0)和随机噪声(x_T)之间存在 999 个过渡性的带噪声的图像。这些过渡性的带噪声的图像是干净的图像和噪声的加权和。随着 t 从 0 变为 1000,干净的图像的权重逐渐减小,噪声的权重逐渐增大,这一过程见式(15.3)所示。

接下来,我们需要生成并可视化一些过渡性的带噪声的图像。正向扩散过程可视化的代码如清单 15.2 所示。

清单 15.2　正向扩散过程可视化

```
from utils.ch15util import DDIMScheduler

noise_scheduler=DDIMScheduler(num_train_timesteps=1000)    ❶
allimgs=clean_images
for step in range(200,1001,200):    ❷
    timesteps=torch.tensor([step-1]*4).long()
    noisy_images=noise_scheduler.add_noise(clean_images,
                noise, timesteps)    ❸
    allimgs=torch.cat((allimgs,noisy_images))    ❹

import torchvision
imgs=torchvision.utils.make_grid(allimgs,4,6)
fig = plt.figure(dpi=300)
plt.imshow((imgs.permute(2,1,0)+1)/2)    ❺
plt.axis("off")
plt.show()
```

❶ # 用 1000 个时间步实例化 DDIMScheduler() 类
❷ # 查看时间步 200、400、600、800 和 1000
❸ # 在这些时间步创建带噪声的图像
❹ # 将带噪声的图像与干净的图像连接起来
❺ # 显示所有图像

`DDIMScheduler()` 类中的 `add_noise()` 方法接收 3 个参数:`clean_images`、`noise` 和 `timesteps`。它计算干净的图像和噪声的加权和,即带噪声的图像。此外,权重是时间步 t 的函数。随着时间步 t 从 0 增至 1000,干净的图像的权重将逐渐减小,噪声的权重则逐渐增大。

运行清单 15.2,将会看到一个类似图 15.5 所示的图像。

图 15.5　正向扩散过程。第一列的 4 张图像是训练数据集中的干净的图像。然后从时间步 1 到时间步 1000,逐渐向这些图像添加噪声。随着时间步增加,越来越多的噪声被注入图像中。第二列的 4 张图像是 200 个时间步后的图像。第三列是 400 个时间步后的图像,它们比第二列的图像有更多噪声。最后一列是 1000 个时间步后的图像,这些已经完全是 100% 的随机噪声了

第一列包含 4 张无噪声的干净的图像。随着向右移动，逐渐向图像添加越来越多的噪声。最后一列图像只包含随机噪声。

15.3 构建去噪 U-Net 模型

15.1 节讨论了去噪 U-Net 模型的架构。本节将引导读者使用 Python 和 PyTorch 来实现它。

我们要构建的 U-Net 模型相当庞大，包含超过 1.33 亿个参数，这也反映了其预期任务的复杂性。按照设计，该模型可通过对输入进行下采样和上采样的过程捕获图像中的局部特征和全局特征。该模型使用由跳跃连接相互连接的多个卷积层，这些连接将来自网络不同级的特征结合在一起。这种架构有助于保持空间信息，从而促进更有效的学习。

考虑到去噪 U-Net 模型的庞大规模和冗余特征提取，我们采用了 SDPA 机制，使模型能将注意力集中于当前任务最相关的方面。为了计算 SDPA，我们将图像展平，并将其像素视为序列。然后使用 SDPA 来学习图像中不同像素之间的依赖关系，这有些类似于第 9 章学习文本中不同词元之间的依赖关系的方式。

15.3.1 去噪 U-Net 模型中的注意力机制

为实现注意力机制，我们在本地模块 ch15util.py 中定义了一个 Attention() 类，如清单 15.3 所示。

清单 15.3　去噪 U-Net 模型中的注意力机制

```
import torch
from torch import nn, einsum
from einops import rearrange

class Attention(nn.Module):
    def __init__(self, dim, heads=4, dim_head=32):
        super().__init__()
        self.scale = dim_head**-0.5
        self.heads = heads
        hidden_dim = dim_head * heads
        self.to_qkv = nn.Conv2d(dim, hidden_dim * 3, 1, bias=False)
        self.to_out = nn.Conv2d(hidden_dim, dim, 1)
    def forward(self, x):
        b, c, h, w = x.shape
        qkv = self.to_qkv(x).chunk(3, dim=1)          ❶
        q, k, v = map(
            lambda t: rearrange(t, 'b (h c) x y -> b h c (x y)', h=self.heads),
            qkv)                                       ❷
        q = q * self.scale
        sim = einsum('b h d i, b h d j -> b h i j', q, k)
        attn = sim.softmax(dim=-1)                     ❸
        out = einsum('b h i j, b h d j -> b h i d', attn, v)   ❹
        out = rearrange(out, 'b h (x y) d -> b (h d) x y', x=h, y=w)
        return self.to_out(out)                        ❺
attn=Attention(128)
x=torch.rand(1,128,64,64)
out=attn(x)
print(out.shape)
```

❶ # 将输入通过 3 个线性层，以获得查询、键和值
❷ # 将查询、键和值分成 4 个头
❸ # 计算注意力权重
❹ # 在每个头中计算注意力向量
❺ # 将 4 个注意力向量连接成一个向量

运行上述代码后的输出如下：

torch.Size([1, 128, 64, 64])

此处使用的注意力机制 SDPA 与第 9 章的相同，只不过当时将 SDPA 应用于表示文本中词元的索引序列，这里将其应用于图像中的像素。我们将图像展平后的像素视为一个序列，并使用 SDPA 提取所输入图像不同区域之间的依赖关系，从而提高去噪过程的效率。

清单 15.3 中的代码展示了 SDPA 在本例中的运行方式。为了给读者一个更具体的例子，可以创建一张假想的图像 x，其维度为 (1, 128, 64, 64)，表示批次中的 1 张图像，有 128 个特征通道，每个通道的大小为 64 像素 ×64 像素。然后，作为输入的 x 通过注意力层。具体来说，图像的每个特征通道被展平成一个包含 64×64 = 4096 像素的序列，然后该序列通过 3 个不同的神经网络层，生成查询 Q、键 K 和值 V，并进一步拆分成 4 个头。每个头的注意力向量计算方式如下：

$$\text{attention}(Q, K, V) = \text{softmax}\left(\frac{QK^{\text{T}}}{\sqrt{d_k}}\right)V$$

其中，d_k 表示键向量 K 的维度。4 个头的注意力向量被连接成一个单一注意力向量。

15.3.2 去噪 U-Net 模型

在本地模块 unet_util.py 中，我们定义了一个 UNet() 类来表示去噪 U-Net 模型。稍后将简要介绍这个模型的工作原理。清单 15.4 所示的代码展示了 UNet() 类的部分内容。

清单 15.4　定义 UNet() 类

```
class UNet(nn.Module):
    …
    def forward(self, sample, timesteps):       ❶
        if not torch.is_tensor(timesteps):
            timesteps = torch.tensor([timesteps],
                                      dtype=torch.long,
                                      device=sample.device)
        timesteps = torch.flatten(timesteps)
        timesteps = timesteps.broadcast_to(sample.shape[0])
        t_emb = sinusoidal_embedding(timesteps, self.hidden_dims[0])
        t_emb = self.time_embedding(t_emb)       ❷
        x = self.init_conv(sample)
        r = x.clone()
        skips = []
        for block1, block2, attn, downsample in self.down_blocks:   ❸
            x = block1(x, t_emb)
            skips.append(x)
            x = block2(x, t_emb)
            x = attn(x)
            skips.append(x)
            x = downsample(x)
        x = self.mid_block1(x, t_emb)
        x = self.mid_attn(x)
        x = self.mid_block2(x, t_emb)            ❹
        for block1, block2, attn, upsample in self.up_blocks:
            x = torch.cat((x, skips.pop()), dim=1)    ❺
            x = block1(x, t_emb)
            x = torch.cat((x, skips.pop()), dim=1)
            x = block2(x, t_emb)
            x = attn(x)
            x = upsample(x)
```

```
        x = self.out_block(torch.cat((x, r), dim=1), t_emb)
        out = self.conv_out(x)
        return {"sample": out}            ❻
```

❶ # 模型接收一个批次带噪声的图像和时间步作为输入
❷ # 嵌入的时间步被添加到图像,作为各个阶段的输入
❸ # 将输入通过收缩路径
❹ # 将输入通过瓶颈路径
❺ # 输入通过具备跳跃连接的扩展路径
❻ # 输出是输入图像中预测的噪声

去噪 U-Net 的任务是根据图像所在时间步预测输入图像中的噪声。正如式(15.3)所示,处于任意时间步 t 的带噪声的图像 x_t,可以表示为干净的图像 x_0 和标准正态分布随机噪声 ε 的加权和。随着时间步 t 从 0 推进到 T,分配给干净的图像的权重逐渐减小,而分配给随机噪声的权重逐渐增大。因此为了推断噪声图像中的噪声,去噪 U-Net 需要知道带噪声的图像所处的时间步。

时间步使用正弦函数和余弦函数进行嵌入,这与 Transformers 中的位置编码方式(在第 9 章和第 10 章中讨论过)类似,结果会产生一个 128 值的向量。然后这些嵌入会被扩展,以匹配模型内各个层中图像特征的维度。例如,在第一个下采样块中,时间嵌入会被广播为 (128, 64, 64) 的形状,然后才会被添加到图像特征中,而图像特征的维度也是 (128, 64, 64)。

接下来,我们在本地模块中实例化 UNet() 类即可创建去噪 U-Net 模型:

```
from utils.unet_util import UNet

device="cuda" if torch.cuda.is_available() else "cpu"
resolution=64
model=UNet(3,hidden_dims=[128,256,512,1024],
           image_size=resolution).to(device)
num=sum(p.numel() for p in model.parameters())
print("number of parameters: %.2fM" % (num/1e6,))
print(model)
```

输出如下:

```
number of parameters: 133.42M
```

如上所示,该模型有超过 1.33 亿个参数。由于参数量庞大,本章的训练过程将耗费大量时间,利用 GPU 训练大约需要 3～4 小时。如果无法使用 GPU 训练,也可以下载训练好的权重。

15.4 训练和使用去噪 U-Net 模型

至此,我们已经有了训练数据和去噪 U-Net 模型,接下来可以使用数据来训练模型了。

每个训练轮次将循环迭代训练数据中的所有批次。对于每张图像,将随机选择一个时间步,并根据该时间步的值向训练数据中的干净的图像添加噪声,从而得到一张带噪声图像。然后,将这些带噪声的图像和它们对应的时间步的值输入去噪 U-Net 模型,以预测每张图像中的噪声。将预测的噪声与实际标签(添加到图像中的实际噪声)进行比较,并调整模型参数以最小化预测的噪声与实际噪声之间的平均绝对误差。

训练完成后,将使用训练好的模型生成花朵图像。我们会用 50 个推断步骤(即将时间步的值设置为 980、960……20、0)执行该生成工作。从随机噪声开始,将其输入训练好的模型中,以获得一张带噪声的图像。然后将这张带噪声的图像再次输入训练好的模型进行去噪。用 50 个推断步骤重复该过程,从而生成一张与训练集中的花朵图像无法区分的新图像。

15.4.1 训练去噪 U-Net 模型

接下来，先为训练过程定义优化器和学习率调度器。

这次将使用 AdamW 优化器，这是在本章之前一直使用的 Adam 优化器的一个变体。AdamW 优化器最初由 Ilya Loshchilov 和 Frank Hutter 提出，这种优化器可将权重衰减（一种正则化形式）与优化步骤分离。[1] 与直接将权重衰减应用于梯度的做法不同，AdamW 在优化步骤之后会直接将权重衰减应用于参数（权重）。这种变化有助于防止衰减率随着学习率的调整而变化，从而能实现更好的泛化性能。感兴趣的读者可通过 Loshchilov 和 Hutter 的论文进一步了解关于 AdamW 优化器的信息。

我们还将使用 diffusers 库中的学习率调度器在训练过程中调整学习率。最初使用较高的学习率，这可以帮助模型避开局部极小值，而在训练后期逐渐降低学习率，这可以帮助模型更稳定、更准确地收敛到全局最小值。学习率调度器的定义如清单 15.5 所示。

清单 15.5　在训练中选择优化器和学习率

```
from diffusers.optimization import get_scheduler

num_epochs=100   ❶
optimizer=torch.optim.AdamW(model.parameters(),lr=0.0001,
    betas=(0.95,0.999),weight_decay=0.00001,eps=1e-8)   ❷
lr_scheduler=get_scheduler(   ❸
    "cosine",
    optimizer=optimizer,
    num_warmup_steps=300,
    num_training_steps=(len(train_dataloader) * num_epochs))
```

❶ # 对模型训练 100 个轮次
❷ # 使用 AdamW 优化器
❸ # 用 diffusers 库中的学习率调度器来控制学习率

get_scheduler() 函数的确切定义可参考 Hugging Face 的 GitHub 代码库中相关的定义。在前 300 个训练步骤（预热步骤）中，学习率从 0 线性地增加到 0.0001（这也是我们在 AdamW 优化器中设置的学习率）。在 300 个步骤后，学习率将按照余弦函数的值在 0.0001 和 0 之间递减。

我们对模型训练 100 个轮次。代码如清单 15.6 所示。

清单 15.6　训练去噪 U-Net 模型

```
for epoch in range(num_epochs):
    model.train()
    tloss = 0
    print(f"start epoch {epoch}")
    for step, batch in enumerate(train_dataloader):
        clean_images = batch["input"].to(device)*2-1
        nums = clean_images.shape[0]
        noise = torch.randn(clean_images.shape).to(device)
        timesteps = torch.randint(0,
            noise_scheduler.num_train_timesteps,
            (nums, ),
            device=device).long()
        noisy_images = noise_scheduler.add_noise(clean_images,
            noise, timesteps)   ❶
```

---

[1] LOSHCHILOV I, HUTTER F. Decoupled weight decay regularization[C]//Proceedings of the 7th International Conference on Learning Representations, May 6-9, 2019, New Orleans.

```
noise_pred = model(noisy_images,
                    timesteps)["sample"]         ❷
        loss=torch.nn.functional.l1_loss(noise_pred, noise) ❸
        loss.backward()
        optimizer.step()          ❹
        lr_scheduler.step()
        optimizer.zero_grad()
        tloss += loss.detach().item()
        if step%100==0:
            print(f"step {step}, average loss {tloss/(step+1)}")
torch.save(model.state_dict(),'files/diffusion.pth')
```

❶ # 向训练集中的干净的图像添加噪声
❷ # 用去噪 U-Net 在带噪声的图像中预测噪声
❸ # 将预测的噪声与实际噪声进行比较以计算损失
❹ # 调整模型参数，以最小化平均绝对误差

在每个轮次中，循环迭代训练集中干净的花朵图像的所有批次。向这些干净的图像添加噪声，并将它们输入去噪 U-Net，以预测这些图像中的噪声。然后，将预测的噪声与实际噪声进行比较，并调整模型参数以最小化两者之间的平均绝对误差（像素级）。

上述训练过程需要在 GPU 上训练好几个小时。完成后，训练好的模型权重将保存在计算机上。读者也可以从本书的配套资源中找到训练好的权重。

15.4.2　使用训练好的模型生成花朵图像

为了生成花朵图像，我们将使用 50 个推断步骤。这意味着我们将查看 $t = 0$ 和 $t = T$ 之间的 50 个等间隔时间步，本例中 $t = 1000$。因此，这 50 个推断时间步分别为 $t = 980$、960、940……20、0。我们将从纯随机噪声开始，这对应于 $t = 1000$ 时的图像。我们使用训练好的去噪 U-Net 模型对其进行去噪，并在 $t = 980$ 时创建一个带噪声的图像。然后，将 $t = 980$ 时的带噪声的图像呈现给训练好的模型进行去噪，从而获得 $t = 960$ 时的带噪声的图像。重复这个过程，直到获得 $t = 0$ 时的图像，这是一张干净的图像。上述过程通过本地模块 ch15util.py 中 DDIMScheduler() 类的 generate() 方法实现，如清单 15.7 所示。

清单 15.7　DDIMScheduler() 类中定义的 generate() 方法

```
@torch.no_grad()
def generate(self,model,device,batch_size=1,generator=None,
    eta=1.0,use_clipped_model_output=True,num_inference_steps=50):
    imgs=[]
    image=torch.randn((batch_size,model.in_channels,model.sample_size,
        model.sample_size),
        generator=generator).to(device)          ❶

    self.set_timesteps(num_inference_steps)
    for t in tqdm(self.timesteps):               ❷
        model_output = model(image, t)["sample"]     ❸
        image = self.step(model_output,t,image,eta,
            use_clipped_model_output=\
            use_clipped_model_output)            ❹
        img = unnormalize_to_zero_to_one(image)
        img = img.cpu().permute(0, 2, 3, 1).numpy()
        imgs.append(img)          ❺
    image = unnormalize_to_zero_to_one(image)
    image = image.cpu().permute(0, 2, 3, 1).numpy()
```

```
            return {"sample": image}, imgs
```

❶ # 以随机噪声作为起点（t=1000 时的图像）
❷ # 使用 50 个推断步骤（t=980、960、940……20、0）
❸ # 用训练好的去噪 U-Net 模型预测噪声
❹ # 基于预测的噪声创建图像
❺ # 将中间图像保存在 imgs 列表中

在这个 generate() 方法中，我们还创建了一个列表 imgs，用于存储时间步 t = 980、960……20、0 的所有中间图像。稍后将使用这些图像来可视化去噪过程。generate() 方法返回一个词典，其中包含了生成的图像和 imgs 列表。

接下来，我们将使用上述 generate() 方法创建 10 张干净图像，如清单 15.8 所示。

清单 15.8　用训练好的去噪 U-Net 模型生成图像

```
sd=torch.load('files/diffusion.pth',map_location=device)
model.load_state_dict(sd)
with torch.no_grad():
    generator = torch.manual_seed(1)          ❶
    generated_images,imgs = noise_scheduler.generate(
        model,device,
        num_inference_steps=50,
        generator=generator,
        eta=1.0,
        use_clipped_model_output=True,
        batch_size=10)                        ❷
imgnp=generated_images["sample"]
import matplotlib.pyplot as plt
plt.figure(figsize=(10,4),dpi=300)
for i in range(10):                           ❸
    ax = plt.subplot(2,5, i + 1)
    plt.imshow(imgnp[i])
    plt.xticks([])
    plt.yticks([])
    plt.tight_layout()
plt.show()
```

❶ # 将随机种子设置为 1，以便结果可重现
❷ # 用定义的 generate() 方法创建 10 张干净的图像
❸ # 绘制生成的图像

我们将随机种子设置为 1。因此，如果使用配套资源中提供的训练好的模型，将得到与图 15.6 完全相同的结果。使用之前定义的 generate() 方法，利用 50 个推断步骤创建 10 张干净图像。然后将这 10 张图像绘制在一个 2×5 的网格中，如图 15.6 所示。

图 15.6　使用训练好的去噪 U-Net 模型生成的花朵图像

从图 15.6 可以看出，生成的花朵图像看起来很逼真，与训练数据集中的图像非常相似。

15.4 训练和使用去噪 U-Net 模型

练习 15.1

修改清单 15.8，将随机种子改为 2，其余代码保持不变。重新运行代码，看看这次会生成怎样的图像。

generate() 方法还会返回一个列表 imgs，其中包含了所有 50 个中间步骤的图像。我们将借此来可视化去噪过程，如清单 15.9 所示。

清单 15.9　可视化去噪过程

```
steps=imgs[9::10]         ❶
imgs20=[]
for j in [1,3,6,9]:
    for i in range(5):
        imgs20.append(steps[i][j])    ❷
plt.figure(figsize=(10,8),dpi=300)
for i in range(20):                    ❸
    k=i%5
    ax = plt.subplot(4,5, i + 1)
    plt.imshow(imgs20[i])
    plt.xticks([])
    plt.yticks([])
    plt.tight_layout()
    plt.title(f't={800-200*k}',fontsize=15,c="r")
plt.show()
```

❶ # 保留时间步 800、600、400、200 和 0
❷ # 从 10 组花朵中选择 4 组
❸ # 将 20 张图像绘制为 4×5 的网格

列表 imgs 包含所有 50 个推断步骤产生的 10 组图像，分别对应 t = 980、960……20、0 时的状态，因此，列表中共有 500 张图像。我们选择 4 种不同的花（图 15.6 中的第 2、4、7、10 张图像）在 5 个时间步（t = 800、600、400、200、0）时的状态，然后将这 20 张图像绘制在一个 4×5 的网格中，如图 15.7 所示。

图 15.7　训练好的去噪 U-Net 模型如何逐渐将随机噪声转换为干净的花朵图像。将随机噪声输入训练好的模型，获得时间步为 980 时的图像。然后将 t = 980 时的带噪声的图像输入模型，获得 t = 960 时的图像。将这个过程重复 50 个推断步骤，直到获得 t = 0 时的图像。图中第一列显示了 t = 800 时的 4 种花朵的图像；第二列显示了 t = 600 时同样的 4 种花朵的图像……最后一列显示了 t = 0 时的 4 种花朵的图像（干净的花朵图像）

图 15.7 中的第一列显示了 $t = 800$ 时的 4 种花朵的图像，几乎就等同于随机噪声。第二列显示了 $t = 600$ 时的花朵的图像，它们开始看起来像花。随着向右移动，图像变得越来越清晰。最右一列显示了 $t = 0$ 时的 4 张干净的花朵图像。

至此，我们已经了解了扩散模型的工作原理，接下来将开始讨论如何用文本生成图像。类似 DALL·E 2、Imagen 和 Stable Diffusion 这样的文生图 Transformer，其图像生成过程非常类似于我们在 15.1 节中讨论的逆向扩散过程，只不过模型在生成图像时，会将文本嵌入作为条件信号。

15.5 文生图 Transformer

OpenAI 的 DALL·E 2、谷歌的 Imagen，以及 Stability AI 的 Stable Diffusion 等文生图 Transformer 使用扩散模型根据文本描述生成图像。这些文生图 Transformer 的一个重要组成部分是扩散模型。文本到图像生成过程需要将文本输入编码为潜在表示，然后将其用作扩散模型的条件信号。这些 Transformer 在编码文本的引导下，以迭代的方式对随机噪声向量去噪，即可学习生成与文本描述匹配的逼真图像。

所有这些文生图 Transformer 的关键在于理解不同模态中的内容的模型。在文生图这样的场景中，模型必须能理解文本描述，并将其与图像相联系，反之亦然。

本节将以 OpenAI 的 CLIP（对比语言-图像预训练）模型为例进行介绍。CLIP 是 DALL·E 2 的关键组件。我们将讨论 CLIP 如何被训练来理解文本描述与图像之间的联系。然后使用一个简短的 Python 程序，调用 OpenAI 的 DALL·E 2 从文本提示词生成图像。

15.5.1 CLIP：一种多模态 Transformer

近年来，计算机视觉和自然语言处理（NLP）的交叉领域取得了显著进展，成果之一就是由 OpenAI 创建的 CLIP 模型。这个创新的模型旨在在自然语言的上下文中理解和解释图像，这种能力在图像生成和图像分类等应用领域中具有巨大的潜力。

CLIP 模型是一种多模态 Transformer，它弥合了视觉数据和文本数据之间的差距。通过将图像与相应的文本描述相关联，它被训练以理解图像。与传统模型需要对图像进行明确标记的做法不同，CLIP 利用了由大量图像及其对应的自然语言描述组成的数据集来学习更具普遍性的视觉概念的表示。

CLIP 模型的训练如图 15.8 所示，始于收集由图像及其关联的文本描述组成的大规模数据集。OpenAI 利用了各种来源（包括公开可用的数据集和网络爬取的数据），以确保涵盖尽可能广泛的视觉和文本内容。然后对数据集进行预处理，对图像执行标准化操作，使其具备相同的形状，并对文本进行词元化，准备好即可提供给模型。

CLIP 采用了一种由图像编码器和文本编码器组成的双编码器架构。图像编码器负责处理输入的图像，而文本编码器负责处理相应的文本描述。这些编码器可将图像和文本投射到共享的嵌入空间，以便进行比较和对齐。

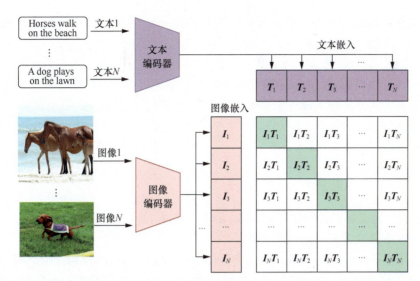

图 15.8　OpenAI 的 CLIP 模型的训练过程。收集大规模文本 – 图像对作为训练数据集。模型的文本编码器将文本描述压缩为具有 D 值的文本嵌入。图像编码器则将相应图像转换为具有 D 值的图像嵌入。在训练过程中，一个批次的 N 个文本 – 图像对会被转换为 N 个文本嵌入和 N 个图像嵌入。CLIP 使用对比学习方法来最大化成对的嵌入之间的相似性（图中对角线值的总和），同时最小化不匹配的文本 – 图像对的嵌入之间的相似性（图中非对角线值的总和）

CLIP 训练的核心在于对比学习方法。对于数据集中每 N 个图像 – 文本对所组成的批次，模型会在最大化成对的嵌入之间的相似性（由图 15.8 中对角线值的总和来衡量），同时最小化不匹配的文本 – 图像对的嵌入之间的相似性（由图 15.8 中非对角线值的总和来衡量）。图 15.9 展示了文生图 Transformer（如 DALL · E 2）根据文本提示词生成逼真图像的过程。

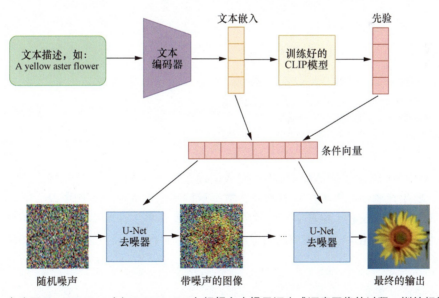

图 15.9　文生图 Transformer（如 DALL · E 2）根据文本提示词生成逼真图像的过程。训练好的文生图 Transformer 中的文本编码器先将提示词中的文本描述转换为文本嵌入。随后文本嵌入被输入 CLIP 模型以获得表示潜空间中图像的先验向量。文本嵌入和先验被串联成一个条件向量。为了生成图像，U-Net 去噪器先将随机噪声向量作为输入，使用条件向量生成一个带噪声的图像。然后模型将带噪声的图像和条件向量作为输入，再生成一个噪声较少的图像。这个过程重复多次，直到最终的输出是一个干净的图像

文生图 Transformer 的图像生成过程有点类似在 15.1 节中讨论的逆扩散过程。以 OpenAI 的研究人员在 2022 年提出的 DALL·E 2 为例[①]，模型中的文本编码器先将提示词中的文本描述转换为文本嵌入。随后文本嵌入被输入 CLIP 模型以获得表示潜空间中图像的先验向量。文本嵌入和先验被串联成一个条件向量。在第一次迭代中，我们将随机噪声向量输入模型中的 U-Net 去噪器，并要求它基于条件向量生成一个带噪声的图像。在第二次迭代中，我们将前一次迭代的带噪声的图像输入 U-Net 去噪器，要求它基于条件向量再生成一个带噪声的图像。重复这个过程多次，最终的输出是一张干净的图像。

15.5.2　用 DALL·E 2 进行文生图

至此，我们已经了解了文生图 Transformer 的工作原理，让我们编写一个能与 DALL·E 2 交互的 Python 程序，根据文本提示词创建图像。

首先需要申请 OpenAI API 密钥。根据所处理的词元数量和所用模型类型的不同，OpenAI 提供了多种不同价格的服务。访问 OpenAI 官网并单击"注册"按钮创建一个账户。随后登录这个账户，查看自己的 API 密钥，并将密钥保存在安全的地方以备后用。接下来，我们可以使用 OpenAI 的 DALL·E 2 生成图像了。代码如清单 15.10 所示。

清单 15.10　使用 DALL·E 2 生成图像

```
from openai import OpenAI

openai_api_key=your actual OpenAI API key here, in quotes    ❶
client=OpenAI(api_key=openai_api_key)    ❷

response = client.images.generate(
  model="dall-e-2",
  prompt="an astronaut in a space suit riding a unicorn",
  size="512x512",
  quality="standard",
  n=1,
)    ❸
image_url = response.data[0].url
print(image_url)    ❹
```

❶ # 在这里填入实际的 OpenAI API 密钥，用引号括起来
❷ # 实例化 OpenAI() 类以创建一个智能体
❸ # 用 images.generate() 方法基于文本提示词生成图像
❹ # 输出图像 URL

将 OpenAI API 密钥填入清单 15.10 中。我们通过实例化 OpenAI() 类来创建一个智能体（agent）。若要生成图像，需要指定模型、文本提示词和图像大小。本例中以"an astronaut in a space suit riding a unicorn"（穿着宇航服的宇航员骑乘独角兽）作为提示词，清单 15.10 提供了一个 URL 供我们可视化和下载生成的图像。该 URL 会在 1 小时后过期。生成的图像如图 15.10 所示。

[①] RAMES A, DHARIWAL P, NICHOL A, et al. Hierarchical Text-Conditional Image Generation with CLIP Latents[EB/OL]. (2022-04-13)[2025-01-15]. arXiv: 2204.06125.

图 15.10　DALL·E 2 以 "an astronaut in a space suit riding a unicorn" 作为提示词生成的图像

运行清单 15.10 并查看 DALL·E 2 生成的图像。注意，由于 DALL·E 2（以及所有 LLM）的输出是随机的而不是确定性的，因此，读者实际操作得到的结果将会有所不同。

> **练习 15.2**
>
> 　　申请一个 OpenAI API 密钥，然后修改清单 15.10，使用文本提示词 "a cat in a suit working on a computer"（穿西装的猫在计算机上工作）生成图像。

　　本章介绍了基于扩散的模型的内部工作原理及它们对文生图 Transformer（如 OpenAI 的 CLIP 模型）的重要性，还介绍了获取 OpenAI API 密钥的方法，并使用简短的 Python 脚本，调用 DALL·E 2（集成了 CLIP 的模型）根据文本描述生成图像。

　　我们将在第 16 章中继续使用之前获得的 OpenAI API 密钥，利用预训练 LLM 来生成文本、音频和图像等多样化内容，还将尝试将 Python 的 LangChain 库与其他 API 集成，以创建出一个"博学多才"的个人助手。

15.6　小结

- 在正向扩散中，逐渐向干净的图像添加少量随机噪声，直到它们转换成纯噪声。相反，在逆向扩散中，从随机噪声开始，使用去噪模型逐渐消除图像中的噪声，将噪声转换回干净的图像。
- U-Net 架构最初被设计用于生物医学影像分割，该架构具有对称的形状，由一个收缩的编码器路径和一个扩张的解码器路径组成，两者通过一个瓶颈层连接。在去噪时，U-Net 能在保留图像细节的同时去除噪声。跳跃连接则串联了具有相同空间维度的编码器和解码器特征图，有助于保留空间信息（如边缘和纹理），在编码过程中，这些信息可能会因下采样而丢失。
- 将注意力机制纳入去噪 U-Net 模型后，模型就能集中关注重要特征并忽略不相关的特征。通过将图像像素视为序列，注意力机制学习像素之间的依赖关系，这有些类似于自然语言处理（NLP）中学习词元之间的依赖关系。这种方法增强了模型识别相关特征的能力。
- 文生图 Transformer（如 OpenAI 的 DALL·E 2、谷歌的 Imagen 和 Stability AI 的 Stable Diffusion）使用扩散模型根据文本描述创建图像。它们将文本编码为用于对扩散模型进行条件化的潜在表示。然后，扩散模型在编码文本的引导下，以迭代的方式对随机噪声向量去噪，进而生成与文本描述匹配的逼真图像。

第 16 章　预训练 LLM 和 LangChain 库

本章内容

- 利用预训练 LLM 生成文本、图像、语音和代码
- 小样本、单样本和零样本提示词技术
- 使用 LangChain 创建一个零样本个人助手
- 生成式 AI 的局限性和伦理问题

预训练大语言模型（LLM）的崛起已经改变了自然语言处理（NLP）和生成式任务等领域。OpenAI 的 GPT 系列就是一个值得注意的例子，这些技术体现了 LLM 在生成类似于人类创作的文本、图像、语音甚至代码等方面所拥有的全面能力。有效利用这些预训练 LLM 已经成为一项迫切需求，它使我们能部署先进的 AI 功能，而无须投入大量资源来开发和训练模型。此外，深入了解这些 LLM，也为基于 NLP 和生成式 AI 技术所开展的创新铺平了道路，促进了各行业的发展。

整个世界开始受到 AI 日益加深的影响，掌握预训练 LLM 的集成和定制技能，可以为每个人带来重要的竞争优势。随着 AI 的发展，利用这些复杂模型的能力已逐渐成为能否在数字领域开展创新并获得成功的关键。

通常来说，这些模型都是通过基于浏览器的界面操作的，不同 LLM 均可独立运作且它们的操作界面各异。每个模型都有独特的优势和特长。通过浏览器中的界面进行操作，这种做法限制了我们充分利用每个 LLM 独有优势的能力。借助 Python 这样的编程语言，尤其是使用 LangChain 库这样的工具，可从几个方面为我们带来切实的好处。

在与 LLM 交互方面，Python 可提高工作流和过程的自动化程度。自主运行的 Python 脚本促进了无间断的连续操作，避免了人工介入。这对于需要定期处理大量数据的企业非常有用。例如，可以使用 Python 脚本查询 LLM、汇总有关数据的见解，从而自主生成月度报告，并通过电子邮件或数据库将自己的成果分享出去。与基于浏览器的界面相比，Python 在 LLM 的交互管理方面提供了更高程度的定制和控制能力，使我们能编写定制代码以满足特定操作的需求，如实现条件逻辑、在循环中处理多个请求或管理异常。这种适应性对于为满足特定业务目标或研究问题而需要进行的定制化输出至关重要。

Python 有丰富的库，这使它非常适合用于将 LLM 与现有软件和系统集成在一起。LangChain 库就是这方面的一个典型例子，它可以通过 LLM 扩展 Python 的功能。LangChain 使得我们能将多个 LLM 组合使用，或将 LLM 功能与其他服务（如 Wikipedia API 或 Wolfram Alpha API）集成在一

起使用，下文将介绍具体做法。这种链接不同服务的能力使得我们能构建复杂的多步骤 AI 系统，其中任务被分成片段，将每个片段交给最适合的模型或服务处理，从而提高整体性能和准确性。

本章首先将介绍如何借助 OpenAI API，使用 Python 编程创建文本、图像、语音和 Python 代码等类型的内容。我们还将了解小样本（few-shot）、单样本（one-shot）和零样本（zero-shot）这 3 种内容生成技术之间的区别。少样本提示意味着要为模型提供多个示例以帮助它理解任务，而单样本提示或零样本提示意味着只需要提供一个示例，或完全不提供示例。

ChatGPT 这样的现代 LLM 往往是使用几个月前的知识训练出来的，因此它们无法提供最新或实时信息，如天气状况、航班状态或股票价格。我们将介绍如何使用 LangChain 库将 LLM 与 Wolfram Alpha API 或 Wikipedia API 结合起来，从而创建一个零样本但是博学多才的个人助手。

尽管 LLM 的能力令人印象深刻，但它们对自己所处理的内容缺乏内在理解。这可能导致逻辑错误、事实不准确，或者对复杂概念 / 细微差别的理解不够全面。这些模型的迅速发展和广泛应用也引发了各种伦理问题，如偏见、错误信息、侵犯隐私和侵犯版权。这些问题需要仔细考虑并积极采取措施加以应对，这样才能确保 LLM 的开发和部署符合伦理标准和社会价值观。

16.1 使用 OpenAI API 生成内容

虽然还有很多其他 LLM，如 Meta 的 LLAMA 和谷歌的 Gemini，但 OpenAI 的 GPT 系列是最突出的。本章将使用 OpenAI GPT 作为示例。

OpenAI 允许我们使用 LLM 生成各种内容，如文本、图像、音频和代码。我们可以通过网页浏览器或 API 访问他们的服务。由于上文提到了使用 Python 与 LLM 进行交互的优势，因此这里将专注于使用 Python 程序通过 API 生成内容。

本章的程序需要具备 OpenAI API 密钥才能运行。想必读者已经在第 15 章中获得了自己的 API 密钥。如果还没申请，可参照第 15 章了解具体做法。

本节主要关注文本生成，但也会为代码、图像和语音的生成各提供一个示例。

本章需要用到几个新的 Python 库。要安装这些库，需要在 Jupyter Notebook 的新单元格中运行以下代码：

```
!pip install --upgrade openai langchain_openai langchain
!pip install wolframalpha langchainhub
!pip install --upgrade --quiet wikipedia
```

按照屏幕提示执行操作，完成安装。

16.1.1 使用 OpenAI API 运行文本生成任务

我们可以围绕许多不同目的的生成文本，如问答、文本摘要和创意写作。

向 OpenAI GPT 提问时需要注意一个问题：所有 LLM（包括 OpenAI GPT）都是根据网络爬虫自动收集的历史数据进行训练的。撰写本书时，GPT-4 的训练数据截至 2023 年 12 月，延迟为 3 个月。GPT-3.5 甚至是在 2021 年 9 月的数据上训练的。

首先向 GPT 提出一个关于历史事实的问题。在新单元格中输入清单 16.1 所示的代码。

清单 16.1 使用 OpenAI API 检查历史事实

```
from openai import OpenAI

openai_api_key=put your actual OpenAI API key here, in quotes    ❶
```

16.1 使用 OpenAI API 生成内容

```
                                                    ❶
client=OpenAI(api_key=openai_api_key)       ❷

completion = client.chat.completions.create(
  model="gpt-3.5-turbo",
  messages=[
    {"role": "system", "content":        ❸
     '''You are a helpful assistant, knowledgeable about recent facts.'''},
    {"role": "user", "content":
     '''Who won the Nobel Prize in Economics in 2000?'''}   ❹
  ]
)
print(completion.choices[0].message.content)
```

❶ # 填入自己的 OpenAI API 密钥
❷ # 创建一个 OpenAI() 类实例并命名为 client
❸ # 定义系统角色
❹ # 提出问题

别忘了将自己的 OpenAI API 密钥填入上述代码。我们首先实例化 `OpenAI()` 类并将其命名为 `client`。在 `chat.completions.create()` 方法中,将模型指定为 `gpt-3.5-turbo`。读者可以使用 gpt-4 或 gpt-3.5-turbo 生成文本。前者能提供更好的结果,但费用也更高。由于我们的示例足够简单,大多数情况下会使用后者,毕竟后者提供的结果也挺不错的。

清单 16.1 中的 `messages` 参数是由消息对象组成的数组,其中每个对象包含一个角色 [可以是 "system"(系统)、"user"(用户)或 "assistant"(助手)] 和内容。系统消息决定了助手的行为,如果未提供系统消息,默认设置会将助手描述为 "a helpful assistant"(一个有用的助手)。用户消息包含了希望助手解决的问题或评论。例如,在上述示例中,用户消息是 "Who won the Nobel Prize in Economics in 2000?"(谁获得了 2000 年诺贝尔经济学奖)。输出如下:

```
The Nobel Prize in Economics in 2000 was awarded to James J. Heckman and
Daniel L. McFadden for their work on microeconometrics and microeconomic theory.
```

OpenAI 给出了正确的答案。

我们也可以要求 LLM 围绕某个特定主题写一篇短文。下面,我们要求它写一篇关于 "自我激励的重要性" 的短文:

```
completion = client.chat.completions.create(
  model="gpt-3.5-turbo",
  n=1,
  messages=[
    {"role": "system", "content":
     '''You are a helpful assistant, capable of writing essays.'''},
    {"role": "user", "content":
     '''Write a short essay on the importance of self-motivation.'''}
  ]
)
print(completion.choices[0].message.content)
```

这里的 n=1 参数会告诉助手生成一个响应。如果想要得到多个响应,可将 n 设置为不同数字。n 的默认值为 1。输出如下:

```
Self-motivation is a key factor in achieving success and personal growth in
  various aspects of life. It serves as the driving force behind our
  actions, decisions, and goals, pushing us to overcome obstacles and
  challenges along the way.

One of the primary benefits of self-motivation is that it helps individuals
  take initiative and control of their lives…
```

输出的内容包含 6 个段落,这里只列出了前几句话。感兴趣的读者可以在本书的配套资源中阅读全文。如上所示,输出的内容连贯、简洁,没有语法错误。

我们甚至可以要求 OpenAI GPT 编一个笑话,如下所示:

```
completion = client.chat.completions.create(
  model="gpt-3.5-turbo",
  messages=[
    {"role": "system", "content":
     '''You are a helpful assistant, capable of telling jokes.'''},
    {"role": "user", "content":
     '''Tell me a math joke.'''}
  ]
)
print(completion.choices[0].message.content)
```

我们让它讲一个有关数学的笑话,结果如下:

> Why was the equal sign so humble? Because he knew he wasn't less than or greater than anyone else!

当然也可以与助手进行多轮对话。messages 参数自动包含对话历史。例如,在运行上述代码后,如果紧接着运行以下代码:

```
completion = client.chat.completions.create(
  model="gpt-3.5-turbo",
  messages=[
    {"role": "user", "content":
     '''Haha, that's funny! Tell me another one.'''}
  ]
)
print(completion.choices[0].message.content)
```

将会得到类似下面的回应:

> Sure! Why was the math book sad? Because it had too many problems.

用户后来的查询是 "Haha, that's funny! Tell me another one.",这只在前一条消息中让助手讲一个有关数学的笑话的上下文中才有意义。其他与文本生成有关的功能还有文本摘要和分类,本章稍后将提供这些示例。

16.1.2 使用 OpenAI API 生成代码

Codex 专门设计用于理解和生成代码。它可以使用多种编程语言,甚至能将自然语言描述转换为代码。Codex 现已成为 OpenAI GPT 的一个组成部分。

下面,我们要求 OpenAI GPT 生成一个能绘制正弦曲线的 Python 程序:

```
completion = client.chat.completions.create(
  model="gpt-3.5-turbo",
  messages=[
    {"role": "system", "content":
     '''You are a helpful assistant,
     capable of generating Python programs.'''},
    {"role": "user", "content":
     '''Write a Python program to plot a sine graph.'''}
  ]
)
print(completion.choices[0].message.content)
```

注意,ChatGPT使用GPT-3.5-Turbo来管理对话和代码生成任务,它并不提供专门用于生成代码的Codex模型。上述代码的输出如下:

```
Sure! Here's a simple Python program using the matplotlib library to plot
a sine graph:

```python
import matplotlib.pyplot as plt
import numpy as np

# Generate x values from 0 to 2*pi
x = np.linspace(0, 2*np.pi, 100)

# Calculate y values using the sine function
y = np.sin(x)

# Plot the sine graph
plt.figure()
plt.plot(x, y)
plt.title('Sine Graph')
plt.xlabel('x')
plt.ylabel('sin(x)')
plt.grid(True)
plt.show()
```

You can run this program in a Python environment with the matplotlib
library installed to visualize the sine graph.
```

如果将生成的 Python 程序复制并粘贴到 Jupyter Notebook 的单元格中运行，将会看到一个类似图 16.1 所示的图像。

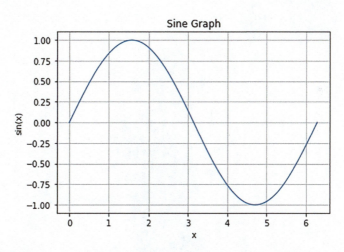

图 16.1　使用 OpenAI GPT-3.5 生成绘制正弦曲线的 Python 代码。根据文本描述"Write a Python program to plot a sine graph"（编写一个绘制正弦图形的 Python 程序）要求它生成 Python 程序，然后运行程序以创建图形

LLM 不仅提供 Python 代码，还告诉我们需要在安装了 Matplotlib 库的 Python 环境中运行这段代码。

16.1.3　使用 OpenAI DALL · E 2 生成图像

DALL · E 2 是 OpenAI 开发的一种 AI 模型，可利用文本描述生成图像。它是第一代 DALL · E 模型的继任者，蕴含了生成式 AI 领域在视觉内容方面的新成果。

DALL·E 2 使用了与第 15 章讨论的扩散模型类似的模型,同样从一个随机像素模式开始,逐渐将其"改进"为一个与输入文本匹配的连贯图像。相对第一代 DALL·E 模型,DALL·E 2 可产生质量更高的图像,以及对文本描述更准确、更详细的表示。

将 DALL·E 2 整合到 OpenAI GPT 中,不仅可以生成文本,还可以基于文本提示词创建图像。下面,我们要求 DALL·E 2 创建一个在河岸边钓鱼的人的图像:

```
response = client.images.generate(
  model="dall-e-2",
  prompt="someone fishing at the river bank",
  size="512x512",
  quality="standard",
  n=1,
)
image_url = response.data[0].url
print(image_url)
```

上述代码生成一个URL。单击URL即可看到一个类似图16.2所示的图像。

图 16.2 DALL·E 2 使用文本提示词 "someone fishing at the river bank" 生成的图像

该 URL 会在 1 小时后过期,需及时访问。此外,由 DALL·E 2 生成的图像,即使每次都使用相同的文本提示词,每次的生成结果也会略有不同,因为输出是随机生成的。

16.1.4 使用 OpenAI API 进行语音生成

文本到语音(TTS)是一种将书面文本转换为讲话声音的技术。TTS 通过多模态 Transformer 训练而来,其中输入的是文本,输出的是音频。在 ChatGPT 的环境中,集成 TTS 功能意味着 LLM 不仅可以生成文本响应,还可以将其大声朗读出来。下面,我们会要求 OpenAI API 将一段简短的文字转换为语音：

```
response = client.audio.speech.create(
  model="tts-1-hd",
  voice="shimmer",
  input='''This is an audio file generated by
    OpenAI's text to speech AI model.'''
)
response.stream_to_file("files/speech.mp3")
```

运行上述代码后，会有一个名为speech.mp3的文件保存在我们计算机上，可以播放其内容。关于声音类型参数voice，我们选择了shimmer选项还可以选择alloy、echo等选项。

16.2 LangChain 简介

LangChain 是一个 Python 库，旨在促进 LLM 在各种应用中的使用。LangChain 提供了一套工具和抽象，使我们能更容易地构建、部署和管理由 LLM（如 GPT-3、GPT-4 和其他类似模型）驱动的应用。

LangChain 将与不同 LLM 和应用进行交互的复杂性抽离出来，从而让开发者能够专注于构建自己的应用逻辑，而无须考虑底层模型的具体细节。因此它特别适合于通过将 LLM 与 Wolfram Alpha 或维基百科（Wikipedia）等应用链接在一起，构建出"博学多才"的智能体，借此获取实时信息或最新事实。LangChain 的模块化架构使其能轻松集成不同组件，从而让智能体能利用各种 LLM 和应用的独有优势。

16.2.1 LangChain 库的必要性

想象一下：我们的目标是构建一个博学多才的零样本智能体，并通过该智能体产生各种内容，检索实时信息，为我们解答事实性问题。我们希望智能体可以根据手头任务自动去合适的来源检索相关信息，而无须明确告诉它该做什么。LangChain 库就是此时的正确选择。

在这个项目中，我们将学习如何使用 LangChain 库将 LLM 与 Wolfram Alpha API 或 Wikipedia API 结合起来，创建一个博学多才的零样本智能体。我们将使用 Wolfram Alpha API 检索实时信息，并使用 Wikipedia API 回答关于最新事实的问题。LangChain 允许我们创建一个智能体，并通过多种工具来回答同一个问题。智能体首先会理解查询，然后决定要使用工具箱中的哪个工具来回答问题。

即便是最先进的 LLM 也缺乏这些能力，为了证明这一点，让我们做一个简单的演示，问问谁获得了 2024 年奥斯卡金像奖的最佳男主角奖：

```
completion = client.chat.completions.create(
  model="gpt-4",
  messages=[
    {"role": "system", "content":
     '''You are a helpful assistant, knowledgeable about recent facts.'''},
    {"role": "user", "content":
     '''Who won the Best Actor Award in 2024 Academy Awards?'''}
  ]
)
print(completion.choices[0].message.content)
```

输出如下：

```
I'm sorry, but I cannot provide real-time information or make predictions
```

```
about future events such as the 2024 Academy Awards. For the most accurate
and up-to-date information, I recommend checking reliable sources or news
outlets closer to the date of the awards show.
```

在 2024 年 3 月 17 日进行上述查询，GPT-4 无法回答这个问题。可能当读者进行相同查询时已经能够得到正确答案，因为模型已经使用新数据进行了更新。如果是这样，读者可以将问题改为近几天内发生的事件，应该会得到类似的响应。

我们借助 LangChain 将 LLM 与 Wolfram Alpha API 和 Wikipedia API 链接起来。Wolfram Alpha 擅长科学计算和检索实时信息，维基百科以提供历史和最新事件及事实信息而闻名。

16.2.2 在 LangChain 中使用 OpenAI API

在 16.1 节中安装的 LangChain-openai 库可供我们以最少量的提示工程（prompt engineering）使用 OpenAI GPT。我们只需要用简单的英语阐述自己希望 LLM 做什么。

以下是一个例子，我们要求它纠正文本中的语法错误：

```
from langchain_openai import OpenAI

llm = OpenAI(openai_api_key=openai_api_key)

prompt = """
Correct the grammar errors in the text:

i had went to stor buy phone. No good. returned get new phone.
"""

res=llm.invoke(prompt)
print(res)
```

输出如下：

```
I went to the store to buy a phone, but it was no good. I returned it and
got a new phone.
```

注意，在这里没有使用任何提示工程，也没有指定要使用哪个模型。LangChain会根据任务要求和其他因素（如成本、延迟和性能）选择最适合的模型。它还能自动构造查询并调整查询格式，以使查询能适合所使用的模型。上面所用的提示词只是用简单的英语要求智能体纠正文本中的语法错误，智能体返回了带有正确语法的文本，如上述输出所示。

以下是另一个例子，我们让智能体说出美国肯塔基州首府的名字：

```
prompt = """
What is the capital city of the state of Kentucky?
"""
res=llm.invoke(prompt)
print(res)
```

输出如下：

```
The capital city of Kentucky is Frankfort.
```

智能体提供了正确答案，美国肯塔基州的首府确实是弗兰克福。

16.2.3 零样本提示、单样本提示和少样本提示

少样本（few-shot）提示、单样本（one-shot）提示和零样本（zero-shot）提示是指向 LLM 提供示例或指令，以指导其响应的不同方式。这些技术有助于模型理解手头的任务，从而生成更准

确或更相关的输出。

在零样本提示中，无须向模型提供有关任务或问题的任何示例。提示词通常包含了对期望结果的清晰描述，但模型只能基于自己现有的知识和理解来生成响应。在单样本提示中，需要向模型提供一个示例来说明任务。在少样本提示中，需要向模型提供多个示例来帮助模型理解任务。少样本提示的基本理念是提供更多示例，从而帮助模型更好地掌握任务模式或规则，从而产生更准确的响应。

截至目前，我们与OpenAI GPT的所有交互都是零样本提示，因为还没有向它们提供任何示例。

让我们尝试一个少样本提示的例子。假设希望LLM进行情感分析：我们希望它将一个句子分类为积极或消极。为此可以在提示词中提供几个示例，例如这样：

```
prompt = """
The movie is awesome! // Positive
It is so bad! // Negative
Wow, the movie was incredible! // Positive
How horrible the movie is! //
"""
res=llm.invoke(prompt)
print(res)
```

输出如下：

```
Negative
```

在提示词中，我们提供了3个示例。两个评论被分类为积极，一个被分类为消极。然后我们提供了句子"How horrible the movie is!"（这电影真是太可怕了），LLM正确将其分类为消极。

在上述例子中，我们使用"//"来分隔句子和相应的情感。但只要能保持一致，读者也可以使用其他分隔符，如"->"。

下面是一个单样本提示的例子：

```
prompt = """
Car -> Driver
Plane ->
"""
res=llm.invoke(prompt)
print(res)
```

输出如下：

```
Pilot
```

通过提供一个单一示例，我们有效地询问LLM "What is to a plane as a driver is to a car?"（驾驶员之于汽车，类似于什么之于飞机？），LLM正确回答了pilot（飞行员）。

> **练习16.1**
>
> 假设想问 LLM，"What is to a garden as a chef is to a kitchen?"（厨师之于厨房，类似于什么之于花园？），使用单样本提示来获得答案。

最后，还有一个零样本提示的例子：

```
prompt = """
Is the tone in the sentence "Today is a great day for me" positive,
negative, or neutral?
"""
res=llm.invoke(prompt)
```

```
print(res)
```

输出如下：

```
Positive
```

在上述提示词中，我们没有提供任何示例，反而用简单的英语提供了指令，让LLM将句子的语调分类为积极、消极或中性。

16.3 用 LangChain 创建博学多才的零样本智能体

本节将介绍如何在 LangChain 中创建一个博学多才的零样本智能体。我们将使用 OpenAI 的 GPT 生成各种内容，如文本、图像和代码。为弥补 LLM 无法提供实时信息的能力，我们还将学习将 Wolfram Alpha API 和 Wikipedia API 添加到工具箱中。

Wolfram Alpha 是一款计算知识引擎，可用于处理在线实时查询任务，特别擅长数字任务和计算任务，尤其是科学技术领域的任务。通过集成 Wolfram Alpha API，智能体将获得在各种学科中回答几乎任何问题的能力。如果 Wolfram Alpha 无法提供答案，我们将使用 Wikipedia 作为特定主题中事实类问题的辅助答案来源。

图 16.3 展示了我们创建博学多才的零样本智能体的步骤。

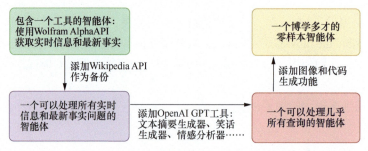

图 16.3　使用 LangChain 库创建博学多才的零样本智能体的步骤

具体来说，我们将首先在 LangChain 中创建一个智能体，并只使用 Wolfram Alpha API 这一个工具来回答与实时信息和最新事实相关的问题。然后将 Wikipedia API 添加到工具箱，作为与最新事实类问题有关的备份来源。我们还将添加能使用 OpenAI API 的各种工具，如文本摘要生成器、笑话生成器和情感分类器。最后，还将添加图像和代码生成功能。

16.3.1 申请 Wolfram Alpha API 密钥

Wolfram Alpha 提供了每月最多 2000 次免费的非商业 API 调用。要获取 API 密钥，需先访问 Wolfram 官方网站并创建账户。

Wolfram 账户本身只允许用户访问浏览器，我们需要申请 API 密钥。访问 Wolfram Alpha API 的页面，单击左下角的"Get API Access"按钮。随后会弹出一个对话框，填写应用"Name"和"Description"字段，从下拉菜单中选择"Simple API"并单击"Submit"按钮，如图 16.4 所示。

随后，AppID 应该会出现在一个新窗口中。复制 API 密钥并将其保存在文件中以供后续使用。

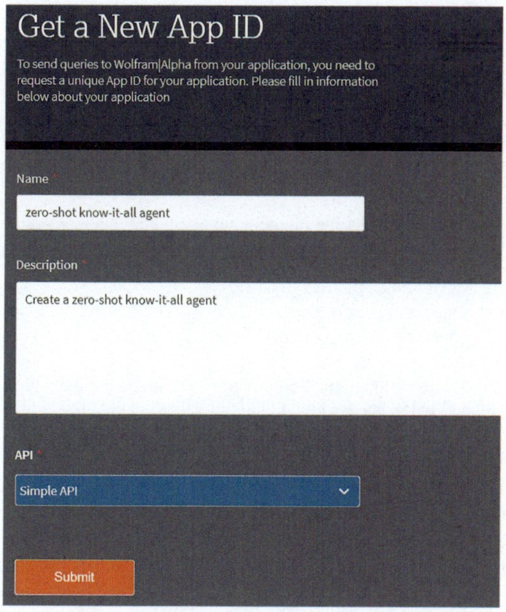

图 16.4　申请 Wolfram Alpha AppID

以下是使用 Wolfram Alpha API 进行数学运算的一个示例：

```
import os

os.environ['WOLFRAM_ALPHA_APPID'] = "your Wolfram Alpha AppID"

from langchain_community.utilities.wolfram_alpha import \
WolframAlphaAPIWrapper
wolfram = WolframAlphaAPIWrapper()
res=wolfram.run("how much is 23*55+123?")
print(res)
```

输出如下：

```
Assumption: 23×55 + 123
Answer: 1388
```

Wolfram Alpha API 给出了正确答案。

我们还将引入 Wikipedia API 来提供各种主题的答案。如果已经在计算机上安装了 Wikipedia 库，则无须申请 API 密钥。以下是在 LangChain 库中使用 Wikipedia API 的示例：

```
from langchain.tools import WikipediaQueryRun
from langchain_community.utilities import WikipediaAPIWrapper

wikipedia = WikipediaQueryRun(api_wrapper=WikipediaAPIWrapper())
res=wikipedia.run("University of Kentucky")
print(res)
```

输出如下：

```
Page: University of Kentucky
Summary: The University of Kentucky (UK, UKY, or U of K) is a public
land-grant research university in Lexington, Kentucky. Founded in 1865 by
John Bryan Bowman as the Agricultural and Mechanical College of Kentucky,
the university is one of the state's two land-grant universities (the
other being Kentucky State University)…
```

为保持版面整洁，上述输出有大幅省略。

16.3.2 在 LangChain 中创建智能体

接下来,我们会在 LangChain 中创建一个智能体,并且只在工具箱中使用 Wolfram Alpha API。在这个例子中,智能体指的是通过自然语言交互处理特定任务或流程的实体。然后,我们将逐渐向其中加入更多工具,使智能体能处理更多任务。相关代码如清单 16.2 所示。

清单 16.2 在 LangChain 中创建智能体

```
os.environ['OPENAI_API_KEY'] = openai_api_key
from langchain.agents import load_tools
from langchain_openai import ChatOpenAI
from langchain import hub
from langchain.agents import AgentExecutor, create_react_agent
from langchain_openai import OpenAI

prompt = hub.pull("hwchase17/react")
llm = ChatOpenAI(model_name='gpt-3.5-turbo')      ❶
tool_names = ["wolfram-alpha"]
tools = load_tools(tool_names,llm=llm)            ❷
agent = create_react_agent(llm, tools, prompt)
agent_executor = AgentExecutor(agent=agent, tools=tools,
        handle_parsing_errors=True,verbose=True)  ❸

res=agent_executor.invoke({"input": """
What is the temperature in Lexington, Kentucky now?
"""})                                             ❹
print(res["output"])
```

❶ # 定义要使用的 LLM
❷ # 将 Wolfram Alpha 添加到工具箱
❸ # 定义一个智能体
❹ # 向智能体提出一个问题

LangChain 中的 "hwchase17/react" 是一种特定类型的 ReAct 智能体配置。ReAct 代表 Reactive Action,即响应性动作,这是 LangChain 的一个框架,旨在优化语言模型与其他工具的结合使用过程,从而有效解决复杂任务。在 LangChain 中创建智能体时,需要指定智能体使用的工具。上述示例中只使用了一个工具,即 Wolfram Alpha API。

作为示例,我们询问了美国肯塔基州列克星敦市的当前温度,输出如下:

```
> Entering new AgentExecutor chain...
I should use Wolfram Alpha to find the current temperature in Lexington,
Kentucky.
Action: wolfram_alpha
Action Input: temperature in Lexington, KentuckyAssumption: temperature |
Lexington, Kentucky
Answer: 44 °F (wind chill: 41 °F)
 (27 minutes ago)I now know the current temperature in Lexington, Kentucky.
Final Answer: The temperature in Lexington, Kentucky is 44 °F with a wind
chill of 41 °F.

> Finished chain.
The temperature in Lexington, Kentucky is 44 °F with a wind chill of 41 °F.
```

输出不仅显示了最终答案,即肯塔基州列克星敦市的当前温度为44°F(约为6.67℃),还显示了思路链。它使用Wolfram Alpha作为获取答案的来源。

我们也可以将 Wikipedia 添加到工具箱中,如下所示:

```
tool_names += ["wikipedia"]
tools = load_tools(tool_names,llm=llm)
```

```
agent = create_react_agent(llm, tools, prompt)
agent_executor = AgentExecutor(agent=agent, tools=tools,
        handle_parsing_errors=True,verbose=True)

res=agent_executor.invoke({"input": """
Who won the Best Actor Award in 2024 Academy Awards?
"""})
print(res["output"])
```

询问谁获得了2024年奥斯卡最佳男主角奖,智能体使用Wikipedia获取了正确答案:

```
I need to find information about the winner of the Best Actor Award at the
2024 Academy Awards.
Action: wikipedia
Action Input: 2024 Academy Awards Best Actor
…
Cillian Murphy won the Best Actor Award at the 2024 Academy Awards for his
performance in Oppenheimer.
```

在上述输出中,智能体首先决定使用维基百科作为解决问题的工具。在搜索了各种Wikipedia来源后,智能体提供了正确答案。

接下来,我们将介绍如何将各种OpenAI GPT工具添加到智能体的工具箱中。

16.3.3 用OpenAI GPT添加工具

首先添加一个文本摘要生成器,以便智能体可以对文本创建摘要,如清单16.3所示。

清单16.3 向智能体的工具箱添加文本摘要生成器

```
from langchain.agents import Tool
from langchain.prompts import PromptTemplate
from langchain.chains import LLMChain

temp = PromptTemplate(input_variables=["text"],         ❶
template="Write a one sentence summary of the following text: {text}")

summarizer = LLMChain(llm=llm, prompt=temp)             ❷

sum_tool = Tool.from_function(
    func=summarizer.run,
    name="Text Summarizer",
    description="A tool for summarizing texts")         ❸
tools+=[sum_tool]
agent = create_react_agent(llm, tools, prompt)          ❹
agent_executor = AgentExecutor(agent=agent, tools=tools,
        handle_parsing_errors=True,verbose=True)
res=agent_executor.invoke({"input":
'''Write a one sentence summary of the following text:
The University of Kentucky's Master of Science
 in Finance (MSF) degree prepares students for
 a professional career in the finance and banking
 industries. The program is designed to provide
 rigorous and focused training in finance,
 broaden opportunities in your career, and
 sharpened skills for the fast-changing
 and competitive world of modern finance.'''})
print(res["output"])
```

❶ # 定义一个模板
❷ # 定义一个摘要生成器函数
❸ # 将摘要生成器作为一个工具添加到工具箱
❹ # 用更新后的工具箱重新定义智能体

我们先提供一个模板来为文本创建摘要，然后定义一个摘要生成器函数，并将其添加到工具箱中。最后，使用更新后的工具箱重新定义智能体，并要求它用一句话为示例文本创建摘要。确保提示词与模板中描述的格式相同，这样智能体才知道该使用哪个工具。

执行清单 16.3 所示的代码，输出如下：

```
> Entering new AgentExecutor chain...
I need to summarize the text provided.
Action: Summarizer
…
> Finished chain.
The University of Kentucky's MSF program offers specialized training in
finance to prepare students for successful careers in the finance and
banking industries.
```

智能体选择了摘要生成器作为完成任务的工具，因为输入的内容与摘要生成器函数中描述的模板相匹配。我们将两个长句作为文本输入，上述输出是一句话的摘要。

读者可以添加任意数量的工具。例如，可以添加一个围绕特定主题讲笑话的工具，如下所示：

```
temp = PromptTemplate(input_variables=["text"],
    template="Tell a joke on the following subject: {subject}")

joke_teller = LLMChain(llm=llm, prompt=temp)

tools+=[Tool.from_function(name='Joke Teller',
        func=joke_teller.run,
        description='A tool for telling jokes')]
agent = create_react_agent(llm, tools, prompt)
agent_executor = AgentExecutor(agent=agent, tools=tools,
        handle_parsing_errors=True,verbose=True)

res=agent_executor.invoke({"input":
'''Tell a joke on the following subject: coding'''})
print(res["output"])
```

输出如下：

```
> Entering new AgentExecutor chain...
I should use the Joke Teller tool to find a coding-related joke.
Action: Joke Teller
Action Input: coding
Observation: Why was the JavaScript developer sad?

Because he didn't know how to "null" his feelings.
Thought:That joke was funny!
Final Answer: Why was the JavaScript developer sad? Because he didn't know
how to "null" his feelings.

> Finished chain.
Why was the JavaScript developer sad? Because he didn't know how to "null"
his feelings.
```

我们要求智能体讲一个编程相关的笑话。智能体决定使用笑话生成器作为工具。而上述输出中的笑话确实与编程相关。

练习16.2

向智能体的工具箱添加一个进行情感分析的工具。将该工具命名为"Sentiment Classfier"（情感分类器）。然后要求智能体将"this movie is so-so"（这部电影一般般）这句话的分类为积极、消极或中性。

16.3.4 添加能生成代码和图像的工具

我们可以在 LangChain 的工具箱中添加各种工具。感兴趣的读者可登录 LangChain 官方网站，以了解更多信息。接下来，我们添加能生成其他形式内容（如代码和图像）的工具。

要添加生成代码的工具，可以执行以下操作：

```
temp = PromptTemplate(input_variables=["text"],
template='''Write a Python program based on the
    description in the following text: {text}''')

code_generator = LLMChain(llm=llm, prompt=temp)

tools+=[Tool.from_function(name='Code Generator',
        func=code_generator.run,
        description='A tool to generate code')]
agent = create_react_agent(llm, tools, prompt)
agent_executor = AgentExecutor(agent=agent, tools=tools,
        handle_parsing_errors=True,verbose=True)

res=agent_executor.invoke({"input":
'''Write a Python program based on the
    description in the following text:
write a python program to plot a sine curve and a cosine curve
in the same graph. The sine curve is in solid line and the cosine
curve is in dashed line. Add a legend to the graph. Set the x-axis
range to -5 to 5. The title should be "Comparing sine and cosine curves."
'''})
print(res["output"])
```

输出如下：

```
> Entering new AgentExecutor chain...
I should use the Code Generator tool to generate the Python
program based on the given description.
Action: Code Generator
Action Input: Write a Python program to plot a sine curve and a cosine
curve in the same graph. The sine curve is in solid line and the cosine
curve is in dashed line. Add a legend to the graph. Set the x-axis range
to -5 to 5. The title should be "Comparing sine and cosine curves."
Observation: import matplotlib.pyplot as plt
import numpy as np

x = np.linspace(-5, 5, 100)
y1 = np.sin(x)
y2 = np.cos(x)

plt.plot(x, y1, label='Sine Curve', linestyle='solid')
plt.plot(x, y2, label='Cosine Curve', linestyle='dashed')
plt.legend()
plt.title('Comparing Sine and Cosine Curves')
plt.xlim(-5, 5)
plt.show()
Thought:The Python program has been successfully generated to plot the sine
 and cosine curves. I now know the final answer.

Final Answer: The Python program to plot a sine curve and a cosine curve in
 the same graph with the specified requirements has been generated.

> Finished chain.
The Python program to plot a sine curve and a cosine curve in the same
graph with the specified requirements has been generated.
```

如果在单元格中运行所生成的代码，将会看到一个类似图 16.5 所示的图像。

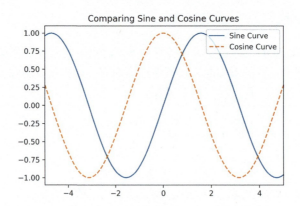

图 16.5 在 LangChain 中添加一个能生成 Python 代码的工具。该工具可生成在同一张图中绘制正弦曲线和余弦曲线的代码,图中还带有图例和线条样式

要添加图像生成器,可以执行以下操作:

```
from langchain_community.utilities.dalle_image_generator import DallEAPIWrapper
temp = PromptTemplate(input_variables=["text"],
template="Create an image base on the following text: {text}")

grapher = LLMChain(llm=llm, prompt=temp)

tools+=[Tool.from_function(name='Text to image',
     func=grapher.run,
     description='A tool for text to image')]
agent = create_react_agent(llm, tools, prompt)
agent_executor = AgentExecutor(agent=agent, tools=tools,
     handle_parsing_errors=True,verbose=True)
image_url = DallEAPIWrapper().run(agent_executor.invoke({"input":
'''Create an image base on the following text:
   a horse grazes on the grassland.'''})["output"])
print(image_url)
```

输出是一个 URL,我们可以访问 URL 查看并下载图像。我们要求智能体创建一张在草地上吃草的马的图像。生成的图如图 16.6 所示。

图 16.6 由 LangChain 博学多才的智能体生成的图

通过上述内容，我们就学会了如何在 LangChain 中创建一个"博学多才"的零样本智能体。读者还可以根据希望智能体完成的任务，向工具箱中添加更多工具。

16.4 LLM 的局限性和伦理问题

OpenAI GPT 等 LLM 在自然语言处理和生成式人工智能领域取得了重大进展。尽管它们有着令人印象深刻的功能，但这些模型也存在局限性。了解这些限制是扬长避短的关键。

与此同时，这些模型的迅速发展和广泛应用也引发了一系列伦理问题，如偏见、错误信息、侵犯隐私和侵犯版权。这些问题需要认真考虑并积极采取措施加以应对，这样才能确保 LLM 的开发和部署符合伦理标准和社会价值。

本节将探讨 LLM 的局限性，分析这些问题持续存在的原因，并通过一些重大的失败案例来强调解决这些挑战的重要性。我们还将审视与 LLM 相关的主要伦理问题，并提出缓解这些问题的方法。

16.4.1 LLM 的局限性

LLM 的一个基本局限是缺乏真正的理解和推理能力。虽然可以生成连贯且上下文相关的回复，但它们并没有真正理解这些内容。这可能导致逻辑错误、事实不准确，以及无法理解复杂的概念或细微差别。

LLM 遇到过的很多重大错误均体现出了这样的问题。*Smart Until It's Dumb* 一书列举了 GPT-3 和 ChatGPT 等模型犯下此类错误的很多有趣的示例。[①] 例如，有这样一句话："Mr.s March gave the mother tea and gruel, while she dressed the little baby as tenderly as if it had been her own."（马奇夫人给母亲端上了茶和粥，同时她像对待自己孩子一样轻柔地给小婴儿穿上衣服。）问：who's the baby's mother?（婴儿的母亲是谁？）GPT-3 的回答是 Mrs. March（马奇夫人）。

公平来讲，随着 LLM 的快速发展，许多类似这样的错误会逐渐得到纠正。不过，LLM 还是会犯低级错误。2023 年 6 月，戴维·约翰斯顿（David Johnston）在领英发表了一篇文章，提及他测试了 LLM 对一批问题给出的答案——在人类看来，这些问题一点也不难，然而包括 GPT-4 在内的很多 LLM 在回答这些问题时都出错了。例如，有这样一个问题：Name an animal such that the length of the word is equal to the number of legs they have minus the number of tails they have.（找到一种动物，其名字的单词长度等于它的腿的数量减去尾巴的数量。）

撰写本书时，该错误依然存在。图 16.7 是使用浏览器界面操作 GPT-4 得到的答案截图。

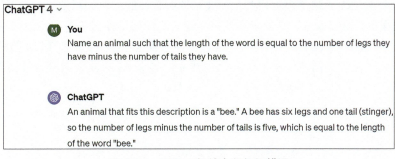

图 16.7　GPT-4 仍然会犯低级错误

[①] EMMANUEL M. Smart until it's dumb: why artificial intelligence keeps making epic mistakes (and why the ai bubble will burst)[M]. Kindle Edition. Applied Maths Ltd, 2023.

图 16.7 所示的输出表明：根据 GPT-4 的理解，"bee"（蜜蜂）这个单词包含的字母数量等于 5。

16.4.2　LLM 的伦理问题

最紧迫的伦理问题之一是 LLM 可能会延续和放大训练数据中的偏见。由于这些模型学习自庞大的数据集，而这些数据集通常来源于人类生成的内容，因此 LLM 可能会继承内容中与性别、种族、族裔和其他社会因素相关的偏见。这可能导致模型产生有偏见的输出，从而进一步加深了刻板印象和歧视倾向。

为了减轻偏见，我们需要采用多样化、包容性的训练数据集，实施偏见检测和纠正算法，保证模型开发和评估工作的透明度。建立全行业的合作来制定有助于缓解偏见的实践标准并推动发展负责任的 AI 这一点尤为重要。

然而，也要避免矫枉过正。这方面有一个反例：谷歌的 Gemini 在图像生成时过度纠正了种族偏见，将特定的白人人物描绘成有色人种。[1]

LLM 的第二个问题是它们可能存在错误信息和操控行为。LLM 能生成逼真且具有说服力的文本，这种能力可能被用来创建和传播错误的、煽动性的、操控性的信息。这会对信息的披露、传播和信任构成重大风险。

解决这些问题的方法在于开发强大的内容审核系统。建立负责任的使用指南，促进 AI 开发者、政策制定者和媒体机构之间的紧密合作，这些都是打击信息滥用的关键。

第三个问题与隐私有关。用于训练 LLM 的海量数据引发了人们对隐私问题的担忧，因为模型输出的结果可能会不经意暴露某些敏感信息。此外，LLM 有可能被用于发起网络攻击或绕过安全措施，这种潜力也蕴含了重大的安全风险。

此外，用于训练 LLM 的数据大部分是未经授权收集的。这种做法的支持者认为，用于训练 LLM 的数据，其使用方式是变革性的：模型不只是简单地复述数据，更是会利用这些数据来生成新的原创内容。这种变革可以认为符合"合理使用"（fair use）原则，该原则允许在未经许可的情况下对受版权保护的材料进行有限的使用，但前提是这样的使用为信息增加了新的表达或意义。然而批评者认为，LLM 在未经许可的情况下使用大量受版权保护的文本进行训练，这超出了"合理使用"的范围。在训练过程中使用的大量数据，以及直接抓取受版权保护的材料而没有进行任何转换，这种做法可能被视为侵权行为。这场争论仍在继续。当前的版权法并没有考虑到生成式 AI，这导致对于相关法律到底如何适用于像 LLM 这样的技术，依然存在不清晰的模糊地带。这是一个需要由立法机构和司法机构解决的问题，只有这样才能提供明确的指导方针，并确保所有相关方面的利益得到公平对待。

LLM 所面临的伦理问题是多方面的，需要采取综合性的方法加以解决。在开发和部署这些强大模型的过程中，研究人员、开发者和政策制定者之间的协作至关重要，他们需要共同努力，制定伦理准则和框架，借此指导各界负责任地开发和部署这些模型。随着 LLM 的潜力继续增加，伦理问题必须始终位于我们视线的最中心，这样才能确保 AI 的进步能符合社会价值观和人类福祉。

---

[1] 参考 Adi Robertson 在美国科技新闻网站 the Verge 上发表的文章 "Google apologizes for 'missing the mark' after Gemini generated racially diverse Nazis"（2024）。

16.5 小结

- 少样本提示意味着要为 LLM 提供多个示例以帮助它理解任务；而单样本提示或零样本提示意味着只需要提供一个示例，或完全不提供示例。
- LangChain 是一个 Python 库，旨在促进 LLM 在各种应用中的使用。它消除了与不同 LLM 和应用交互时的复杂性，让智能体可以根据手头任务自动在工具箱中找到正确的工具，而无须明确告诉智能体该做什么。
- 现代预训练 LLM（如 OpenAI 的 GPT 系列）可以创建各种格式的内容，如文本、图像、音频和代码。
- 尽管取得了令人印象深刻的成就，但 LLM 缺乏对内容的真正理解和推理能力。这些限制可能导致逻辑错误、事实不准确，以及无法理解复杂的概念或细微差别。此外，这些模型的迅速发展和广泛应用也引发了一系列伦理问题，如偏见、错误信息、侵犯隐私和侵犯版权等。这些问题需要认真考虑并积极采取措施加以应对，这样才能确保 LLM 的开发和部署符合伦理标准和社会价值。

附录 A 安装 Python、Jupyter Notebook 和 PyTorch

在计算机上安装 Python、管理库和软件包的方法有很多。本书使用了 Anaconda，这是一个开源的 Python 发行版、软件包管理器和环境管理工具。Anaconda 以简单易用的特性和轻松安装大量库与软件包的能力而闻名，使用其他方法安装这些库和软件包的过程可能会很痛苦，甚至完全失败。

具体来说，Anaconda 可供用户通过"conda install"和"pip install"安装软件包，从而扩大了可用资源的范围。本附录将指导读者为本书的所有项目创建一个专用的 Python 虚拟环境。这种隔离确保了本书中使用的库和包与其他无关项目中使用的任何库互不影响，从而避免了可能的干扰。

我们将使用 Jupyter Notebook 作为集成开发环境（IDE）。本书会指导读者在刚创建的 Python 虚拟环境中安装 Jupyter Notebook。最后，本书还会根据计算机是否配备了支持计算统一设备体系结构（compute unified device architecture，CUDA）的 GPU，指导读者安装 PyTorch、torchvision 和 torchaudio。

A.1 安装 Python 并设置虚拟环境

本节将指导读者为运行不同操作系统的计算机安装 Anaconda。随后，我们将为本书中的所有项目创建一个 Python 虚拟环境。最后还将安装 Jupyter Notebook 作为 IDE，以运行本书中的 Python 程序。

A.1.1 安装 Anaconda

要通过 Anaconda 发行版安装 Python，需执行下列操作。

首先，访问 Anaconda 官方网站的下载页面，并移至网页底部，找到并下载适合所用操作系统（Windows、macOS 或 Linux）的最新 Python 3 版本。

对于 Windows 用户，推荐从上述链接下载最新的 Python 3 图形化安装程序。单击安装程序并按照屏幕提示进行安装。要确认 Anaconda 已成功安装，可在计算机上搜索"Anaconda Navigator"应用。如果可以启动该应用，则说明 Anaconda 已成功安装。

对于 macOS 用户，推荐使用最新的 macOS 版 Python 3 图形化安装程序（不过也有命令行版本的安装程序可供选择）。执行安装程序并按照屏幕提示进行操作。随后在计算机上搜索"Anaconda Navigator"应用，验证 Anaconda 是否已成功安装。如果可以启动该应用，则说明

Anaconda 已成功安装。

由于没有图形化安装程序，Linux 上的安装过程比其他操作系统略微复杂一些。首先要确定最新的 Linux 版本。选择相应的 x86 或 Power8 和 Power9 软件包。单击下载最新版安装程序 bash 脚本。默认情况下，安装程序 bash 脚本通常保存在计算机的 download 文件夹中。在终端中执行 bash 脚本安装 Anaconda。安装完成后，运行以下命令将其激活：

```
source ~/.bashrc
```

要访问 Anaconda Navigator，在终端中输入以下命令：

```
anaconda-navigator
```

如果能在 Linux 系统上成功启动 Anaconda Navigator，那么 Anaconda 就已成功安装。

> **练习 A.1**
>
> 根据实际运行的操作系统在计算机上安装 Anaconda，然后打开计算机上的 Anaconda Navigator 应用以确认安装。

A.1.2 设置 Python 虚拟环境

强烈建议为本书创建一个单独的虚拟环境。我们将虚拟环境命名为 dgai。在 Anaconda 提示符（Windows）或终端（macOS 和 Linux）中执行以下命令：

```
conda create -n dgai
```

按回车键后，按照屏幕提示进行操作，并在提示询问 y/n 时按下 y。要激活虚拟环境，应在同一 Anaconda 提示符（Windows）或终端（macOS 和 Linux）中运行以下命令：

```
conda activate dgai
```

虚拟环境可将本书的 Python 包和库与其他用途的包和库隔离开。这可以防止产生任何不必要的干扰。

> **练习 A.2**
>
> 在计算机上创建 Python 虚拟环境 dgai，然后激活该虚拟环境。

A.1.3 安装 Jupyter Notebook

现在，让我们在计算机上新建的虚拟环境中安装 Jupyter Notebook。

先在 Anaconda 提示符（Windows）或终端（macOS 或 Linux）中运行下列代码以激活虚拟环境：

```
conda activate dgai
```

要在虚拟环境中安装 Jupyter Notebook，运行以下命令：

```
conda install notebook
```

按照屏幕提示安装应用。

要启动 Jupyter Notebook，执行以下命令：

```
Jupyter notebook
```
Jupyter Notebook应用将在默认浏览器中打开。

> **练习 A.3**
>
> 在 Python 虚拟环境 dgai 中安装 Jupyter Notebook。然后在计算机上打开 Jupyter Notebook 应用，以确认安装。

A.2 安装 PyTorch

本节将根据计算机上是否配备支持计算统一设备体系结构（CUDA）的 GPU，来引导读者安装 PyTorch。PyTorch 官方网站提供了有关在具备或不具备 CUDA 的计算机上安装 PyTorch 的最新信息。

CUDA 仅适用于 Windows 或 Linux，不适用于 macOS。要了解自己的计算机是否配备了支持 CUDA 的 GPU，先打开 Windows PowerShell（Windows）或终端（Linux），然后运行以下命令：

```
nvidia-smi
```

如果计算机配备了支持 CUDA 的 GPU，将会看到类似图 A.1 所示的结果。此外，记下图 A.1 中右上角显示的 CUDA 版本，因为稍后安装 PyTorch 时会用到该信息。图 A.1 显示该计算机上的 CUDA 版本是 11.8。读者计算机上的实际版本可能不同。

```
PS C:\Users\mark> nvidia-smi
Sat Nov 18 07:53:08 2023
+-----------------------------------------------------------------------------+
| NVIDIA-SMI 522.06       Driver Version: 522.06       CUDA Version: 11.8     |
|-------------------------------+----------------------+----------------------+
| GPU  Name            TCC/WDDM | Bus-Id        Disp.A | Volatile Uncorr. ECC |
| Fan  Temp  Perf  Pwr:Usage/Cap|         Memory-Usage | GPU-Util  Compute M. |
|                               |                      |               MIG M. |
|===============================+======================+======================|
|   0  NVIDIA GeForce ...  WDDM | 00000000:01:00.0  On |                  N/A |
| 37%   31C    P8    12W / 175W |    614MiB /  8192MiB |      5%      Default |
|                               |                      |                  N/A |
+-------------------------------+----------------------+----------------------+
```

图 A.1　检查计算机是否配备了支持 CUDA 的 GPU

如果在运行 `nvidia-smi` 命令后看到错误信息，说明计算机没有支持 CUDA 的 GPU。

在 A.2.1 节中，我们将讨论如果计算机没有支持 CUDA 的 GPU，应该如何安装 PyTorch。此时可以使用 CPU 来训练本书中的所有生成式人工智能模型，只是需要更长的时间。不过本书也为读者提供预训练的模型，这样读者就可以见证生成式人工智能的运行。

如果使用 Windows 或 Linux 操作系统，并且计算机上有支持 CUDA 的 GPU，那么我们将在 A.2.2 节介绍如何安装带 CUDA 的 PyTorch。

A.2.1 安装不带 CUDA 的 PyTorch

要安装使用 CPU 进行训练的 PyTorch，首先要激活虚拟环境 dgai，在 Anaconda 提示符（Windows）或终端（macOS 或 Linux）中运行下列代码：

```
conda activate dgai
```

随后应该能在提示符处看到"dgai",这表明我们目前处于dgai虚拟环境中。要安装PyTorch,请执行以下命令行:

```
conda install pytorch torchvision torchaudio cpuonly -c pytorch
```

按照屏幕提示完成安装。在这里,我们同时安装3个库:PyTorch、torchaudio和torchvision。torchaudio是一个处理音频和信号的库,我们需要它来生成音乐。在本书中,我们还将大量使用torchvision库来处理图像。

如果 macOS 计算机配备了 Apple Silicon 或 AMD GPU,且运行了 macOS 12.3 或更高版本,那么也许能用新的 Metal Performance Shaders(MPS)后端来进行 GPU 训练加速。

要检查这3个库是否已成功安装到计算机上,运行以下代码:

```
import torch, torchvision, torchaudio

print(torch.__version__)
print(torchvision.__version__)
print(torchaudio.__version__)
```

应该可以看到类似下面的输出:

```
2.0.1
0.15.2
2.0.2
```

如果没有看到错误信息,说明我们已经成功地在计算机上安装了PyTorch。

A.2.2 安装带 CUDA 的 PyTorch

要安装带 CUDA 的 PyTorch,首先要确定 GPU 的 CUDA 版本,如图 A.1 右上角所示。示例计算机的 CUDA 版本是 11.8,所以下面的安装将以它为例。

访问 PyTorch 网站,会看到如图 A.2 所示的交互式界面。

在这个界面中,选择自己的操作系统,选择 Conda 作为软件包、Python 作为语言、CUDA 11.8 或 CUDA 12.1 作为计算机平台(根据计算机的 CUDA 版本)。如果计算机上的 CUDA 版本既非 11.8 也非 12.1,可选择与实际版本最接近的版本,这样就能正常工作。例如,某台计算机的 CUDA 版本为 12.4,使用 CUDA 12.1 就可以成功安装。

随后,安装所要运行的命令将显示在底部面板中。例如,我们使用的是 Windows 操作系统,GPU 支持 CUDA 11.8,图 A.2 的底部面板显示了此时需要使用的命令。

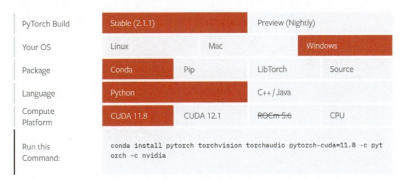

图 A.2　介绍 PyTorch 安装方式的交互界面

明确了安装带 CUDA 的 PyTorch 所需运行的命令后,在 Anaconda 提示符(Windows)或终端(Linux)中运行以下代码来激活虚拟环境:

```
conda activate dgai
```

然后运行我们在上一步操作中获得的安装命令。例如,可能是这样一条命令:

```
conda install pytorch torchvision torchaudio pytorch-cuda=11.8 -c pytorch -c nvidia
```

按照屏幕提示完成操作。这里我们一共安装3个库:PyTorch、torchaudio和torchvision。torchaudio是一个处理音频和信号的库,我们需要它来生成音乐。在本书中,我们还将大量使用torchvision库来处理图像。

为确保正确安装了 PyTorch,在 Jupyter Notebook 的新单元格中运行以下代码:

```
import torch, torchvision, torchaudio

print(torch.__version__)
print(torchvision.__version__)
print(torchaudio.__version__)
device="cuda" if torch.cuda.is_available() else "cpu"
print(device)
```

随后应该可以看到类似下面的输出:

```
2.0.1
0.15.2
2.0.2
cuda
```

上面输出内容的最后一行写着cuda,表明我们安装了带CUDA的PyTorch。如果安装的PyTorch不带CUDA,那么这里会显示cpu。

> **练习A.4**
> 根据操作系统和计算机的GPU配置,在自己的计算机上安装PyTorch、torchvision和torchaudio,然后输出所安装的3个库的版本。

附录 B　阅读本书需要掌握的基础知识

本书面向具备中级 Python 编程技能并有兴趣学习生成式人工智能的各业务领域的机器学习爱好者和数据科学家。通过阅读本书，读者将学习创建新颖且创新的内容，如图像、文本、数字、形状和音频，从而为工作带来益处，并促进自己的职业发展。

本书专为已经扎实掌握 Python 相关知识的读者设计。读者应该事先掌握整数、浮点数、字符串和布尔等变量类型，并能够自如地创建 for 循环和 while 循环，并理解条件执行和分支（如使用 if、elif 和 else 语句）。书中经常会用到 Python 函数和类，读者应该知道如何安装和导入第三方 Python 库和包。如果需要学习这些技能，W3Schools 提供的在线免费 Python 教程是一个很棒的资源。

此外，读者还应对机器学习，尤其是神经网络和深度学习有基本了解。在本附录中，我们将回顾一些关键概念，如损失函数、激活函数和优化器，它们对于开发和训练深度神经网络至关重要。不过本附录并不打算事无巨细地介绍这些主题。如果读者发现自己在理解方面存在缺口，强烈建议在继续阅读本书之前先解决这些问题。这方面有一本好书值得推荐：《PyTorch 深度学习实战》(*Deep Learning with PyTorch*)。

阅读本书，读者无须具备任何 PyTorch 或生成式人工智能方面的经验。在第 2 章中，我们将从 PyTorch 的基本数据类型开始学习 PyTorch 的基础知识。我们将在 PyTorch 中实现一个端到端深度学习项目，从而获得实践经验。第 2 章的目标是让读者为使用 PyTorch 构建和训练书中的各种生成模型做好准备。

B.1　深度学习和深度神经网络

机器学习（ML）是人工智能（AI）的一种新模式。基于规则的传统人工智能需要将明确的规则编程到计算机中，而 ML 不同，它需要向计算机提供各种示例，让计算机自己学习规则。深度学习是 ML 的一个子集，它在学习过程中使用了深度神经网络。

本节将向读者概括介绍神经网络，以及为什么有些神经网络被称作深度神经网络。

B.1.1　神经网络简介

神经网络旨在模仿人脑运作。它由一个输入层、一个输出层和中间的零个、一个或多个隐藏层共同组成。"深度神经网络"这个词指的是具有多个隐藏层的网络，这种网络往往更强大。

我们可以从一个简单的例子着手来理解，这个神经网络有两个隐藏层，如图 B.1 所示。

神经网络由一个输入层，零个、一个或多个隐藏层，以及一个输出层组成。每一层均可包含一个或多个神经元。每一层的神经元都与前一层和后一层的神经元相连，这些连接的强度由权重表示。图 B.1 所示的神经网络的特点是输入层有 3 个神经元，两个隐藏层分别有 6 个和 4 个神经元，输出层有 2 个神经元。

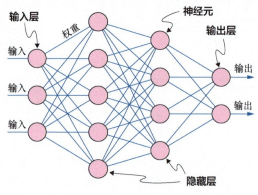

图 B.1　神经网络的结构

B.1.2　神经网络中不同类型的层

在神经网络中，各种类型的层起到了不同作用。最常见的是密集层（dense layer），其中每个神经元都与下一层的每个神经元相连。因为有着这种全连接的特性，密集层往往也被称为全连接层（fully connected layer）。

另一种常用（本书中尤为常用）的神经层类型是卷积层（convolutional layer）。卷积层将输入视为多维数据，善于从中提取模式。在本书中，卷积层经常用于从图像中提取空间特征。

卷积层与全连接（密集）层在多个关键方面有所差异。首先，卷积层中的每个神经元只连接到输入数据的一小部分区域。这种设计基于这样的一种认识：在图像数据中，局部像素更有可能是相互关联的。这种局部关联性大幅减少了参数的数量，使卷积神经网络（CNN）更加高效。其次，卷积神经网络使用了共享的权重，也就是说，会将相同权重应用于输入数据的不同区域。这种机制类似于在整个输入空间滑动过滤器。无论特定的特征（如边缘或纹理）在输入数据中的位置如何，过滤器都能检测到它们，这就产生了平移不变性的特性。由于这种结构的影响，卷积神经网络在图像处理方面更高效，并且与类似规模的全连接网络相比，所需的参数更少，因此训练速度更快，计算成本更低。此外，卷积神经网络通常能更有效地捕捉图像数据中的空间层次。我们在第 4 章详细讨论了卷积神经网络。

第三种神经网络是循环神经网络（RNN）。全连接网络独立处理每个输入，并在不考虑不同输入之间的关系或顺序前提下单独处理输入的数据。相比之下，循环神经网络可专门用于处理顺序数据。在循环神经网络中，给定时间步的输出不仅取决于当前输入，还取决于之前的输入。这使得循环神经网络能够保持一种记忆形式，借此捕捉之前时间步的信息，从而影响对当前输入的处理方式。有关循环神经网络的详细信息，参见本书第 8 章。

B.1.3　激活函数

激活函数是神经网络的重要组成部分，是指将输入转换为输出并决定神经元何时激活的机制。一些函数类似于开关，在增强神经网络的功能方面发挥着关键作用。如果没有激活函数，神经网络就只能学习数据中的线性关系。通过引入非线性特征，激活函数可以在输入和输出之间建立复杂的非线性关系。

最常用的激活函数是 ReLU。当输入为正值时，ReLU 会激活神经元，从而有效地让信息通过；当输入为负值时，神经元会失活。这种直接的开关行为有利于非线性关系的建模。

另一个常用的激活函数是 sigmoid 函数，它特别适用于二分类问题。sigmoid 函数可将输入压缩到 0 和 1 之间，有效代表了二元结果的概率。

对于多类别分类任务，则可采用 softmax 函数。softmax 函数可将数值向量转换为概率分布，并且保证了所有数值的总和为 1。该函数非常适用于对多种结果的概率进行建模。

tanh 激活函数也值得注意。与 sigmoid 函数类似，tanh 函数可以产生在 -1 和 1 之间的值。这一特性在处理图像时尤其有用，因为图像数据所包含的值通常就介于这个范围内。

B.2 训练深度神经网络

本节概括介绍了神经网络的训练步骤。训练过程中的一个关键是将训练数据集分为训练集、验证集和测试集，这对于开发稳健的深度神经网络至关重要。我们还将讨论用于训练神经网络的各种损失函数和优化器。

B.2.1 训练过程

构建好神经网络后，下一步要做的就是收集训练数据集并训练模型。图 B.2 展示了训练神经网络过程中的步骤。

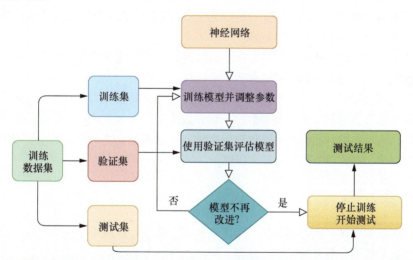

图 B.2 训练神经网络的过程。训练数据集分为 3 个子集：训练集、验证集和测试集。在训练阶段，训练集用于训练神经网络，并调整网络参数以最小化损失函数；在训练的每个迭代期间，模型都会根据训练集中的数据更新参数；在每次迭代的验证阶段，可使用验证集对模型进行评估。验证集上的性能有助于确定模型是否仍在改进。如果模型在验证集上的性能继续提高，则下次迭代训练将使用训练集进行。如果模型在验证集上的性能不再提高，训练过程将会停止，以防止过拟合。训练完成后，将在测试集上对训练好的模型进行评估。该评估提供了最终测试结果，可用于估计模型在未见数据上的性能

从图 B.2 的左侧可以看到，训练数据集被初步划分为 3 个子集：训练集、验证集和测试集。这种划分对于构建稳健的深度神经网络至关重要。训练集是用于训练模型的数据子集，模型借助

这些数据来学习模式、权重和偏差；验证集用于评估模型在训练过程中的性能，并决定何时停止训练；测试集用于评估训练完成后模型的最终性能，并可用于对将模型泛化到新的未见数据的能力进行无偏评估。

在训练阶段，模型使用训练集中的数据进行训练，并通过迭代调整参数，从而最小化损失函数（见 B.2.2 节）。每个轮次结束后，都会使用验证集评估模型的性能。如果验证集上的性能继续提高，则继续进行训练；如果性能不再提高，则停止训练，以防止过拟合。

训练完成后将进入测试阶段。此时需要将模型应用于测试集（未见数据），从而评估最终性能并报告结果。

将数据集划分成 3 个不同的子集，这非常重要，原因有很多。训练子集允许模型从数据中学习模式和特征，并调整参数；验证子集可在训练过程中进行性能监控，以防止过拟合；测试子集可对模型的泛化能力进行无偏评估，进而估算模型在真实世界中的性能。

通过适当拆分数据并将每个数据集用于预期目的，即可确保模型能得到良好的训练和公正的评估。

B.2.2 损失函数

在训练深度神经网络时，损失函数对于衡量预测的准确性和指导优化过程至关重要。

常用的损失函数是均方误差（MSE 或 L2 损失）。MSE 会计算模型预测值与实际值之间的平均平方差。此外还有一个密切相关的损失函数：平均绝对误差（MAE 或 L1 损失）。MAE 计算的是预测值与实际值之间的平均绝对差。由于 MAE 对极端值的惩罚力度小于 L2 损失，因此在数据有噪声且有许多异常值的情况下，通常会使用 MAE。

对于预测值为二进制（0 或 1）的二分类任务，首选损失函数是二元交叉熵，该函数可测量预测概率与实际二元标签之间的平均差异。

在多类别分类任务中，预测值可以是多个离散值，因此往往采用分类交叉熵损失函数。该函数可测量预测概率分布与实际分布之间的平均差异。

在深度神经网络等机器学习模型的训练过程中，我们需要调整模型参数，从而最小化损失函数。调整幅度与损失函数相对于模型参数的一阶导数成正比。学习率控制了这些调整的速度。如果学习率过高，模型参数可能会在最佳值附近摆动，永远不会收敛；相反如果学习率过低，学习过程就会变得缓慢，参数需要很长时间才能收敛。

B.2.3 优化器

优化器是训练深度神经网络的算法，用于调整模型权重，以最小化损失函数。优化器通过确定每一步如何更新模型参数来指导学习过程，从而随时间的推移提高模型性能。

随机梯度下降（SGD）就是一种优化器。SGD 通过沿损失函数的负梯度方向移动权重来调整权重。每次迭代时，它会使用一个数据子集（小批次）来更新权重，这有助于加快训练过程并提高泛化能力。

本书中最常用的优化器是自适应矩估计（adaptive moment estimation，Adam）。Adam 结合了 SGD 的另外两个扩展（AdaGrad 和 RMSProp）的优点，能根据梯度的一阶矩和二阶矩估计值，计算每个参数的自适应学习率。这种适应性使 Adam 特别适用于涉及大型数据集和众多参数的问题。